半导体科学与技术丛书

氮化物宽禁带半导体材料与电子器件

郝　跃　张金凤　张进成　著

科　学　出　版　社

北　京

内 容 简 介

本书以作者多年的研究成果为基础，系统地介绍了III族氮化物宽禁带半导体材料与电子器件的物理特性和实现方法，重点介绍了半导体高电子迁移率晶体管(HEMT)与相关氮化物材料。全书共14章，内容包括：氮化物材料的基本性质、异质外延方法和机理，HEMT材料的电学性质，AlGaN/GaN和InAlN/GaN异质结的生长和优化、材料缺陷分析，GaN HEMT器件的原理和优化、制备工艺和性能、电热退化分析，GaN增强型HEMT器件和集成电路，GaN MOS-HEMT器件，最后给出了该领域未来技术发展的几个重要方向。

本书可供微电子、半导体器件和材料领域的研究生与科研人员阅读参考。

图书在版编目(CIP)数据

氮化物宽禁带半导体材料与电子器件 / 郝跃，张金风，张进成著. —北京：科学出版社，2013.1

(半导体科学与技术丛书)

ISBN 978-7-03-036717-4

Ⅰ. ①氮…　Ⅱ. ①郝…　②张…　③张…　Ⅲ. ①氮化物－禁带－半导体材料　②氮化物－禁带－电子器件　Ⅳ. ①TN304　②TN103

中国版本图书馆CIP数据核字(2013)第030044号

责任编辑：朱雪玲 / 责任校对：桂伟利

责任印制：吴兆东 / 封面设计：陈　敬

科学出版社 出版

北京东黄城根北街16号

邮政编码：100717

http://www.sciencep.com

北京建宏印刷有限公司印刷

科学出版社发行　各地新华书店经销

*

2013年1月第　一　版　开本：B5(720×1000)

2024年8月第十二次印刷　印张：20

字数：390 000

定价：149.00元

(如有印装质量问题，我社负责调换)

《半导体科学与技术丛书》出版说明

半导体科学与技术在20世纪科学技术的突破性发展中起着关键的作用，它带动了新材料、新器件、新技术和新的交叉学科的发展创新，并在许多技术领域引起了革命性变革和进步，从而产生了现代的计算机产业、通信产业和IT技术。而目前发展迅速的半导体微/纳电子器件、光电子器件和量子信息又将推动本世纪的技术发展和产业革命。半导体科学技术已成为与国家经济发展、社会进步以及国防安全密切相关的重要的科学技术。

新中国成立以后，在国际上对中国禁运封锁的条件下，我国的科技工作者在老一辈科学家的带领下，自力更生，艰苦奋斗，从无到有，在我国半导体的发展历史上取得了许多“第一个”的成果，为我国半导体科学技术事业的发展，为国防建设和国民经济的发展做出过有重要历史影响的贡献。目前，在改革开放的大好形势下，我国新一代的半导体科技工作者继承老一辈科学家的优良传统，正在为发展我国的半导体事业、加快提高我国科技自主创新能力、推动我们国家在微电子和光电子产业中自主知识产权的发展而顽强拼搏。出版这套《半导体科学与技术丛书》的目的是总结我们自己的工作成果，发展我国的半导体事业，使我国成为世界上半导体科学技术的强国。

出版《半导体科学与技术丛书》是想请从事探索性和应用性研究的半导体工作者总结和介绍国际和中国科学家在半导体前沿领域，包括半导体物理、材料、器件、电路等方面的进展和所开展的工作，总结自己的研究经验，吸引更多的年轻人投入和献身到半导体研究的事业中来，为他们提供一套有用的参考书或教材，使他们尽快地进入这一领域中进行创新性的学习和研究，为发展我国的半导体事业做出自己的贡献。

《半导体科学与技术丛书》将致力于反映半导体学科各个领域的基本内容和最新进展，力求覆盖较广阔的前沿领域，展望该专题的发展前景。丛书中的每一册将尽可能讲清一个专题，而不求面面俱到。在写作风格上，希望作者们能做到以大学高年级学生的水平为出发点，深入浅出，图文并茂，文献丰富，突出物理内容，避免冗长公式推导。我们欢迎广大从事半导体科学技术研究的工作者加入到丛书的编写中来。

愿这套丛书的出版既能为国内半导体领域的学者提供一个机会，将他们的累累硕果奉献给广大读者，又能对半导体科学和技术的教学和研究起到促进和推动作用。

夏建白

2005年3月16日

序　言

自 2000 年以来，III 族氮化物半导体异质结构及其电子器件得到了快速的发展，在功率密度、效率、频率和带宽等方面不断刷新半导体器件的记录。在 2005 年氮化物半导体微波功率器件开始进入市场，2010 年前后氮化物半导体功率开关器件开始出现商业产品。随着技术的不断进步和应用优势的不断体现，氮化物半导体电子器件越来越多地受到关注。除了电子器件，氮化物半导体在新一代照明器件 LED、短波长激光器件和探测器件等领域已经取得了显著的成功。因此，“III 族氮化物已经成为硅之后最重要的半导体”这一观点得到了学术界和产业界的普遍共识。

虽然在异质结构和电子器件的概念、结构等方面，氮化物半导体与第二代半导体 GaAs、InP 等并无本质区别，但在物理性质、制备工艺、工作机制和性能表现等方面，氮化物半导体还是呈现出许多显著特点，如高密度二维电子气主要由强极化效应诱导产生，材料主要依靠异质外延生长，影响器件稳定性与可靠性的独特电流崩塌效应与逆压电极化效应，等等。因此，氮化物半导体电子器件领域以及相关领域的研究人员多年期盼能有一部详细论述氮化物半导体异质结构和电子器件的专著，但是国内一直缺少这样的作品。

为此，在本书中作者结合自己在氮化物半导体异质结构和电子器件方面十多年的研究经历、积累和成果，尝试对 III 族氮化物半导体材料和电子器件给出较系统的论述。

作者所在的西安电子科技大学宽禁带半导体材料和器件重点实验室自 1997 年开始从事 III 族氮化物半导体材料和电子器件的研究，在国内属于较早开展此领域研究的团队之一。本书主要结合作者及其研究团队在该领域的研究结果，系统介绍了 III 族氮化物材料和电子器件。在氮化物材料部分(第 2～8 章)介绍了氮化物半导体材料的基本性质、异质外延方法和机理，异质结电学性质的分析，AlGaN/GaN 和 InAlN/GaN 异质结的生长和优化、材料缺陷分析等内容；在氮化物电子器件部分(第 9～13 章)介绍了 GaN HEMT 器件的原理和优化、制备工艺和性能、电热退化研究，GaN 增强型 HEMT 和 GaN MOS-HEMT 器件研究等内容。第 14 章给出了氮化物半导体材料和电子器件进一步发展的方向。本书可供在相关领域从事科研和教学工作的人员参考。

作者所在研究团队从事氮化物半导体材料和电子器件的研究，此间有多位教师、博士研究生和硕士研究生贡献了他们的聪明才智，其贡献都反映在本书各章的参考文献中。同时，作者所在的重点实验室与国内外多家科研院所和大专院校开展了长期的科研合作，本书也凝结了大家共同的思想结晶。作者真诚地感谢支持和帮助我们进步和发展的各位专家、同行和朋友，感谢共同奋斗的各位同事和同学。感谢国家自然科学基金、国家高技术研究发展计划（863 计划）、国家重点基础研究发展计划（973 计划）、国家科技重大专项和国防科技与研究计划对宽禁带半导体科技的长期支持。我们希望在氮化物半导体材料和电子器件的科学研究、产品开发和教学培训过程中，本书可以在学术参考和研究思路等方面对读者有所帮助，以此推动氮化物半导体材料和电子器件的进一步发展。

由于作者水平有限，本书难免有不足和疏漏之处，敬请广大读者提出意见和建议。

郝跃

2012 年 9 月

目　录

第1章 绪　　论

半导体科技是二十世纪最重要和最有影响的高新科技之一，其重要性和影响力一直延伸到了二十一世纪。半导体科技之所以如此重要，是因为它支撑了整个人类信息社会的发展和进步，同时改变了人类社会的生产、生活、交往和思维方式。半导体材料一直在半导体科技的发展过程中发挥着重要的作用。1947 年，世界上第一只晶体管被发明，它采用半导体锗(Ge)材料，在室温下的禁带宽度为 0.66 eV；1958 年诞生的第一块集成电路实际上是一块混合型集成电路，真正意义上的第一块单片集成电路是在 1961 年诞生的，使用的依然是 Ge 材料。到了 1965 年，半导体硅(Si)材料(室温禁带宽度为1.12 eV)超越 Ge 材料成为半导体集成电路的主要材料。直到今天，Si 材料仍然是微电子技术的主要半导体材料，无论集成电路还是太阳能电池，绝大部分半导体产业以 Si 材料作为支撑。我们通常称 Si 和 Ge 为第一代半导体，主要是因为它们的发展历史较长。第二代半导体材料砷化镓(GaAs，室温禁带宽度为 1.42 eV)和磷化铟(InP，室温禁带宽度为 1.35 eV)是二十世纪七十年代引入的，主要是满足超高速、微波大功率器件和集成电路的需求。直到 1997 年，InP 集成电路才实现产品化。二十世纪末，第三代半导体(宽禁带半导体)如氮化镓(GaN，室温禁带宽度为 3.45 eV)和碳化硅(SiC，4H-SiC 室温禁带宽度为 3.25 eV)开始有了重要发展。

第二代半导体材料 GaAs 与 Si 相比，除了禁带宽度增大外，其电子迁移率与电子饱和速度分别是 Si 的 6 倍和 2 倍(如表 1.1 所示)，因此其器件适合高频工作。GaAs 场效应管器件还具有噪声低、效率高和线性度好的特点。但相比于第三代半导体 GaN 和 SiC 来讲，GaAs 材料的热导率和击穿场强不高，因此其功率特性受到了一定的限制。二十世纪八十年代初，GaAs 金属半导体场效应管(MESFET)的最高输出功率为 1.4 W/mm@8 GHz[1]。虽然后来研究人员不断尝试各种方法以提高其性能，但是提高功率密度仍然有限，目前最高功率密度仅达到 1.57 W/mm@1.1 GHz[2]，而且这是通过牺牲一定的工作频率而获得的。

表 1.1　不同半导体材料的物理参数

物理参数	Si	GaAs	4H-SiC	GaN
禁带宽度 E_g/eV	1.12	1.42	3.25	3.45
相对介电常数 ε	11.4	13.1	9.7	8.9
电子迁移率 μ_e/[cm^2/(V·s)]	1400	8500	1020	1000(GaN) 2000(AlGaN/GaN)
击穿场强 E_c/(MV/cm)	0.3	0.4	3.0	3.3

续表

物理参数	Si	GaAs	4H-SiC	GaN
热导率 κ/ [W/(cm · K)]	1.5	0.5	4.9	2.0
电子饱和速度 v_{sat}/(10^7 cm/s)	1.0	2.0	2.0	2.7
Baliga 优值(高频)$\mu_e E_c^2$	1	11	73	180
Baliga 优值(低频)$\varepsilon\mu_e E_c^3$	1	16	600	1450

二十世纪九十年代初，采用 Si_3N_4 作为绝缘栅的 InP 金属-绝缘体-半导体场效应管(MISFET)获得了创纪录的功率密度 1.8 W/mm@30 GHz[3]。然而，无法避免的高密度界面态导致 InP MISFET 器件的电流-电压特性不够稳定，以至于很少投入使用。此后成功研制的 InP 高电子迁移率晶体管(HEMT)器件获得了 1.45 W/mm @30 GHz 的微波功率密度，同时拥有出色的电流-电压特性[4]。InP 器件的微波功率特性之所以优于 GaAs，主要在于 InP 具有略高的击穿电场强度与电子饱和速度，但是 InP 器件在微波大功率应用方面仍然不够理想[5]。在工作频率达到 100 GHz 或更高时，InP 材料的优点能得到很好发挥(如图 1.1 所示)，尤其在高速和低功耗模数混合集成电路方面具有很大优势。

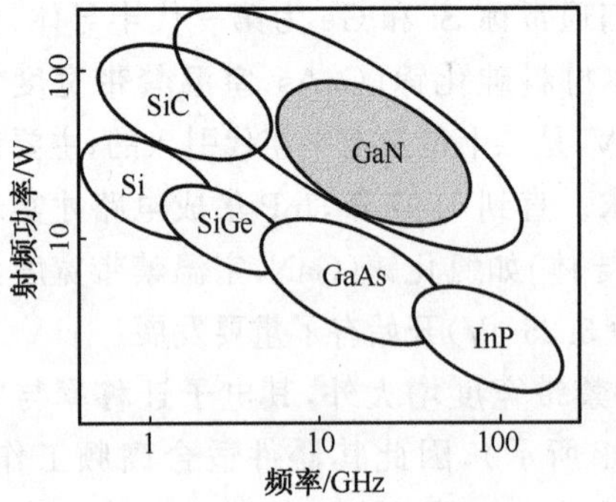

图 1.1　几种典型半导体的应用领域

为了满足无线通信、雷达等应用对高频率、宽带宽、高效率、大功率器件的需要，从二十世纪九十年代初开始，化合物半导体电子器件的研究重心开始转向宽禁带半导体器件[6]。一般将禁带宽度大于 2 eV 的半导体称为宽禁带半导体。如表 1.1 所示，Baliga 优值是表征半导体材料高频大功率应用潜力的常用指标[7]，可见由于宽禁带半导体 GaN 和 SiC 等材料具有优越的材料特性，如大的禁带宽度、高击穿场强、高电子饱和速度等，十分适合微波/毫米波大功率器件的应用。

研究表明，SiC MESFET 微波功率器件的截止频率 f_T 和最高振荡频率 f_{max} 都在 20 GHz 范围以内，所以 SiC MESFET 器件适合在 7 GHz 以下的频率范围内使用。在包括氮化镓(GaN)、氮化铝(AlN)、氮化铟(InN)及其合金材料的 III 族氮化物半导体材料中，除了禁带宽度较窄的 InN(约 0.7 eV)，GaN 和 AlN 都是宽禁带半导体。GaN 电子器件主要以 GaN 异质结构 HEMT 为主，在 AlGaN/GaN、InAlN/GaN 等氮化物异质结构界面形成的二维电子气(2DEG)具有很高的迁移率和极高的载流子面密度，所以 GaN HEMT 更适合于高频大功率应用。而且 GaN HEMT 结构可以在 SiC、金刚石等高热导率衬底上生长，从而具有极高的散热特性，同时也可以在价格低、工艺成熟、直径大的 Si 衬底上生长，具有低成本、高性能的优势。因此，GaN HEMT 已经被认为是当前最理想的微波功率器件。

III族氮化物材料除了在高频功率器件方面应用外，其禁带宽度范围可完全覆盖整个可见光谱，在传统半导体所无法制备的短波长光电子器件方面也具有广泛的应用。事实上，正是蓝光发光二极管(LED)的研究最早推动了III族氮化物半导体材料制备技术的进展。就III族氮化物半导体材料中技术水平最成熟的GaN而言，其晶体熔点高达2300 ℃，但其分解点在900 ℃左右，所以制备Si材料的熔融方法并不适合用来制备GaN单晶。在体晶生长和异质外延薄膜两种制备方法中，薄膜异质外延技术首先取得了突破。依靠金属有机物化学气相淀积(MOCVD)和分子束外延(MBE)两种有效的材料生长方法可以获得高质量GaN外延薄膜材料。在二十世纪九十年代GaN蓝光LED技术迅速走向产业化时，GaN电子器件也开始得到研究和发展。

在III族氮化物电子器件研究的早期，经过MESFET和异质结场效应管(HFET)等各种器件结构的尝试，基于AlGaN/GaN异质结构的HFET迅速成为GaN电子器件的主流结构。由于氮化物材料具有很强的自发和压电极化效应，未掺杂的AlGaN/GaN、InAlN/GaN等异质结中能形成高密度二维电子气，且二维电子气具有显著高于体电子的迁移率，以至于GaN HFET更常用的名称为GaN高电子迁移率晶体管(HEMT)。

二维电子气沟道的高导电特性结合GaN材料的高耐压能力，使得GaN HEMT成为微波功率器件研究中的热点。1993年第一个GaN HEMT器件诞生[8]，3年后GaN HEMT首次得到了微波功率特性[9]，随后输出功率密度从最初的1.1 W/mm@2 GHz提高到了32.2 W/mm@4 GHz和30.6 W/mm@8 GHz[10]，2006年又提高到41.4 W/mm@4 GHz[11]。GaN HEMT单个器件在栅宽达48 mm时，实现了输出总功率230 W@2 GHz[12]。

氮化物电子器件能够实现这样快速的进展，首先是由于AlGaN/GaN异质结电子材料的质量和HEMT器件的工艺技术水平不断提高；其次，为了实现大的输出功率，通常采用散热性能好的SiC衬底，以及对器件表面淀积钝化介质膜，来抑制与材料陷阱相关的电流崩塌现象，提高了器件的微波性能与可靠性。在异质结材料外延技术和器件工艺技术发展的同时，GaN异质结构也在不断发展进步，出现了诸如在AlGaN/GaN异质界面插入薄AlN插入层、在AlGaN表面附加GaN帽层、在GaN沟道下方引入AlGaN或InGaN背势垒层等新的变化，以及对HEMT器件结构的优化，如引入槽栅、场板结构等。这些材料与器件结构、工艺的进步都对GaN HEMT器件性能的不断提高发挥了重要的推动作用。

除了输出功率密度和总功率，GaN HEMT器件的工作频率、增益和功率附加效率等指标也在逐步提高，2011年已报道截止频率达到343 GHz[13]和W波段输出功率密度达到1.7 W/mm@95 GHz[14]。在此过程中，为了实现氮化物技术与Si技术的融合，Si衬底上的GaN HEMT也得到了快速的发展。GaN基高速数字电路的需求促进了 GaN 增强型 HEMT 和增强/耗尽型 HEMT 电路单元的发展。减小栅极漏电的要求促进了 GaN 金属-绝缘体-半导体高电子迁移率晶体管(MIS-HEMT)的发展。利用与 GaN 实现晶格匹配、二维电子气密度更高、势垒层厚度更薄的 InAlN/GaN 异质结构,近几年实现了高频性能更好的 InAlN/GaN HEMT 和 MIS-HEMT。

2005 年,GaN HEMT 微波功率器件(以 SiC 和 Si 为衬底)出现了商业化产品。不过产品的性能远没有发挥 GaN HEMT 的潜力,也远低于同期实验室的研究水平,这是因为 GaN HEMT 器件在性能和可靠性提升方面仍有大量的问题尚未解决。由于 GaN HEMT 微波功率器件的研究在很大程度上借鉴了第二代半导体 GaAs、InP 及其异质结在材料和器件物理以及制备工艺方面的研究经验,因此市场需求的推动和相似技术提供的基础促进了氮化物材料和器件在技术层面迅速发展并走向商业化,但大量基础性的科学问题研究并不深入,于是形成了一定程度上市场需求超前于技术发展、技术超前于基础研究的局面。氮化物半导体电子器件领域仍有若干基础科学问题尚未解决。相比于成熟的 Si 和 GaAs 器件,氮化物半导体面临的主要难题包括:异质外延导致的氮化物材料缺陷密度高,强极化效应与表面态的控制,高工作电压导致的器件漏电大、可靠性差等问题。在未来很长时间仍然有很多问题需要深入研究。例如,基于不同衬底的氮化物材料外延生长方法、材料缺陷行为及其表征、器件的材料层结构与优化、层结构的极化机理与极化应用(极化工程),器件栅结构和增强型器件的实现等。

我国在氮化物半导体材料和电子器件方面的研究开始于二十世纪九十年代末期,在近 10 多年的不断努力下取得了明显的进步,在 AlGaN/GaN HEMT 器件、MIS-HEMT 器件、增强型 HEMT 器件和晶格匹配 InAlN/GaN、HEMT 器件等方面取得了大量研究成果。特别是近年来在国家科技重大专项的支持下,我国 GaN HEMT 微波功率器件和单片微波集成电路(MMIC)的性能与可靠性获得了不断提高:C 波段连续波 60 W 的内匹配功率管研制成功,S 波段脉冲功率近百瓦的 GaN 功率管已开始进入工程应用阶段。随着基础研究和工程应用的深入,我国氮化物半导体技术和产业的发展速度将进一步加快。

参 考 文 献

[1] MACKSEY H M, DOERBECK F H. GaAs FETs having high output power per unit gate width[J]. IEEE Electron Device Letters, 1981, EDL-2(6): 147-148.

[2] CHEN C L, SMITH F W, CLIFTON B J, et al. High-power-density GaAs MISFETs with a low-temperature-grown epitaxial layer as the insulator[J]. IEEE Electron Device Letters, 1991, 12(6): 306-308.

[3] SAUNIER P, NGUYEN R, MESSICK L J, et al. An InP MISFET with a power density of

1.8 W/mm @30 GHz[J]. IEEE Electron Device Letters, 1990, 11(1): 48-49.

[4] AINA O, BURGESS M, MATTINGLY M, et al. A 1.45-W/mm, 30-GHz InP-channel power HEMT[J]. IEEE Electron Device Letters, 1992, 13(5): 300-302.

[5] WU Y F. AlGaN/GaN microwave power high-mobility-transistors[D]. Santa Barbara: University of California, 1997.

[6] 郝跃,彭军,杨银堂. 碳化硅宽带隙半导体技术[M]. 北京: 科学出版社, 2000.

[7] BALIGA B J. Power semiconductor device figure of merit for high-frequency applications[J]. IEEE Electron Device Letters, 1989, 10(10): 455-457.

[8] KHAN M A, BHATTARAI A, KUZNIA J N, et al. High electron mobility transistor based on a GaN-$Al_xGa_{1-x}N$ heterojunction[J]. Applied Physics Letters, 1993, 63(9): 1214-1215.

[9] WU Y F, KELLER B P, KELLER S, et al. Measured microwave power performance of AlGaN/GaN MODFET[J]. IEEE Electron Device Letters, 1996, 17(9): 455-457.

[10] WU Y F, SAXLER A, MOORE M, et al. 30-W/mm GaN HEMTs by field plate optimization[J]. IEEE Electron Device Letters, 2004, 25(3): 117-119.

[11] WU Y F, MOORE M, SAXLER A, et al. 40-W/mm double field-plated GaN HEMTs[C]. Device Research Conference, June 26-28, 2006. Piscataway NJ, USA: IEEE, 2006.

[12] OKAMOTO Y, ANDO Y, HATAYA K, et al. Improved power performance for a recessed-gate AlGaN-GaN heterojunction FET with a field-modulating plate[J]. IEEE Transactions on Microwave Theory and Techniques, 2004, 52(11): 2536-2540.

[13] SHINOHARA K, REGAN D, CORRION A, et al. Deeply-scaled self-aligned-gate GaN DH-HEMTs with ultrahigh cutoff frequency[C]. 2011 IEEE International Electron Devices Meeting, December 5-7, 2011. Washington DC, USA: Institute of Electrical and Electronics Engineers Inc., 2011.

[14] BROWN D F, WILLIAMS A, SHINOHARA K, et al. W-band power performance of AlGaN/GaN DHFETs with regrown n^+ GaN ohmic contacts by MBE[C]. 2011 IEEE International Electron Devices Meeting, December 5-7, 2011. Washington DC, USA: Institute of Electrical and Electronics Engineers Inc., 2011.

第 2 章　III 族氮化物半导体材料的性质

III 族氮化物半导体材料主要指 AlN、GaN、InN 以及这 3 种二元材料相互组成的三元、四元合金（AlGaN、InGaN、InAlN、AlInGaN）。由于 III 族氮化物电子器件的材料结构以异质结为主，所以本章主要介绍与异质结材料研究关系密切的晶体结构、能带结构、电子输运、极化效应等性质，并介绍材料性质测试分析的部分手段和方法。

2.1　III 族氮化物的晶体结构和能带结构

2.1.1　GaN、AlN 和 InN

氮化物半导体晶体材料存在六方纤维锌矿（简称纤锌矿，wurtzite）和立方闪锌矿（zinc-blende）两种不同的晶体结构，以 GaN 为例，如图 2.1 所示[1]。

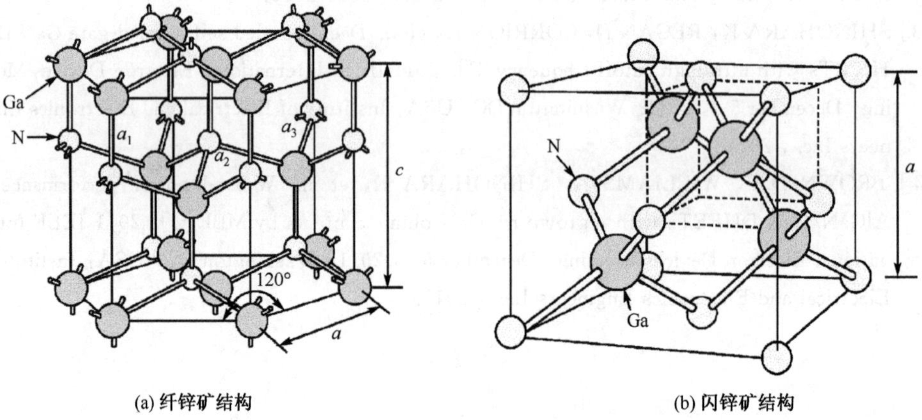

图 2.1　GaN 材料的两种晶体结构

晶体结构的形成主要由晶体的离子性决定。在化合物半导体晶体中，原子间的化学键既有共价键成分，也有离子键成分，离子键成分越多则晶体的离子性越强，越容易形成纤锌矿结构。氮化物半导体晶体都是强离子性晶体，因此在室温和大气压下，纤锌矿结构是氮化物半导体最常见结构，也是热力学稳态结构，而闪锌矿结构则是亚稳态结构。纤锌矿 GaN 属于六角密堆积结构，$P6_3mc$ 空间群，其密排面只有(0001)，每个晶胞有 12 个原子，包括 6 个 Ga 原子和 6 个 N 原子，其面内和轴向的晶

格常数分别为 $a = 0.3189\ \text{nm}$，$c = 0.5185\ \text{nm}$[2]。通常 GaN 以六方对称的纤锌矿结构存在，但在一定条件下，也能以立方对称性的闪锌矿结构存在，如图 2.1(b) 所示。闪锌矿结构 GaN 属于立方密堆积结构，由两个面心立方沿着体对角线方向平移对角线长度的 1/4 套构而成，$F\bar{4}3m$ 空间群。其原子密排面为(111)，每个晶胞有8 个原子，包括 4 个 Ga 原子和 4 个 N 原子，晶格常数值约为0.451 nm。一般情况下，纤锌矿结构的 III 族氮化物更为稳定，且更具有代表性。迄今为止，绝大多数研究所使用的 III 族氮化物材料都是纤锌矿结构，而闪锌矿结构的 III 族氮化物材料只存在极少量的研究。因此，本书如果不作特别说明，就只是涉及纤锌矿结构的氮化物材料。

一般而言，晶格中不同的晶向以晶向指数(与晶向在各坐标轴上投影比值相等的互质整数)区分，不同的晶面以晶面指数(与晶面法线方向在各坐标轴上投影比值相等的互质整数)来区分。六方晶系的晶体结构通常采用四轴坐标系来描述，在同一底面上有 X_1、X_2、X_3 三个轴，互成 120°角，轴上的度量单位为晶格常数 a(因此也常统称为 a 轴)；Z 轴垂直于底面，其度量单位为晶格常数 c(因此也常称为 c 轴)。在该坐标系中，晶向指数与晶面指数均由 4 个数字构成，分别记为 $[uvtw]$ 和 $(hkil)$。两指数中前 3 个数字存在 $u+v=-t$ 和 $h+k=-i$ 的关系，因此也常省略掉第 3 个数字而表示为 $[uvw]$ 和 (hkl)(等效于在由 X_1 轴、X_2 轴和 Z 轴建立的三轴坐标系中的晶向和晶面指数)例如，$[11\bar{2}0]$晶向(其中 $\bar{2}$ 表示投影在相应坐标轴 X_3 轴的负方向)和 $(1\bar{1}00)$面也可分别表示为$[110]$晶向和$(1\bar{1}0)$面。格点排列情况相同而空间取向不同的晶向或晶面，可用等效晶向指数 $\langle uvw \rangle$ 和等效晶面指数 $\{hkl\}$ 来表示，如六方晶系 6 个柱面的晶面指数 $(10\bar{1}0)$、$(\bar{1}010)$、$(1\bar{1}00)$ 、$(\bar{1}100)$、$(01\bar{1}0)$、$(0\bar{1}10)$ 都属于 $\{1\bar{1}00\}$ 晶面族。指数相同的晶向和晶面相互垂直，如$[0001] \perp (0001)$。

在晶体 X 射线衍射、晶格振动和晶体电子理论中，晶格结构用倒格子描述有利于更简洁地分析问题。与正空间(对应的晶格称为正格子)X、Y、Z 轴对应的倒空间(对应的晶格称为倒格子)坐标轴是 k_x、k_y 和 k_z，如图 2.2 和图 2.3 所示。每个晶体结构都有正格子和倒格子两套晶格与之相联系。设正格子的初基矢量为 $\boldsymbol{a}_1$、$\boldsymbol{a}_2$、$\boldsymbol{a}_3$(即 X、Y、Z 轴的单位矢量)，则倒格子坐标轴的方向可由其单位矢量(即倒格子的初基矢量)$\boldsymbol{b}_1$、$\boldsymbol{b}_2$、$\boldsymbol{b}_3$ 确定，分别表示为

$$\boldsymbol{b}_1 = 2\pi \frac{\boldsymbol{a}_2 \times \boldsymbol{a}_3}{\boldsymbol{a}_1 \cdot \boldsymbol{a}_2 \times \boldsymbol{a}_3}, \quad \boldsymbol{b}_2 = 2\pi \frac{\boldsymbol{a}_3 \times \boldsymbol{a}_1}{\boldsymbol{a}_1 \cdot \boldsymbol{a}_2 \times \boldsymbol{a}_3}, \quad \boldsymbol{b}_3 = 2\pi \frac{\boldsymbol{a}_1 \times \boldsymbol{a}_2}{\boldsymbol{a}_1 \cdot \boldsymbol{a}_2 \times \boldsymbol{a}_3} \tag{2.1}$$

倒格子的定义决定了倒格子是与正空间相联系的傅里叶空间中的晶格。倒空间中任一倒格点可由矢量 $\boldsymbol{k}$(称为倒格矢)给出，表示为

$$\boldsymbol{k} = h_1 \boldsymbol{b}_1 + h_2 \boldsymbol{b}_2 + h_3 \boldsymbol{b}_3 \tag{2.2}$$

式中，h_1、h_2、h_3 取整数值。在倒空间中，确定原点和倒格子初基矢量后做所有倒格矢的垂直平分面，这些平面所包围的将原点包含在内的最小区域就是第一布里渊区，通常简称为布里渊区，如图 2.2 所示。

晶体结构决定了晶体材料的其他各种性质。图 2.2 所示为纤锌矿 GaN 的布里渊区，其正空间仍采用彼此正交的 X、Y、Z 轴，因此倒空间 k_x、k_y 和 k_z 坐标轴也彼此正交，布里渊区内沿不同方向的简化能带结构如图 2.3 所示。在 Γ 点导带达到最低点，价带达到最高点，因而具有直接带隙；导带的第二低能谷为 M-L 谷，第三低能谷为 A 谷。由于晶体对称性和自旋-轨道相互作用，价带分裂为 3 个能带，包括重空穴带、轻空穴带和劈裂带。AlN 和 InN 也具有类似的能带结构，但需要说明的是，AlN 的导带第三低能谷为 K 谷；InN 的禁带宽度值在早期的实验研究中认为是 1.9～2.05 eV，随着 InN 制备工艺和材料质量的提高，近年大量的实验观察和一些理论研究将其修订为 0.64～1.0 eV。表 2.1 给出了纤锌矿 GaN、AlN 和 InN 材料的常用晶体结构和能带结构参数。

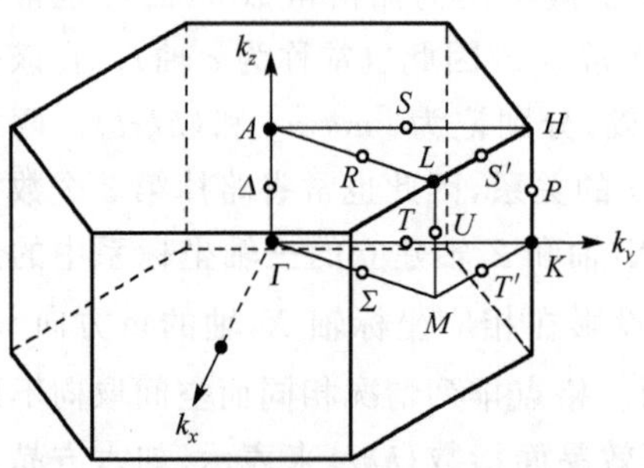

图 2.2 纤锌矿晶体结构的布里渊区[3]

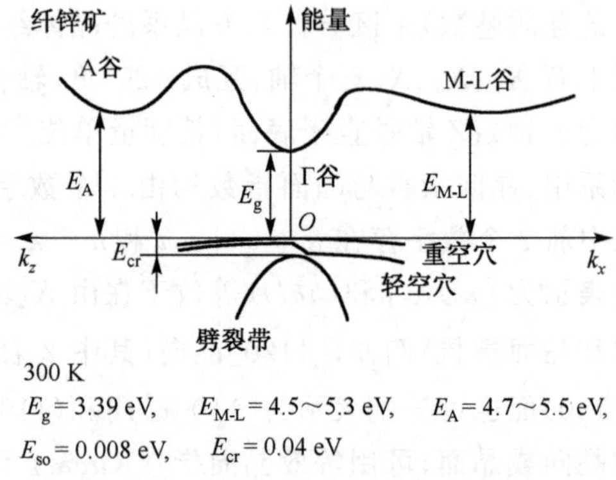

图 2.3 纤锌矿 GaN 材料能带结构[4]

表 2.1 纤锌矿 GaN、AlN 和 InN 材料的晶体结构和能带结构参数[4-7]

参数 \ 材料类型	GaN	AlN	InN
晶格常数 a/nm	0.3189	0.3112	0.3533
晶格常数 c/nm	0.5185	0.4982	0.5693
室温禁带宽度 E_g (300 K)/eV	3.39	6.026	1.97[6] 或 0.641[7]
禁带宽度的温度特性 $E_g = E_g(0) - AT^2/(T+B)$ /eV	$E_g(0) = 3.47$ $A = 7.7 \times 10^{-4}$ $B = 600$[4] $E_g(0)$为 0 K 下禁带宽度	$E_g(0) = 6.13$ $A = 1.799 \times 10^{-3}$ $B = 1462$[6] $E_g(0)$同前	$E_g(0) = 1.994$ $A = 2.45 \times 10^{-4}$ $B = 624$[6] 或 $E_g(0) = 0.69$ $A = 4.1 \times 10^{-4}$ $B = 454$[7] $E_g(0)$同前
电子亲和能/eV	4.1	0.6	5.8
导带有效态密度 N_C /cm^{-3}	$N_C = 4.3 \times 10^{14} \times T^{3/2}$ $N_C(300) = 2.3 \times 10^{18}$	$N_C = 1.2 \times 10^{15} \times T^{3/2}$ $N_C(300) = 6.3 \times 10^{18}$	$N_C = 1.76 \times 10^{14} \times T^{3/2}$ $N_C(300) = 9 \times 10^{17}$

续表

参数＼材料类型	GaN	AlN	InN
价带有效态密度 N_V /cm^{-3}	$N_V = 8.9\times10^{15}\times T^{3/2}$ $N_V(300) = 4.6\times10^{19}$	$N_V = 9.4\times10^{16}\times T^{3/2}$ $N_V(300) = 4.8\times10^{20}$	$N_V = 1\times10^{16}\times T^{3/2}$ $N_V(300) = 5.3\times10^{19}$
电子有效质量	$0.2m_0$	$0.4m_0$	$0.11m_0$
空穴有效质量	$m_{hh} = 1.4m_0$(重空穴) $m_{lh} = 0.3m_0$(轻空穴) $m_{sh} = 0.6m_0$(劈裂带空穴)	k_z方向：$m_{hz}=3.53m_0$ k_x方向：$m_{hx}=10.42m_0$ (重空穴) k_z方向：$m_{lz}=3.53m_0$ k_x方向：$m_{lx}=0.24m_0$ (轻空穴) k_z方向：$m_{soz}=0.25m_0$ k_x方向：$m_{sox}=3.81m_0$ (劈裂带空穴)	$m_{hh} = 1.63m_0$(重空穴) $m_{lh} = 0.27m_0$(轻空穴) $m_{sh} = 0.65m_0$(劈裂带空穴)

注：m_0 为电子静止质量。

2.1.2　氮化物合金材料的晶格常数和禁带宽度

氮化物三元合金材料($A_xB_{1-x}N$)的晶格常数与二元材料成分(AN 和 BN)的晶格常数以及摩尔组分 x 之间的关系遵循 Vegard 定律，即

$$a(A_xB_{1-x}N) = x\cdot a(AN) + (1-x)\cdot a(BN) \tag{2.3}$$

$$c(A_xB_{1-x}N) = x\cdot c(AN) + (1-x)\cdot c(BN) \tag{2.4}$$

氮化物合金材料的禁带宽度在粗略估计时可以采用 Vegard 定律，但在较精确的计算中应该考虑其与合金材料中二元材料的禁带宽度的非线性关系，也称为弯曲效应(bowing effect)：

$$E_g(A_xB_{1-x}N) = x\cdot E_g(AN) + (1-x)\cdot E_g(BN) - b\cdot x\cdot(1-x) \tag{2.5}$$

式中，b 是弯曲常数，正是与 b 有关的项引入了非线性效应。目前报道的弯曲常数对 AlGaN 而言，其常用数值为 1 eV。InN 和高 In 组分的 AlInN 和 InGaN 的材料结晶质量目前还不够高，背景电子浓度也难以降低，所以含 In 合金材料的禁带宽度具有一定的不确定性。根据文献报道，当 InN 的禁带宽度取 1.97 eV 时，弯曲常数对 AlInN 和 InGaN 分别为 5.4 eV 和 2.5 eV[8]；当 InN 的禁带宽度取 0.77 eV 时，弯曲常数对 AlInN 为 3.4 eV[8]，对 InGaN 为 1.4 eV[8]。

四元合金 AlInGaN 的禁带宽度在 In 组分较低的情况下，有结果显示在 In 组分小于 2%时 AlInGaN 的禁带宽度随 In 组分增加呈近线性下降。Monroy 等人以经验公式描述 $Al_xIn_yGa_{1-x-y}N$ 的禁带宽度为[9]

$$E_g(Al_xIn_yGa_{1-x-y}N) = xE_g(AlN) + (1-x-y)E_g(GaN) + yE_g(InN) - b_{Al}x(1-x) - b_{In}y(1-y) \tag{2.6}$$

根据分子束外延(MBE)生长的 AlInGaN 的 PL 谱表征结果，若 $E_g(InN) = 1.9$ eV，$b_{Al} = 1$ eV，则与 In 组分相关的弯曲常数 b_{In} 为 2.5 eV。

2.1.3 异质结界面的能带带阶

氮化物二元半导体及其合金材料彼此之间形成的异质结为 I 型异质结,即在异质结交界面上能带连接时,较宽禁带材料的导带底高于较窄禁带材料的导带底,而较宽禁带材料的价带顶低于较窄禁带材料的价带顶。氮化物异质结中,一个经验性的带阶比例是 AlN/GaN 的导带和价带带阶分别占 AlN 和 GaN 的禁带宽度差的 73% 和 27%,GaN/InN 的导带和价带带阶分别占 GaN 和 InN 的禁带宽度差的 57% 和 43%。由此得到的异质结界面带阶与理论计算和实验测试结果通常符合得很好,不论对纯二元半导体异质结还是对含有 AlGaN 或 InGaN 合金材料的异质结[10]。

需要说明的是,实验测试结果显示,生长顺序的不同和极化效应对二元氮化物彼此之间的导带和价带带阶通常有影响,这造成了实验数据的分散性。例如,Martin 等人[11]以 X 射线光电子能谱测得生长在 c 面蓝宝石衬底上的(自顶向下)InN/GaN 的价带带阶为(0.93±0.25) eV,而 GaN/InN 的价带带阶为(0.59±0.24) eV。然而同一报道中,AlN/GaN 和 GaN/AlN 的价带带阶都约为(0.6±0.2) eV。因此,InN 材料的质量还不够高及其能带参数的不确定性也有可能影响到含 In 氮化物异质结界面带阶的研究结果。

2.2 氮化物的电子速场关系和低场迁移率

对于氮化物材料和电子器件而言,电子的输运特性包括速场关系和低场迁移率是必须深入了解的性质。在 GaN 材料中,影响电子在外电场下定向漂移的主要散射机制包括电离杂质散射和晶格振动散射两类,后者包括极性光学声子散射、纵声学声子散射、压电散射等。

2.2.1 GaN 的电子速场关系

GaN 中电子的低场迁移率可通过霍尔效应等手段测量,升温时会先升高而后降低[12](如图 2.4 所示),这是由于电离杂质散射的作用随温度升高将减弱,而晶格振动散射随温度升高逐渐增强。位错、掺杂和补偿度的变化也会影响低场迁移率的大小。在室温下,背景 n 型掺杂浓度为 $1\times10^{16}\sim1\times10^{17}\ \text{cm}^{-3}$ 的 GaN 中电子低场迁移率为 200~1000 $\text{cm}^2/(\text{V}\cdot\text{s})$,迁移率分散性大与 GaN 材料中高位错密度具有很强的相关性,位错密度越高,迁移率会越低。

GaN 中电子速场关系通常以蒙特卡罗(Monte Carlo)方法作理论研究并拟合其数据形成解析模型,实验上可以通过高电压脉冲信号测量特制样品的 I-V 特性等办法来得到。图 2.5 所示为设定背景电离杂质浓度为 $1\times10^{17}\ \text{cm}^{-3}$、以全能带结构蒙特卡罗仿真获得的 GaN 电子速场关系理论曲线[13]。可见,GaN 电子的漂移速度首先随外电场强度的增大而上升，随后在一个较强的电场强度(对纤锌矿结构，约180 kV/cm)时达到峰值(约 2.5×10^7 cm/s)；电场继续增强，则出现一个速度逐渐下降的广阔负微分电阻区，直到在足够强的电场下速度达到电子饱和速度(约 1.5×10^7 cm/s)。

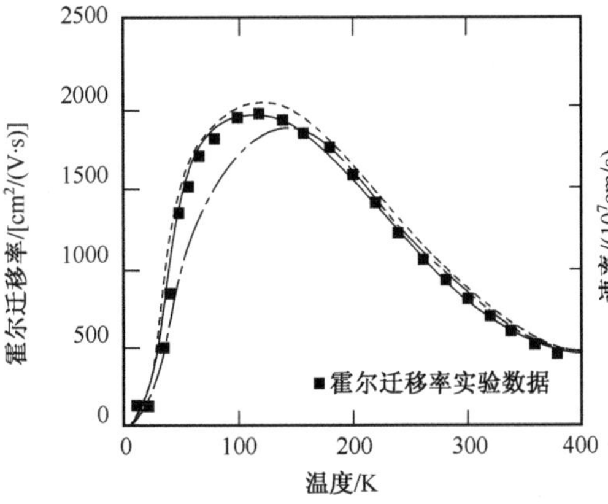

图 2.4　GaN 中电子变温霍尔迁移率特性
(背景电离杂质浓度为 1×10^{17} cm^{-3}[12])

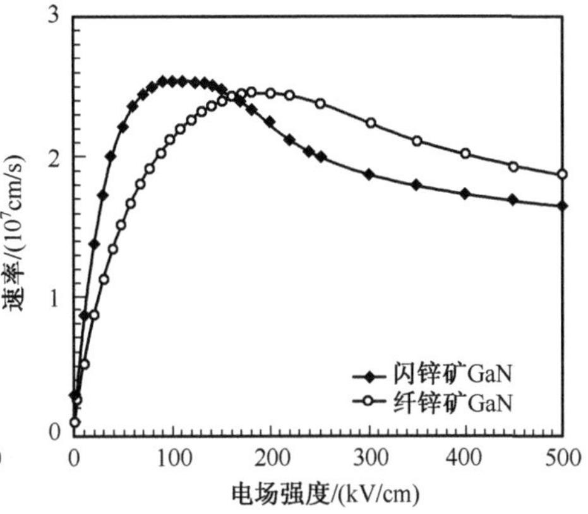

图 2.5　GaN 的电子速场关系
(背景电离杂质浓度为 1×10^{17} cm^{-3}[13])

由于具有较高的击穿电场强度(GaN 为 3×10^6 V/cm 以上，AlN 为 1.2×10^7 V/cm 以上)，GaN 和 AlN 材料可以承受很强的电场。低场下电子都位于导带中最低的 Γ 谷，速度与电场呈近似线性关系，其比例系数即为低场迁移率；当电场增强时，电子能量增加，有机会进入能量较高、有效质量也较大的卫星谷，令迁移率总体呈下降趋势，但 GaN 中 Γ 谷的电子有效质量较大、室温下极性光学声子散射的作用很强以及 Γ 谷和卫星谷之间较大的能量间距，使得电子的谷间转移在较高的电场下才能大规模出现，此时电子的漂移速度达到峰值。当电子进入卫星谷后，其动能和速度减小，有效质量变大，令电子漂移能力变弱，形成负微分电阻特性；电场继续增加时，电子继续向卫星谷转移，电子能量仍上升，但有效质量大且新的谷间形变势散射成为有效的散射机制，使得电子能量随电场增加的速度变慢。两者的综合作用导致形成了广阔的负微分电阻区，最后电子速度达到饱和。大量理论计算都获得了类似的曲线形状，只是峰值速度及其电场与饱和速度等结果会由于计算的假设和已知条件不同而有所差异。

AlN 和 InN 的电子速场关系曲线形状和形成机理与 GaN 相似，低场迁移率、峰值速度与电子饱和速度等则有差异，其量值在本书 2.4 节给出。

2.2.2　GaN 和 AlGaN 的电子低场迁移率和速场关系解析模型

在大量理论计算和实验结果基础上，出现了氮化物及其合金材料的电子低场迁移率和速场关系解析模型。Farahmand 等人于 2001 年通过拟合蒙特卡罗计算结果[14]，对 GaN、AlN、InN、AlGaN 和 InGaN 的电子低场迁移率和速场关系给出了一个统一的模型(以下简称 FMCT 模型),以及适合各材料的模型参数。该模型几乎囊括了所有氮化物半导体及其三元合金材料的输运特性,使得其入选商用器件仿真软件 ATLAS@Silvaco 的氮化物材料模型库,得到广泛应用。在此基础上,为了准确地预测利用速场关系负阻特性工作的 GaN 太赫兹(THz)耿氏二极管的特性,我们对全 Al 组分 AlGaN 材料(包括 GaN)的电子低场迁移率和速场关系建立了考虑合金组分、低场/高场参数温度特性、合金无序效应等因素的相当完善的解析模型(以下简称 YHT 模型)[15]。

在 FMCT 模型中,GaN 体材料电子低场迁移率对掺杂浓度和温度的依赖关系满足

$$\mu_0(\mathrm{GaN}) = \mu_{\min}\left(\frac{T}{300}\right)^{\beta_1} + \frac{(\mu_{\max}-\mu_{\min})(T/300)^{\beta_2}}{1+\left[\dfrac{N}{N_{\mathrm{ref}}(T/300)^{\beta_3}}\right]^{\alpha(T/300)^{\beta_4}}} \tag{2.7}$$

式中,N 为总掺杂浓度,N_{ref} 为 $1\times10^{17}\ \mathrm{cm^{-3}}$,$\mu_{\min}$、$\mu_{\max}$、$\alpha$、$\beta_1\sim\beta_4$ 为拟合参数,参数值如表 2.2 所示。模型所适用的掺杂浓度为 $1\times10^{16}\sim1\times10^{18}\ \mathrm{cm^{-3}}$。

表 2.2　GaN 电子低场迁移率模型参数

参　数	$\mu_{\min}$ /[cm²/(V·s)]	$\mu_{\max}$ /[cm²/(V·s)]	α	β_1	β_2	β_3	β_4
取　值	295	1460.7	0.66	−1.02	−3.84	3.02	0.81

AlGaN 材料的电子低场迁移率随组分 x 的变化关系与 AlGaN 材料参数(如中心能谷电子有效质量等)有关。引入系数 $f_Z(x)$ 考虑迁移率与 Al 组分的非线性关系如下,即可由 GaN 电子低场迁移率获得 AlGaN($0\leqslant x\leqslant1$)的电子低场迁移率:

$$\mu_0(\mathrm{Al}_x\mathrm{Ga}_{1-x}\mathrm{N}) = f_Z(x)\mu_0(\mathrm{GaN}) \tag{2.8}$$

$$f_Z(x) = 1/(1+ax+bx^2+cx^3) \tag{2.9}$$

式中,a、b、c 为拟合参数,统一记为 λ^x,则 λ^x 和掺杂浓度 N 的关系为

$$\lambda^x = \lambda_0^x[\lambda_1^x + \lambda_2^x(N/N_{\mathrm{ref}}) + \lambda_3^x(N/N_{\mathrm{ref}})^2] \tag{2.10}$$

式(2.10)中的参数值如表 2.3 所示。

表 2.3　$f_Z(x)$的拟合参数

λ^x	a	b	c
λ_0^x	-8.699×10^{-2}	6.662×10^{-1}	2.813×10^{-1}
λ_1^x	9.834×10^{-1}	1.226	1.362
λ_2^x	3.286×10^{-2}	-2.503×10^{-1}	-3.849×10^{-1}
λ_3^x	-1.628×10^{-2}	2.433×10^{-2}	2.277×10^{-2}

在 AlGaN 的电子输运特性中,Al 组分 x 的影响不仅表现在电子的有效质量上,还表现在 AlGaN 合金材料中 Al 原子和 Ga 原子随机分布引起的合金无序散射效应,因此需要引入随机合金因子 f^{a_1} 来修正式(2.8),即

$$\mu_0(\text{alloy}) = f^{a_1}\mu_0(\text{Al}_x\text{Ga}_{1-x}\text{N}) \tag{2.11}$$

$$f^{a_1} = 1 - p(f_1^{a_1}x - f_1^{a_1}x^2) \tag{2.12}$$

式中，参数 $p=(U_{\text{alloy}}/\Delta E_{\text{C}})^2$（$U_{\text{alloy}}$ 为合金无序势，ΔE_{C} 为 GaN 和 AlN 的导带带阶）为合金无序强度因子，取值为 0～1，用于调节合金无序效应的强弱。从合金无序散射最强的 $\text{Al}_{0.5}\text{Ga}_{0.5}\text{N}$ 的电子速场关系蒙特卡罗仿真数据中可提取出 $f_1^{a_1}=3.393$。

另外，GaN 电子高场输运速度的 FMCT 模型表达式为

$$v = \frac{\mu_0 F + v_{\text{sat}}(F/F_{\text{C}})^{n_1}}{1 + a(F/F_{\text{C}})^{n_2} + (F/F_{\text{C}})^{n_1}} \tag{2.13}$$

式中，μ_0 为低场迁移率，F 为电场强度。电子饱和速度 v_{sat}、关键电场 F_{C} 以及参数 a、n_1 和 n_2 都需要从对 GaN 电子速场关系蒙特卡罗仿真曲线拟合来得到，其数值见表 2.4。

表 2.4　GaN 电子速场关系模型参数

参　数	$v_{\text{sat}}/(10^7\,\text{cm/s})$	$F_{\text{C}}/(\text{kV/cm})$	n_1	n_2	a
取　值	1.9064	220.8936	7.2044	0.7857	6.1973

如图 2.6 所示，该模型能够很好地复现 GaN 电子速场关系曲线的特征，但有一个重要的缺陷，即没有考虑高场参数的温度效应。我们提出了 GaN 电子高场输运特性的 YHT 模型，该模型通过拟合 300～600 K 不同温度下的 GaN 电子速场关系蒙特卡罗仿真曲线（如图 2.7 所示）而建立。将拟合参数 v_{sat}、F_{C}、a、n_1 和 n_2 统一记为 λ^{F}，则 λ^{F} 和温度 T 的关系为

$$\lambda^{\text{F}} = \lambda_0^{\text{F}}[\lambda_1^{\text{F}} + \lambda_2^{\text{F}}(T/300) + \lambda_3^{\text{F}}(T/300)^2] \tag{2.14}$$

式(2.14)中的参数值如表 2.5 所示。

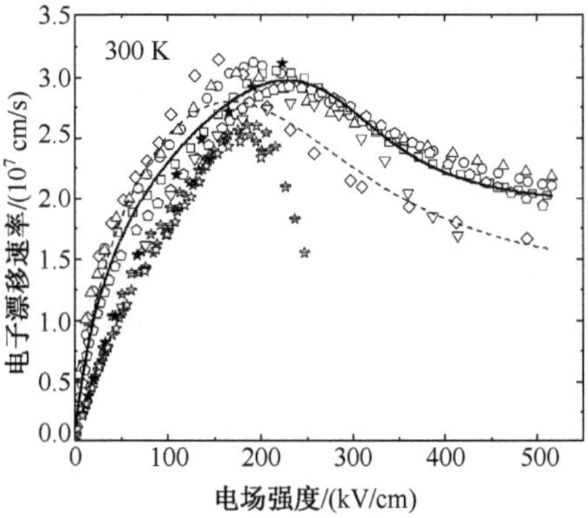

图 2.6　300 K GaN 电子速场关系曲线
空心符号□○◇△⬠▽为蒙特卡罗仿真数据[14,16-20]；星形符号☆☆★为实验数据[21-23]；实线和虚线为解析模型拟合曲线，实线为 YHT 模型数据，虚线数据来自文献[24]

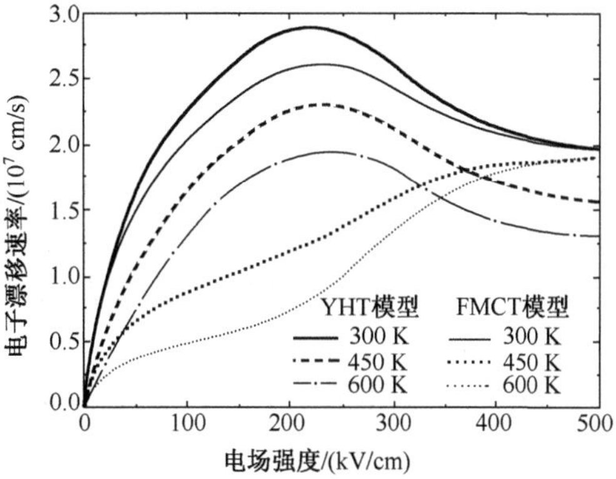

图 2.7　YHT 模型[15]与 FMCT 模型[14]计算的不同温度下 GaN 电子速场关系特性对比

表 2.5　式(2.14)的拟合参数

λ^{F}	v_{sat}/(cm/s)	F_C/(V/cm)	n_1	n_2	a
λ_0^F	1.907×10^7	2.209×10^5	7.144	0.783	5.362
λ_1^F	1.777	1.22	2.108	2.437	3.302
λ_2^F	−0.983	−0.42	−1.643	−2.318	−3.102
λ_3^F	0.206	0.2	0.535	0.881	0.8

如图 2.7 所示，由 YHT 模型预测的速场特性呈现出与实验和理论数据相同的趋势，即温度的升高引起漂移速率、漂移速率峰值、电子饱和速率都下降，而阈值电场增大。而 FMCT 模型计算的电子速场关系曲线不能正确描述相应温度的电子速场特性。

AlGaN 电子速场关系的 YHT 模型在考虑温度效应的 GaN 电子速场关系[如式(2.13)和式(2.14)所示]的基础上，首先考虑了高场拟合参数与 Al 组分的关系。在这种关系中，将 v_{sat}、F_C、a、n_1 和 n_2 统一记为 λ^{Fx}，则 λ^{Fx} 和 Al 组分 x 的关系为

$$\lambda^{Fx} = \lambda_0^{Fx}[1+\lambda_1^{Fx}x+\lambda_2^{Fx}x^2+\lambda_3^{Fx}x^3] \tag{2.15}$$

式(2.15)中的参数值如表 2.6 所示。

表 2.6　式(2.15)的拟合参数

λ^{Fx}	v_{sat}/(cm/s)	F_C/(V/cm)	n_1	n_2	a
λ_0^{Fx}	即式(2.14)相应参数计算的结果				
λ_1^F	3.557×10^{-1}	5.129×10^{-1}	9.497×10^{-1}	7.188×10^{-2}	7.975×10^{-1}
λ_2^F	-2.198×10^{-1}	5.365×10^{-1}	−2.125	4.66×10^{-2}	−0.349
λ_3^F	0	0	2.743	0	0

进一步考虑 AlGaN 电子速场关系模型中高场拟合参数与随机合金因子 f^{a_2} 的关系。在这种关系中，将 v_{sat}、F_C、a、n_1 和 n_2 统一记为 λ^{Fa}，则 λ^{Fa} 和式(2.15)中 λ^{Fx} 以及 f^{a_2} 的关系为

$$\lambda^{Fa} = f^{a_2}\lambda^{Fx} \tag{2.16}$$

$$f^{a_2} = 1 - p_a(f_1^{a_2}x - f_1^{a_2}x^2) \tag{2.17}$$

式(2.16)和式(2.17)中的参数值如表 2.7 所示，其中参数 p 是式(2.12)中的合金无序强度因子，p_{F_C} 和 p_{n_2} 表示为

$$p_{F_C} = (-3.457\times10^{-3})\exp(6.168p)+(1.617\times10^{-4})\exp(9.704p) \tag{2.18}$$

$$p_{n_2} = (-1.494\times10^{-2})\exp(2.009p)+(3.826\times10^{-6})\exp(12.58p) \tag{2.19}$$

表 2.7　式(2.16)和式(2.17)的拟合参数

λ^{F}	v_{sat}/(cm/s)	F_C/(V/cm)	n_1	n_2	a
$f_1^{a_2}$	1.372	−2.234	-1.607×10^{-1}	−2.171	2.694
p_a	p	p_{F_C}	p	p_{n_2}	p

如图 2.8 所示，令合金无序强度因子 p 的取值由 0（$U_{alloy}=0$）逐渐变为 1（$U_{alloy}=\Delta E_C$），可得合金无序效应由最弱变到最强的 AlGaN 电子速场关系曲线，和相应的蒙特卡罗模拟结果符合得非常好。

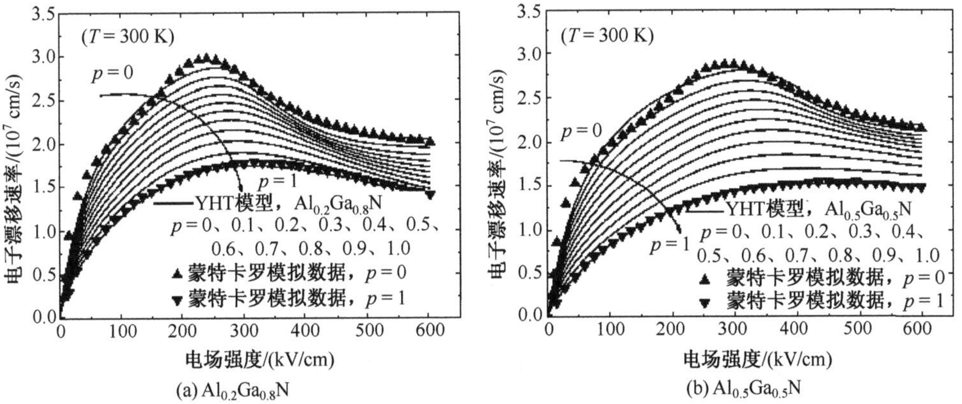

图 2.8　不同合金无序强度因子的 AlGaN 电子速场关系曲线

蒙特卡罗模拟数据来自文献[14]

总之，在 FMCT 模型的基础上，YHT 模型考虑到了低场参数和高场参数的温度特性、合金组分影响和合金无序效应等，是一个非常接近材料实际物理机理的全 Al 组分 AlGaN 电子速场关系模型[15]。该模型全兼容 ATLAS@Silvaco 商用器件模拟器，已经在 GaN 基负阻器件的仿真研究中得到了应用验证[25]。

2.3　氮化物材料的极化效应

2.3.1　极性

纤锌矿结构和闪锌矿结构的晶体都属于非中心对称晶体，晶体具有极轴。纤锌矿结构氮化物的极轴即 c 轴。沿着平行于 c 轴的两个相反的方向即 [0001] 和 [000$\bar{1}$] 方向上，由 III 族原子形成的原子面和由 N 原子形成的原子面交替排列的双原子层逐层堆积形成晶体，但排列顺序不同，如图 2.9 所示。以 GaN 为例，沿 [0001] 方向从下往上的排列是 N 原子面在下、Ga 原子面在上，材料表面形成 Ga 面极性，而沿 [000$\bar{1}$] 方向从下往上的排列是 Ga 原子面在下、N 原子面在上，材料表面形成 N 面极性。不同极性面的物理性质和化学性质，如与酸和碱的反应、表面吸附、肖特基势垒[26]和异质界面能带带阶[11]等方面，表现出明显的差异，因此两种极性面不是等价的。

在氮化物材料薄膜的外延生长时，没有直接的精确方法可以预测材料的表面极性，需要由实验来判断。实验方法包括汇聚束电子衍射、化学腐蚀、圆偏振自旋光电

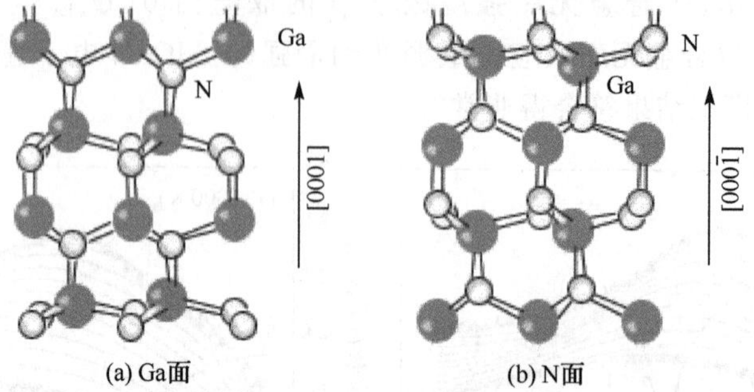

图 2.9　不同极性的六方纤锌矿 GaN 晶体结构示意图

效应等。通常,以 MOCVD 手段生长的表面光滑的高质量氮化物薄膜具有 Ga 面极性,而表面粗糙的薄膜有可能是 Ga 面极性,也有可能是 N 面极性。在质量较差的外延薄膜中,混合极性也可能出现。N 面极性的高质量薄膜通常由 MBE 手段生长,不过近几年在斜切衬底(如 c 面偏向 m 轴 4°的蓝宝石和 SiC 衬底)上利用 MOCVD 方法已成功生长出高质量、表面平滑的 N 极性 GaN 材料。根据目前的大量研究报道,衬底、成核层、生长工艺条件和生长技术等都可能引起材料表面极性的差异。

2.3.2 自发极化和压电极化效应

纤锌矿结构和闪锌矿结构都是化合物晶体结构,本身没有中心对称性,具有压电效应。在外加应力条件下,晶体中会因为晶格变形导致正负电荷中心分离,形成偶极矩,偶极矩的相互累加导致在晶体表面出现极化电荷,表现出压电极化(piezoelectric polarization)效应。进一步而言,纤锌矿结构的晶体对称性比闪锌矿结构更低,因而在没有应力的条件下,正负电荷中心也不重合,从而在沿极轴方向产生自发极化(spontaneous polarization)效应。

极化效应可用极化强度 P 来描述,极化强度的空间变化会感生出极化束缚电荷。在极化强度不同的两种材料交界面上,设垂直于界面方向为 z 方向,界面位置为 $z=z_0$,$\sigma_{pol}=P(z_0^-)-P(z_0^+)$ 是由极化强度的变化造成的极化面电荷,则跨越界面对高斯方程积分可得[27]

$$\varepsilon(z_0^-)\varepsilon_0 F(z_0^-)+\sigma_{pol}=\varepsilon(z_0^+)\varepsilon_0 F(z_0^+) \tag{2.20}$$

式中,F 为电场强度,ε 为相对介电常数,ε_0 为真空介电常量。式(2.20)适用于突变界面。对于渐变界面,极化电荷为体电荷,其密度为

$$\rho_{pol}(z)=-\nabla P(z) \tag{2.21}$$

均匀极化的晶体薄膜相对的两个表面若均与非极性材料交界(如一侧是衬底,另一侧是空气),则分别形成大小相等、电性相反的极化电荷 $\pm\sigma_{pol}$,在晶体中形成内建电场。在实际半导体晶体中,背景掺杂电离产生的载流子或表面吸附的外来电荷对

极化电荷具有屏蔽作用，所以通常用实验手段难以观察极化强度本身，而是观察其变化量，如极化强度在热释电现象中随着温度的变化，在压电效应中随外加应力的变化等。半导体异质结结构具有内部界面，有利于研究和利用极化效应。

氮化物半导体由于 III 族原子和 N 原子之间的化学键具有很强的极性，存在强烈的自发极化效应，其极化强度值由 Bernardini 等人[28]利用现代极化理论计算给出（如表 2.8 所示）；压电极化强度则与晶体的应变 ε 有关。氮化物异质结在没有应变仅有自发极化的情况下，自发极化将沿 [000$\bar{1}$] 方向，负的极化界面电荷在 Ga 面，正的在 N 面；在有应变的情况下，沿 c 轴的压电极化在应变层受张/压应变时与自发极化方向相同/反，如图 2.10 所示。理论计算和实验测量表明，氮化物异质结的极化效应造成 MV/cm 量级的强内建电场和密度高达 1×10^{13} cm^{-2} 的极化束缚电荷，显著调制了氮化物异质结的能带结构，影响了自由载流子的分布。

表 2.8　有关极化的物理量[28-30]

材料类型＼物理量	晶格常数 a/Å	e_{33}/(C/m^2)	e_{31}/(C/m^2)	C_{13}/GPa	C_{33}/GPa	P_{SP}/(C/m^2)
AlN	3.112	1.55^a 1.46^b 1.5	−0.58^a −0.6^b −0.53	127 108	382 373	−0.081 −0.09
GaN	3.189	1^c 0.44^d 0.65^e 0.73^b 0.67	−0.36^c −0.22^d −0.33^e −0.49^b −0.34	100 103	392 405	−0.029 −0.034
InN	3.548	0.43^f 0.97^b 0.81	−0.22^f −0.57^b −0.41	94 92	200 224	−0.032 −0.042
ZnO		1.32*	−0.57*			
GaAs		0.093*	−0.185*			

注：表中用 * 和字母标明的压电系数来自文献[29]，分别采取以下测量和计算方法：

a—声表面波；b—第一性原理计算；c—测量机电耦合系数来估计；d—用低场迁移率实验数据结合分析 AlGaN/GaN 2DEG 压电散射机制提取；e、f—分析光学声子频率估计。晶格常数和弹性常数来自参考文献[30]。

2.3.3　氮化物合金材料的压电和自发极化强度

由于氮化物电子器件材料多为含有氮化物合金材料的异质结结构，所以氮化物合金材料的压电和自发极化强度是一个极为重要的参数。在 c 面内双轴应变、应力不太大的条件下，如缓冲层上赝晶生长氮化物合金材料 $A_xB_{1-x}N$ 的情况，则 $A_xB_{1-x}N$ 沿 c 轴的压电极化强度 P_{PE} 与晶格常数 a 的相对变化造成的应变 ε 成线性关系，表示为

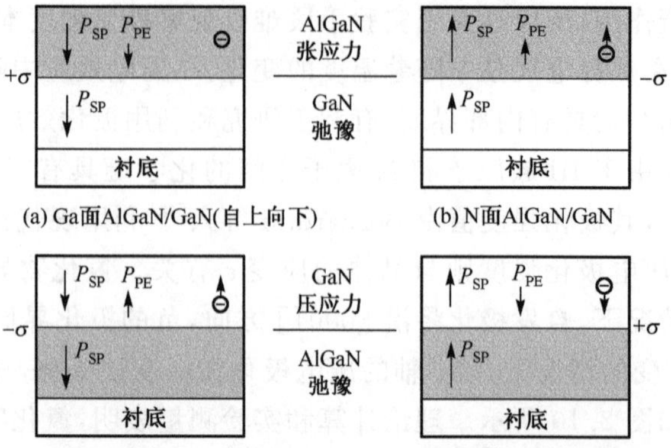

(a) Ga面AlGaN/GaN(自上向下)　　(b) N面AlGaN/GaN

(c) Ga面GaN/AlGaN(自上向下)　　(d) N面GaN/AlGaN

图 2.10　氮化物异质结中的自发极化和压电极化[31]

$$P_{PE}=2\varepsilon\left(e_{31}-e_{33}\frac{C_{13}}{C_{33}}\right),\ \varepsilon=\frac{a_{buffer}-a(x)}{a(x)} \tag{2.22}$$

式中，e_{ij}和C_{ij}分别是$A_xB_{1-x}N$的压电系数和弹性常数，可以用二元材料AN和BN的相应物理量按摩尔组分线性插值获得；$a(x)$为$A_xB_{1-x}N$的晶格常数，a_{buffer}为缓冲层晶格常数。

合金材料$A_xB_{1-x}N$的自发极化强度P_{SP}和合金组分也具有线性关系，表示为

$$P_{SP}(A_xB_{1-x}N)=x\cdot P_{SP}(AN)+(1-x)\cdot P_{SP}(BN) \tag{2.23}$$

式(2.22)和式(2.23)形成了氮化物合金材料极化效应的线性模型。Ambacher等人进一步研究了AlGa(In)N合金材料中的极化效应[32]，给出了合金材料中自发极化与合金组分的非线性关系，以及大应力条件下压电极化与应变的非线性关系，即氮化物合金材料极化效应的非线性模型。以GaN衬底上的AlGaN合金为例，以合金组分x为自变量可得

$$P_{PE}(Al_xGa_{1-x}N/GaN)=-0.0525x+0.0282x(1-x)\quad (C/m^2) \tag{2.24}$$

$$P_{SP}(Al_xGa_{1-x}N)=-0.09x-0.034(1-x)+0.021x(1-x)\quad (C/m^2) \tag{2.25}$$

非线性的压电极化强度还有以面内应变为自变量的模型。设二元半导体的面内应变为η_1，则以应变η_1为自变量的二元半导体的非线性压电极化强度为

$$\begin{aligned}
P_{PE}^{AlN}&=-1.808\eta_1+5.624\eta_1^2 \quad 当\ \eta_1<0\\
P_{PE}^{AlN}&=-1.808\eta_1-7.888\eta_1^2 \quad 当\ \eta_1>0\\
P_{PE}^{GaN}&=-0.918\eta_1+9.541\eta_1^2\\
P_{PE}^{InN}&=-1.373\eta_1+7.559\eta_1^2
\end{aligned} \tag{2.26}$$

设AlGaN晶格常数为$a(x)$，面内应变为$\eta_1(x)$，可得

$$\eta_1(x)=\frac{a^{GaN}-a(x)}{a(x)} \tag{2.27}$$

则以应变 $\eta_1(x)$ 为自变量的 AlGaN 的压电极化强度为

$$P_{PE}(Al_xGa_{1-x}N,\eta_1)=x\cdot P_{PE}^{AlN}(\eta_1)+(1-x)\cdot P_{PE}^{GaN}(\eta_1) \tag{2.28}$$

对于四元合金 AlInGaN 的自发和压电极化强度，文献[8]也给出了其计算公式，见式(2.29)～式(2.32)。

$$P_{PE}(Al_xIn_yGa_{1-x-y}N,\eta_1)=x\cdot P_{PE}^{AlN}(\eta_1)+y\cdot P_{PE}^{InN}(\eta_1)+(1-x-y)\cdot P_{PE}^{GaN}(\eta_1) \tag{2.29}$$

$$\eta_1(Al_xIn_yGa_{1-x-y}N)=\frac{x\cdot(a^{GaN}-a^{AlN})+y\cdot(a^{GaN}-a^{InN})}{x\cdot a^{AlN}+y\cdot a^{InN}+(1-x-y)\cdot a^{GaN}} \tag{2.30}$$

$$\begin{aligned}P_{SP}(Al_xIn_yGa_{1-x-y}N)=&x\cdot P_{SP}(AlN)+y\cdot P_{SP}(InN)+(1-x-y)\cdot P_{SP}(GaN)\\&+b_{AlGaN}\cdot x(1-x-y)+b_{InGaN}\cdot y(1-x-y)\\&+b_{AlInN}\cdot x\cdot y+b_{AlInGaN}\cdot x\cdot y\cdot(1-x-y)\end{aligned} \tag{2.31}$$

$$\begin{aligned}b_{AlInGaN}=&27P_{SP}(Al_{1/3}In_{1/3}Ga_{1/3}N)-9(b_{AlGaN}+b_{InGaN}+b_{AlInN})\\&-3[P_{SP}(AlN)+P_{SP}(GaN)+P_{SP}(InN)]\end{aligned} \tag{2.32}$$

2.3.4　削弱极化效应的机制

以上所讨论的压电极化是材料完全应变的情况。如果较厚的二元氮化物半导体缓冲层上生长的合金层 $A_xB_{1-x}N$ 出现了应力释放的某种机制，就会引起应变弛豫，那么压电效应将大大减小。根据弹性应变弛豫的理论，$A_xB_{1-x}N$ 层的内应力的弛豫程度是 x 和合金层厚度 d 的函数，如图 2.11 所示。给定 x 的合金层在 d 超过所谓关键厚度 d_{crit} 时[33]，或给定厚度 d 的合金层在 x 超过某一量值时，就会出现应变弛豫(即合金层 $A_xB_{1-x}N$ 的厚度等于其相应的 d_{crit} 时，压电极化达到峰值)。极化强度的峰值当 d_{crit} 小而 x 大时将更高。应变弛豫程度可以用 C-V 测试来间接地测量。应变弛豫对自发极化没有影响。

如果异质界面不是在原子尺度上突变，而是较大的厚度内表现为一定程度的互扩散，那么自发极化的梯度也将减小，极化效应将被削弱。如果外延薄膜中出现混合极性，即有反极性畴(domains)的随机分布，那么总极化效应将消失。

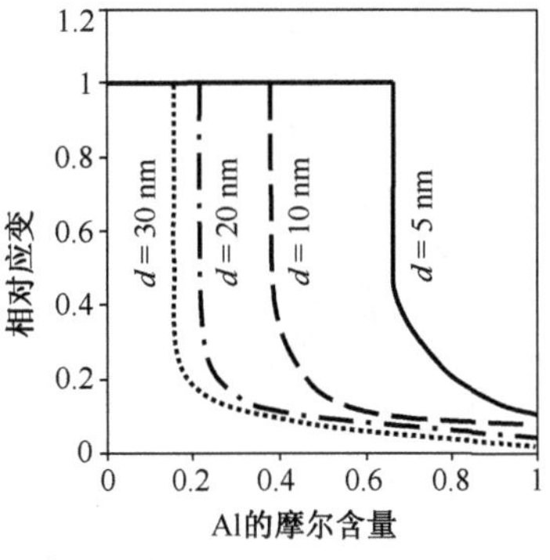

图 2.11　$Al_xGa_{1-x}N$ 在不同厚度时计算得到的应变与 Al 的摩尔含量的函数关系[29]

在单一极性的材料中，极化内电场和极化束缚电荷也常常被部分地屏蔽。起屏蔽作用的可以是缓冲层和衬底之间或表面和异质界面上相反电性的充电缺陷和从环境中吸收来的电荷[8]，或者从能量的角度讲，即各种表面或界面态[29]。在外加高频交流电场下，快态和慢态的陷阱作用以及压电和自发极化的瞬态效应可能会表现出来，影响器件的性能。抑制这种现象的办法主要是在异质结材料的势垒层表面生长钝化保护层。这样就稳定了势垒层中的应变,改变了表面和界面态的分布,也在一定程度上抑制了极化的瞬态效应。

2.3.5　极性材料和非极性/半极性材料

通常,在氮化物半导体中 (0001) Ga 面和 (000$\bar{1}$) N 面统称为 c 面。c 面氮化物材料是一类极性(polar)材料,外延材料薄膜的表面为极性面。如图 2.12 所示,若薄膜材料的表面为和极轴(即 c 轴)平行的 {1$\bar{1}$00} 面(即 m 面)或 {11$\bar{2}$0} 面(即 a 面,a 面、c 面、m 面等是六方晶系特定晶面的惯用叫法),则沿材料的生长方向没有极化效应,材料为非极性(non-polar)材料。若薄膜材料的表面与 c 轴既不平行也不垂直,有一个 0°～90°间的夹角,则薄膜为半极性(semi-polar)材料,如 {1$\bar{1}$02} 面(即 r 面)。

极化效应在极性氮化物异质结材料中引起能带倾斜,有利于在电子器件中形成高密度二维电子气,但对光电器件异质结材料却会造成电子和空穴在空间上分离,使得两者波函数的交叠变小,令材料的发光效率降低且发光波长红移(如图 2.13 所示),这称为量子限制斯塔克效应(QCSE)[35,36]。非极性(半极性)氮化物材料由于沿材料生长方向的极化效应消失(减弱),理论上能够消除(削弱)QCSE 现象,因此在光电材料和器件方面研究得较多,在增强型场效应管电子器件方面也有应用前景和一些研究报道[37]。

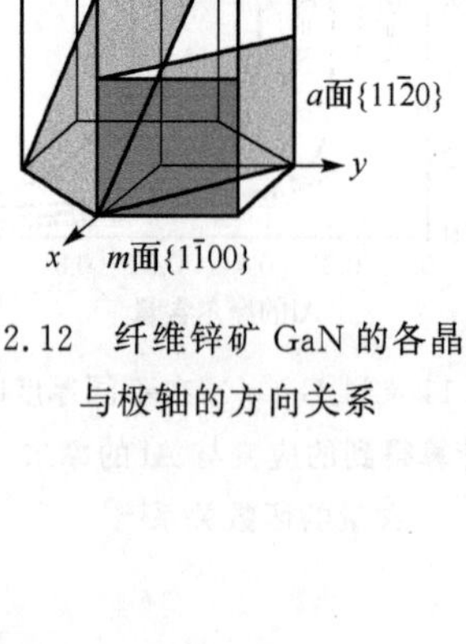

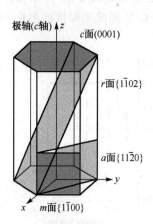

图 2.12　纤维锌矿 GaN 的各晶面与极轴的方向关系

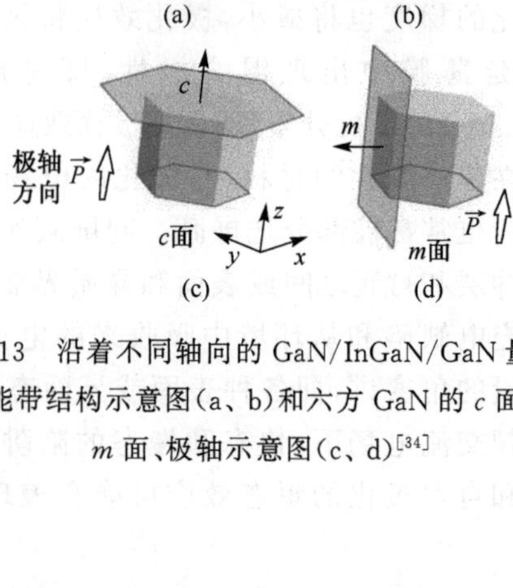

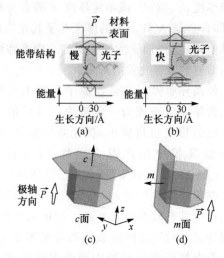

图 2.13　沿着不同轴向的 GaN/InGaN/GaN 量子阱能带结构示意图(a、b)和六方 GaN 的 c 面、m 面、极轴示意图(c、d)[34]

非极性和半极性材料可通过在特定晶面的异质衬底上外延来实现，如在 r 面蓝宝石衬底上生长 a 面 GaN，或在 a 面和 m 面 SiC 上分别外延 a 面和 m 面 GaN。由于沿面内各个方向的材料性质具有明显的各向异性（如 a 面材料沿 c 轴和沿 m 轴的晶格常数不相等），非极性和半极性材料中除了位错外，堆垛层错也是一类重要的延伸缺陷。近年来，异质外延的非极性和半极性材料通过生长工艺的优化，和采用横向外延过生长（ELOG）技术以及类似的多孔插入层等技术（详见本书 5.2 节），结晶质量和表面平整度已显著提高，接近于极性氮化物材料。以氢化物气相外延（HVPE）技术生长厚达数毫米的极性 GaN，再从侧面解理获得非极性 GaN 衬底，也可以同质外延出高质量的非极性氮化物材料。

2.4　氮化物电子材料的掺杂和其他性质

氮化物材料通常以 Si 掺杂形成 n 型材料，以 Mg 掺杂形成 p 型材料。掺杂可在材料外延生长时同步完成，称为原位掺杂。近年来也有通过离子注入结合高温退火工艺实现选择性掺杂的成功报道。Si 在 GaN 中是一种浅施主，能够形成有效的掺杂（电离能在 0.012～0.02 eV，电离电子浓度可接近 1×10^{20} cm^{-3} 量级）。而 p 型杂质 Mg 的电离能较大（0.14～0.21 eV），且其电离能受到材料中残余杂质的影响，目前获得的电离空穴浓度可达到 1×10^{18} cm^{-3} 以上。

在未人为掺杂的情况下，生长得到的氮化物外延薄膜通常含有 H、O、C 和 N 空位等残余杂质。氮化物生长过程中 H 的可能来源非常多（如 MOCVD 方法中 Ga 和 Al 的 MO 源中甲基 CH_3、乙基 C_2H_5 的 H 原子，不过主要是载气 H_2 高温分解的 H 原子），在刚生长出来的氮化物薄膜中，H 的含量是相当高的。H 对氮化物材料的不利影响主要是与 Mg 受主形成中性复合体[$Mg^- + H^+ \rightarrow (Mg-H)^0$]，令 Mg 受主难以电离，引起高阻特性，这是 GaN 的 p 型掺杂难以实现的原因之一。目前，使 Mg 受主“脱氢”的办法主要是在 N_2 气氛中退火，或用低能电子束辐照（LEEBI）样品等，可实现浓度为 1×10^{18} cm^{-3} 量级的有效空穴电离。在其他的残余杂质中，O 是一种浅施主，强烈地影响着材料的背景载流子浓度。O 的来源通常是 MOCVD 生长中的气态前驱体和载气，也有的来自蓝宝石衬底（Al_2O_3），如 GaN 生长过程中蓝宝石衬底里的 O 能够扩散进入 GaN 层。C 在 GaN 中是两性的杂质，这在理论计算和实验研究中都得到了证实。C 在 MOCVD 生长的 GaN 中是主要的残余杂质之一，通常来自 MO 源前驱体。实验观察到 GaN 材料的黄带发光现象与 C 有密切的联系[38]。N 空位（V_N）在氮化物材料中是一种原生的点缺陷，理论计算表明 V_N 具有浅施主的作用，其电离能约为 40 meV；实验也说明在材料生长时当 N/Ga 源流量之比增大，材料电阻增大。

表 2.9 列出了氮化物材料杂质电离能、介电性质、电子输运性质、热导率和热膨胀等材料性质参数，这些性质与电子材料和器件的研究密切相关。

表 2.9　氮化物材料若干性质

材料类型 性质	GaN	AlN	InN
常见施主电离能	Si(替代 Ga)：0.012～0.02 eV； V_N(N空位)：0.03 eV、0.1 eV； C(替代 Ga)：0.11～0.14 eV； O(替代 N)：0.03 eV	Si(替代 Al)：约 1 eV； V_N(N 空位)：0.17 eV、0.5 eV、0.8～1 eV； C(替代 Al)：0.2 eV	V_N(N 空位)：40～50 meV[39]
常见受主电离能	V_{Ga}(Ga 空位)：0.14 eV； Mg(替代 Ga)：0.14～0.21 eV； C(替代 N)：0.89 eV	V_{Al}(Al 空位)：0.5 eV； Mg(替代 Al)：0.1 eV； C(替代 N)：0.4 eV	—
质量密度 ρ/(g/cm³)	6.15	3.23	6.81
静态介电常数 ε_s	8.9	8.5	15.3
高频介电常数 ε_h	4.6	5.35	8.4
红外折射率	2.3	2.15	2.9
光学声子能量/meV	91.2	99.2	73
击穿电场/(10^6 V/cm)	≈3	≈12	—
室温电子迁移率 μ_n/[cm²/(V·s)]	≤1000	≤1000	≤3200
室温空穴迁移率 μ_p/[cm²/(V·s)]	≤200	14	—
电子饱和速度/(10^7 cm/s)	2～2.7	2.2	2.5
热导率 κ/[W/(cm·℃)]	2	2.85	0.45
热膨胀系数/K^{-1}	$\frac{\Delta a}{a}=5.59\times10^{-6}$ $\frac{\Delta c}{c}=3.17\times10^{-6}$	$\frac{\Delta a}{a}=4.15\times10^{-6}$ $\frac{\Delta c}{c}=5.27\times10^{-6}$	$\frac{\Delta a}{a}=3.8\times10^{-6}$ $\frac{\Delta c}{c}=2.9\times10^{-6}$

2.5　氮化物材料性质测试分析

一般来说，对一种已经确定结构的材料进行研究可以分为两个部分：一部分是材料的生长研究；另一部分则是材料的分析、测试，这一部分也被称为材料的表征。材料的表征是材料研究过程中非常重要的一个环节，只有经过一系列的表征，才有可能准确地知道材料的相应特性，并把表征的结果反馈给材料生长，用来调整材料生长工艺，促进材料特性的提高。因此，材料的生长和材料的表征是密不可分的。本节简要介绍 GaN 基材料的特性分析测试的常用技术。

2.5.1　高分辨 X 射线衍射(HRXRD)

HRXRD 技术是目前材料研究领域一个非常重要的表征工具，它主要以半导体单晶材料和各种低维半导体异质结为主要研究对象。HRXRD 是通过晶体对 X 射线的衍射现象来探讨晶体的内部结构、缺陷。在各种测量方法中，X 射线衍射方法具有对样品无损伤、无污染、高效和精度较高的优点。其基本原理就是布拉格定律：

$$2d\sin\theta = n\lambda \tag{2.33}$$

式中，λ 代表 X 射线的波长，n 为衍射峰的级数，d 和 θ 分别是晶面间距和布拉格反射角。在进行测试时，只有满足布拉格公式的晶面才有可能发生衍射现象。

图 2.14 所示为 Bruker D8 DISCOVER HRXRD 设置的测试光路图，其基本工作原理如下。测试时，X 射线管中的电子束轰击 Cu 靶产生 X 射线，然后射线经过 Göbel 镜和四晶单色器照射到样品上。仪器中 Göbel 镜的作用是对由 X 射线管中射出的射线进行聚焦。由于经 Göbel 镜聚焦的射线束，其平行度还不够理想，并且还存在多种频谱成分的射线，因此射线再通过四晶单色器，使打到样品上的 X 射线束单色平行化。X 射线打到样品上后，如果满足衍射条件，就会发生衍射现象。衍射的射线束最后通过三轴晶或者可变狭缝光路被探测器接收。在测试时，如果使用可变狭缝光路，则能够得到强度比较高的衍射图谱，但是角度分辨率会比较低，有时候会无法分辨两个靠得很近的衍射峰；如果想获得较高的分辨率，则需用三轴晶光路，但是此时探测器接收到的最高光强会降低很多倍。因此，具体选用何种光路，还需要根据实际情况来确定。

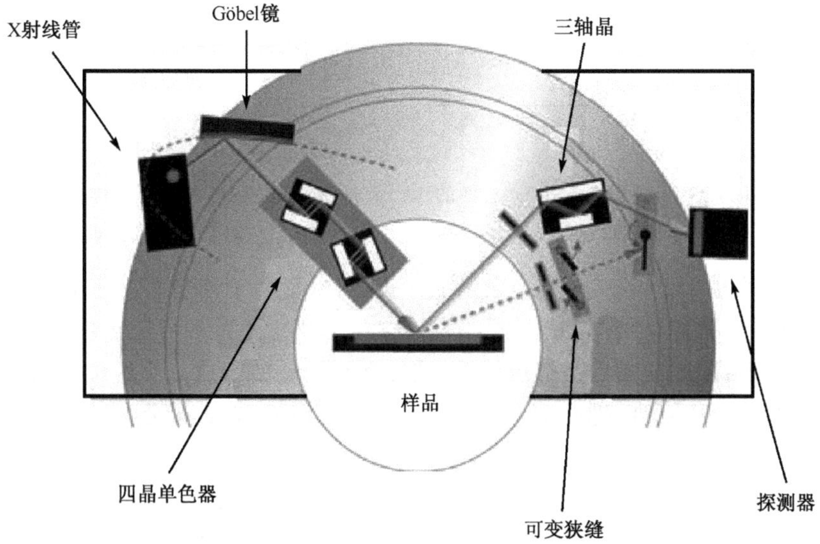

图 2.14　HRXRD 光路图

在使用 HRXRD 进行测量时，常用的扫描方式主要有以下两种。

(1) 2θ-ω 扫描：ω 和 2θ 圆共轴，此扫描模式下 2θ 圆总是以两倍于 ω 圆角速度的速率旋转，当 2θ 角满足布拉格衍射条件时出现相应晶面的衍射峰。若测得的衍射强度数据以 2θ 为自变量，即为 2θ-ω 扫描，若以 ω 为自变量，即为 ω-2θ 扫描。

(2) ω 扫描：在获得所测晶面的布拉格角峰位信息后，固定探测器位置(2θ)，然后在一定的 ω 角度范围内旋转样品，收集衍射信息，该模式下测量获得的曲线称为摇摆曲线(rocking curve)。

2θ-ω 曲线主要用于分析 GaN 及 AlGaN/GaN 材料的组分、应力等，摇摆曲线则衡量材料的结晶质量，其半高宽(FWHM)可用于计算材料的位错密度。图 2.15 所示为 AlGaN/GaN 异质结样品(002)面的 2θ-ω 扫描曲线，图中分别标出了 GaN 缓冲层、AlGaN 势垒层和 AlN 成核层的衍射峰，由其峰位可估计各层的 c 轴晶格常数；AlGaN 层干涉峰出现说明 AlGaN 厚度均匀、AlGaN/GaN 界面光滑，其沿角度轴方向出现的周期与 AlGaN 层厚度有关，厚度越小则周期越大。图 2.16 所示为 GaN 单外延层样品的(002)面和(103)面摇摆曲线，其峰位均移到 0°便于对比衍射峰的展宽情况，曲线的半高宽数值在图中给出。

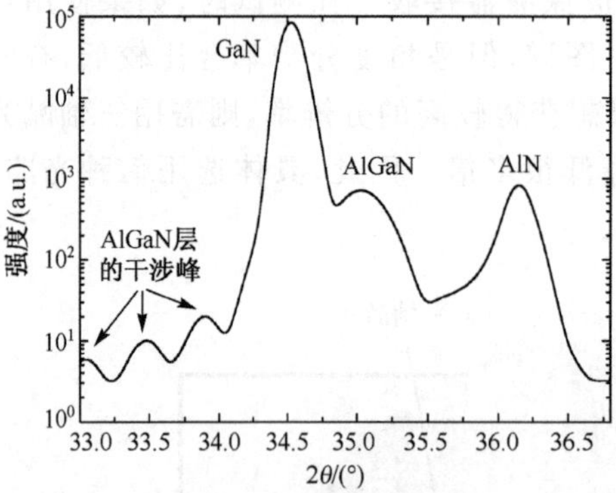

图 2.15　AlGaN/GaN 异质结样品(002)面的 2θ-ω 扫描曲线

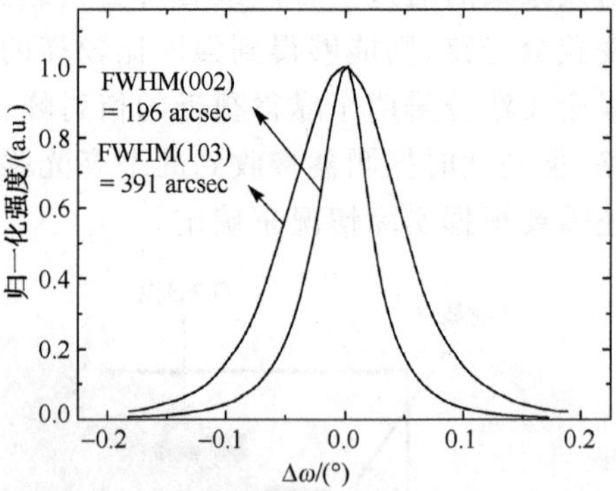

图 2.16　GaN 单外延层样品的(002)面和(103)面摇摆曲线

异质外延的 c 面 GaN 薄膜有大量的穿透位错，使外延膜呈多个亚晶粒组成的镶嵌结构(也称为马赛克结构，mosaic structure)，其中晶粒为平行于生长方向的柱体，其高度约等于膜厚，亚晶界由螺位错、刃位错和混合位错组成。穿透位错的位错线沿[0001]方向，其刃位错、螺位错和混合位错的伯格斯矢量 $\boldsymbol{b}$ 分别为 $1/3\langle 11\bar{2}0\rangle$、$\langle 0001\rangle$ 和 $1/3\langle 11\bar{2}3\rangle$。

由于螺位错引起的晶格变形会令六方晶胞的底面(001)面的法线方向出现变化[常称为“倾转”(tilt)，如图 2.17(a)所示]，所以测量$\{00l\}$面如(002)面的摇摆曲线能够反映螺位错的密度。根据密排六方结构 X 射线衍射的消光法则，若$(hkil)$晶面中 $h+2k$ 为 3 的整数倍而 l 为奇数时，则衍射消光，因此$\{00l\}$面中能够衍射出光的面为(002)、(004)、(006)等晶面，(001)面则衍射消光，不能直接测量。$\{00l\}$面的衍射几何构型为对称衍射，X 射线的入射线、出射线与样品表面法线夹角相等，且与衍射晶面的法线共面。当非对称衍射时，X 射线的入射线、出射线与样品表面法线夹角不相等，能实现这种衍射的晶面与样品表面(即 c 面)有夹角,如(104)面。镶嵌结构还有斜对称衍射构型,X 射线的入射线、出射线与样品表面法线夹角相等,但与衍射晶面的法线不共面。在 c 面 GaN 中能实现斜对称衍射的晶面如(102)、(104)、(302)面等。

刃位错引起的晶格变形会令六方晶胞的侧面$(1\bar{1}0)$面的法线方向出现变化[常称为“扭曲”(twist),如图 2.17(b)所示],但利用 X 射线直接表征与材料表面垂直的$(1\bar{1}0)$面难度很大,所以通常在斜对称几何下,以衍射矢量含有 a 轴分量的衍射面如(102)、(302)面的摇摆曲线间接反映刃位错的密度。从 GaN 的 X 射线分析得到的扭曲量反映的位错密度是刃位错和含有刃型分量的混合位错的总和,两者的区分需要进一步用透射电镜来实现。

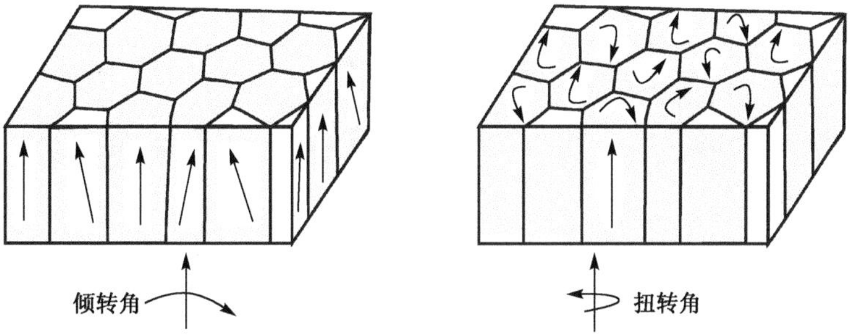

图 2.17　六方 GaN 外延膜的镶嵌结构

在 GaN 材料中,螺位错通常较少,占不到总位错密度的 10%,而混合位错与刃位错量大且其比例有较大的变化范围。位错密度可以用式(2.34)和式(2.35)估计。对随机分布的位错,密度为

$$\rho = \frac{\beta^2}{9b^2} \tag{2.34}$$

式中,β 为摇摆曲线的半宽,b 为位错的伯格斯矢量长度。

对位错主要分布于晶粒间界处的薄膜,位错密度为

$$\rho = \frac{\beta}{2.1bd_0} \tag{2.35}$$

式中,d_0 为横向相干长度[40]。

对于多层外延材料还可采用倒易空间图谱(reciprocal space mapping)来综合分析各层材料的应力、组分和结晶质量,用 HRXRD 能够得到倒易空间图谱[40,41]。固体物理理论证明,正空间的晶面与倒空间(即倒易空间)中的倒格矢或倒格点具有一一对应的关系,对正空间中的任一族晶面$\{h_1h_2h_3\}$,都能在倒空间中找到一个倒格矢 $\boldsymbol{k}_h = h_1\boldsymbol{b}_1 + h_2\boldsymbol{b}_2 + h_3\boldsymbol{b}_3$,$\boldsymbol{k}_h$ 的方向为晶面族$\{h_1h_2h_3\}$的法线方向,且 $|\boldsymbol{k}_h|$ 正比于$\{h_1h_2h_3\}$晶面间距的倒数。X 射线衍射通过类似于 2θ-ω 扫描与 ω 扫描交织连续测

量的特殊方式可以绘制出倒格点附近 X 射线散射强度的分布，即倒格点光斑的位置和形状，这就是倒易空间图谱。倒易空间图谱的两个坐标轴常用倒格矢 $\boldsymbol{k}_x$ 和 $\boldsymbol{k}_y$，对于纤锌矿晶体分别与正格子 a 轴和 c 轴对应，因此所测倒格点的位置反映了材料的晶格常数 a 和 c。如图 2.18 所示，两坐标轴也可通过坐标变换变为 2θ-ω（或 ω-2θ）扫描（沿倒空间原点与所测倒格点之间的连线即倒格矢 $\boldsymbol{k}_h$ 的方向）与 ω 扫描（沿以 $\boldsymbol{k}_h$ 为半径的圆弧方向）。因此，这两种扫描方式所能反映的外延材料的应变和缺陷信息都能从倒易空间图谱中格点的形状看出来。多层外延材料的倒易空间图谱中，在同一倒格点处不同材料的衍射光斑将彼此分开，其相对位置与材料组分和应力有关。

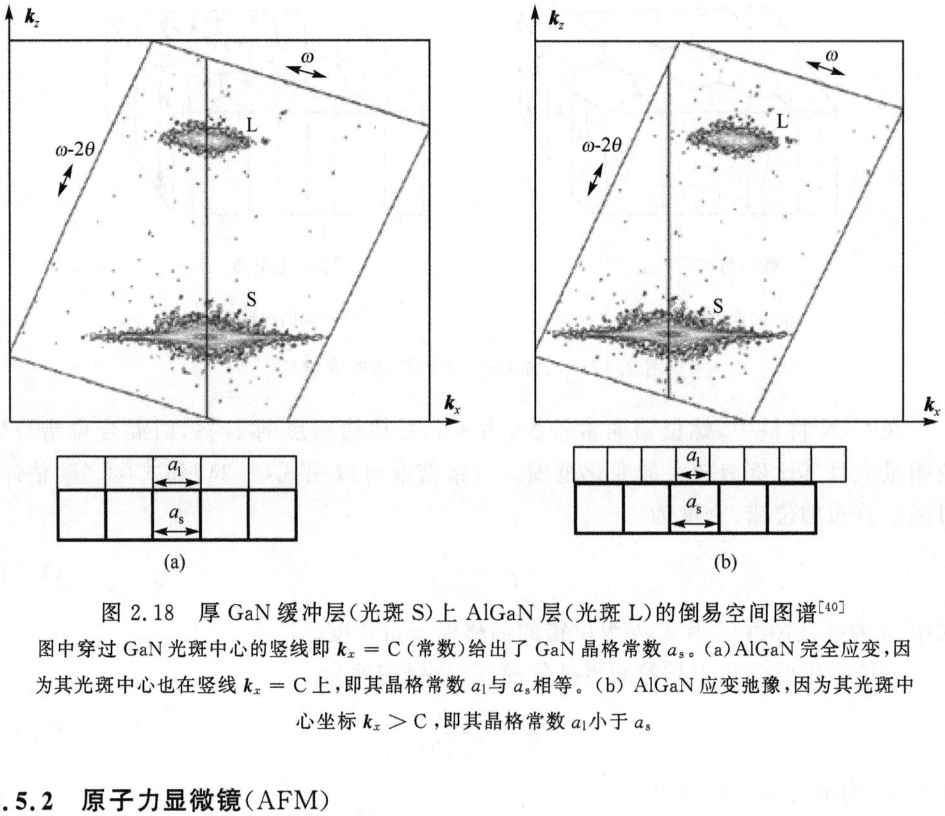

图 2.18 厚 GaN 缓冲层（光斑 S）上 AlGaN 层（光斑 L）的倒易空间图谱[40]

图中穿过 GaN 光斑中心的竖线即 $\boldsymbol{k}_x = \mathrm{C}$（常数）给出了 GaN 晶格常数 a_s。(a) AlGaN 完全应变，因为其光斑中心也在竖线 $\boldsymbol{k}_x = \mathrm{C}$ 上，即其晶格常数 a_1 与 a_s 相等。(b) AlGaN 应变弛豫，因为其光斑中心坐标 $\boldsymbol{k}_x > \mathrm{C}$，即其晶格常数 a_1 小于 a_s

2.5.2 原子力显微镜（AFM）

AFM 主要用来研究材料的原子级显微表面形貌，在 GaN 材料的形貌表征方面有着非常广泛的应用。与传统的扫描电子显微镜相比，AFM 具有较高的横向和纵向分辨率。一般情况下，AFM 的横向分辨率可达到 0.1～0.2 nm，纵向分辨率可达到 0.01 nm，并且是实空间的三维图，有很大的景深和对比度。AFM 采用一个一端固定而另一端装有原子力探针的弹性悬臂来检测样品的表面形貌或其他表面性质。

当探针扫描时，针尖和样品之间的相互作用力（吸引或排斥）会引起悬臂（cantilever）发生形变。一束激光（laser）照射到悬臂的背面，悬臂将激光束反射到一个光电探测器（photodetector）上，探测器不同象限接收到的激光强度差值同悬臂的形变量形成一定的比例关系，这样将悬臂的形变信号转换成可测量的光电信号。通过测量探测器电压对应样品扫描位置的变化，就可以获得样品表面形貌的图像。具体原理如图 2.19所示。图 2.20 给出了 GaN 外延材料的二维和三维表面形貌 AFM 照片。

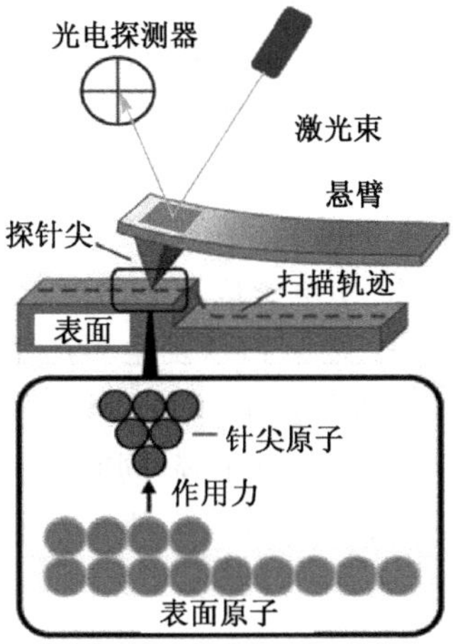

(a) 测量原理

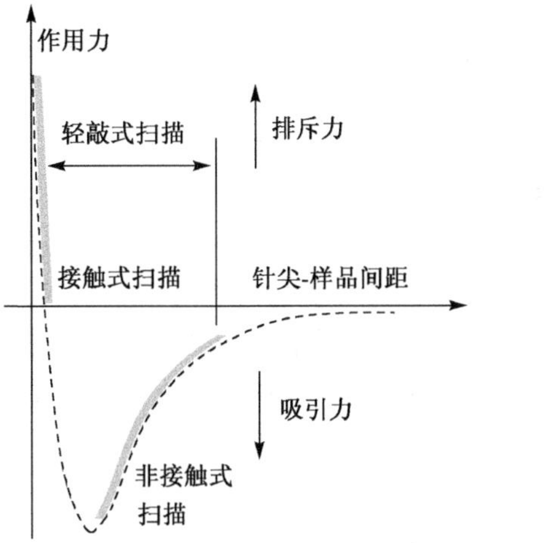

(b) 针尖-样品间的距离和作用力与工作模式之间的关系

图 2.19　AFM 测量原理和工作模式

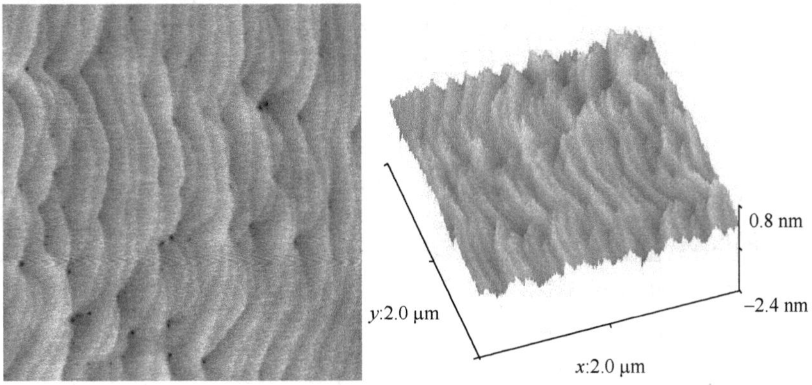

图 2.20　GaN 材料的二维和三维表面形貌 AFM 照片

扫描面积 2 μm×2 μm，其均方根（RMS）粗糙度为 0.185 nm，RMS 粗糙度由表面高度的均值和各处实际高度之差的平方和的平均值再开方求出。清晰而平直的原子台阶说明材料的质量很好。黑点所对应的凹坑为延伸缺陷在表面的露头处

2.5.3　扫描电子显微镜(SEM)

SEM是1965年发明的显微形貌分析工具,主要是利用二次电子信号成像来观察样品的表面形态,即用极狭窄的电子束去扫描样品,通过电子束与样品的相互作用产生各种效应。二次电子能够产生样品表面放大的形貌像,这个像是在样品被扫描时按时序建立起来的,用逐点成像的方法获得放大像。SEM与光学显微镜很类似,不同之处就是用电子束代替了光束,另外成像方式有所不同。SEM由电子枪、透镜系统、电子收集系统、扫描线圈、阴极射线显像管(CRT)组成。相比于光学显微镜,SEM的放大倍数要大得多,景深也高得多,这是由于电子的波长远小于光子波长的缘故。一束聚焦了的电子对样品进行扫描并检测样品发射的二次电子或背散射电子,从而形成SEM图像。SEM的优势是测量周期短,且可测量的面积比AFM大得多。

目前许多SEM均具有阴极荧光(CL)组件。在SEM中电子枪产生的电子束,经过电磁透射系统聚焦并通过孔径限束以后,电子束由一个数字扫描发生器产生的二维扫描电压驱动,进行横向和纵向二维扫描,对被测样品进行扫描激发。当电子束和固体样品相互作用时,不仅会产生二次电子、俄歇电子、背散射电子等,同时也可能产生X射线和韧致辐射,并激发阴极荧光。CL目前也是表征位错的一种非常有效的手段,如图2.21所示。

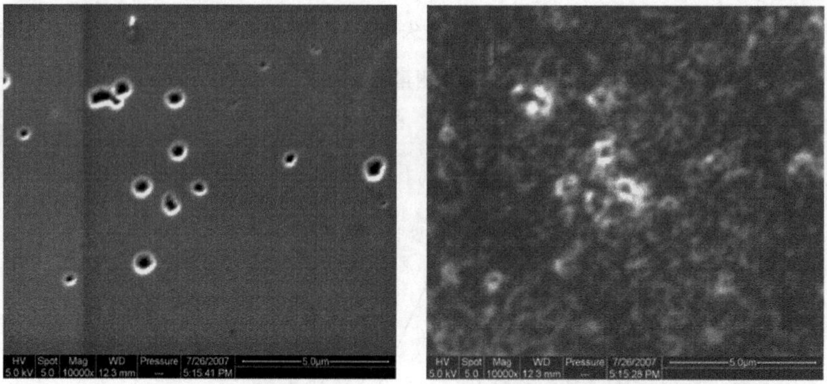

(a) SEM表面形貌　　(b) 相应区域的CL强度分布

图2.21　有缺陷坑的GaN薄膜的SEM表面形貌和相应区域的CL强度分布

CL发光强度分布与缺陷坑的形貌有对应关系

2.5.4　透射电子显微镜(TEM)

透射电子显微镜(TEM)[41]的原理与光学显微镜的原理相同,两者都包含一系列的透镜用于放大样品,但其优势在于能达到0.15 nm高的分辨率。加上电子能量损失分析及光或X射线探测后,被称为分析透射电子显微镜(AEM)。TEM为一竖直的圆柱体结构，主要分为3个部分：电子光学部分、电子学控制部分和真空部分。电子光学部分是电镜的核心所在，其他为辅助系统。

在透射电子显微镜中使用电子束来代替可见光线，用电磁透镜代替光学玻璃透镜。各个透镜的名称与光学显微镜的透镜名称相对应，以便于理解它们之间相似的功能。透射电子显微镜的光路图如图2.22所示，其中AB是物体，OO'是物镜，F是物镜的焦点，LF为焦距，通过焦点F并垂直于光轴XX'的平面叫做后焦面，A'点是物点A的像，B'点是B的像，垂直于光轴XX'的$A'B'$平面叫做像平面。

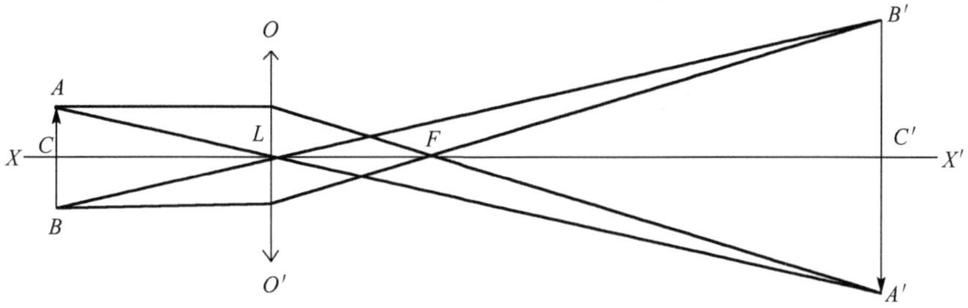

图2.22 透射电子显微镜的工作原理图

由于TEM可以反映出材料中穿透位错的走向，通过改变衍射矢量能区别出材料中各种位错的类型，所以TEM对于分析GaN材料中位错的产生机理、确定位错密度、分析层结构都非常有效。目前TEM是分析材料中位错的最直观、有效的手段之一。样品的制备是TEM应用的一个弱点，长期以来TEM采用的是传统机器研磨抛光及离子减薄技术，往往对制样人员的手法要求较高。

在以剖面TEM图像表征GaN材料中的穿透位错时，是根据TEM衍射对比度原理中位错的消像准则来判断材料中位错的类型。在各种弹性各向同性的材料中，对刃位错，$\boldsymbol{g}\cdot\boldsymbol{b}\times\boldsymbol{u}=0$和$\boldsymbol{g}\cdot\boldsymbol{b}=0$必须同时满足，衬度才能消失；而对于螺位错，只需要$\boldsymbol{g}\cdot\boldsymbol{b}=0$，位错衬度就消失，其中$\boldsymbol{g}$是操作衍射矢量，$\boldsymbol{b}$是伯格斯矢量，$\boldsymbol{u}$是位错线空间方向。因此，在衍射矢量$\boldsymbol{g}=[0002]$条件下可以看到具有螺型位错分量的位错，在衍射矢量$\boldsymbol{g}=[11\bar{2}0]$条件下可以看到具有刃型位错分量的位错，在两种衍射矢量条件下都出现的则是混合位错。图2.23显示了$\boldsymbol{g}=[0002]$和$\boldsymbol{g}=[11\bar{2}0]$时样品中同一区域不同类型位错的延伸形态和密度，图的左下方为衬底，右上方为材料表面。

2.5.5 光致发光谱(PL谱)

PL谱是半导体材料在能量高于其禁带宽度的光照激发下产生发光的一种现象，是对半导体材料能带结构和发光缺陷性质进行检测的常用手段之一。半导体中光致发光的物理过程大致可以分为3个步骤。首先是光吸收，在此过程中通过光激

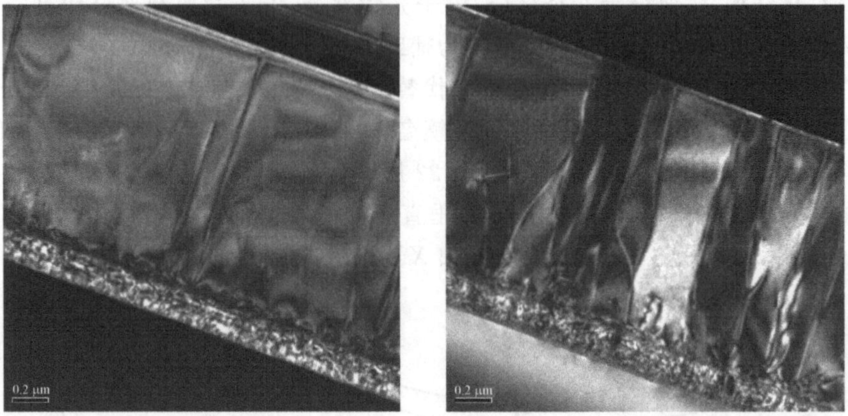

(a) $\boldsymbol{g}$ = [0002]　　(b) $\boldsymbol{g}$ = [11$\bar{2}$0]

图 2.23　蓝宝石衬底上生长的 AlGaN/GaN 异质结在 [1$\bar{1}$00] 晶向附近的 TEM 图像

发在半导体中产生电子-空穴对，形成非平衡载流子。一般来说，当光子能量大于半导体禁带宽度 E_g 时，发生本征吸收，光的吸收系数大才能有效地产生电子-空穴对。其次是光生非平衡载流子的弛豫、扩散。在此过程中载流子有可能产生空间扩散和能量上的转移。一般来说，绝大部分载流子将在复合前弛豫到能带底部。最后是电子-空穴辐射复合产生发光。

图 2.24 所示为半导体中的一些常见的辐射复合过程，分别是：

(a)导带电子 e 和价带空穴 h 复合所对应的带间跃迁过程，包括直接跃迁(e—h)和伴有声子的非直接跃迁(e—h^p)。

(b)经由禁带中的局域化杂质能级的辐射复合跃迁过程，即导带或者价带中能级与禁带中杂质中心能级之间的辐射复合跃迁过程(e—A^0，D^0—h，e—D^+，h—A^- 等跃迁)。其中，e—A^0 为电子从导带底到中性受主能级的跃迁，D^0—h 为电子从中性施主能级到价带顶的跃迁，e—D^+ 为电子从导带底到电离施主能级之间的跃迁，h—A^- 为价带空穴到电离受主的跃迁。

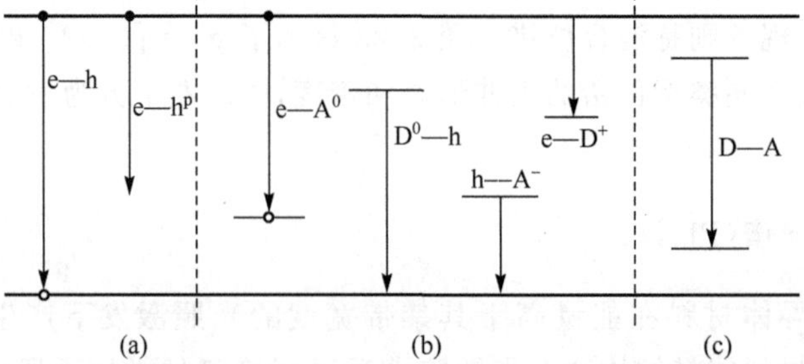

图 2.24　半导体中常见的辐射复合过程示意图

(c) 施主-受主对辐射复合跃迁(D—A),即电子从施主中心能级到受主中心能级的跃迁。

PL 谱将半导体被光激发后所发出的不同能量的光信号以图谱的形式呈现(如图 2.25 所示),可根据发光峰的峰位和形状、发光峰随着光激发功率以及温度和压力等外界条件的变化等判断发光峰的性质、评估材料的结晶质量和发光缺陷的密度和种类等。

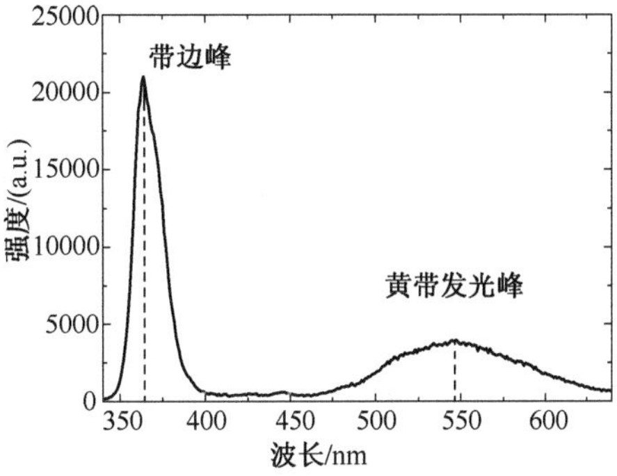

图 2.25　GaN 外延材料的室温 PL 谱

带边峰的峰位为 365 nm,对应光子能量为 3.4 eV(即 GaN 的禁带宽度),该峰由 GaN 导带电子直接跃迁到价带发光形成;峰位 550 nm 对应光子能量约为 2.25 eV,这是 GaN 材料常见的黄带发光,由施主和受主之间辐射复合形成

2.5.6　电容-电压测试(C-V)

对于 pn 结、肖特基势垒和 MIS 结构,空间电荷区的宽度与电荷数量随结上的外加电压会发生变化,因此势垒电容 C 与外加电压 V 有关。C-V 测量方法正是利用这一特性来测量 pn 结轻掺杂边或肖特基势垒半导体一侧的电荷浓度及其分布。由于这种测量方法方便快捷,被广泛用于半导体材料电荷浓度的测量。

就金属与均匀掺杂、没有补偿的 n 型单层半导体所形成的肖特基结而言,设 N_D 为材料的施主浓度,结面积为 A,在耗尽层近似和杂质完全离化的情况下,C-V测量可得到相应的载流子浓度 N_{CV} 为

$$N_{CV} = N_D = -\frac{2}{e\varepsilon A^2} \cdot \frac{1}{d(1/C^2)/dV} \tag{2.36}$$

式中,e 是基本电荷电量,ε 是半导体材料的介电常量。由于自由载流子浓度与施主浓度相等,由此可以计算出材料中载流子的浓度。在掺杂浓度变化较大的半导体和异质结材料中,尤其是有二维电子气出现的情况下,理论研究表明,N_{CV}与材料中的自由载流子浓度 n 近似相等且满足电荷守恒[31],即

$$N_{CV}(z_{CV}) \approx n(z) \tag{2.37}$$

$$z_{CV} = \varepsilon A/C = z \tag{2.38}$$

$$n_s = \int_{-\infty}^{\infty} N_{CV}(z_{CV}) dz_{CV} = \int_{-\infty}^{\infty} n(z) dz \tag{2.39}$$

式中,z 为距离肖特基结面的深度,z_{CV}为耗尽区宽度。因此,C-V 测试可获得异质结材料中载流子浓度随深度的变化关系,即 C-V 载流子剖面图,非常有利于获得二维电子气的位置、分布和面电子密度信息。

图 2.26(a)所示为 AlGaN/GaN 异质结所制备肖特基圆环(内部圆形肖特基接触,外部环形欧姆接触)在室温下的 C-V 特性曲线。曲线根据耗尽状态的不同可分为 4 个区域,从右到左分别为 AlGaN 势垒层电子区、AlGaN/GaN 界面 2DEG 积累区、2DEG 耗尽区、GaN 缓冲层电子深耗尽区。区域 0 反映的是在 HEMT 器件受到正向偏压时,电子已经进入 AlGaN 势垒层;区域 1 是当所加的偏压为负值的时候,耗尽情况下的 2DEG 积累平台,反映出 2DEG 的存在,平台越平表明 2DEG 的限域性越好;区域 2 是 2DEG 的耗尽区,曲线越陡反映出 2DEG 浓度的突变性、限域性越好;区域 3 反映的是沟道中的 2DEG 被耗尽后 GaN 层电子被耗尽的情况,如果耗尽电容越小,则表示背景载流子的浓度越小。图 2.26(b)是根据图 2.26(a) C-V 曲线计算得到的 C-V 载流子剖面图,较好地反映了二维电子气的分布特性和背景载流子的浓度。

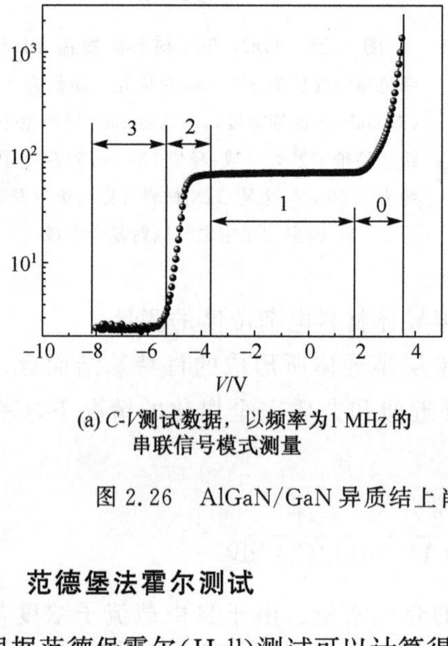

(a) C-V测试数据,以频率为1 MHz的串联信号模式测量

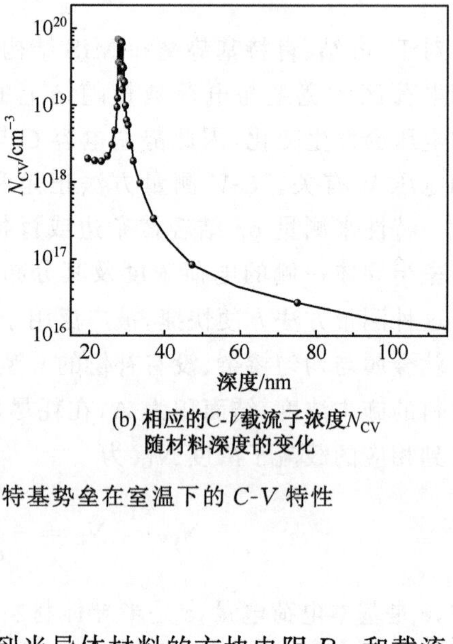

(b) 相应的C-V载流子浓度N_{CV}随材料深度的变化

图 2.26 AlGaN/GaN 异质结上肖特基势垒在室温下的 C-V 特性

2.5.7 范德堡法霍尔测试

根据范德堡霍尔(Hall)测试可以计算得到半导体材料的方块电阻 R_{SH} 和载流子迁移率等电学特性信息。范德堡法的基本原理与四探针法类似,为了进行测试,首先需要在材料表面尽量靠近晶片边界处制作 4 个接触点,与材料表面形成良好的欧姆接触。图 2.27 所示为范德堡测试的示意图,通过在相邻两个欧姆接触点上加电流,而测量另外两个欧姆接触点之间的电压,然后求出特征电阻 R_A 和 R_B。图中编号 1、2、3、4 代表制作的 4 个欧姆接触点,第 1、3 点的连线与第 2、4 点的连线应尽量彼此垂直。

测得 R_A 和 R_B,根据范德堡理论有

$$R_{SH} = \frac{\pi}{\ln 2} \cdot \frac{R_A + R_B}{2} \cdot f_p \tag{2.40}$$

式中,f_p为范德堡修正因子,R_{SH} 是材料的方块电阻。R_A 和 R_B大小的差异是半导体材料电阻率不均匀性的量度,因此可以用 R_A/R_B值从侧面反映半导体材料电阻的不

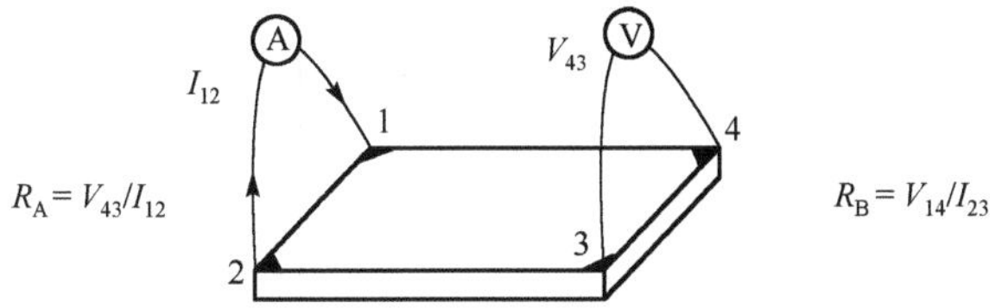

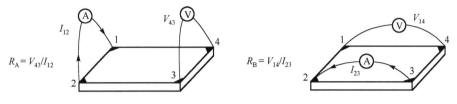

图 2.27　范德堡测试示意图

均匀性。为了减小测量的误差,测量的时候可以依次交换所加电流的方向,分别测量各个组合下的电压,计算出多个方块电阻值,然后求平均。

在得到材料方块电阻的大小后,再将样品置于与样品表面垂直的磁场中外加电流,利用霍尔(Hall)效应测量霍尔电压 V_H,可以得到材料的载流子迁移率 μ_H 和面密度 n_{sheet},计算公式为

$$\mu_H = \frac{V_H}{R_{SH}BI} \tag{2.41}$$

$$n_{sheet} = \frac{1}{R_{SH}e\mu_H} \tag{2.42}$$

式中,B 和 I 分别代表磁场和电流大小,e 为基本电荷电量。如果知道半导体薄膜的厚度,则可以计算得到载流子的体密度。通常霍尔测试得到的载流子面密度要略高于 C-V 测试得到的载流子面密度,这主要是由于 C-V 测试的样品中肖特基势垒已耗尽了一部分载流子的缘故。

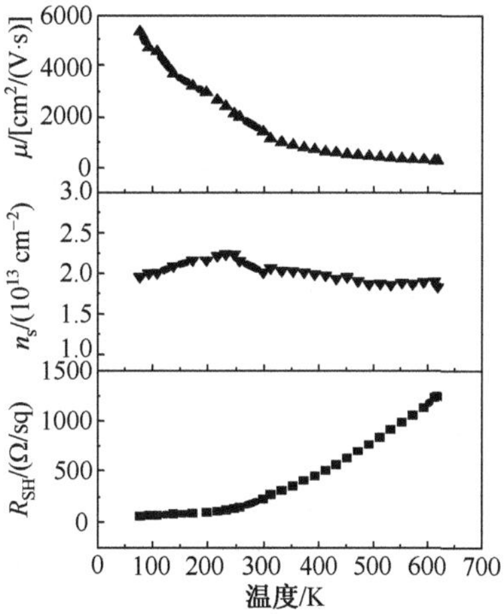

图 2.28　高质量近晶格匹配 InAlN/GaN 异质结的变温霍尔电学特性

图 2.28 所示为高质量近晶格匹配 InAlN/GaN 异质结的变温霍尔电学特性,主要反映了二维电子气的电学性质的变化。

2.5.8　霍尔条测试 SdH 振荡分析二维电子气输运性质

如图 2.29 所示,霍尔效应测试的标准测试图形为霍尔条(Hall bar),测试原理更直观,可以根据测试需要设计不同数量的电极,从而满足更复杂的测试要求,比如加栅压条件下的霍尔测试等。

以六电极霍尔条图形为例,5、6 电极两端通以恒定电流 I,在垂直于样品表面的磁场 B 中通过 2、3 或 1、4 电极两端测出电阻率电压 V_ρ,通过 1、2 或 3、4 电极两端测出霍尔电压 V_H。设 w 和 d 分别为样品的宽度和厚度,l 为 3、5 两电极间的距离(通常取 $l/w > 3$),则样品的电阻率 ρ 和霍尔系数 R_H 可表示为

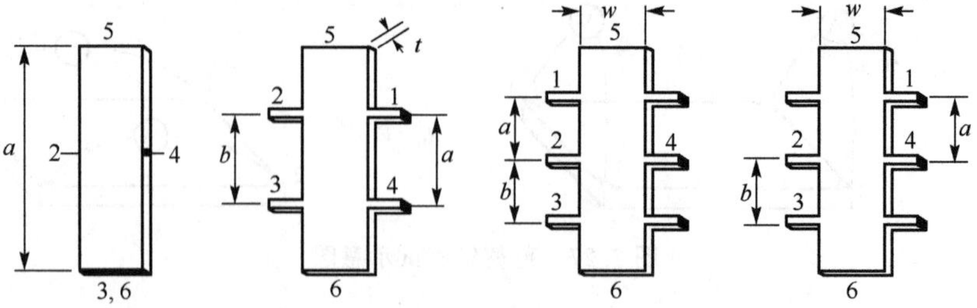

图 2.29 霍尔条及测试端接法示意图

$$\rho = \frac{V_\rho w d}{l I} \tag{2.43}$$

$$R_{\mathrm{H}} = \frac{V_{\mathrm{H}} d}{B I} \tag{2.44}$$

对含二维电子气的异质结材料样品施加垂直于样品表面(Z 方向)的强磁场,则已经在 Z 方向发生量子化的二维电子气在磁场的作用下,在平行于样品表面的 XY 方向也会发生量子化,原来的每一个 Z 向子能带都分裂为一系列等间距的分立能级(不考虑磁场引起的电子沿 Z 方向的能量),即朗道能级 E_n,表示为

$$E_n = E_i + \left(n + \frac{1}{2}\right)\hbar\omega_{\mathrm{C}}, \quad \omega_{\mathrm{C}} = eB/m^* \quad (n,\ i = 0, 1, 2, 3, \cdots) \tag{2.45}$$

式中,E_i 为二维电子气在 Z 方向的子能带带底能量,$\hbar\omega_{\mathrm{C}}$ 为朗道能级间距(朗道能级形式上类似一维谐振子能量,ω_{C} 为振荡频率),$\hbar$、e、m^* 分别为约化普朗克常量、基本电荷电量和电子有效质量,n 和 i 的取值彼此独立。

SdH 振荡是磁场强度连续变化时由材料中电子的量子效应引起的磁电阻振荡,以发现者 Shubnikov 和 de Hass 的名字命名[42],反映了朗道能级态密度在费米面能级处的变化。由于朗道能级和费米能级 E_{F} 相平齐时磁电阻达到极值,当磁场强度连续变化时,朗道能级也会随之变化,和费米能级周期性地相平齐,令磁电阻形成周期性振荡,以 $1/B$ 振荡的周期为

$$\Delta\left(\frac{1}{B}\right) = \frac{1}{B_{n+1}} - \frac{1}{B_n} = \frac{e\hbar}{(E_{\mathrm{F}} - E_i)m^*} \tag{2.46}$$

式中,$E_{\mathrm{F}} - E_i$ 为费米面与子能带带底的能量差。

为了观察到 SdH 振荡,通常需要低温强磁场环境。对于含高迁移率二维电子气的半导体异质结,SdH 效应是一个测量二维电子气性质的有效方法。不考虑自旋分裂的影响,磁电阻的 SdH 振荡可以表示为[43]

$$\frac{\Delta R_{XX}}{R_0} = 4\frac{X}{\sinh(X)}\exp\left(-\frac{\pi}{\omega_{\mathrm{C}}\tau_{\mathrm{q}}}\right)\cos\left[\frac{2\pi(E_{\mathrm{F}} - E_i)}{\hbar\omega_{\mathrm{C}}} - \pi\right] \tag{2.47}$$

式中,R_0 是零磁场电阻,$X = 2\pi^2 k_{\mathrm{B}} T/(\hbar\omega_{\mathrm{C}})$ 是温度相关项,k_{B} 和 T 分别为玻尔兹曼

常量和温度，τ_q为量子散射时间。式(2.47)中的余弦项反映了子带底穿越费米能级引起的周期变化。对二维电子气而言，$(E_F - E_i)$ 与 m^* 成反比，即

$$E_F - E_i = n_i \pi \hbar^2 / m^* \tag{2.48}$$

式中，n_i为二维电子气各子带的电子面密度，因此

$$n_i = 2ef_i / h \tag{2.49}$$

式中，$f_i = 1/\Delta\left(\frac{1}{B}\right)$。因此，二维电子气 SdH 振荡的周期 $1/f_i$ 实际上只依赖于载流子浓度 n_i，而与 m^* 无关。在足够低的温度下，若二维电子气占据了多个子带(如双子带情况下 $i = 0,1$)，则 SdH 振荡会出现多周期拍频振荡，如图 2.30(a)所示；若二维电子气只占据了一个子带($i = 0$)，则 SdH 振荡仅有一个周期。可以对 SdH 振荡波形进行傅里叶变换，分析不同子带对应的振荡频率和振幅，来判断二维电子气的子带占据性质，如子带数目和子带间距等[如图 2.30(b)所示]，不同的子带中电子的量子散射时间 $\tau_{q,i}$和量子迁移率$\mu_{q,i} = e\tau_{q,i}/m^*$ 也不同。

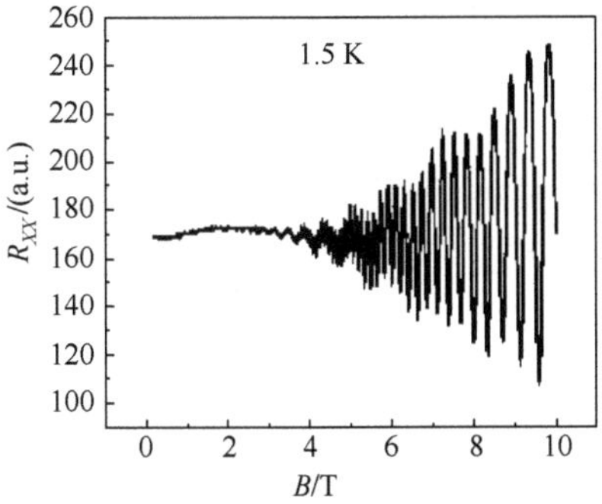

(a) 磁阻随磁场增大的振荡曲线，具有双周期拍频振荡特征

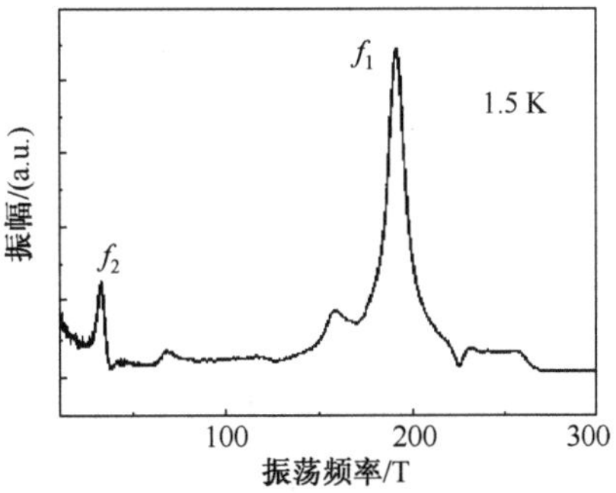

(b) 图(a)曲线的傅里叶变换曲线，给出了双子带的振荡频率和振幅

图 2.30　AlGaN/GaN 异质结二维电子气的 SdH 磁阻振荡，显示了二维电子气的双子带占据性质[44]

参 考 文 献

[1] HOLT D B, YACOBI B G. Extended defects in semiconductors[M]. Cambridge University Press, 2007.

[2] LESZCYNSKI M, GRZEGORY I, BOCKOWSKI M. X-ray examination of GaN single crystals grown at high hydrostatic pressure[J]. Journal of Crystal Growth, 1993, 126(4): 601-604.

[3] SUZUKI M, UENOYAMA T, YANASE A. First-principles calculations of effective-mass parameters of AlN and GaN[J]. Physical Review B, 1995, 52(11): 8132-8139.

[4] SIKLITSKY V. Electronic archive: New semiconductor materials. Characteristics and Properties [EB/OL]. [2012-09-20]. http://www.ioffe.rssi.ru/SVA/NSM/Semicond/index.html.

[5] GUO Q, YOSHIDA A. Temperature dependence of band gap change in InN and AlN[J]. Japanese Journal of Applied Physics, 1994, 33(part 1, 5A): 2453-2456.

[6] WU J, WALUKIEWICZ W, SHAN W, et al. Temperature dependence of the fundamental band gap of InN[J]. Journal of Applied Physics, 2003, 94(7): 4457-4460.

[7] BOUGROV V, LEVINSHTEIN M E, RUMYANTSEV S L, et al. Properties of advanced semiconductor materials GaN, AlN, InN, BN, SiC, SiGe [M]. New York: John Wiley & Sons, Inc., 2001: 1-30.

[8] PIPREK J. Nitride semiconductor devices: Principles and simulation[M]. WILEY-VCH Verlag GmbH & Co. KGaA, 2007.

[9] MONROY E, GOGNEAU N, ENJALBERT F, et al. Molecular-beam epitaxial growth and characterization of quaternary III-nitride compounds[J]. Journal of Applied Physics, 2003, 94 (5): 3121-3127.

[10] TAKAHASHI K, YOSHIKAWA A, SANDHU A. Wide bandgap semiconductors[M]. Berlin: Springer-Verlag, 2007.

[11] MARTIN G, BOTCHKAREV A, ROCKETT A, et al. Valence-band discontinuities of wurtzite GaN, AlN, and InN heterojunctions measured by X-ray photoemission spectroscopy [J]. Applied Physics Letters, 1996, 68(18): 2541-2543.

[12] DHAR S, GHOSH S. Low field electron mobility in GaN[J]. Journal of Applied Physics, 1999, 86(5): 2668-2676.

[13] KOLNIK J, OGUZMAN I H, BRENNAN K F, et al. Electronic transport studies of bulk zincblende and wurtzite phases of GaN based on an ensemble Monte Carlo calculation including a full zone band structure[J]. Journal of Applied Physics, 1995, 78(2): 1033-1038.

[14] FARAHMAND M, GARETTO C, BELLOTTI E, et al. Monte Carlo simulation of electron transport in the III-nitride wurtzite phase materials system: Binaries and ternaries[J]. IEEE Transactions on Electron Devices, 2001, 48(3): 535-542.

[15] YANG L A, HAO Y, YAO Q, et al. Improved negative differential mobility model of GaN and AlGaN for a terahertz Gunn diode[J]. IEEE Transactions on Electron Devices, 2011, 58 (4): 1076-1083.

[16] ALBRECHT J D, WANG R P, RUDEN P P, et al. Electron transport characteristics of GaN for high temperature device modeling [J]. Journal of Applied Physics, 1998, 83 (9): 4777-4781.

[17] REKLAITIS A, REGGIANI L. Monte Carlo study of hot-carrier transport in bulk wurtzite GaN and modeling of a near-terahertz impact avalanche transit time diode[J]. Journal of Applied Physics, 2004, 95(12): 7925-7935.

[18] TOMITA Y, IKEGAMI H, FUJISHIRO H I. Monte Carlo study of high-field electron transport characteristics in AlGaN/GaN heterostructure considering dislocation scattering [J].

Physica Status Solidi C, 2007, 4(7): 2695-2699.

[19] BERTAZZI F, MORESCO M, BELLOTTI E. Theory of high field carrier transport and impact ionization in wurtzite GaN. Part I: a full band Monte Carlo model[J]. Journal of Applied Physics, 2009, 106(6): 063718 (12 pp.).

[20] DJEFFAL F, LAKHDAR N, MEGUELLATI M, et al. Particle swarm optimization versus genetic algorithms to study the electron mobility in wurtzite GaN-based devices[J]. Solid-State Electronics, 2009, 53(9): 988-992.

[21] BARKER J M, AKIS R, THORNTON T J, et al. High field transport studies of GaN[C]. International Workshop on Physics of Light-Matter Coupling in Nitrides, September 26-29, 2001. Germany: Wiley-VCH, 2002.

[22] BARKER J M, FERRY D K, KOLESKE D D, et al. Bulk GaN and AlGaN/GaN heterostructure drift velocity measurements and comparison to theoretical models[J]. Journal of Applied Physics, 2005, 97(6): 063705(5 pp.).

[23] LIBERIS J, RAMONAS M, KIPRIJANOVIC O, et al. Hot phonons in Si-doped GaN[J]. Applied Physics Letters, 2006, 89(20): 202117(3 pp.).

[24] SCHWIERZ F. An electron mobility model for wurtzite GaN[J]. Solid-State Electronics, 2005, 49(6): 889-895.

[25] YANG L A, MAO W, HAO Y, et al. Temperature effect on the submicron AlGaN/GaN Gunn diodes for terahertz frequency[J]. Journal of Applied Physics, 2011, 109(2): 024503 (6 pp.).

[26] STUTZMANN M, AMBACHER O, EICKHOFF M, et al. Playing with polarity[C]. Fourth International Conference on Nitride Semiconductors, July 16-20, 2001. Germany: Wiley-VCH, 2001.

[27] RIDLEY B K. Analytical models for polarization-induced carriers[J]. Semiconductor Science and Technology, 2004, 19(3): 446-450.

[28] BERNARDINI F, FIORENTINI V, VANDERBILT D. Spontaneous polarization and piezoelectric constants of III-V nitrides[J]. Physical Review B (Condensed Matter), 1997, 56(16): 10024-10027.

[29] SHUR M S, BYKHOVSKI A D, GASKA R. Pyroelectric and piezoelectric properties of GaN-based materials [C]. Materials Research Society, 1999.

[30] YU E T, DANG X Z, ASBECK P M, et al. Spontaneous and piezoelectric polarization effects in III-V nitride heterostructures[C]. 26th Conference on the Physics and Chemistry of Semiconductor Interfaces, January 17-21, 1999. USA: AIP for American Vacuum Soc, 1999.

[31] AMBACHER O, SMART J, SHEALY J R, et al. Two-dimensional electron gases induced by spontaneous and piezoelectric polarization charges in N- and Ga-face AlGaN/GaN heterostructures[J]. Journal of Applied Physics, 1999, 85(6): 3222-3233.

[32] AMBACHER O, MAJEWSKI J, MISKYS C, et al. Pyroelectric properties of Al(In)GaN/GaN hetero- and quantum well structures[J]. Journal of Physics: Condensed Matter, 2002,

14(13)：3399-3434.

[33] BYKHOVSKI J H，GASKA R，SHUR M S. Piezoelectric doping and elastic strain relaxation in AlGaN-GaN heterostructure field effect transistors[J]. Applied Physics Letters，1998，73(24)：3577-3579.

[34] WETZEL C，ZHU M，SENAWIRATNE J，et al. Light-emitting diode development on polar and non-polar GaN substrates[J]. Journal of Crystal Growth，2008，310(17)：3987-3991.

[35] CHICHIBU S F，ABARE A C，MINSKY M S，et al. Effective band gap inhomogeneity and piezoelectric field in InGaN/GaN multiquantum well structures[J]. Applied Physics Letters，1998，73(14)：2006-2008.

[36] MILLER D A B，CHEMLA D S，DAMEN T C，et al. Band-edge electroabsorption in quantum well structures：the quantum-confined Stark effect[J]. Physical Review Letters，1984，53(22)：2173-2176.

[37] FUJIWARA T，RAJAN S，KELLER S，et al. Enhancement-mode m-plane AlGaN/GaN heterojunction field-effect transistors [J]. Applied Physics Express，2009，2 (1)：0110011-0110012.

[38] 冯倩，段猛，郝跃. SiC 衬底上异质外延 GaN 薄膜结构缺陷对黄光辐射的影响[J]. 光子学报，2003，32(11)：1340 -1342.

[39] TANSLEY T L，EGAN R. J. Point-defect energies in the nitrides of aluminum，gallium，and indium[J]. Physical Review B，1992，45：10942-10950.

[40] MORAM M A，VICKERS M E. X-ray diffraction of III-nitrides[J]. Reports on Progress in Physics，2009，72(3)：036502 (40 pp.).

[41] 许振嘉. 半导体的检测与分析[M]. 第 2 版. 北京：科学出版社，2007.

[42] SHUBNIKOV L W，DE HAAS W J. A new phenomenon in the change of resistance in a magnetic field of single crystals of Bismuth[J]. Nature，1930，126：500.

[43] COLERIDGE P T，STONER R，FLETCHER R. Low-field transport coefficients in GaAs/$Ga_{1-x}Al_xAs$ heterostructures[J]. Physical Review B (Condensed Matter)，1989，39(2)：1120-1124.

[44] 唐宁. $Al_xGa_{1-x}N$/GaN 异质结构中二维电子气的输运性质[D]. 北京：北京大学，2007.

第3章　氮化物材料的异质外延生长和缺陷性质

由于氮化物材料没有天然的本体衬底，需要依靠材料生长的方法实现单晶材料，其晶体材料生长又分为体晶材料的生长和晶体薄膜材料的外延生长。

氮化物材料的体晶生长难度很大。以 GaN 为例，因为 GaN 晶体具有很高的熔点(2300 ℃)，但其分解点在 900 ℃左右，即在熔点处 GaN 的存在需要极高的平衡氮气压，因此使用 Si 单晶制备的标准方法来生长 GaN 单晶是几乎不可能的。

研究较多的体晶生长方法主要有氨热法、高压生长法和钠融法。氨热法利用高化学活性超临界态的氨气与金属化学反应生长 GaN、AlN 或 BN 晶体。该生长过程主要基于化学反应，可以在相对较低的温度(如 400～500 ℃)和压力(200～300 MPa)条件下进行。高压生长法(HNPS)在压力极高(1～2 GPa)的 N_2气氛和1400～1700 ℃的生长温度下利用液态 Ga 原子和 N 原子反应生成 GaN，利用高 N_2 压力抑制 GaN 晶体的分解。钠融法(Na flux method)则是在 600～800 ℃和5～10 MPa的压力下对 Ga-Na 融体通入 N_2，令 Na 连续析出，制备 GaN 晶体。不过上述 3 种方法的生长速率都很低，生长时间通常都在 100～200 h。近年来，氨热法在大尺寸 GaN 单晶制备方面有了较大的进展，已有报道制备出直径 2 英寸、厚度达 4 mm、位错密度约 5×10^4 cm^{-2}、背景载流子密度约 1×10^{16} cm^{-3} 的 GaN 衬底；而高压生长法和钠融法制备的 GaN 晶体在尺寸上还比较小，常见尺寸在 10 mm×10 mm。其实，目前应用最多的 GaN 单晶衬底主要是依靠氢化物气相外延(HVPE)获得的，即在蓝宝石等衬底上异质外延厚度较大(几百微米到几毫米)的 GaN 薄膜，然后将衬底剥离，最后经过抛光得到 GaN 晶体，目前直径已经可以达到 3～4 英寸，位错密度通常在 $1\times10^5\sim1\times10^7$ cm^{-2}。在本书中将氢化物气相外延(HVPE)归为外延技术进行介绍。

在其他衬底上以异质外延方式生长单晶薄膜是目前氮化物半导体材料制备的主流技术，就 GaN 及其异质结而言已发展到了一个相对稳定而成熟的水平。材料的外延生长水平与材料的种类、外延技术、衬底的种类和尺寸等密切相关，蕴涵了丰富的科学问题。

3.1　氮化物材料的外延生长技术

晶体外延指的是在单晶衬底的表面上淀积具有特定晶体取向(与衬底晶向一致或有微小偏角)的单晶薄膜的生长方法。这样获得的薄膜犹如原来的晶体向外延伸了一段，故称外延层。GaN 晶体薄膜外延生长有同质外延生长和异质外延生长两种。目前同质外延生长使用的衬底材料有少量是 GaN 体晶，大多数是采用 MOCVD 或 HVPE 方法得到的异质外延 GaN 薄膜。异质外延使用的衬底材料主要有蓝宝石、SiC、Si、$LiAlO_2$、金刚石等。

采用何种技术能够实现外延，是材料生长研究中首先关心的问题。GaN 不论是同质外延，还是异质外延，采用的生长技术通常有 3 种：MOCVD 技术、MBE 技术和 HVPE 技术。

1. MOCVD 技术

金属有机化合物化学气相淀积（MOCVD），又称金属有机气相外延（MOVPE），是制备氮化物半导体材料的重要方法，也是目前产业界最为广泛采用的方法。MOCVD 以 III 族、II 族元素的有机化合物和 V 族、VI 族元素的氢化物等作为晶体生长源材料，以热分解反应方式在衬底上进行气相外延，生长各种 III-V 族、II-VI 族化合物半导体以及它们的多元固熔体的薄层单晶材料。MOCVD 技术具有下列优点：

(1)适用范围广泛，几乎可以生长所有化合物及合金半导体薄膜。

(2)非常适合于生长各种异质结构材料。

(3)可以生长超薄外延层，并能获得很陡的界面过渡，易于通过改变气体流量和种类来制备界面陡峭的异质结或多层不同组分的化合物。

(4)生长易于控制。金属有机分子一般为液体，可以通过载气精确控制金属有机分子液体流量来控制金属有机分子的量，控制形成的化合物的组分，易于通过精确控制多种气体流量来制备多组元化合物，可以通过改变反应气源的气体流量控制化合物的生长速度。

(5)可以生长纯度很高的材料。

(6)外延层大面积均匀性良好。

(7)可以进行大规模生产。

(8)易于掺杂。

由于 MOCVD 具有以上优点，它已成为目前半导体材料生长领域中最常用、最有效的方法之一。

氮化物晶体的生长通常在常压或低压（$1\times10^4\sim1\times10^5$ Pa）下的冷壁或热壁反应室内进行。在 GaN 材料生长中，通常将由 H_2 携带的三甲基镓（TMGa）和氨气（NH_3）同时注入反应室，反应气体输运到高温衬底（如蓝宝石衬底，衬底温度通常为 800～1200 ℃）表面及上方混合，发生化学反应如下：

$$Ga(CH_3)_3(气) + NH_3(气) \rightarrow GaN(固) + 3CH_4(气) \tag{3.1}$$

所生成的 GaN 分子淀积在衬底表面，形成外延薄膜。

2. MBE 生长技术

MBE 是分子束外延(molecular beam epitaxy)的英文缩写。MBE 利用从超高真空系统中来的分子束或原子束沉积在加热的晶体衬底表面进行外延淀积，这些射束通常在努森箱(源发射炉)中加热产生，箱中保持准平衡态，则射束的成分和强度不变。从努森箱喷发出来的射束由射束孔和射束闸门来控制，以直线路径射到衬底表面。在动力学控制条件下，在衬底上冷凝和生长。

MBE 的生长温度低、生长速率慢，使得外延层厚度可以精确控制，生长表面或界面可达原子级光滑度；如果加上带有合适闸门的源箱，就能很方便地引入不同种类的分子束。这些特点对于生长半导体超薄层和复杂结构非常有利，能够实现非常陡峭的界面，以及材料厚度、掺杂量和组分的精确控制。MBE 外延在超高真空中进行的特点也使得系统上可附加大量材料的原位分析设备，如质谱仪、俄歇分析仪、离子轰击装置、各种电子显微镜以及衍射仪、薄膜厚度测试仪等。这些设备可以提供清洁的衬底表面和真空环境以及关于淀积膜的结晶性、组成和结构的重要信息，便于控制和改变生长条件，大大增强 MBE 设备的可控性。

目前 GaN 异质外延生长中，N 源主要采用 RF 等离子体氮源，利用 RF 等离子体源激发 N_2 产生 N 原子束；III 族源大多采用金属单质源，通过热蒸发产生 III 族原子束。由于 N 原子束和 III 族原子束都是电中性的，所以原子束向衬底表面的运动不是依靠电场，而且依靠真空腔内的压力梯度产生的扩散运动，因此原子束到达衬底表面时动能低，约 1 eV 量级，这样不会对衬底表面产生损伤。

3. HVPE 生长技术

HVPE 是氢化物气相外延(hydride vapor phase epitaxy)的英文简写。HVPE 是最早用于 GaN 外延层生长的方法。

GaN 的 HVPE 生长过程中，Ga 通过形成氯化物进行输运，在 800 ℃的源区反应舟中发生如下反应：

$$2HCl(气) + 2Ga(液) \rightarrow 2GaCl(气) + H_2(气) \quad (3.2)$$

在主生长室中，在加热到 1000～1050 ℃的衬底表面发生如下反应，形成 GaN：

$$GaCl(气) + NH_3(气) \rightarrow GaN(固) + HCl(气) + H_2(气) \quad (3.3)$$

HVPE 的一个显著特点就是生长速率高(几十至几百 μm/h)，因此 HVPE 是一种生长厚 GaN 层的很好方法。利用这种方法可以得到 GaN 的体晶材料，即在衬底上异质外延一层厚 0.5～1 mm 的 GaN 层，通过激光剥离去除衬底，最后通过表面抛光就可以获得自支撑(free-standing) GaN 体材料，目前直径可达 3 英寸。HVPE 方法的一个主要缺点就是生长的 GaN 材料点缺陷密度较高，通常为 1×10^{16}～1×10^{17} cm^{-3}，高于 MOCVD 和 MBE 方法生长的 GaN 晶体。

HVPE 与 MOCVD 中的 ELOG(横向外延过生长)技术相结合,可以得到厚的(可达 500 μm)低缺陷 GaN 层,获得高质量的 GaN 圆片。

4. MOCVD、MBE 和 HVPE 的比较

通过上面的分析,可将 3 种不同外延生长技术的优缺点归结如表 3.1 所示。

表 3.1　MOCVD、MBE 和 HVPE 的比较

生长技术	优　势	不　足
MOCVD	原子级界面; 原位厚度监控; 高生长速率; 超高质量薄膜; 高生产量; 成本适中	缺少原位表征; NH_3消耗量大; 由 Mg-H 复合体决定的 p 型 Mg 掺杂需要进行生长后掺杂激活工艺
MBE	原子级界面; 原位表征; 高纯度生长; 无氢环境; 可以使用等离子体或者激光进行辅助生长	需要超高真空; 低生长速率(1～1.5 μm/h); 低温生长; 低生产量; 成本昂贵
HVPE	简单的生长技术; 超高生长速率; 较高质量的薄膜; 准体晶 GaN	非平滑界面; 在氢气环境中工作; 高温度条件

从 GaN 晶体的质量来比较,MBE 最好,MOCVD 次之,HVPE 最低;但是从生长速率来比较,HVPE 最高,MOCVD 次之,MBE 最低。

在实际工作中,经常出现上述 3 种生长技术结合使用的情况,如以 HVPE 和 MOCVD 异质外延生长的 GaN 薄膜作为 MBE 同质外延的衬底,以 HVPE 异质外延生长的 GaN 薄膜作为 MOCVD 同质外延的衬底。

对于 AlGaN/GaN 异质结和 GaN 量子阱材料的生长,MOCVD 和 MBE 技术都可以获得满意的结果。由于 MOCVD 生长速率适中,晶体质量也很高,而且设备简单,工艺重复性好,很适合于批量生产,因此 MOCVD 技术目前是 GaN 及其异质结材料生长的主流技术。

3.2　外延生长基本模式和外延衬底的选择

在 MOCVD 的材料生长过程中,式(3.1)宏观描述了 GaN 晶体分子形成和淀积机制,但微观上的材料生长过程要复杂得多。在衬底表面,高温导致源材料的分解和

其他气相反应，形成薄膜生长的前驱体和副产品，生长物的前驱体输运到生长表面后被吸附，并向能量较低的生长点扩散；随后通过表面化学反应，薄膜原子相互结合进入生长薄膜中，表面反应的副产品则从表面解吸附，最后各种副产品被气流带出反应室。这种 MOCVD 生长的微观动态物化过程主要说明了外延薄膜如何形成，并不能充分说明外延材料如何形成层状或岛状等形貌，以及晶格缺陷产生的原因。这些问题的根源在于异质外延生长的基本模式。

3.2.1　外延生长的基本模式

异质外延通常可以分为 3 种生长模式：Frank-van der Merwe 生长模式[晶体原子一层挨一层地进行二维(2D)生长]、Volmer-Weber 生长模式[淀积原子在表面形成三维(3D)岛]和 Stranski-Krastanow 生长模式(开始时一层一层生长，但是经过几个原子单层后开始形成 3D 岛)。3 种生长模式的示意图如图 3.1 所示。

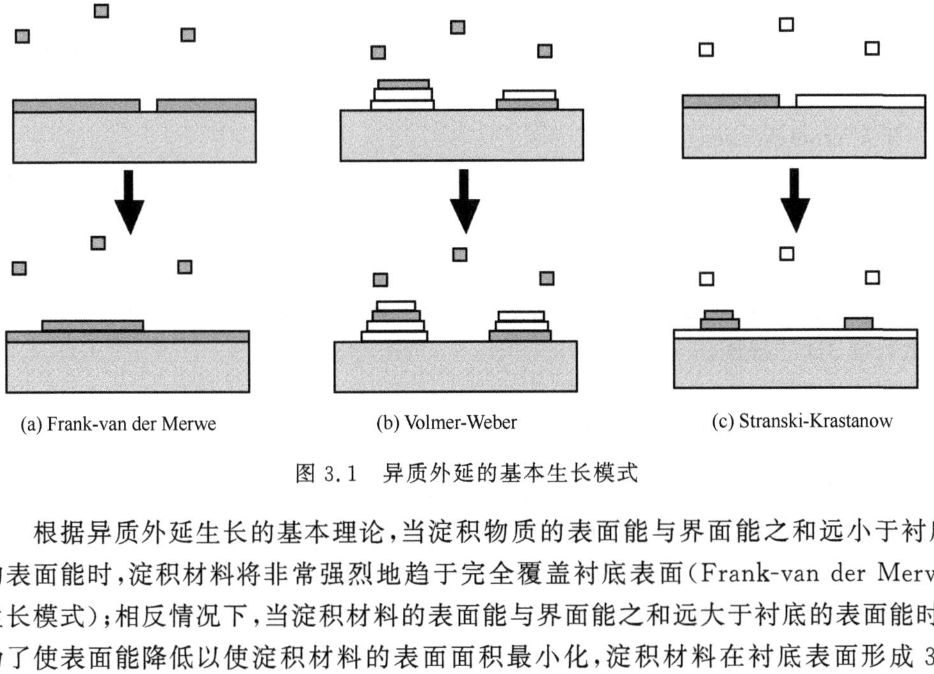

图 3.1　异质外延的基本生长模式

根据异质外延生长的基本理论，当淀积物质的表面能与界面能之和远小于衬底的表面能时，淀积材料将非常强烈地趋于完全覆盖衬底表面(Frank-van der Merwe 生长模式)；相反情况下，当淀积材料的表面能与界面能之和远大于衬底的表面能时，为了使表面能降低以使淀积材料的表面面积最小化，淀积材料在衬底表面形成 3D 岛(Volmer-Weber 生长模式)。最复杂的情况出现在淀积材料的表面能与界面能之和略大于或略小于衬底表面能的时候，这时外延生长会大大依赖于衬底和外延层之间的晶格匹配情况。GaN 在蓝宝石或者 SiC 衬底上的异质外延以及在 GaN 外延层上形成各种异质结结构都属于这种情况。

如果晶格匹配不完美，外延层的晶格应变在生长中会不断积累，引起材料系统总能量的增加。外延层的厚度以及应变能足够大时，系统结构将发生重新排列(即重构)以释放部分应变能,这一厚度即为临界厚度。重构的形式包括产生失配位错和形成 3D 岛等。

在氮化物材料外延生长中,3 种外延生长方式与晶格匹配程度的关系如下:

1. Frank-van der Merwe 生长模式

晶格失配很小而临界厚度很大,或者生长层厚度比临界厚度小时,生长遵循 Frank-van der Merwe 生长模式,具有不同晶格常数的半导体在衬底上能够以赝晶的形式生长(即界面处没有位错)。在这种情况下生长层会发生应变以使面内晶格常数与衬底的晶格常数匹配起来。生长层厚度超过临界厚度时,将会在界面处产生失配位错。在 GaN 外延层上生长 AlGaN 层而形成 AlGaN/GaN 异质结的过程即为这种生长模式。

2. Stranski-Krastanow 生长模式

如果外延层中的应变表现为压缩应力而且晶格失配在合适的范围(2%～10%)内,那么首先会形成薄的二维外延层(称为浸湿层),随后以形成 3D 岛的形式释放累积的晶格应变能,即 Stranski-Krastanow 生长模式。这些 3D 岛在很大程度上是由达到临界应变的外延层分解形成的。

3. Volmer-Weber 生长模式

如果晶格失配大于 10%,3D 岛将直接在衬底上形成,没有浸湿层,即 Volmer-Weber 生长模式。由于 GaN 与蓝宝石的晶格失配为 16%,GaN 在蓝宝石衬底上的生长即为这种模式。生长较厚的 GaN 时,会首先在衬底上形成 3D 岛,3D 岛不断长大,然后相邻的 3D 岛之间产生合并,最后形成了近似 2D 的生长模式,但是晶体表面仍然表现 3D 岛特征。

3.2.2 外延衬底的选择

为了减小衬底和外延材料的晶格失配,选择外延衬底通常要求衬底在晶体结构、晶格常数上和外延材料相近,物理化学性质稳定,晶体质量高、成本低、能获得大的尺寸,电阻率符合要求。

晶格失配率 r 的计算公式为

$$r = \frac{a_{\text{sub}} - a_{\text{epi}}}{a_{\text{sub}}} \times 100\% \tag{3.4}$$

若失配率 r 为负值,表示外延晶体产生了压应变;正值表示张应变。

图 3.2 给出了各种半导体材料的禁带宽度与晶格常数的对照图。表 3.2 给出了 GaN 和 GaN 异质外延可选衬底材料的晶格常数等性质。

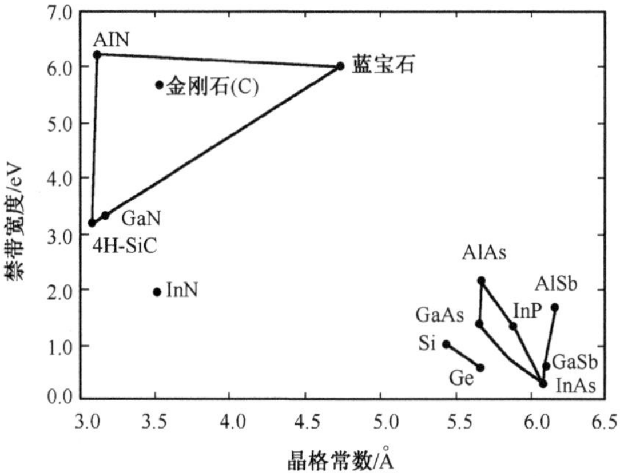

图 3.2　各种不同半导体材料的禁带宽度和晶格常数对照图

表 3.2　GaN 和可选衬底材料的基本参数

衬底晶体	晶格			热膨胀系数/(10^{-6} K^{-1})
	类型	晶格常数 a/nm	与 GaN 的晶格失配	
GaN	六方(纤锌矿)	a=0.3189 c=0.5185	0	5.59 3.17
AlN	六方(纤锌矿)	a=0.3112 c=0.4982	−2.5% (0001)	4.2 5.3
InN	六方(纤锌矿)	a=0.3548 c=0.576	10% (0001)	
α-Al_2O_3 (蓝宝石)	六方(纤锌矿)	a=0.4758 c=1.2991	−16.1% (0001)	7.5 8.5
6H-SiC	六方(闪锌矿)	a=0.3081 c=1.5092	3.5% (0001)	4.2 4.68
4H-SiC		a=0.3073 c=1.0053	3.8% (0001)	
ZnO	六方(纤锌矿)	a=0.3252 c=0.5213	−1.9% (0001)	2.9 4.75
Si	立方(金刚石)	a=0.5431	16.9% (0001)	2.59

目前 GaN 异质外延最常用的衬底材料是蓝宝石、SiC 和 Si。由图 3.2 和表 3.2 均可以看出，蓝宝石与 GaN 的晶格失配很大。需要说明的是，如果根据晶格失配率的计算公式(3.2)，代入表 3.2 中 GaN 和蓝宝石的 a 轴晶格常数，得到的晶格失配率为−33%，但是实际的晶格失配并没有这么大，这是因为 GaN 与(0001)面 Al_2O_3(蓝宝石，sapphire)衬底的外延关系是$(0001)_{GaN}//(0001)_{sapp}$ 和 $[01\bar{1}0]_{GaN}//[11\bar{2}0]_{sapp}$，即两种晶体在(0001)面的参照系存在 30°旋转，因此 GaN 和蓝宝石的晶格失配为

$$r=\frac{a_{sapp}/\sqrt{3}-a_{GaN}}{a_{sapp}/\sqrt{3}}\times 100\%=-16.09\% \qquad (3.5)$$

显然 SiC 与 GaN 的晶格失配要小得多，4H-SiC、6H-SiC 与 GaN 的晶格失配率分别为 3.8%和 3.5%。实验也证明了在 SiC 衬底进行 GaN 异质外延生长要容易得多。

虽然蓝宝石衬底与 GaN 的晶格失配远大于 SiC 衬底与 GaN 的晶格失配，但是在蓝宝石衬底和 SiC 衬底上均可以获得高质量的 GaN 晶体薄膜。蓝宝石衬底价格比 SiC 衬底便宜得多。同时，由于蓝宝石衬底尺寸大、晶体质量高，因此大量有关 GaN 晶体薄膜和 AlGaN/GaN 异质结材料生长的研究都是基于蓝宝石衬底。SiC 衬底的优势则显而易见，它与 GaN 的晶格失配小，热导率比蓝宝石衬底高得多，所以对于大功率氮化物器件宜采用 SiC 材料作为衬底。

Si 仍然是半导体技术的主流，不论是氮化物自身的发展还是化合物半导体与 Si 的融合都使得在 Si 衬底上外延氮化物成为具有战略性意义的发展方向。然而，Si 上外延 GaN 宜选取 Si 表面为(111)面(面内为三重对称性)而非 Si 技术常用的(100)面，即便如此，Si 与 GaN 之间也有 16.9%的晶格失配和 56%的热失配，使得 Si 上外延 GaN 的应力很大，在 Si 上生长高质量、不开裂的 GaN 及其异质结是难度非常大的。目前，通过过渡层、插入层、原位钝化等方法[1,2]已能较好地实现外延材料应力的释放和控制，获得高性能的 Si 上氮化物材料和微波功率器件。

3.3　MOCVD 生长氮化物材料的两步生长法

异质外延中外延材料(如 GaN)和衬底材料(如蓝宝石)之间总是存在晶格失配和热膨胀失配。如果直接在蓝宝石衬底上高温外延 GaN 薄膜，由于 GaN 与蓝宝石衬底的晶格失配很大，根据理论计算，产生失配位错的临界厚度要远小于一个原子层的厚度，因此在最初的生长中，不可能形成完整的原子层。并且由于 Ga—N 键的结合能很强以及衬底与外延层的大失配造成 GaN 吸附原子的表面扩散很困难，其生长模式是 Volmer-Weber 生长模式。早期 GaN 的生长工艺不仅难以得到表面光滑、无裂缝的薄膜，而且外延薄膜具有很高的背景载流子浓度。

为了解决失配以及高背景载流子浓度的问题，1986 年，Amano 等人开发了两步生长法[1]，首先在低温下生长 AlN 成核层，然后再升到高温生长 GaN，这种方法的采用大大提高了 GaN 外延层的质量。Nakumura 等人也报道了这种技术，他们发现采用低温 GaN 成核层也能起到同样的作用，并且成核层的厚度对 GaN 的形貌和晶体质量有着重要的影响[2]。两步生长法成为目前氮化物材料 MOCVD 生长的主流方法。

3.3.1　两步生长法的步骤

在蓝宝石衬底上以两步法生长 GaN 的生长过程如图 3.3 所示，主要包括以下几个步骤：

1. 高温衬底清洗

在 1000 ℃左右的高温下，将氢气通入反应室，能去除蓝宝石衬底表面的污染物，并在衬底表面形成台阶结构，提高 GaN 的结晶质量。

2. 衬底表面氮化

生长 GaN 成核层之前，在低温或高温下预先将 NH_3 通入反应室中，令蓝宝石衬底表面氮化，有利于形成成核中心，增加 GaN 成核层与衬底的黏附，同时还能提高 GaN 的表面形貌。但是长时间的氮化则会导致氮化层由多晶转变成单晶，从而形成密度较高的表面凸状结构。

3. 成核层生长

较常用的成核层是低温(500～650 ℃)GaN 或者低温 AlN。低温生长的成核层表面连续而且较光滑，但是缺陷很多，还包含有立方和六方相等混合晶系。成核层的重要性在于它能够使 GaN 初期的 3D 生长模式转换为 2D 的层状生长模式。

4. 退火和成核层表面重构

当低温成核层生长完成之后，温度上升到外延层生长温度的过程对成核层具有高温退火作用。成核层的表面形貌和尺寸强烈依赖于退火的温度和时间以及升温速率。实验表明，退火时间较短有利于形成较高质量的 GaN 外延层，长时间的退火会刻蚀成核层(由于没有通入 TMGa 或 TEG)，从而导致成核层的厚度减薄。因此，高温退火的优化也是获取高质量 GaN 的关键步骤。

5. GaN 外延层高温生长和降温

GaN 外延层的生长温度对 GaN 的质量影响极大。GaN 的高键能导致需要高生长温度才能使原子在生长表面迁移。只有在高温下才能获取高质量的 GaN 外延层，通常在 AlN 或 GaN 成核层上生长 GaN 外延层的温度为 1000～1100 ℃。高生长温度下抑制 GaN 分解需高 N_2 分压，导致使用的 V/III 比值也较高。GaN 的分解温度在 900 ℃左右，因此当生长完成后，往往需要在 NH_3 气氛中降温。

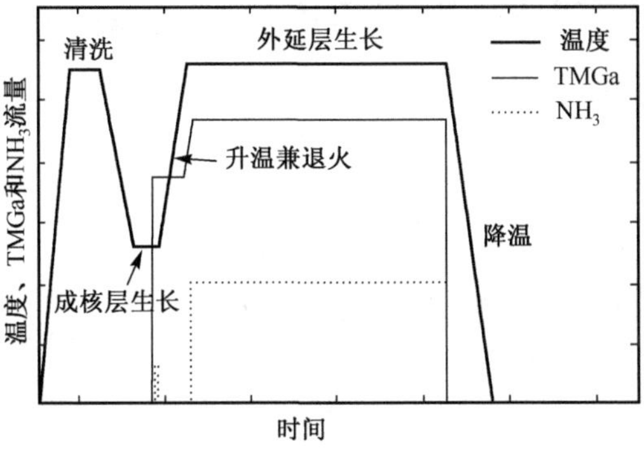

图 3.3　GaN 的两步法生长工艺过程

3.3.2　蓝宝石上两步法生长 GaN 的生长模式演化

如图 3.4 所示，蓝宝石上两步法生长 GaN 的生长模式和缺陷行为有一个逐渐演化的过程。在形成厚度为 10～100 nm 的低温成核层后，如图 3.4(a)所示，升温退火令成核层表面发生重结晶，削弱了其晶界特征，对晶界位错有阻挡作用，为后续的 GaN 外延层生长打好基础。随后开始高温（1000～1150 ℃）生长 GaN 外延层，刚开始的一薄层具有在低温成核层上高温成核的作用，如图 3.4(b)所示。当外延层厚度继续增加到约 50 nm 时，其形貌为密集柱状晶体，柱状晶体选择一定的晶向继续生长，如图 3.4(c)所示。随后 GaN 继续生长形成 3D 岛，如图 3.4(d)所示。在外延层厚度达到 200～300 nm 时，3D 岛的横向生长使得相邻岛开始合并，如图 3.4(e)所示。继续生长，则 3D 岛完全合并[如图 3.4(f)所示]，在合并处产生位错，此时 GaN 按 2D 层状模式继续生长。

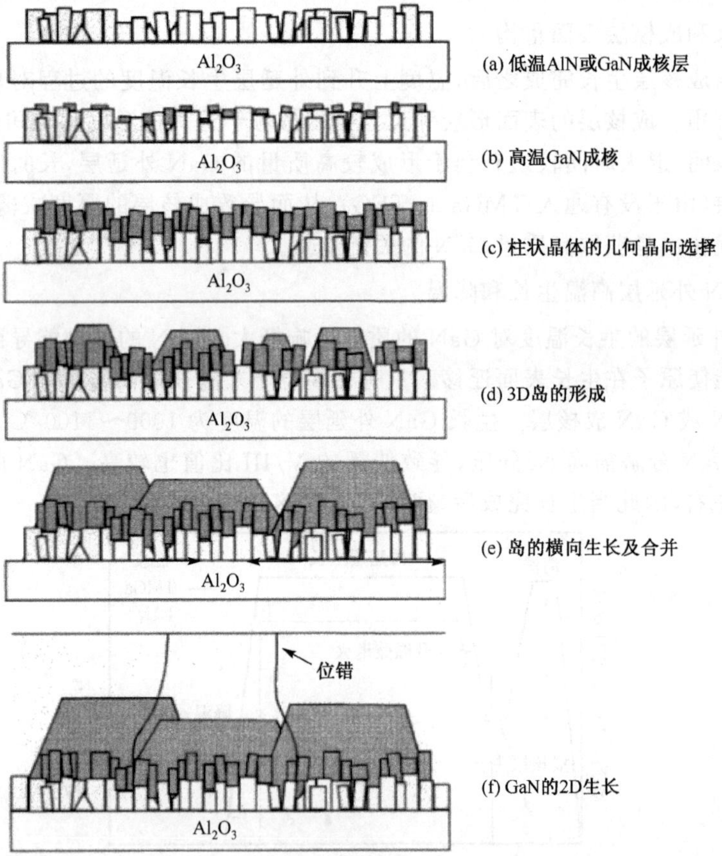

图 3.4　蓝宝石衬底上 GaN 的生长过程[3]

3.4　氮化物材料外延的成核层优化

在两步生长法中，成核层主要起到了以下 3 个作用：

(1)成核层提供了与衬底取向相同的成核中心；

(2)成核层释放了 GaN 和衬底之间的晶格失配产生的失配应力以及热膨胀系数失配产生的热应力；

(3)成核层为进一步的外延层生长提供了平整的成核表面，减少其成核生长的接触角，使岛状生长的 GaN 晶粒在较小的厚度内能连成面，转变为二维生长。

成核层的生长条件和厚度都会显著地影响氮化物材料外延薄膜的结晶质量和缺陷性质，其生长优化具有重要的意义。生长条件的优化需要系列性的实验，下面主要介绍如何提高外延层的结晶质量。

3.4.1　低温 GaN 成核层

对于蓝宝石衬底上的低温 GaN 成核层，其生长速率不同但反应室压强、V/III 比、温度等生长条件以及厚度完全相同时，成核层生长速率较快的样品具有较低的位错密度和较平滑的表面形貌，如图 3.5 所示[4]。分析认为，由于刃位错产生于岛间合并，而生长速率较快的成核层形成了尺寸较大、密度较小的成核岛，岛间合并界面面积小，有利于降低位错密度。进一步分析发现，大尺寸、低密度的成核层对 GaN 外延层残余应力的释放起到了很好的作用，这也有利于晶体质量的提高。在电学特性方面，成核层生长速率较快的样品具有较高的背景电子浓度和电子迁移率，分析认为可能是具有深受主陷阱作用的刃位错较少，从而减小了对背景载流子的俘获作用。

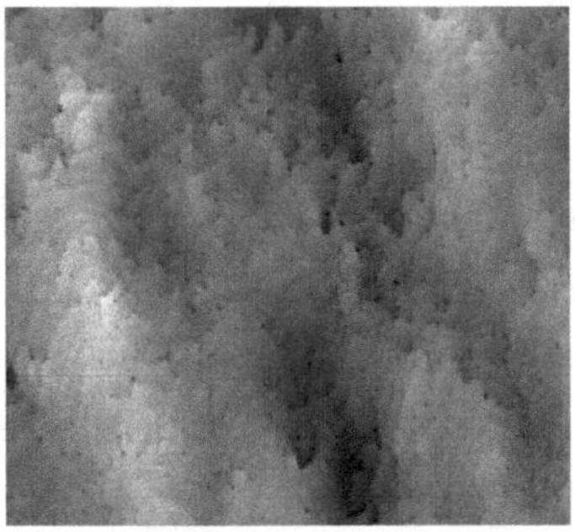

(a)成核层生长速率慢，表面均方根粗糙度RMS=1.5 nm

(b)成核层生长速率快，RMS=0.4 nm

图 3.5　生长速率不同的低温 GaN 成核层对 1.5 μm GaN 外延层 AFM 表面形貌的影响

低温 GaN 成核层生长之后的退火通常是以升温过程实现的一个变温的退火，但也可引入一个专门的定温退火工艺。该定温退火工艺能够提高材料的结晶质量，其最优化温度可能是介于成核层生长温度和 GaN 外延层生长温度之间的温度，如图 3.6 所示。分析认为成核层经过专门的定温退火工艺重结晶后，三维岛的晶向更为一致，相邻的岛在成核阶段更易形成大岛，大岛在合并时有小的界面面积，所以合并时产生的位错也相对减少，晶体质量得到提高。

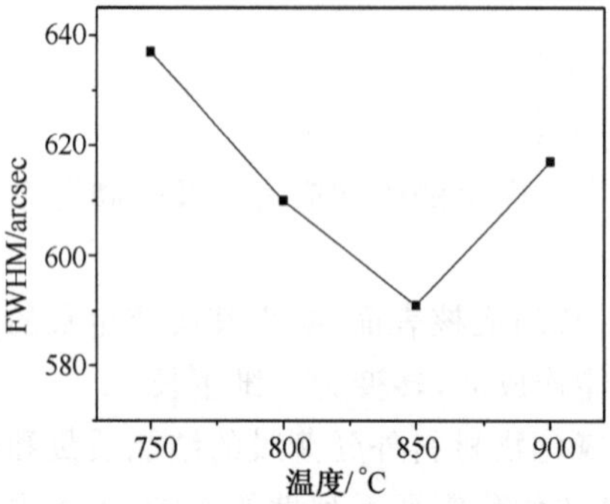

图 3.6 GaN 的(002)面摇摆曲线 FWHM 与低温 GaN 成核层退火温度的关系曲线

蓝宝石上采用低温 AlN 成核层能够获得结晶质量较高的 GaN 外延层，但由于生长过程中 Al 原子的黏附性强而移动性较差，AlN 横向生长较慢，易形成高密度的 3D 岛，对蓝宝石衬底很难完全覆盖。这样的话，在 GaN 外延层的高温生长过程中，蓝宝石衬底中的 O 原子会向上扩散，在 GaN 中形成浅施主，在低温 AlN 成核层/高温 GaN 外延层界面形成一个掩埋电荷层，形成漏电通路。这一点可以由台面隔离漏电、*C-V* 测试和二次离子质谱(SIMS)分析证实。

3.4.2 高温 AlN 成核层

优化的高温 AlN 成核层一方面能够实现高质量 GaN 外延层，另一方面能够有效地克服漏电问题。根据我们的实验[5]，生长厚度、V/III 比和温度都得到优化的高温 AlN 成核层上生长的 AlGaN/GaN 异质结中，霍尔迁移率达到 1549 $cm^2/(V \cdot s)$，与背景电子浓度相关的 *C-V* 载流子浓度在 GaN 深处降低至约 1×10^{13} cm^{-3}，实现了电阻率较高的 GaN 外延层。高温 AlN 成核层厚度在 30～150 nm 内增加时，GaN 中的背景电子浓度逐渐降低，电子迁移率逐渐升高，材料表面形貌和晶体质量变好，这种趋势在成核层厚度达到 100 nm 时基本达到饱和。高温 AlN 成核层的优化 V/III 比约为 800，V/III 比继续增加则 GaN 外延层形貌变差、缺陷增加，分析认为是预反应加强以及 Al 原子在蓝宝石衬底上的表面迁移率降低造成的。高温 AlN 成核层的优化生长温度约为 1000 ℃(如图 3.7 和图 3.8 所示)，分析认为较低的温度会使 Al 原子在材料表面迁移变弱、AlN 成核岛密度降低、后续 GaN 生长过程中岛间合并困难，从而形成了没有完全合并的表面形貌以及较低的晶体质量，如图 3.7(a)和(b)所示。过高的温度又会加剧 TMA 与 NH_3 的预反应，从而恶化 AlN 自身的质量，进而影响到 GaN，如图 3.7(d)所示。

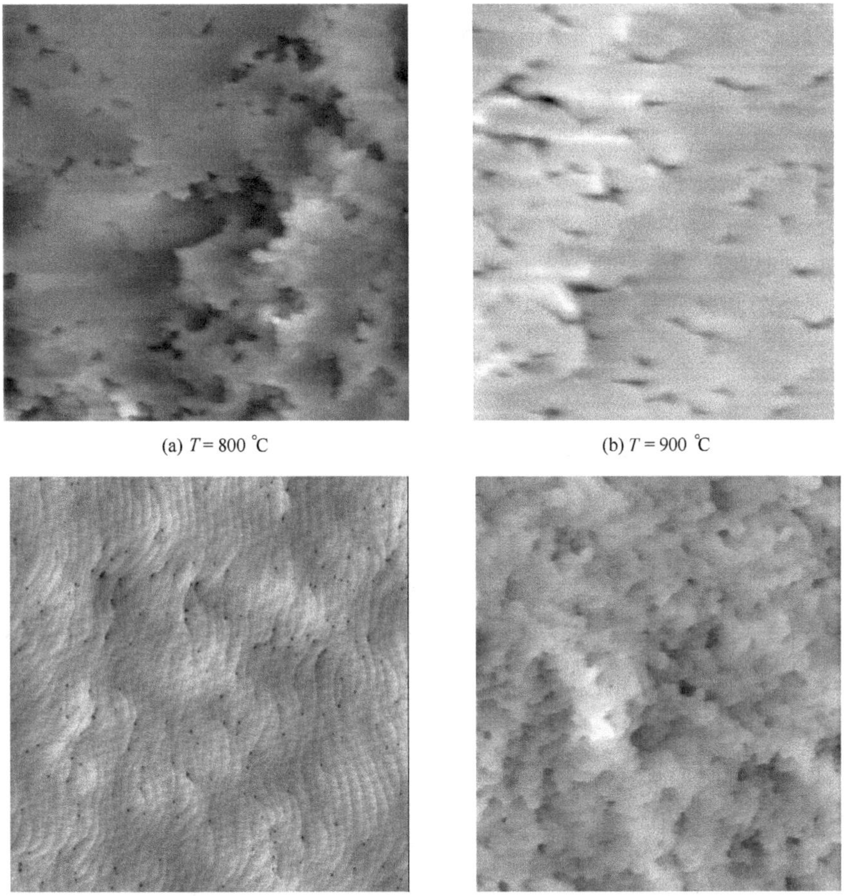

(a) $T = 800$ ℃　　(b) $T = 900$ ℃

(c) $T = 1000$ ℃　　(d) $T = 1100$ ℃

图 3.7　GaN 的 AFM 表面形貌与高温 AlN 成核层温度的关系

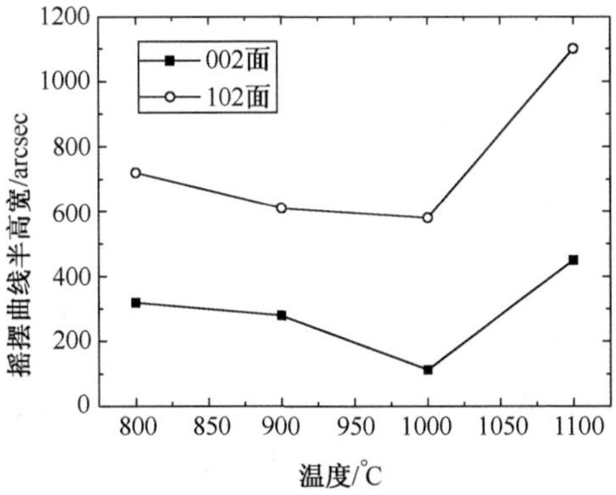

图 3.8　GaN 的结晶质量与高温 AlN 成核层温度的关系

3.4.3　间歇供氨生长的高温 AlN 成核层

蓝宝石衬底上连续生长的高温 AlN 成核层中存在较大的应力，导致 GaN 中也有较大的残余应力，这对器件的可靠性可能有负面影响。进一步采用间歇供氨的生长方式生长 AlN 成核层[6]（如图 3.9 所示），所获得的 GaN 的残余应力大大降低。根据 GaN 的 X 射线 2θ-ω 扫描曲线，得到 GaN 的 c 轴晶格常数为 0.5187 nm，接近 GaN 的理想晶格常数。同时材料的结晶质量（如图 3.10 所示）和表面光滑度均有所改善，AlGaN/GaN 异质结的霍尔迁移率上升到 1700 $cm^2/(V \cdot s)$，GaN 的背景电子浓度也进一步降低。

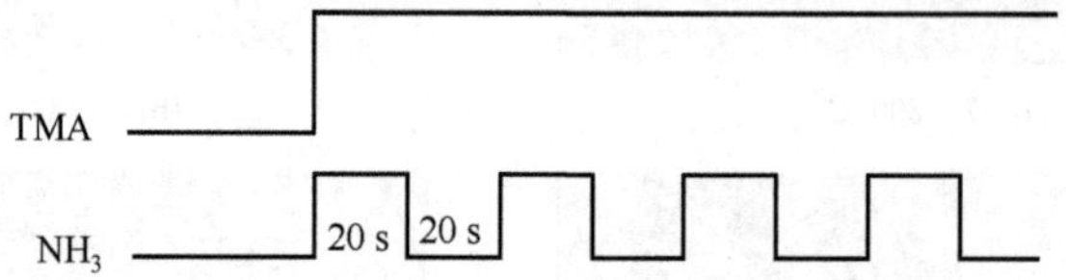

图 3.9　间歇供氨生长 AlN 示意图

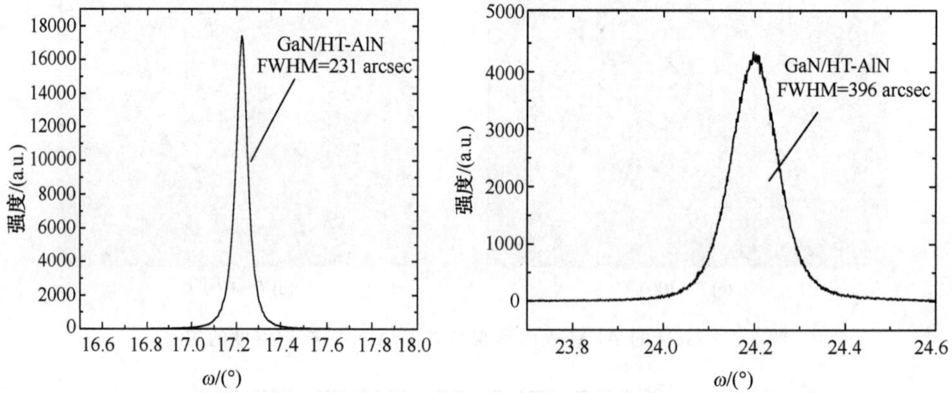

(a) (002)面摇摆曲线　　(b) (102)面摇摆曲线

图 3.10　间歇供氨高温 AlN 成核层上 GaN 外延层的(002)面和(102)面的摇摆曲线，FWHM 为半高宽

分析认为，用间歇供氨方式生长的 AlN 增加了 Al 原子的表面迁移时间，TMA 和 NH_3 的分时输运降低了 TMA 和 NH_3 的预反应，增强了 AlN 成核岛的合并和二维生长模式，得到了晶体质量较好和应力较小的 AlN 成核层，而又由于 AlN 和 GaN 之间的晶格失配较小，因此在 AlN 上继续生长的 GaN 可以获得较高的晶体质量和表面质量以及极小的残余应力。高的晶体质量和良好的表面以及界面是获得 AlGaN/GaN 异质结高电学性能的主要原因。

3.5　氮化物材料外延层生长条件对材料质量的影响

外延材料本身的生长条件如温度、V/III 比、生长速率、反应室压力等和外延层厚度也会显著地影响氮化物材料外延薄膜的结晶质量和缺陷性质。理想的 GaN 外延层具有较低的背景载流子浓度、较高的迁移率和较低的缺陷密度。众所周知，MOCVD 生长的 GaN 往往表现为非故意 n 型掺杂，对于高质量的 GaN 来说，理想的背景载流子浓度应该低于 $1\times10^{16}\ \mathrm{cm}^{-3}$。大量报道表明，O 原子和非故意掺杂的杂质以及 N 空位等是 GaN 中背景载流子的主要来源。

V/III 比影响 GaN 的化学计量比，即影响材料中的空位和间隙原子的浓度。这些本征缺陷自身也是电活性的，N 空位为单施主，而 Ga 空位为三重受主。当晶体中某一空位浓度增加，杂质占据此空位的概率也就增大。因此 V/III 比会影响杂质的介入以及材料的电学和光学性质。在 GaN 中，O 和 C 可占据 N 空位，而 Si 和 Ge 则容易占据 Ga 的位置。V/III 比对 GaN 的残余应力也有一定影响。

MOCVD 反应室中保持较大的氨气分压可以有效地抑制 N 空位的形成，因此在 GaN 高温生长的时候需要很高的 V/III 比，当然需要较高的 V/III 比的另一原因还是因为氨气的分解效率比较低。但是极高的 V/III 比(超过 5000)会导致氨气和 Ga 的 MO 源预反应加剧，从而降低生长速率和恶化表面形貌。

在成核层以及高温 GaN 生长初期阶段，V/III 比对 GaN 的生长模式起着关键的作用。高温 GaN 生长初期，较低的 V/III 比有利于 Ga 原子在材料表面扩散，成核岛的生长倾向于横向扩展，加快了成核岛合并以及向 2D 生长模式的转化；而在较高的 V/III 比下，增多的 N 原子使得 Ga 原子表面扩散长度变短，成核岛的生长倾向于沿纵向 3D 发展，增加表面粗糙度，延长成核岛合并时间。对于 2D 生长来说，最优的 V/III 比为 1000～5000，具体情况依赖于反应室的设计。

在外延层生长温度、压强和厚度等条件对外延层质量的影响方面，以我们自主研制的低压立式 MOCVD 设备的实验结果为例说明。其具体数据在不同的设备上会有较大的差别，但规律是相似的。

在低温 GaN 成核层上采用不同生长温度生长厚度相同的 GaN 外延层时，以光学显微镜观察材料的表面形貌(如图 3.11 所示)发现，当温度超过 1060 ℃时，表面会出现密度极高的六方缺陷，随着温度的降低，六方缺陷的密度减小，当温度降低至 1020 ℃后，六方表面形貌消失，表面为镜面，而当温度降低至 1000 ℃以下，材料表面出现黑点。过高的生长温度令 GaN 材料的表面质量严重恶化，分析认为可能的原因如下：一方面是较高的温度下 GaN 的分解加剧，虽然 NH_3 可以起到一定的保护作用，但低温成核层的表面形貌仍然出现退化，影响了后续高温 GaN 的成核、生长模式以及材料应力和缺陷的形成和演化过程，导致 GaN 表面形貌变差；另一方面，或许是由于高温使得外延层的成核岛密度过小、尺寸过大，从而导致高温 GaN 生长过程中无法完全合并。

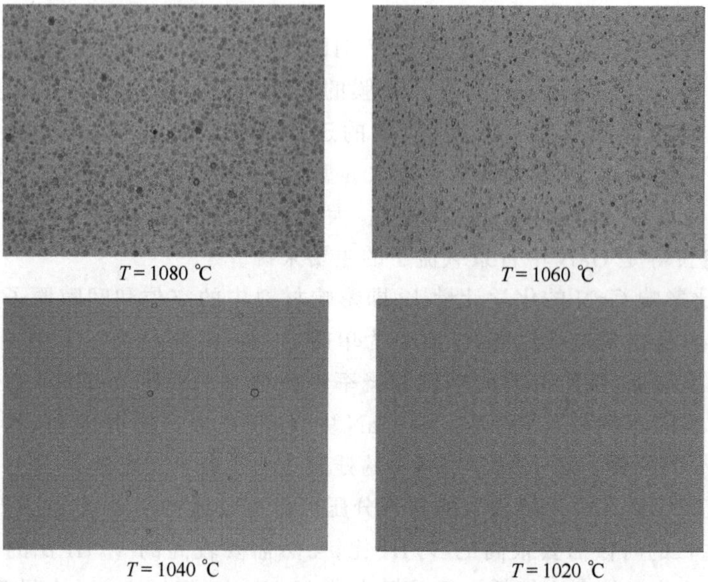

图 3.11　在高温 GaN 生长初期温度与表面形貌之间的关系

在生长压强的影响实验中，选择 2500 Pa、5000 Pa、10000 Pa、20000 Pa 4 个压强点生长了厚度约 1.1 μm 的 GaN 外延层[7]。总体上，随着反应室压强的增加，GaN 薄膜表面的 AFM 形貌逐渐粗化，如图 3.12 所示。当生长压强从 2500 Pa 增加到 5000 Pa 时，GaN 材料表面具有原子台阶，但台阶的宽度增加。更高的生长压强得到的 GaN 薄膜表面急剧粗化，原子台阶模糊，并且出现了大的丘状和谷状形貌。分析认为，低压条件有利于高温 GaN 岛的横向生长，而高压条件有利于它们的垂直生长，因此高压条件生长的初始高温 GaN 成核岛密度低、尺寸大，在生长过程中不易合并，造成了 GaN 外延层材料起伏较大的表面形貌。然而，低密度、大尺寸的初始高温 GaN 成核岛在岛间合并时产生的位错较少，因此有利于提高晶体质量，X 射线摇摆曲线半高宽随着生长压强升高而下降。霍尔效应测量说明，高压条件生长的 GaN 外延层具有较高的背景电子浓度，这可能是由于能够俘获自由载流子的位错的密度较低引起的。

GaN 外延层的厚度也会影响其结晶质量和二维薄膜的连续性。在同样的成核层上生长不同厚度的 GaN 外延层，可发现 0.8 μm 厚的 GaN 表面形貌明显好于 0.4 μm厚的 GaN 的形貌。当 GaN 厚度为 0.8 μm 时，GaN 已经完全合并。随着厚度的增加，GaN 的表面平整度有所提高。但是在 GaN 厚度超过 1.2 μm 时，GaN 表面形貌基本变化不大。X 射线摇摆曲线半高宽随着 GaN 厚度的变化也表现出相似

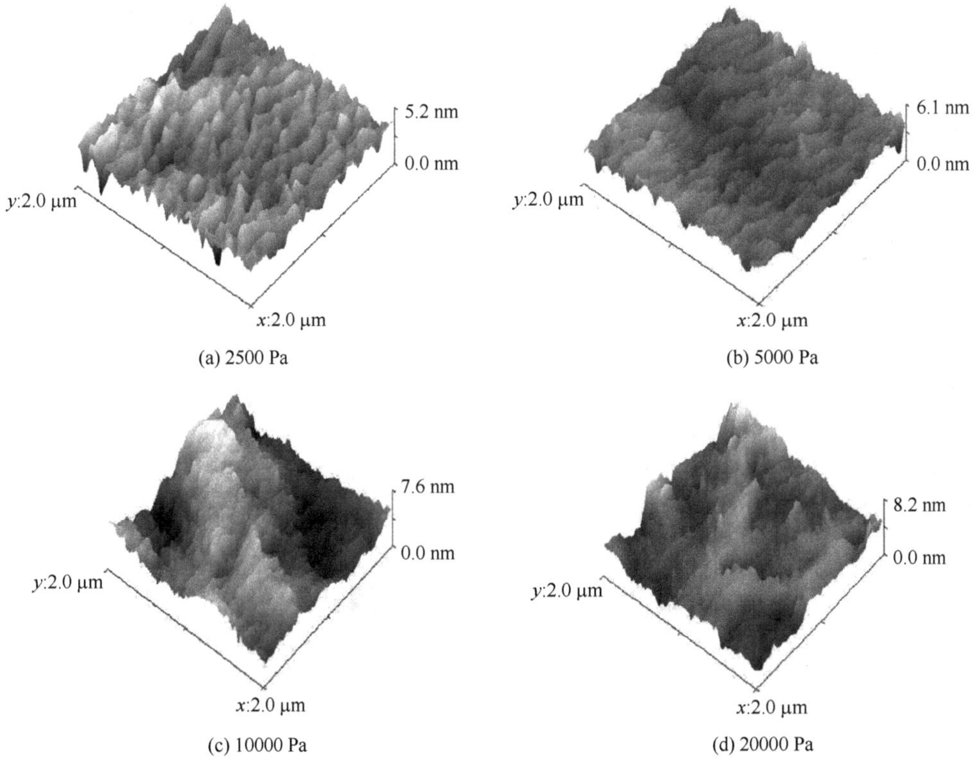

图 3.12　GaN 薄膜表面原子力显微镜图像

的趋势，说明 GaN 中的位错密度随着厚度增加而下降的速度在 GaN 厚度较小时较快，但当 GaN 厚度超过 1.2 μm 后下降的趋势变缓。一般情况下，GaN 中位错的减少主要是通过位错阻断和位错转向来实现。在没有插入层或其他阻断机制的情况下，位错转向机制占主导作用。初期高温 GaN 生长主要是集中于成核岛上，生长模式也主要是 3D 生长。随着成核岛尺寸变大，3D 成核岛逐渐合并成 2D 薄膜。在 3D 转化为 2D 的过程中，一些位错的延伸方向会发生转向，从而无法继续形成贯穿位错，因此位错密度在一定程度上得到有效抑制。当 GaN 厚度足够大，生长模式变为准 2D 生长以后，位错发生转向的概率降低，湮灭速率下降，最终 GaN 晶体质量趋于稳定。

GaN 外延层的生长过程在微观上看，首先是在低温 GaN 成核层上进行 GaN 高温成核，然后是 3D 成核岛的横向生长合并，合并后 GaN 以 2D 层状模式生长，如图 3.4(e)所示。这一过程可始终采取同一工艺条件完成，也可以根据这几个不同生长阶段的特点采取不同的工艺条件来生长。将 GaN 外延层分为初始阶段的合并层和随后的二维层两部分来生长[8]，则在合并层生长时减小 V/III 比和增大生长压强有利于降低材料的位错密度。分析认为，在高温 GaN 生长的初始阶段，以低 V/III 比提高横向生长速率可以增大 3D 成核岛的尺寸、减小岛的密度，有利于快速实现岛间合并，转为准二维的生长模式，合并处的位错密度减小，有利于提高 GaN 材料的生长质量。合并层生长压力的提高有类似的效果。然而，合并层的 V/III 比有最优值，如果 V/III 比降得过低，反应物就会出现 Ga 源的过量，在显微镜下可观察到样品表面出现大量的黑点缺陷。

我们又进一步采用低温 AlN 加脉冲 MOCVD 生长 AlN 基板的复合 AlN 成核层[8]，并将 GaN 外延层细分为 GaN I、GaN II 和 GaN III 3 个阶段来生长，整个 GaN 层的厚度为 2 μm。GaN I 为高温 GaN 的初始生长阶段，采用低的 V/III 比条件(1700)，以利于成核岛的快速合并；GaN II 采用高的 V/III 比(4000)，以减少 N 空位，提高 GaN 材料生长质量；GaN III 采用低的 V/III 比(1700)，以提高 GaN 表面形貌的平整度。这一生长流程获得了极高质量的 GaN 外延材料，其 2 μm×2 μm AFM 图像(如图 3.13 所示)表面有清晰且近似平行的原子台阶，均方根粗糙度仅为 0.185 nm；X 射线摇摆曲线(如图 3.14 所示)(102)面的半高宽为 348 arcsec，(002)面的半高宽更是低至 70 arcsec，这是同时期所报道的在蓝宝石衬底上生长出的最高质量的 GaN 材料。

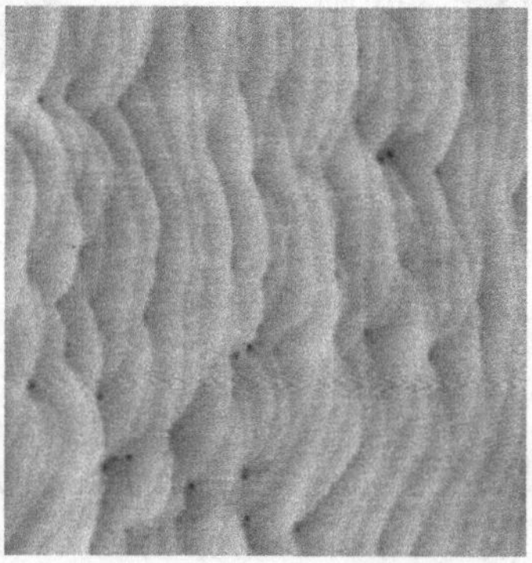

图 3.13　复合 AlN 成核层上变 V/III 比生长 GaN 的 AFM 表面形貌

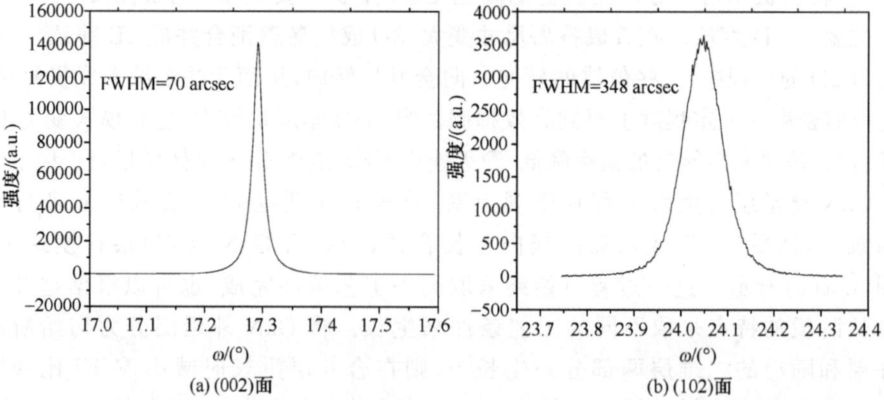

图 3.14　复合 AlN 成核层上三阶段生长 GaN 的 X 射线摇摆曲线

3.6　氮化物单晶薄膜材料的缺陷微结构

GaN 异质外延薄膜内存在大量缺陷微结构。图 3.15 示意性地给出了目前已报道的 MOCVD 异质外延 GaN 中存在的缺陷情况。这些缺陷有以下几种：

(1)点缺陷——替位、间隙、空位原子、复合物[9]

(2)线缺陷
- 穿透位错[10]
  - 螺位错：$\boldsymbol{b} = \langle 0001 \rangle$
  - 刃位错：$\boldsymbol{b} = 1/3\langle 11\bar{2}0 \rangle$
  - 混合位错：$\boldsymbol{b} = 1/3\langle 11\bar{2}3 \rangle$
- 失配位错[11]

(3)面缺陷
- 相界
  - 反向边界(IDB)[12,13]
  - 平移边界(TDB)
    - 堆垛层错(SF)
    - 反相边界(APB)[13]
    - 双位边界(DPB)(仅见于 SiC 衬底上的外延层[14,15])
  - 孪晶(仅见于 SiC 衬底上的外延层)[16]
- 晶界——小角晶界(LAGB)[17]

(4)体缺陷——沉淀物、裂纹和空洞

下面按照材料从下向上生长的空间顺序介绍这些缺陷的微结构特征。

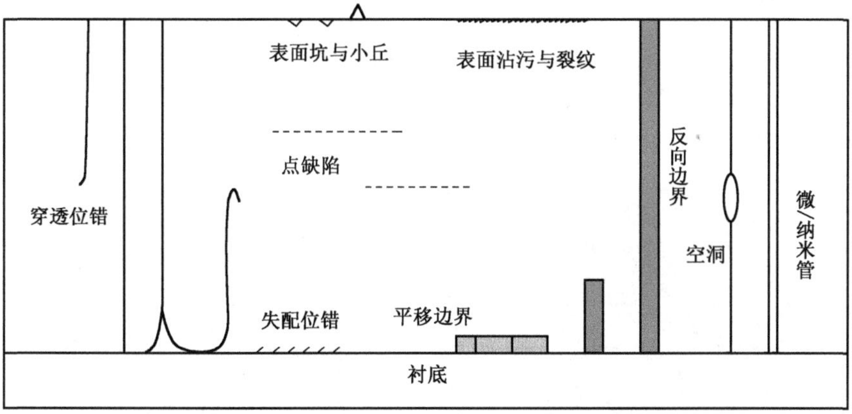

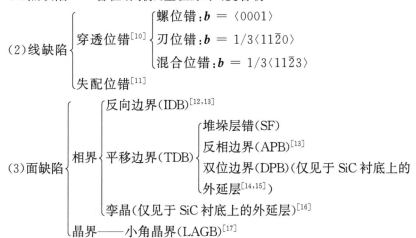

图 3.15　MOCVD 异质外延 GaN 薄膜内存在缺陷的示意图

3.6.1　衬底与成核层界面的微结构——失配位错

在衬底与成核层的界面存在大量的失配位错。图 3.16(a)是蓝宝石衬底与 GaN 成核层界面的高分辨透射电镜(HRTEM)晶格像，为使晶格缺陷更为清晰可见，将该图像进行傅里叶变换，去除平行于界面方向晶面的衍射斑，再进行逆傅里叶变换，得到图 3.16(b)，可以清楚地看到界面处的晶格失配情况，几乎每隔七八个原子层就会出现一处失配。位错线垂直于纸面方向，即平行于衬底表面。

失配位错顾名思义产生于晶格失配。衬底与成核层界面处大量的失配位错，说明了成核层作为牺牲层释放了异质外延带来的晶格失配应力，是后续高温 GaN 外延层质量的保障。这是成核层的重要作用之一。

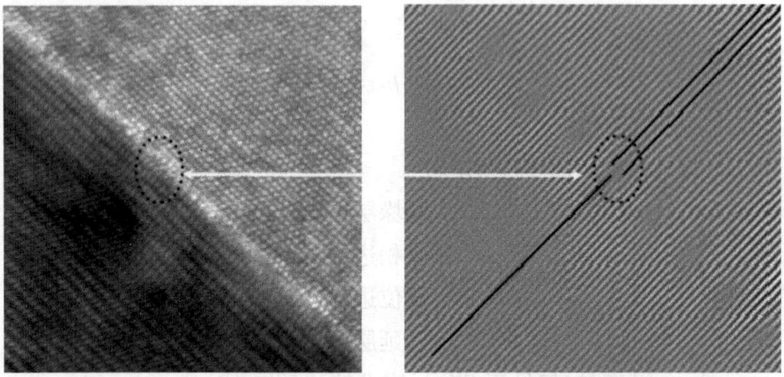

(a) 蓝宝石与GaN成核层界面的HRTEM晶格像　(b) 经傅里叶变换处理后的图像更清楚地显示了失配位错

图 3.16　蓝宝石与 GaN 成核层界面失配位错的表征

3.6.2　成核层内的微结构——堆垛层错、局部立方相和反向边界

在成核层内部存在大量平移边界，对于衬底为蓝宝石的样品，这些面缺陷主要是堆垛层错[12]。图 3.17(a)是典型的这类面缺陷的 HRTEM 晶格像，同样，经傅里叶变换处理后的图 3.17(b)更清楚地显示了界面处的错排情况，原子堆垛次序由纤锌

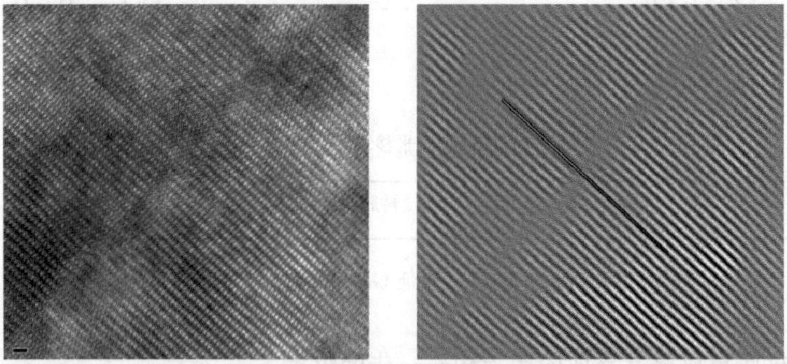

(a) GaN成核层内部堆垛层错的HRTEM晶格像　(b) 经傅里叶变换处理后的图像更清楚地显示了原子面的排列次序

图 3.17　GaN 成核层内堆垛层错的表征

矿的 ABABAB…变为闪锌矿的 ABCABC…。堆垛层错面将纤锌矿的六方相与闪锌矿的立方相分开。对于衬底为 6H-SiC 的样品，还存在反相边界[13]、双位边界[14,15]和孪晶[16]，这些面缺陷的形成与衬底的表面状况有很大关系。相对于堆垛层错来说这些缺陷并不常见，对材料性质影响不大。

低温成核层虽然含有许多晶粒和不同相，但却仍能得到接近均一取向的 GaN 层，这是因为立方相和六方相之间的转化只需要引入一个堆垛层错，纤锌矿结构可以很容易地在闪锌矿结构的{111}面上生长。然而，也正是由于这一原因，在某些情况下，成核层中的立方相仍可以延伸到 GaN 层中，形成局部的立方相。这一立方相部分会终止于体内，部分会向上传播至表面。Mg 含量较高的样品常可以检测到局部立方相，它在表面的露头为三角状凹坑，如图 3.18 所示，这种形状符合闪锌矿晶体结构的对称性。总能量计算表明，Mg 原子在优先与 N 原子结合的过程中易产生生长次序的紊乱[18]，因而局部立方相形成的概率更大。

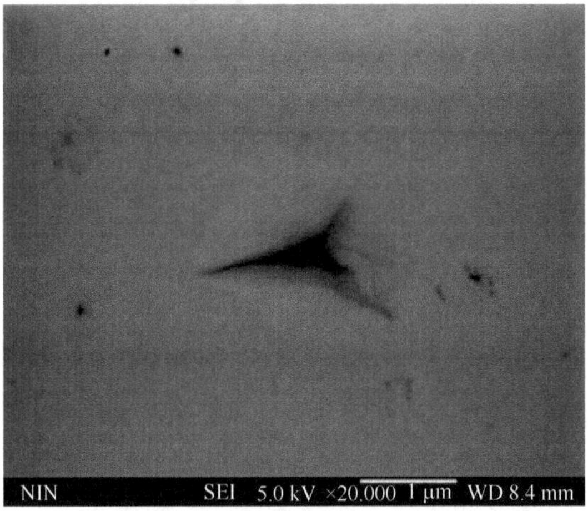

图 3.18　Mg 掺杂 GaN 表面形貌的 SEM 图片，传播到晶体表面的局部立方相形成三角状凹坑

电子背散射衍射分析技术(EBSD)是利用电子衍射进行晶体取向和相畴的分布检测的有效工具，与 TEM 所不同的是，它是用背散射电子的衍射图样，因此，反映的主要是近表面层的晶体结构状况。对于延伸到晶体表面的立方相，或者对于比较薄的 GaN 晶体，这种方法可以用于 GaN 内立方相的表征。图 3.19(a)所示是在 1 μm 厚 GaN 外延层上 30 μm× 30 μm 范围内不同相的分布图，点状区域的平均晶粒尺寸为 0.5 μm，其对应的电子背散射衍射图样和极图表明了该区域为闪锌矿结构，如图 3.19(b)所示。大面积的背景区域对应的电子背散射衍射图样和极图如图 3.19(c)所示，表明该区域为纤锌矿结构。

(a) 1 μm厚GaN外延层上30 μm×30 μm范围内不同相结构的分布图

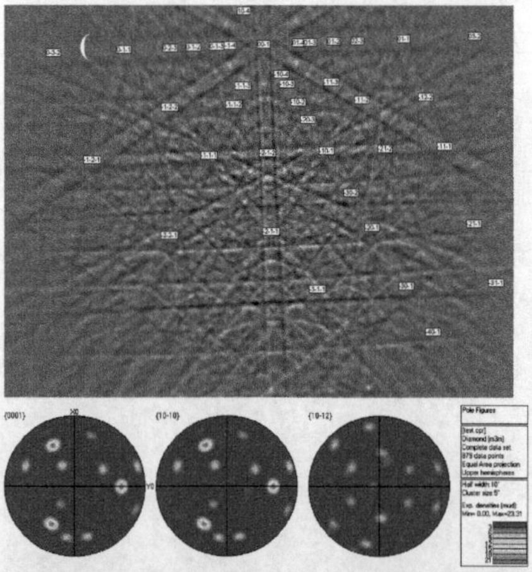

(b) 图(a)中点状区域的电子背散射衍射图样和极图，表明该区域为闪锌矿结构

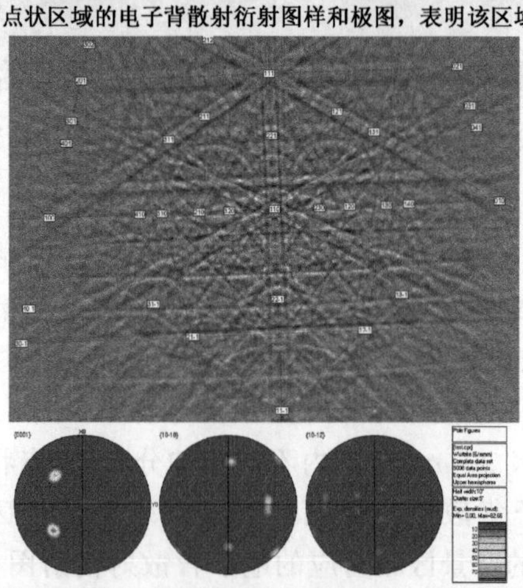

(c) 图(a)中背景区域的电子背散射衍射图样和极图，表明该区域为纤锌矿结构

图 3.19 GaN 中不同晶相的表征

氮化和成核层的作用同样表现在极性的选择[13]。在 MOCVD 系统高 V/III 比的生长条件下，N 面在低温下很稳定，因此蓝宝石衬底的氮化工艺使得初始的生长面为 N 面，若成核层生长时间控制合理，在接下来的生长过程中，高温 GaN 层通常为 Ga 面极性。如果氮化或成核层工艺控制不当，会使高温 GaN 层局部出现与周围极性方向相反的反向边界。反向边界有些会终止于体内，有些会在表面露头，通常形成小丘状凸起，如图 3.20 的 AFM 图片所示。

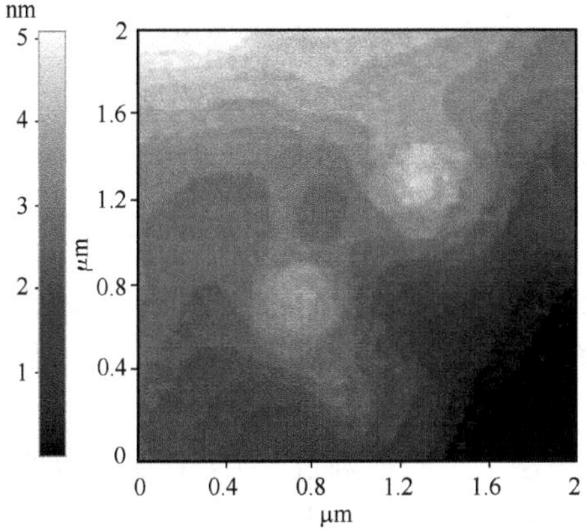

图 3.20　含有反向边界的 GaN 表面形貌的 AFM 图片，区域大小为 2 μm× 2 μm，反向边界在表面形成小丘

反向边界与平移边界的区别是前者在缺陷一侧的晶体结构可以通过反转和平移演绎到另一侧，后者在缺陷一侧的晶体结构只能通过平移演绎到另一侧。通常要用汇聚束电子衍射(CBED)的方法准确地确定反向边界，即将电子束束斑聚到很小，使样品和样品的衍射图样出现在一起，以便确定相邻的不同区域的晶体取向。实验表明，湿法腐蚀也可以将反向边界显示出来。

3.6.3　高温 GaN 层的微结构——小角晶界、穿透位错和点缺陷

氮化和成核层的作用还包括确定晶体取向。低温成核层是无定形结构，在生长 GaN 层之前，成核层在高温下退火固相重结晶，形成了柱状晶体。初期 GaN 层的生长是在这些成核层的柱状结构上成核生长的岛状结构。在接下来的生长过程中，这些岛长大合并，形成的柱状亚晶粒间保存着生长初期存在的微小取向差，合并后不能成为一个整体，因而晶粒间形成了小角晶界。

横截面 TEM 像可显示亚晶粒情况。图 3.21 是操作矢量 $\boldsymbol{g} = [10\bar{1}1]$ 的 GaN 薄膜横截面 TEM 双束像，左边区域衬度暗而右边区域亮，衍射衬度的差异说明它们是两个不同的晶粒，位错刚好位于两晶粒交界处。图中 GaN 表面巨大的起伏是离子减薄造成的，原始样品的表面已经被离子束轰击掉了。小角晶界也可以用湿法腐蚀表征。

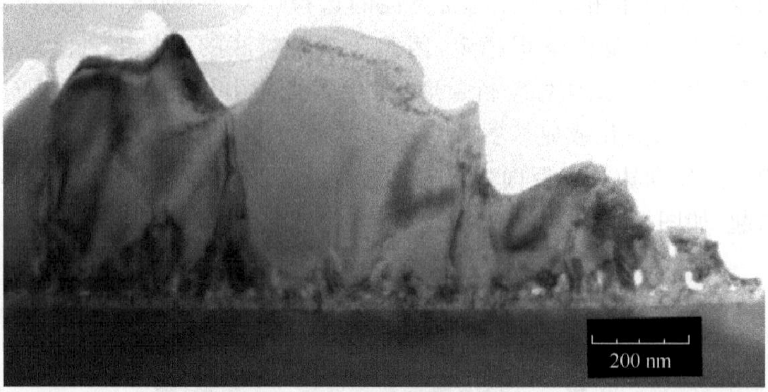

图 3.21 GaN 外延层的 $\boldsymbol{g}=[10\bar{1}1]$ 的双束条件截面 TEM 图片

异质外延 GaN 中的延伸缺陷有两种，除了前面提到的平行于衬底表面的失配位错，还有垂直于衬底表面的穿透位错，而后者是在 GaN 外延层分布最广、对材料与器件性能影响最大的缺陷。

穿透位错源于在成核层上生长的高温 GaN 成核岛的岛间合并过程，也就是说，具有微小取向差的柱状亚晶粒合并后形成的小角晶界是由大量穿透位错组成。图 3.21即可说明这一问题，在两个亚晶粒的交界处刚好出现了位错的衬度。

测定位错伯格斯矢量的一般方法是用 TEM 在双束条件下依次选用几个适当的操作反射成像，第一次用操作反射 $\boldsymbol{g}_1$ 成像，使位错像消失；第二次用操作反射 $\boldsymbol{g}_2$ 成像，仍使位错无衬度，则 $\boldsymbol{b}=\boldsymbol{g}_1\wedge\boldsymbol{g}_2$。异质外延 GaN 内有 3 种类型的穿透位错：$\boldsymbol{b}=1/3\langle 11\bar{2}0\rangle$ 的刃位错，$\boldsymbol{b}=\langle 0001\rangle$ 的螺位错以及 $\boldsymbol{b}=1/3\langle 11\bar{2}3\rangle$ 的混合型位错。对于刃位错，虽然八原子核心结构的能量最小，但有证据表明其四原子或七原子的核心结构也存在。而螺位错的情况更为复杂，其核心结构变化很大，可以由开核（微/纳米管）不规则地变化到闭核结构，尽管其平衡的结构为闭核。

点缺陷是另一大类缺陷，GaN 中的天然点缺陷共有 6 种形态：氮空位 V_N、镓空位 V_{Ga}、反位氮（即镓位氮）N_{ant}、反位镓（即氮位镓）Ga_{ant}、间隙位氮 N_{int} 和间隙位镓 Ga_{int}。在 p 型 GaN 中，V_N的形成能是最低的；而在 n 型 GaN 中，V_{Ga}有着最低的形成能。低的能量来源于空位带有电荷，因此大大降低了它们的形成能。同 V_N和 V_{Ga}相比，无论在 n 型还是 p 型的情况下，反位缺陷都有比较大的形成能，因而不易产生。

MOCVD 生长 GaN 非故意掺杂引入的杂质主要是 Si、C、O 和 H。其中，Si 来自于受其污染的生长原料，反应室壁若为石英玻璃等含 Si 的材质，也可能在高温生长过程中释放 Si；C 元素来自 MO 源；O 来自于 MOCVD 生长的气态前驱体和衬底、载气等；H 元素的来源非常多。在 p 型材料中，H 是一种施主，并且与受主形成复合体，因此为了激活受主，常常在材料生长完毕后进行退火处理，去掉其中的 H。GaN 的黄带发光现象、高背景载流子浓度与这些杂质形成的替位、复合物有很大关系。

3.6.4　裂纹和沉淀物

由于晶片生长时出现裂纹，相当程度上限制了异质结构用于器件的质量和性能，所以必须对其破裂行为加以了解，以利于生长工艺的改进和器件结构尺寸的设计选择。从根本上讲，裂缝的形成是应力造成的，通过形成裂缝释放了存在的应力。而应力可以由材料固有性质差异引起，也可由工艺过程引起。衬底与外延薄膜间晶格失配产生的应力和生长过程中的热膨胀系数差异是引起裂缝的主要原因。

成核层虽然释放了由晶格失配产生的应力，也带来了新形式的应力[19]：在成核层之上的高温 GaN 层初期为岛状生长，由于相邻岛之间存在取向差，这些岛合并时会产生张应力，这种应力的释放形式之一是在晶粒间界处产生大量位错，而另外一种释放形式就是产生裂纹。一般裂纹存在的地方，位错相对较少。

图 3.22 所示为在蓝宝石衬底上生长的 GaN 表面裂纹的 SEM 图片。裂纹交叉形成的六边形图案反映了 GaN 晶体结构沿 c 轴的 6 次旋转对称性，同时也反映出 GaN 解理面为相交成 60°角的 $\{10\bar{1}0\}$ 面。然而在图 3.22 中，除了发现裂纹之外，还能发现沉淀物，尤其是许多裂纹横穿过大型的沉淀物。

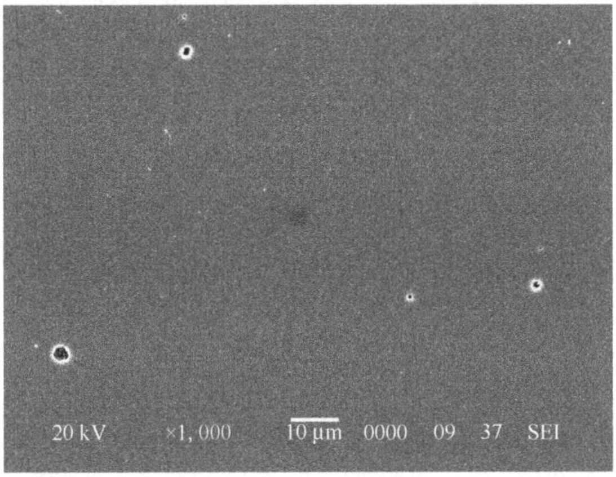

图 3.22　蓝宝石衬底上 GaN 表面裂纹的 SEM 图片，裂纹以 60°角相互交叉，几个沉淀物刚好位于裂纹处

与体单晶生长方式不同，MOCVD 的气相平面生长工艺使得外延材料原子级平整，一般不会出现沉淀物这类大型的体缺陷。但若反应室的真空度不够高或衬底表面清洁不当，外延片内会存在包裹有 C 和 O 的体积较大的沉淀物。这类沉淀物并不一定位于晶体体内，有时在外延薄膜的表面仍可见到这类缺陷，这是因为在个体较大的沉淀物的周围，成核和生长会停止，这一过程可能一直持续到生长完毕，使得沉淀物处不存在或存在很少 GaN 晶体，以致在外延表面可以见到这类缺陷。

由沉淀物引起的表面凹坑面积很大，且形状通常不规则。图 3.23(a)所示为在蓝宝石衬底上生长的 Si 掺杂 GaN 薄膜内沉淀物的 SEM 图片，该沉淀物近似圆形，直径为 100 μm。利用 SEM 的电子探针对图 3.23(a)中的沉淀物进行成分分析，得到沉淀物中心位置处的能谱图，如图 3.23(b)所示。与薄膜完好区域的能谱不同，沉淀物中心处的 Ga 元素含量很少，未发现 N 元素，Al 元素的峰强度却很高，O 元素和 C 元素含量也很高，这说明夹杂物主要成分是 C 和 O，Al 的能量峰来自衬底 Al_2O_3。夹杂物的存在使得该处 GaN 的生长停止了，露出了衬底 Al_2O_3。

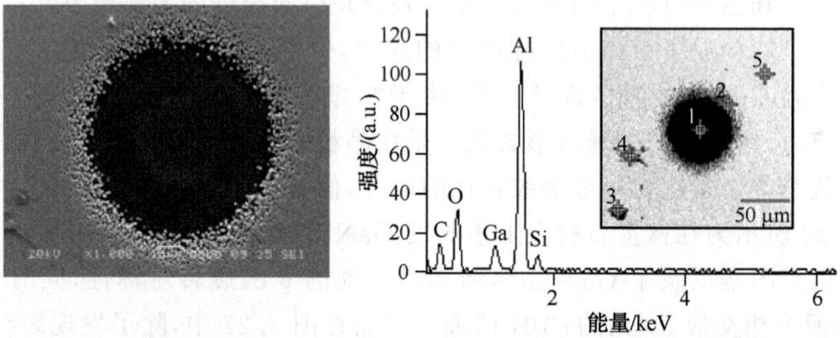

(a) 沉淀物的SEM图片　　(b) 沉淀物中心位置1处的能谱图

图 3.23　蓝宝石衬底上 Si 掺杂 GaN 薄膜内的沉淀物

由裂纹与沉淀物表面形貌的关系可以看出，沉淀物对裂纹的产生有促进作用：薄膜生长过程中的张应力在沉淀物周围更加集中，由于沉淀物相对弱的抗压强度，附近晶格产生塑性形变，使得裂纹容易在沉淀物附近形成，并延伸出去，交叉成网。图 3.22中沉淀物几乎无一例外地位于裂纹之上。可见，减少裂纹的形成除了通过优化生长工艺条件外，仅仅通过减少或消除沉淀物，也可以有效地减少 GaN 内的裂纹。

参 考 文 献

[1] AMANO H, SAWAKI N, AKASAKI I, et al. Metalorganic vapor phase epitaxial growth of a high quality GaN film using an AlN buffer layer[J]. Applied Physics Letters, 1986, 48(5): 353-355.

[2] NAKAMURA S. GaN growth using GaN buffer layer[J]. Japanese Journal of Applied Physics, Part 2: Letters, 1991, 30(10 A): L1705-L1707.

[3] AMBACHER O. Growth and applications of group III-nitrides[J]. Journal of Physics D: Applied Physics, 1998, 31(20): 2653-2710.

[4] DUAN H, HAO Y, ZHANG J. Effect of nucleation layer morphology on crystal quality, surface morphology and electrical properties of AlGaN/GaN heterostructures[J]. Journal of Semiconductors, 2009, 30(10): 105002 (3 pp.).

[5] 段焕涛. 基于高温 AlN 成核层的 GaN 基异质结构材料生长研究[D]. 西安：西安电子科技大学，2011.

[6] DUAN H, HAO Y, ZHANG J. Effect of a high temperature AlN buffer layer grown by initially alternating supply of ammonia on AlGaN/GaN heterostructures[J]. Journal of Semiconductors, 2009, 30(9): 093001 (4 pp.).
[7] NI J, HAO Y, ZHANG J, et al. Effect of reactor pressure on the growth rate and structural properties of GaN films[J]. Chinese Science Bulletin, 2009, 54(15): 2595-2598.
[8] 周小伟. 高 Al 组分 AlGaN/GaN 半导体材料的生长方法研究[D]. 西安：西安电子科技大学，2010.
[9] PEARTON S J, ZOLPER J C, SHUL R J, et al. GaN: processing, defects, and devices[J]. Journal of Applied Physics, 1999, 86(1): 1-78.
[10] BAI J, WANG T, PARBROOK P J, et al. A study of dislocations in AlN and GaN films grown on sapphire substrates[J]. Journal of Crystal Growth, 2005, 282: 290-296.
[11] RUTERANA P, NOUET G. Atomic structure of extended defects in wurtzite GaN epitaxial layers[J]. Physica Status Solidi (b), 2001, 227(1): 177-228.
[12] WU X H, BROWN L M, KAPOLNEK D, et al. Defect structure of metal organic chemical vapor deposition grown epitaxial (0001) GaN/Al_2O_3[J]. Journal of Applied Physics, 1996, 80(6): 3228-3237.
[13] ROUVIERE J L, ARLERY M, DAUDIN B, et al. Transmission electron microscopy structural characterization of GaN layers grown on (0001) sapphire[J]. Materials Science and Engineering B, 1997, 50: 61-71.
[14] SMITH D J, CHANDRASEKHAR D, SVERDLOV B, et al. Characterization of structural defects in wurtzite GaN grown on 6H-SiC using plasma-enhanced molecular beam epitaxy[J]. Applied Physics Letters, 1995, 67(13): 1830-1832.
[15] SVERDLOV B N, MARTIN G A, MORKOC H, et al. Formation of threading defects in GaN wurtzite films grown on nonisomorphic substrates[J]. Applied Physics Letters, 1995, 67(14): 2063-2065.
[16] LILIENTAL-WEBER Z, SOHN H, NEWMAN N, et al. Electron microscopy characterization of GaN films grown by molecular-beam epitaxy on sapphire and SiC[J]. Journal of Vacuum Science and Technology B: Microelectronics and Nanometer Structures, 1995, 13(4): 1578-1581.
[17] QIAN W, SKOWRONSKI M, GRAEF M D, et al. Microstructural characterizatoin of GaN films grown on sapphire by organometallic vapor phase epitaxy[J]. Applied Physics Letters, 1995, 66(10): 1252-1254.
[18] S K, K H, N S. Fabrication of GaN hexagonal pyramids on dot-patterned GaN/sapphire substrates via selective metalorganic vapor phase epitaxy[J]. Japanese Journal of Applied Physics, 1995, 34: L1184-L1186.
[19] ETZKORN E V, CLARKE D R. Cracking of GaN films[J]. International Journal of High Speed Electronics and Systems, 2004, 14(1): 63-81.

第 4 章　GaN HEMT 材料的电学性质与机理

高电子迁移率晶体管(HEMT)因采用具有高迁移率的二维电子气形成导电沟道而得名。这种器件的材料结构为异质结,其导带底在异质界面形成带阶和量子阱,电子分布在量子阱中,成为沿异质结界面可以自由运动而垂直于界面的运动受到量子阱限制的二维电子气。器件的源极和漏极要和二维电子气形成欧姆接触,令二维电子气沿异质结界面输运形成电流;肖特基势垒栅极利用栅压控制二维电子气沟道的开启和关闭,因此该器件也称为异质结场效应晶体管(HFET)。

在异质结材料电学特性和 HEMT 器件性能的分析中,通常将二维电子气视为一个厚度趋于 0 的薄层,具有面电子密度 n_{s2D}(单位为 cm^{-2})和迁移率 μ 的载流子集合来处理,其面电导 $G = e \cdot n_{s2D} \cdot \mu$,单位为 S(西门子),其中 e 为基本电荷电量。因此,要提高二维电子气的电导使 HEMT 器件获得大的电流驱动能力,就需要提高二维电子气的密度和迁移率。异质结的电学性质评估也主要以这两个物理量以及方块电阻($R_{SH} = 1/G$)来衡量。

二维电子气是一个量子化的电导体系,其电导机理与体电子有很大的差异。GaN 异质结中,二维电子气的密度和迁移率与异质结的材料层结构、极化效应、材料质量等密切相关。

4.1　GaN 异质结中的二维电子气

4.1.1　GaN 异质结二维电子气的形成机理

在传统的 AlGaAs/GaAs 材料体系中,二维电子气的电子主要来源于 AlGaAs 和 GaAs 中的施主掺杂电离。然而 AlGaN/GaN 异质结中,即使未人为掺杂,也能够形成面密度达到 1×10^{13} cm^{-2} 量级的二维电子气。因此,AlGaN/GaN 异质结二维电子气的来源是一个有趣的问题。即使考虑背景 n 型掺杂电离产生的电子,在常见的背景掺杂浓度 $1\times10^{15}\sim1\times10^{16}$ cm^{-3} 内,也需要 10～100 μm 厚的材料薄膜才能产生如此高密度的二维电子气,而通常 AlGaN/GaN 异质结材料的厚度仅 1～3 μm,因此体杂质电离只能为二维电子气提供少量电子。

AlGaN/GaN 异质结中的二维电子气常被称为极化感应(polarization-induced)的二维电子气,这是因为极化效应能够在异质结中形成很强的内建电场,调制了氮化物异质结的能带结构,使异质界面 GaN 侧的量子阱变得又深又窄,非常有利于吸引自由电子积聚到阱中形成二维电子气。但整个异质结的表面和界面上的所有极化电荷的总和为 0，它们并不能够提供电子给二维电子气。

如图 4.1 所示，以 $Al_{0.27}Ga_{0.73}N$/GaN 异质结为例[1]，若异质结的各个界面上只有净极化电荷，则在外电场为 0 的条件下，AlGaN 表面和 GaN/衬底界面向异质结内部不到 10 nm 的距离内，极化内电场可以令能带的倾斜量分别达到 AlGaN 和 GaN 的禁带宽度。因此，在实际氮化物异质结的静电平衡图中，极化电场被各种机制部分地屏蔽。目前的氮化物异质结主要由外延技术生长，在近衬底成核区域有高密度的晶格缺陷。极化效应对晶格常数及其变化是相当敏感的，而成核层的厚度通常是几十 nm，所以极化电荷的密度在这里达不到理论值。同时，这个区域积聚了大量带电缺陷和杂质，对极化电荷有屏蔽作用。在异质结表面，则是带电表面态和吸附的外电荷等屏蔽了极化电荷。在内界面上的极化电荷引起电场的突变，形成导带或价带的量子阱，造成载流子聚积，部分屏蔽了极化电荷。

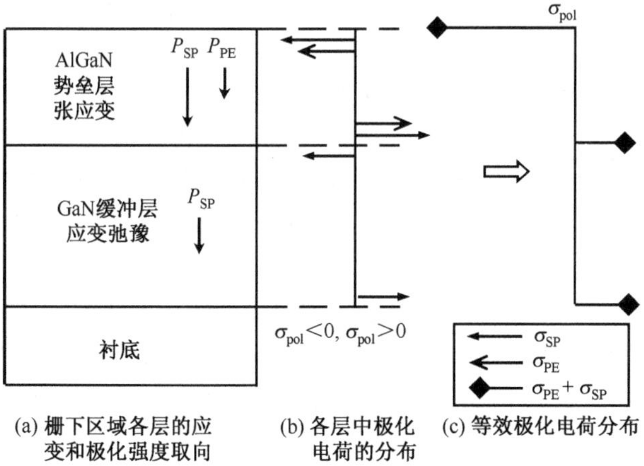

图 4.1　Ga 面 AlGaN/GaN 异质结中的极化效应

下标 SP 代表自发极化，PE 代表压电极化，pol 代表极化。(b)、(c)中极化电荷的类型和相对大小用箭头表示，实际位置在突变异质界面上，集中分布在不超过单原子层的厚度以内

Smorchkova 等人[2]在实验中观察到 AlGaN 层厚度不同的 AlGaN/GaN 异质结系列样品中，AlGaN 层厚度增加时，有一个产生二维电子气的关键厚度。随着 AlGaN厚度的进一步增加，二维电子气的密度先快速增加随后出现饱和。于是他们提出二维电子气主要来源于 AlGaN 表面类施主态电离的模型。如图 4.2 所示，二维电子气尚未形成时，AlGaN 层厚度增加，极化电场令表面势（$e\phi_S$，表面导带底 E_C 相对于费米能级 E_F 的高度）升高，表面导带下方的类施主态能级 E_{DS}相应升高。当 E_{DS}与费米能级平齐时，表面施主态电离、释放电子，二维电子气形成，AlGaN 内建电场被削弱；AlGaN 层继续变厚（假定未出现应变弛豫），E_{DS}保持与费米能级平齐的状态

(表面势 $e\phi_S$ 基本不变,等于 E_C-E_{DS}),二维电子气密度趋于饱和,接近 AlGaN/GaN 界面正极化电荷的密度。这个模型解释了二维电子气密度随着 AlGaN 厚度的变化趋势,在未人为掺杂不能为二维电子气提供足够电子的背景下提出了表面电荷对于二维电子气的作用。

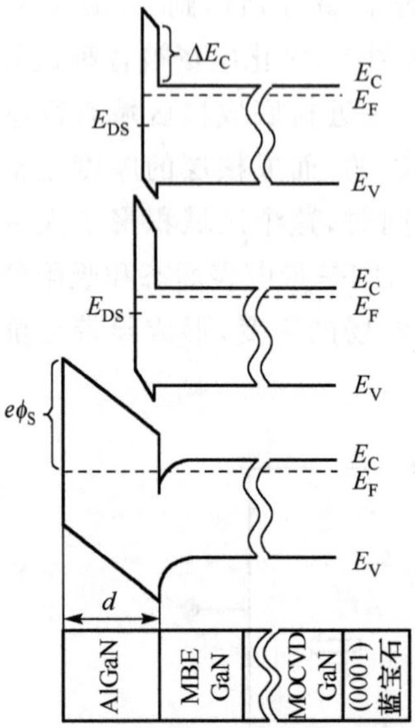

图 4.2　AlGaN/GaN 异质结能带随 AlGaN 层厚度的变化,表面类施主态能级为 E_{DS}

然而,利用该模型拟合实验数据得到的表面类施主态能级位于导带底下方 1.42 eV。若 AlGaN/GaN 异质结中产生二维电子气后表面势达到如此高度,则这个(裸露 AlGaN)表面势垒高度高于大多数实验报告的 AlGaN(Al 组分为 0.1～0.4)表面肖特基势垒高度,这意味着若 AlGaN 表面形成肖特基势垒则势垒下方的二维电子气密度会增加,然而实验证明通常 AlGaN/GaN 异质结上的肖特基势垒能够耗尽一部分二维电子气。所以,AlGaN 的裸露表面势应低于常见的肖特基势垒高度,给二维电子气提供电子的 AlGaN 表面类施主态并非深能级。这样的话,二维电子气产生的关键厚度现象则需要新的解释。

Koley 等人利用扫描 Kevin 探针显微术测量了不同掺杂浓度的 GaN 样品以及 AlGaN 层厚度不同的 $Al_{0.35}Ga_{0.65}N$/GaN 异质结系列样品的表面势[3],发现 GaN 的表面势高于体内的 (E_C-E_F) 值且随 GaN 的 n 型掺杂浓度升高而降低,$Al_{0.35}Ga_{0.65}N$/GaN 的表面势随 AlGaN 厚度增加而减小,提出 GaN 表面和 AlGaN 势垒层中应该有带负电的类受主态。AlGaN/GaN HEMT 器件的电流崩塌现象也证明 AlGaN 表面存在对电子有陷阱作用的原生受主态,其俘获/释放电子的过程对表面势有显著的影响,能够形成所谓虚栅效应。

因此,在 AlGaN/GaN 异质结中,对二维电子气起作用的表面电荷除了施主态以外,还应包括受主态。AlGaN/GaN 异质结二维电子气密度以及表面势随着 AlGaN 组分和厚度的变化应该是两种表面态以及极化效应的综合作用效果。由于这些施主态和受主态的密度、能级可能会随 AlGaN 的厚度和合金组分发生变化,表面态影响二维电子气的机理需要进一步深入地分析。

4.1.2　GaN 异质结二维电子气的面电子密度

如图 4.3 所示,设 AlGaN/GaN 异质结的 AlGaN 势垒层厚度为 d,相对介电常

数为 $\varepsilon(x)$，由掺杂层(掺杂浓度 N_D)和厚度为 d_i 且未人为掺杂的空间隔离层组成。$Al_xGa_{1-x}N$ 的表面势 $e\phi_S$ 用 AlGaN 表面的 Ni 金属形成的肖特基势垒高度 $e\phi_b(x)$ 来近似，该势垒随着 AlGaN 的 Al 组分 x 可发生变化，即

$$e\phi_b(x) = (1.3x + 0.84)(\mathrm{eV}) \tag{4.1}$$

则根据对异质结的能带和电荷的静电分析有[4]

$$n_{s2D} = \frac{\sigma_{pol}(x)}{e} - \frac{\varepsilon_0\varepsilon(x)}{de^2}[e\phi_b(x) + \Delta E_F - \Delta E_C(x)] + N_D(d-d_i)^2/(2d) \tag{4.2}$$

式中，$\sigma_{pol}(x)$ 是 AlGaN/GaN 界面的极化面电荷，e 为基本电荷电量，ΔE_F 是 GaN 侧量子阱底部导带能量与费米能级的距离。AlGaN/GaN 界面导带带阶 $\Delta E_C(x) = 0.7\Delta E_g$，$\Delta E_g$ 是 AlGaN 和 GaN 的禁带宽度之差。

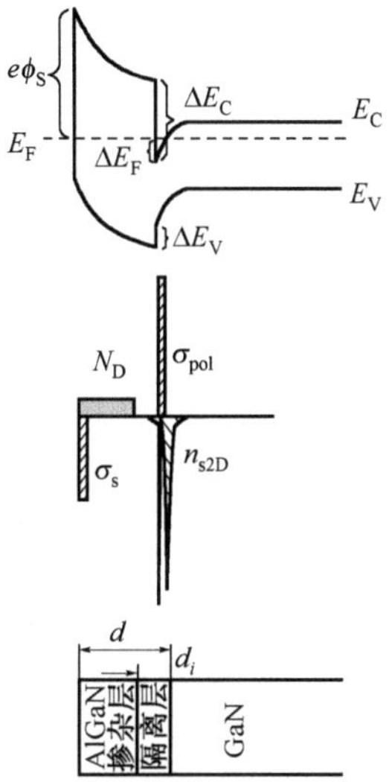

图 4.3　AlGaN/GaN 异质结的能带和电荷分布

式(4.2)中的 ΔE_F 与 n_{s2D} 的关系如下，其中基态能级 E_0 与 n_{s2D} 的关系是在三角阱近似的子带能级公式基础上调整后得到的：

$$\Delta E_F = E_0 + \frac{\pi\hbar^2}{m^*}n_{s2D},\ E_0 = \left(\frac{9\pi\hbar}{8\sqrt{8m^*}}\cdot\frac{e^2}{\varepsilon_0\varepsilon_{GaN}}\cdot n_{s2D}\right)^{\frac{2}{3}} \tag{4.3}$$

实际的 AlGaN/GaN 异质结常常在异质界面插入薄层 AlN 形成 AlGaN/AlN/GaN 异质结，改善异质结材料和电学性能。对于该材料，考虑到 AlN 插入层对势垒层有效导带带阶 $\Delta E_{C,eff}$ 的增大作用(如图 4.4 所示)，忽略 AlGaN 和 AlN 的介电常数差异，在 n_{s2D} 求解时需要将式(4.2)改为[5]

$$n_{s2D} = \frac{\sigma_{AlGaN}\cdot d}{e(d+d_{AlN})} - \frac{\varepsilon_0\varepsilon(x)}{e^2(d+d_{AlN})} \times [e\phi_b(x) + \Delta E_F - \Delta E_{C,eff}] + N_D(d-d_i)^2/(2d) \tag{4.4}$$

$$\Delta E_{C,eff} = \Delta E_{C,AlN/GaN} - \Delta E_{C,AlGaN/AlN}(x) + \frac{e\sigma_{AlN}\cdot d_{AlN}}{\varepsilon_0\varepsilon(x)} \tag{4.5}$$

式中，d、$\varepsilon(x)$、$e\phi_b(x)$、ΔE_F、N_D、d_i 等符号的意义与式(4.2)相同，σ_{AlGaN} 和 σ_{AlN} 分别为 AlGaN/GaN 和 AlN/GaN 的界面极化电荷密度，$\Delta E_{C,AlN/GaN}$ 和 $\Delta E_{C,AlGaN/AlN}(x)$ 分别为 AlN/GaN 和 AlGaN/AlN 的界面导带带阶(注意两者均取正值)，d_{AlN} 为 AlN 插入层的厚度，m^* 是量子阱中电子的有效质量。

在 AlGaN/GaN 异质结表面加 GaN 帽层形成 GaN/AlGaN/GaN 异质结也是一种改善异质结材料和电学性能的常见手段。在这种材料中，GaN 帽层的引入会提高 AlGaN 层的有效势垒高度 $e\phi_{b,eff}$。设 AlGaN 层结构参数和掺杂情况不变，GaN 层未

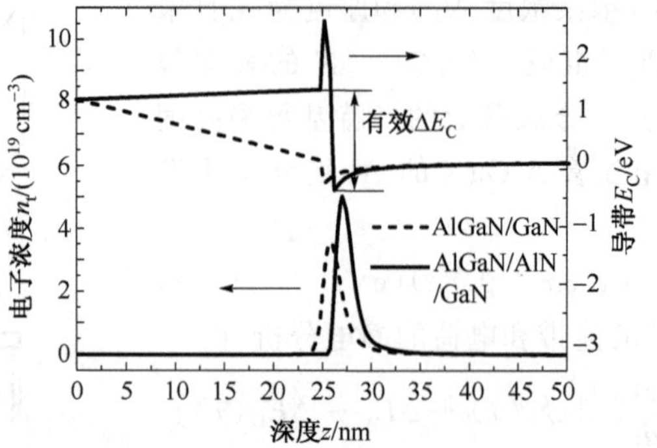

图 4.4 AlGaN/GaN 和 AlGaN/AlN/GaN 异质结的导带和电子密度分布

人为掺杂，厚度为 d_{GaN}，相对介电常数为 ε_{GaN}，在 n_{s2D} 求解时需要将式(4.2) 改为[6]

$$n_{s2D}=\frac{\sigma_{pol}(x)-\frac{\varepsilon_0\varepsilon(x)}{d}\left(\phi_b^{GaN}+\frac{\Delta E_F}{e}\right)+eN_D\left[\frac{(d-d_i)^2}{2d}+\frac{\varepsilon(x)}{\varepsilon_{GaN}}\frac{d_{GaN}}{d}(d-d_i)\right]}{e\left[1+\frac{\varepsilon(x)}{\varepsilon_{GaN}}\cdot\frac{d_{GaN}}{d}\right]} \tag{4.6}$$

$$\phi_{b,eff}=\Delta E_C/e+\phi_b^{GaN}+\frac{ed_{GaN}}{\varepsilon_0\varepsilon_{GaN}}[n_{s2D}-N_D(d-d_i)] \tag{4.7}$$

式中与掺杂和厚度有关的量见图 4.5 中的标注。

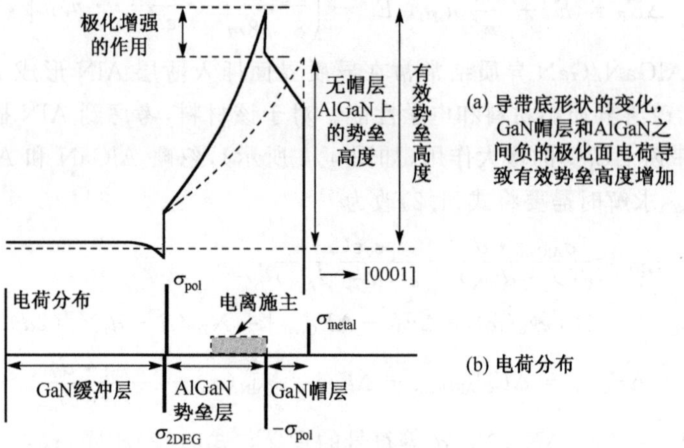

图 4.5 GaN/AlGaN/GaN 异质结的能带和电荷分布

4.2 GaN 异质结中导带和载流子分布的一维量子效应自洽解

在有二维电子气的半导体异质结材料中，为了在理论上能够精确地分析二维电子气的量子化性质，如子带能级和波函数分布等性质，需要对异质结材料的能带和电荷的分布沿发生量子效应的方向进行数值计算。能带的求解可由泊松方程实现，而二维电子气的能级和波函数则需要由薛定谔方程求解，两个方程联立后自洽求解可同时获得导带和电荷分布。

Tan 等人对这种一维自洽解的数学物理模型以及数值化方法给出了详细的讨论[7]，并开发出计算程序。该程序的功能较强，可计算 GaAs 异质结以及有极化效应的 GaN 异质结，用户还可以自定义新的材料进行计算。然而，该程序对异质结材料中的电子只考虑了二维电子气，没有考虑体电子。我们基于该模型，建立了综合考虑二维电子气和体电子的一维自洽解模型[8]，与异质结材料的实际情况更接近，在应用上更广泛，同时在算法上几乎没有增加复杂度。

4.2.1　一维薛定谔-泊松方程量子效应自洽解物理模型

异质界面的导带底势阱对电子的量子限制作用可用有效质量近似下的薛定谔方程描述：

$$-\frac{\hbar^2}{2}\frac{\mathrm{d}}{\mathrm{d}z}\left[\frac{1}{m^*(z)}\frac{\mathrm{d}}{\mathrm{d}z}\right]\cdot\psi_k(z)+E_{\mathrm{C}}(z)\psi_k(z)=E_k\psi_k(z) \tag{4.8}$$

式中，$m^*(z)$为与 z 方向位置有关的电子的有效质量，E_k、ψ_k 分别为二维电子气的本征能级和波函数，$\hbar$是归一化普朗克常量。导带底 $E_{\mathrm{C}}(z)=-eV(z)+\Delta E_{\mathrm{C}}(z)$，$V(z)$是静电势，$\Delta E_{\mathrm{C}}$是导带带阶，对 GaN 材料体系通常取 $\Delta E_{\mathrm{C}}=0.7\Delta E_{\mathrm{g}}$。

二维电子气的面电子密度 n_{s2D}和空间分布 $n_{\mathrm{2D}}(z)$为

$$n_{\mathrm{s2D}}=\sum_k n_k=\sum_k\frac{m^*k_{\mathrm{B}}T}{\pi\hbar^2}\ln\left[1+\exp\left(\frac{E_{\mathrm{F}}-E_k}{k_{\mathrm{B}}T}\right)\right] \tag{4.9}$$

$$n_{\mathrm{2D}}(z)=\sum_k n_k\psi_k^*(z)\psi_k(z) \tag{4.10}$$

式中，E_{F}是费米能级和能量零点的差，k_{B}是玻尔兹曼常量，T 是温度。

各本征波函数满足 $\int\psi_k^*(z)\,\psi_k(z)\mathrm{d}z=1(k=0,1,2\cdots)$。

由电荷分布求导带底则用泊松方程描述，只考虑施主掺杂时可得

$$\begin{gathered}\frac{\mathrm{d}}{\mathrm{d}z}\left[\varepsilon_0\varepsilon(z)\frac{\mathrm{d}}{\mathrm{d}z}V(z)\right]=-\rho(z)\\ \rho(z)=e\left[N_{\mathrm{D}}^+(z)-n_{\mathrm{2D}}(z)-n_{\mathrm{3D}}(z)\right]\end{gathered} \tag{4.11}$$

式中，ε_0是真空介电常量，$\varepsilon(z)$是静态介电常数，$\rho(z)$ 是所有电荷之和。

电离杂质浓度为

$$N_{\mathrm{D}}^+(z)=\frac{N_{\mathrm{D}}(z)}{1+2\exp\{[E_{\mathrm{F}}-E_{\mathrm{C}}(z)+E_{\mathrm{d}}]/(k_{\mathrm{B}}T)\}} \tag{4.12}$$

式中，E_{d}为施主杂质的电离能，一般取 20～40 meV。

电子包括二维电子 $n_{\mathrm{2D}}(z)$和浓度服从费米分布的体电子：

$$n_{3D}(z) = N_C F_{1/2}\left[\frac{E_F - E_C(z)}{k_B T}\right] \tag{4.13}$$

$$F_{1/2}(\xi) = \int_0^\infty \frac{x^{1/2}}{1+e^{x-\xi}}dx \tag{4.14}$$

式中,N_C是导带有效态密度,$F_{1/2}(\xi)$是二分之一阶费米积分。二维电子和体电子的区别以能量为界限,一个自然的标准是:当薛定谔方程解出的本征能级中相邻两个能级的能量间距小于 $k_B T$ 时,则下面的能级仍视为二维电子分立能级,上面的能级作为体电子的能量下限。

4.2.2 一维薛定谔-泊松方程自洽解模型的数值算法

一维薛定谔-泊松方程自洽解在数学上可以归结为偏微分方程组的边值问题,需用迭代法求解。设沿垂直于异质界面的方向将异质结离散化为非均匀网格,可以根据结构中电势和电场的分布,将变化剧烈的空间位置如异质界面附近网格设得很密,而靠近结构边界处的网格设得较为稀疏,在保持计算准确性的条件下缩短计算时间。网格大小应保持渐变性以减小计算误差。

设第 i 个格点的位置为 $z_i(i=1,2,\cdots,n)$,令 h_i为格点 z_i和 z_{i+1}的间距。薛定谔方程离散后,对第 i 个格点有

$$-\frac{\hbar^2}{2}\left[\frac{2(\psi_{i+1}-\psi_i)}{m^*_{i+1/2}h_i(h_i+h_{i-1})} - \frac{2(\psi_i-\psi_{i-1})}{m^*_{i-1/2}h_{i-1}(h_i+h_{i-1})}\right] + EC_i\psi_i = \lambda\psi_i \tag{4.15}$$

即 $\sum_{j=1}^{n} A_{ij}\psi_j = \lambda\psi_i$,其中

$$A_{ij} = \begin{cases} -\dfrac{\hbar^2}{2}\dfrac{2}{m^*_{i+1/2}h_i(h_i+h_{i-1})} & j=i+1 \\ -\dfrac{\hbar^2}{2}\dfrac{2}{m^*_{i-1/2}h_{i-1}(h_i+h_{i-1})} & j=i-1 \\ -A_{ii+1} - A_{ii-1} + EC_i & j=i \\ 0 & \text{其他} \end{cases} \tag{4.16}$$

式中半整数下标指两格点间的中点位置。

这样则薛定谔方程的求解变为系数矩阵 **A** 的本征值问题,其本征值λ 即为本征能级 $E_k(k=0,1,2,\cdots,n)$,本征函数 ψ_k 即为相应的波函数。边界条件为 $\psi(0)=0$即 $\psi_1=0$,$\psi(z_{\max})=0$ 即 $\psi_n=0$。

泊松方程可采用牛顿法求解,即以待求物理量(电势 V)的假设初始值代入方程,随后不断求解该物理量的变化量(δV)而达到收敛。由上述自洽解模型的性质可知,电子浓度是电势$V(z)$的函数。电势变化量δV 引起的体电子浓度变化量 δn_{3D}用牛顿法表示较容易,但 δV 引起的二维电子密度变化量 δn_{2D}需要用非简并量子微扰理论

给出其关系，分析可得

$$\delta n_{2D}(V) = \sum_k (\psi_k^* \psi_k) \frac{m^*}{\pi \hbar^2} \frac{1}{1+\exp[(E_k - E_F)/k_B T]} \langle \psi_k \mid e\delta V \mid \psi_k \rangle \quad (4.17)$$

这样则可将泊松方程变形为

$$\begin{aligned} & -\left\{\frac{d}{dz}\varepsilon\varepsilon_0 \frac{d}{dz}V + e[N_D^+(V) - n_{2D}(V) - n_{3D}(V)]\right\} \\ & = \left\{\frac{d}{dz}\left(\varepsilon\varepsilon_0 \frac{d}{dz}\right) + e\left[\frac{\delta N_D^+(V)}{\delta V} - \frac{\delta n_{3D}(V)}{\delta V}\right]\right. \\ & \left. - \frac{e^2 m^*}{\pi \hbar^2} \sum_k \mid \psi_k^* \psi_k \mid \frac{1}{1+\exp[(E_k - E_F)/(k_B T)]}\right\}\delta V \end{aligned} \quad (4.18)$$

这就是考虑二维电子的泊松方程的牛顿法模型。式(4.18)左边是一次迭代过程中电势的前一个解 V_{old} 代入泊松方程的误差，根据该式可求出本次迭代中电势变化量 δV 以及新的电势解 $V_{new} = V_{old} + \delta V$，如此不断迭代，直到 δV 趋于 0 达到收敛。

定义

$$C_{ij} = \begin{cases} \dfrac{2\varepsilon_{i+1/2}\varepsilon_0}{h_i(h_i + h_{i-1})} & j = i+1 \\ \dfrac{2\varepsilon_{i-1/2}\varepsilon_0}{h_{i-1}(h_i + h_{i-1})} & j = i-1 \\ -C_{ii+1} - C_{ii-1} & j = i \\ 0 & \text{其他} \end{cases} \quad (4.19)$$

则对第 i 个格点，泊松方程式(4.18)可离散化如下：

$$\begin{aligned} & -\left[\sum_{j=1}^{n} C_{ij} V_j + e(N_{Di}^+ - n_{2Di} - n_{3Di})\right] \\ & = C_{ii+1}\delta V_{i+1} + C_{ii-1}\delta V_{i-1} \\ & \quad + \{C_{ii} + e(N_D^{+\prime} - n_{3D}') \\ & \quad - \frac{e^2 m_i^*}{\pi \hbar^2} \sum_k \mid \psi_{ki}^* \psi_{ki} \mid \frac{1}{1+\exp[(E_k - E_F)/k_B T]}\right\}\delta V_i \end{aligned} \quad (4.20)$$

这样则泊松方程可归结为一个系数矩阵 $\boldsymbol{H}$ 为三对角矩阵的 $\boldsymbol{C}x = b$ 的求解。常用边界条件是在异质结表面 V_1 为常数，在底部 $(V_n - V_{n-1})/h_{n-1} = 0$，对 AlGaN/GaN 异质结而言，即 AlGaN 表面电势已知，GaN 底部电场已知。

整个自洽解在流程上可分为两大部分：将异质结的结构和材料参数等输入后，首先不考虑量子效应求出电势/能带和载流子的分布的初始解，再将该初始解用于薛定谔方程和泊松方程的自洽迭代过程得到最终解。第一部分的求解较简单，可根据结构中掺杂的情况假定一个初始的电荷分布代入泊松方程，求出电势和导带后得到新的电荷分布，随后利用牛顿法迭代求解电势的变化直到收敛。第二部分以第一部分的解为初始解，将导带代入薛定谔方程求出新的电子浓度分布，代入泊松方程利用牛顿法求解电势的变化，得到新的能带再代入薛定谔方程，由此迭代直到收敛。这样求解的好处是第一部分的计算可以给第二部分提供较精确的初始解，这对于牛顿法的收敛性是很重要的。如果所计算的结构中并没有出现量子效应，则由第一部分的解就可以观察到。解的收敛标准是相邻两次迭代的电势变化量最大值小于某个常数。这个常数在第一部分可取为 0.001 V，在第二部分可取为 $1\times10^{-5}\times(k_B T)/e$，在收敛较困难的情况如低温条件则适当放宽。以背景掺杂为 1×10^{15} cm^{-3} 且具有 24 nm 势垒层的 $Al_{0.27}Ga_{0.73}N$/GaN 异质结为例，第一部分和第二部分的解如图 4.6所示。

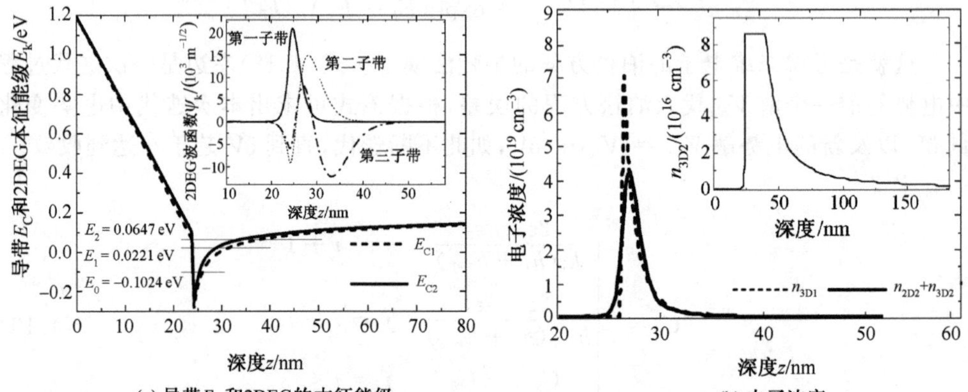

(a) 导带E_C和2DEG的本征能级　　(b) 电子浓度

图 4.6　不计入量子效应的初始解和计入量子效应的自洽解

图(a)中的 E_{C1} 为初始解，E_{C2} 为自洽解。内插图为自洽解的 2DEG 归一化波函数。图(b)中的 n_{3D1} 为初始解，n_{2D2} 和 n_{3D2} 为自洽解

4.2.3　一维量子效应自洽解在 GaN 异质结中的应用

对于 GaN 异质结，二维电子气的子带结构、电子分布受到极化电场的显著影响。有无极化电场，GaN 异质结的能带和电荷分布显著不同。

以 30 nm $Al_{0.25}Ga_{0.75}N$/GaN 异质结为例，设 $Al_{0.25}Ga_{0.75}N$ 势垒层从表面向下由 25 nm Si 掺杂层($N_D=1\times10^{18}$ cm^{-3})和 5 nm 空间隔离层组成，整个结构的未人为掺杂浓度为 1×10^{15} cm^{-3}。以式(4.2)和(4.3)计算 2DEG 密度，若取 $\Delta E_F\approx0$，AlGaN/GaN 异质界面的极化电荷为 $\sigma_{pol}=0$，则当 $e\phi_S$ 高于 0.95 eV 时，2DEG 将耗尽。根据这一结果，取材料表面势为 0.4 eV[如图 4.7(a)所示]和 1.2 eV[如图 4.7(b)所示]两种情况，可看到在无极化效应时前者仍有微量的二维电子气，而后者完全没有形成导带量子阱和二维电子气，高表面势的耗尽作用区域不仅包括 AlGaN 层，还进入 GaN 深处。考虑极化效应后，$Al_{0.25}Ga_{0.75}N$/GaN 界面极化电荷密度为 $\sigma_{pol}=1.2\times10^{13}$ cm^{-2}，对表面势为 1.2 eV 的情形使得导带量子阱形成，对表面势为 0.4 eV 的情形则显著加深了量子

阱。另一方面，不论表面势如何，由二维电子和体电子的密度和 n_t 对整个结构积分得到的总面电子密度 n_{st} 在计入和不计入极化效应下的差异也确实是约 $1.2\times10^{13}\ cm^{-2}$。

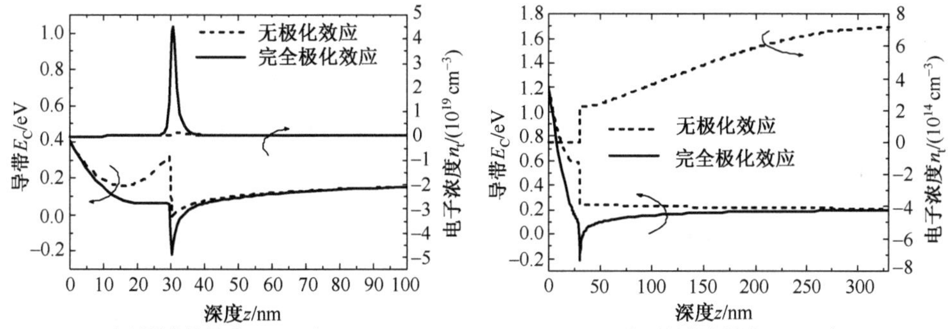

(a) 表面导带能量为 0.4 eV时　(b) 表面导带能量为 1.2 eV时

图 4.7　表面导带能量为 0.4 eV 和 1.2 eV 时不计入极化效应和计入完全的极化效应得到的导带 E_C 和总电子浓度 n_t 的分布

利用极化电场调制能带和电荷分布的作用，可以调整异质结的层结构来优化能带中的量子阱和势垒以及相应的电子分布，这就是所谓 GaN 异质结的极化工程。能带和电荷分布的一维量子效应自洽解的一类重要应用就是研究 GaN 异质结的极化工程，这非常有助于研究 GaN 多异质结材料。

AlGaN/GaN 异质结中，在 AlGaN 和 GaN 之间插入 1 nm 左右的薄层 AlN 是一种广泛采用的材料优化措施。在极化效应的作用下，该插入层能够提高 AlGaN 势垒层和 GaN 沟道层的有效导带带阶(如图 4.4 所示)，有利于加深势阱、提高二维电子气的限域性。综合考虑二维电子和体电子的一维量子效应自洽解理论计算和实验研究证明[8]，这种作用在势垒层掺杂浓度以及环境温度出现较大变化的情况下，将会带来另一个好处，即保持二维电子气量子性质的稳定性、抑制热激活引起的沟道外平行电导。

假设所分析的材料中，结构 A 为 30 nm $Al_{0.25}Ga_{0.75}N$/GaN 异质结，结构 B 为 30 nm $Al_{0.25}Ga_{0.75}N$/1 nm AlN/GaN 结构，AlGaN 的顶部 25 nm 范围内有施主掺杂 $N_D = 5\times10^{18}\ cm^{-3}$。定义体电子的等效面密度为 $n_{s3D} = \int n_{3D}(z)dz$，材料中总的面电子密度为 $n_{st} = n_{s2D} + n_{s3D}$。设势垒层厚度为 d，定义两个面电子密度比值如下：

$$r_{2D} = \int_0^d n_{2D}(z)dz / n_{s2D} \quad r_t = \int_0^d n_t(z)dz / n_{st} \tag{4.21}$$

比值 r_{2D} 和 r_t 都反映了势垒层中的电子密度和整个结构的电子密度之比，但前者用于 2DEG，后者用于总电子密度。

在计算模型中考虑了禁带宽度以及晶格常数随着温度的变化，则对两种结构

50～500 K 的计算结果如图 4.8 和图 4.9 所示。图 4.8 给出了 ΔE_F 和 2DEG 本征能级随着温度的变化,图 4.9 给出了电子密度比值 r_{2D}、r_t 和电子密度 n_{st}、n_{s2D} 随着温度的变化。随着温度的上升,禁带宽度的减小使异质界面的 ΔE_C 减小,量子阱变浅(如图 4.8中 ΔE_F 的变化),所以 2DEG 的浓度变小,晶格膨胀引起的应变增大对这一趋势有减缓作用;体电子浓度由于 N_C 和 $T^{2/3}$ 成正比,总体上随着温度而增加。这样则 n_{st} 是随温度而增大的。然而,随着温度升高,两种结构的 2DEG 的稳定性是不同的。

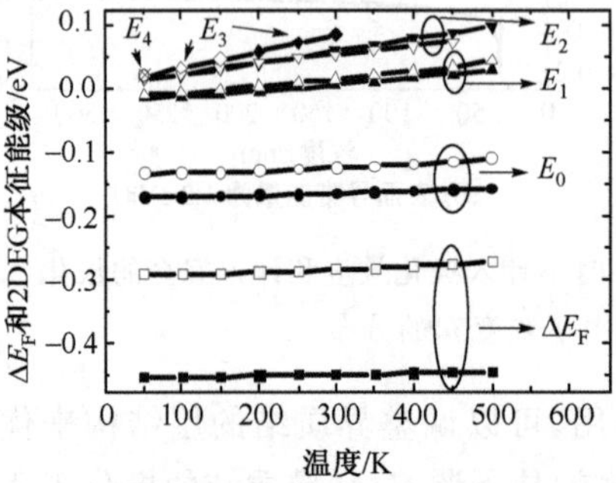

图 4.8　两种结构的 ΔE_F 和 E_i 随着温度 T 的变化
空心符号线对应结构 A,实心符号线对应结构 B

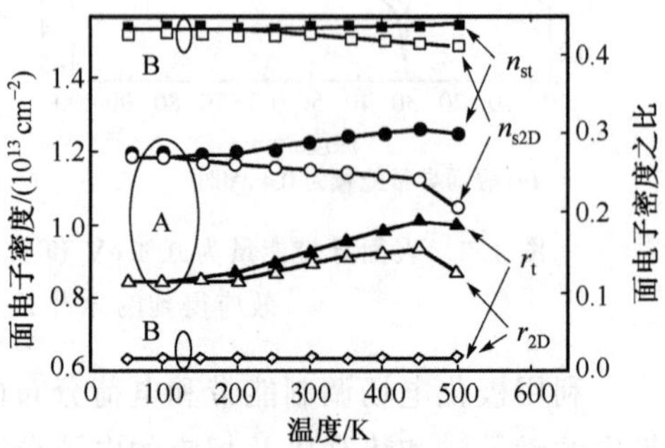

图 4.9　两种结构中 n_{st} 和 n_{s2D},以及 r_{2D} 和 r_t 随着温度 T 的变化

如图 4.9 所示,电子密度 n_{st} 和 n_{s2D} 的差异反映了整个结构电子体系中体电子的比重,电子密度比值 r_{2D} 和 r_t 的差异反映了势垒层中体电子的比重,这两种差异都随温度增大,说明了体电子的热激活。结合图 4.8 和图 4.9 分析,会发现结构 A 的 2DEG 本征能级从 50 K 的 5 个逐渐减到 500 K 的 2 个,这是升温时二维电子气逐渐转化为体电子的表现,但能级数发生变化的机制在不同的温度下是不同的。从 50 K 到 200 K 之间,2DEG 能级减少主要是量子阱变浅造成。200 K 以上在 AlGaN 层中体电子开始出现,所以 r_{2D} 和 r_t 开始出现差异。温度升高,体电子的热激发越来越显著。在 200 K 到 450 K 时,ΔE_C 减小和量子阱变浅使 2DEG 对势垒层的渗入量增加,r_{2D} 增大;体电子热激活令 r_{2D} 和 r_t 的差异变大。在 450～500 K 时,2DEG 能级由 3 个减少为 2 个,这一变化令 n_{s2D} 和 r_{2D} 明显减小,势垒层中体电子电导比重加强。而结构 B 的 2DEG 本征能级数目仅在 300 K 以上由 4 个变为 3 个,r_{2D} 和 r_t 也始终保持在不到 2%的水平。

从以上分析可以看到,结构 A 中热激活体电子的影响比结构 B 大得多;从 r_{2D} 和 r_t 的大小和差异看,结构 A 中 2DEG 向势垒层的渗透量大,而且势垒层平行电导更易于热激活;所以,在所考虑的温度范围内,结构 B 的电子体系的二维性质更强,且 2DEG 的稳定性更高。肖特基 C-V 法测量变温载流子剖面图(如图 4.10 和图 4.11 所示)验证了该计算结果在趋势上的正确性。

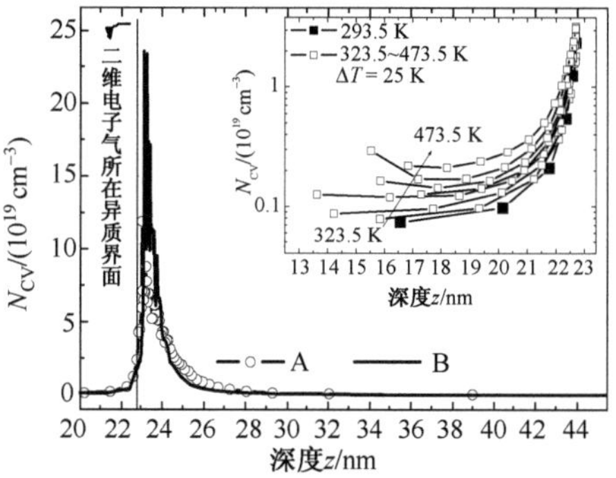

图 4.10　293.5 K 下分别在结构 A 和 B 上的两个二极管的 C-V 载流子浓度 N_{CV} 的剖面图

异质界面位于 22.7 nm 处。内插图显示了结构 A 中势垒层的载流子分布随温度的变化

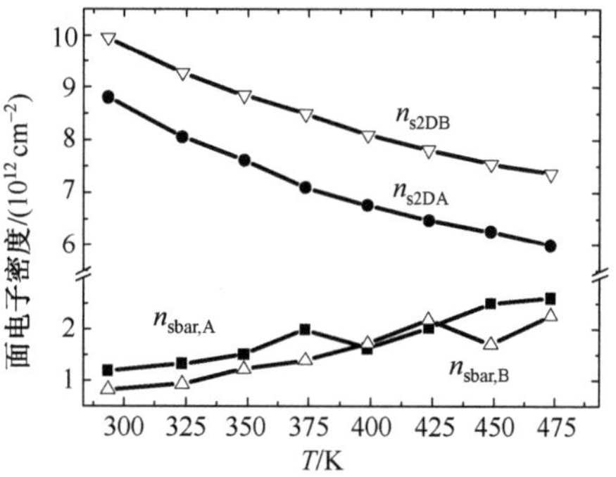

图 4.11　由 N_{CV}分布积分得到的载流子面密度的温度特性

n_{s2D}是由 22.7 nm 积分到 26 nm，n_{sbar}是由势垒层中可探测到载流子的深度积分到 22.7 nm

4.3　GaN 异质结二维电子气低场迁移率的解析建模分析

在体电子的低场迁移率模型中，影响迁移率大小的主要参数是掺杂浓度和温度。2DEG 的空间分布受到量子效应的限制，因此影响其输运特性的散射机制与体电子有显著的不同。利用 2DEG 沟道的异质结中，为了提高迁移率，沟道侧通常不掺杂，并尽量降低背景电离杂质浓度；生长中控制异质界面的突变性与均匀性，以降低界面粗糙度散射；通过结构的优化来减小 2DEG 向势垒层渗入的程度以降低合金无序散射。与体电子相比，2DEG 的分布集中、密度高，对各种散射机制的屏蔽程度也明显较高。因此，2DEG 的迁移率不仅和掺杂及温度有关，还和 2DEG 自身的电子密度以及异质结的结构参数有关。

为了能够对影响 GaN 异质结 2DEG 迁移率的各种因素作出简明的分析，有必要对 GaN 异质结二维电子气低场迁移率建立解析模型。

4.3.1　GaN 异质结二维电子气低场迁移率的解析建模

根据 Matheissen 定则，2DEG 迁移率与各种散射机制的迁移率之间具有如下关系：

$$\mu^{-1} = \sum_i \mu_i^{-1} \tag{4.22}$$

在动量弛豫近似下，单个散射机制所限制的迁移率 μ_i 与其动量弛豫时间 τ_i 之间满足以下关系：

$$\mu_i = e\tau_i / m^* \tag{4.23}$$

式中，m^* 为电子有效质量。氮化物异质结中的 2DEG 通常都有相当高的密度，且主要分布在能量最低的第一子带，因此所考虑的散射机制都采用了单子带近似下基于二维简并统计的动量弛豫率模型（对第 i 种散射机制即 $1/\tau_i$）。

动量弛豫率的解析模型中，需要把 2DEG 的空间分布即波函数作近似的解析化处理，GaN 异质结的基态波函数的精确解 Hartree-Fork 波函数可近似为 Fang-Howard 变分波函数[9]。该波函数的形式为

$$\psi(z)=\begin{cases}0 & z<0\\ \sqrt{\dfrac{b^3}{2}}z\exp\left(-\dfrac{bz}{2}\right) & z\geqslant 0\end{cases} \tag{4.24}$$

式中，b 是变分参数。为使 2DEG 体系的能量最小，应取 b 值如下：

$$b=\left(\frac{33m^* e^2 n_{s2D}}{8\hbar^2\varepsilon_0\varepsilon_s}\right)^{1/3} \tag{4.25}$$

该波函数分布的质心与异质界面的距离为

$$z_0=\int_0^\infty z\,|\psi(z)|^2\mathrm{d}z=3/b \tag{4.26}$$

在散射概率的计算中，Fang-Howard 变分波函数会引出两个形式因子（设 k 为波矢）：

$$F(k)=\eta^3=[b/(b+k)]^3,\quad G(k)=\frac{1}{8}(2\eta^3+3\eta^2+3\eta) \tag{4.27}$$

若 2DEG 的空间分布缩小到厚度几乎为 0 的地步，则 $\eta\rightarrow 1$，形式因子 $F(k)$ 和 $G(k)$ 将趋于 1。

通常需要考虑的散射机制如下：声学形变势散射、声学波压电散射、极性光学声子散射、合金无序散射、界面粗糙度散射、位错散射和调制掺杂的远程散射等。其中合金无序散射以及调制掺杂的远程散射和势垒层的性质有关，界面粗糙度散射和异质界面的性质有关，其他散射机制中用到的材料参数则只与沟道层材料如 GaN 有关。利用 Fang-Howard 变分波函数可得到这些散射机制的动量弛豫率或相应的迁移率［动量弛豫率代入式（4.23）可得］如下。

纵声学声子（形变势）散射（迁移率用 μ_{DP} 表示）为

$$\frac{1}{\langle\tau_{DP}\rangle}=\frac{3m^* a_c^2 k_B T}{16\rho v_s^2\hbar^3}b \tag{4.28}$$

式中，a_c 为声学形变势，ρ 为 GaN 的质量密度，v_s 为声速。

压电散射（迁移率用 μ_{PE} 表示）为

$$\frac{1}{\tau_{PE}}=\frac{e^2M^2k_BTm^*}{4\pi\varepsilon_0\varepsilon_s\hbar^3k_F^3}\int_0^{2k_F}\frac{F(k)k^3}{[k+k_{TF}F(k)]^2\sqrt{1-[k/(2k_F)]^2}}\mathrm{d}k \tag{4.29}$$

式中，M^2 为机电耦合系数，ε_s 为 GaN 的静态介电系数，k_F 是费米波矢。假定散射主要发生在费米面附近，则散射初态和终态的波矢之差满足

$$k=2k_F\sin(\theta/2),k_F=\sqrt{2\pi n_{s2D}},\quad \theta\in(0,\pi) \tag{4.30}$$

托马斯-费米波矢 q_{TF} 反映了 2DEG 的屏蔽长度：

$$q_{\mathrm{TF}} = m^* e^2/(2\pi\varepsilon_0\varepsilon_s \hbar^2) \tag{4.31}$$

极性光学声子散射(迁移率用 μ_{POL} 表示)为

$$\frac{1}{\langle\tau_{\mathrm{POL}}\rangle} = \frac{e^2\omega_{\mathrm{POL}} m^* N_{\mathrm{B}}(T)G(k_o)}{2\varepsilon^* k_o \hbar^2 P_{\mathrm{POL}}(y)} \tag{4.32}$$

$$\varepsilon^* = \varepsilon_0/(1/\varepsilon_h - 1/\varepsilon_s) \tag{4.33}$$

式中，$\varepsilon^* = \varepsilon_0/(1/\varepsilon_h - 1/\varepsilon_s)$，$\varepsilon_h$ 为 GaN 的高频介电常数，$\hbar\omega_{\mathrm{POL}}$ 是极性光学声子能量，$k_o = \sqrt{2m^*(\hbar\omega_{\mathrm{POL}})/\hbar^2}$ 为极性光学声子波矢，$N_{\mathrm{B}}(T) = \dfrac{1}{\exp(\hbar\omega_{\mathrm{POL}}/k_{\mathrm{B}}T) - 1}$ 为玻色-爱因斯坦分布函数，$P_{\mathrm{POL}}(y) = 1 + (1 - e^{-y})/y$，$y = \pi\hbar^2 n_{s2D}/(m^* k_{\mathrm{B}}T)$ 是一个无量纲变量。

合金无序散射(迁移率用 μ_{ADO} 表示)为

$$\frac{1}{\langle\tau_{\mathrm{ADO}}\rangle} = \frac{m^*\Omega(x)(V_{\mathrm{A}} - V_{\mathrm{B}})^2 x(1-x)}{\hbar^3} \times \frac{\kappa_b P_b^2}{2} \tag{4.34}$$

式中，$\Omega(x)$ 是合金材料 $A_xB_{1-x}N$(例如 $Al_xGa_{1-x}N$)晶体的初基原胞体积，和 $A_xB_{1-x}N$ 材料的晶格常数 $a_0(x)$ 和 $c_0(x)$ 有关：

$$\Omega(x) = \frac{\sqrt{3}}{2}c_0(x)\cdot a_0^2(x) \tag{4.35}$$

AlGaN/GaN 异质结中，AlGaN 层通常处于张应变状态，所以实际材料中晶格常数 $a(x)$ 比 $a_0(x)$ 大，而 $c(x)$ 则比 $c_0(x)$ 小。$(V_{\mathrm{A}} - V_{\mathrm{B}})$ 是 AlGaN 势垒层中 Ga 原子被 Al 原子取代造成的合金散射势。

考虑到波函数对势垒层的渗入，应采用修正的 Fang-Howard 变分波函数：

$$\psi(z) = \begin{cases} N_1\exp(\kappa_b z/2) & z < 0 \\ N_2(z + z_0)\exp(-bz/2) & z \geqslant 0 \end{cases} \tag{4.36}$$

$$\kappa_b = 2\sqrt{2m^*\Delta E_{\mathrm{C}}(x)/\hbar^2} \tag{4.37}$$

$$N_2 = \sqrt{b^3/2}\,[1 + bz_0 + 0.5b^2 {z_0}^2(1 + b/\kappa_b)]^{-1/2},\quad N_1 = N_2 z_0 \tag{4.38}$$

这里波函数的质心与异质界面的距离 $z_0 = \dfrac{2}{b + \kappa_b m_{\mathrm{B}}/m_{\mathrm{A}}}$，式中 m_{A} 和 m_{B} 是势垒和量子阱的电子有效质量。

这样则势阱中的粒子进入势垒的概率为

$$P_b = {N_2}^2 {z_0}^2/\kappa_b \tag{4.39}$$

界面粗糙度散射(迁移率用 μ_{IFR} 表示)为

$$\frac{1}{\langle\tau_{\mathrm{IFR}}\rangle} = \frac{\Delta^2 L^2 e^4 m^*}{2(\varepsilon_0\varepsilon_s)^2\hbar^3}\left(\frac{1}{2}n_{s2D}\right)^2 \int_0^1 \frac{u^4\exp(-{k_{\mathrm{F}}}^2 L^2 u^2)}{[u + G(k)q_{\mathrm{TF}}/(2k_{\mathrm{F}})]^2\sqrt{1-u^2}}\mathrm{d}u \tag{4.40}$$

式中，Δ 是均方根粗糙度(root mean square roughness height)，L 是相关长度(correlation length)，用于衡量和定义界面粗糙的程度。积分的量 $u=k/(2k_F)$ ，k_F是费米波矢，波矢 k 的定义见式(4.30)。

位错散射(迁移率用 μ_{DIS}表示)[10]为

$$\frac{1}{\tau_{DIS}}=\frac{N_{DIS}m^{*}e^{4}f_{DIS}^{2}}{\hbar^{3}\varepsilon_{0}^{2}\varepsilon_{s}^{2}c_{0}^{2}(0)}\cdot\frac{1}{4\pi k_{F}^{4}}\int_{0}^{1}\frac{du}{[u+q_{TF}/(2k_{F})]^{2}\sqrt{1-u^{2}}} \tag{4.41}$$

式中，位错面密度 N_{DIS}用 m^{-2} 作单位，f_{DIS}为位错在禁带中引入的能态被占据的概率，$u=q/(2k_F)$。

设势垒层调制掺杂部分的边界与异质界面的距离分别为 d_1和 d_2，且 $d_1>d_2$，掺杂完全电离，则调制掺杂的远程散射(迁移率用 μ_{MD}表示)为

$$\frac{1}{\langle\tau_{MD}\rangle}=N_{D}\frac{m^{*}}{4\pi\hbar^{3}k_{F}^{3}}\left(\frac{e^{2}}{2\varepsilon_{0}\varepsilon_{s}}\right)^{2}\int_{0}^{2k_{F}}\frac{F(k)^{2}[\exp(-2kd_{2})-\exp(-2kd_{1})]k}{[k+q_{TF}G(k)]^{2}\sqrt{1-[k/(2k_{F})]^{2}}}dk \tag{4.42}$$

式中，N_D是调制掺杂浓度。

求出以上散射机制对应的迁移率后，代入式(4.22)即可计算出 2DEG 的总迁移率。迁移率计算中用到的材料参数典型值见表 4.1。

表 4.1 迁移率计算中的相关材料参数值[11-14]

GaN 和 AlGaN 的电子有效质量(m_0为静止电子质量)	$m^{*}=0.2m_0$ $m_x^{*}=(0.2+0.2x)m_0$
GaN 的声学形变势/eV	$a_C=9.1$
GaN 的质量密度/(g/cm³)	$\rho=6.15$
GaN 的纵声学波声速/(cm/s)	$v_s=8\times10^5$
GaN 的静态和高频介电常数	$\varepsilon_s=8.9$，$\varepsilon_h=5.35$
GaN 的机电耦合系数	$M^2=0.039$
GaN 的极性光学声子能量/meV	$\hbar\omega_{POL}=91.2$
$Al_xGa_{1-x}N$ 的晶格常数/nm	$a_0(x)=0.3189+0.0077x$ $c_0(x)=0.5186+0.0204x$
AlGaN 的合金散射势/eV	$V_A-V_B=1.8$
AlGaN/GaN 界面的导带不连续量	$\Delta E_C(x)=0.75[E_g(AlGaN)-E_g(GaN)]$
GaN 的托马斯-费米波矢/m^{-1}	$q_{TF}=8.4994\times10^8$
GaN 的位错能态占据率	$f_{DIS}=0.3$

4.3.2 AlGaN/GaN 异质结 Al 组分对迁移率的影响

GaN 异质结二维电子气低场迁移率随着温度、势垒层掺杂、二维电子气密度、AlGaN 势垒层的 Al 组分和厚度等参数的变化都会发生变化。

Miyoshi 等人报道了 77 K 和室温下蓝宝石衬底变 Al 组分 AlGaN/GaN 异质结材料的霍尔电子密度和迁移率实验数据[15]。AlGaN 势垒层有调制掺杂，GaN 的位

错密度为 $N_{DIS}=3\times10^9\ cm^{-2}$。在 Al 组分 x 由 0.16 增大到 0.42 的范围内，2DEG 面密度在 77 K 由约 $7\times10^{12}\ cm^{-2}$ 近线性上升到约 $1.7\times10^{13}\ cm^{-2}$，室温下整条曲线略有升高；77 K 迁移率由约 6600 $cm^2/(V\cdot s)$ 下降到约 2000 $cm^2/(V\cdot s)$，室温迁移率由约 1400 $cm^2/(V\cdot s)$ 下降到约 900 $cm^2/(V\cdot s)$。采用 4.3.1 节的迁移率模型分析该系列数据，对 77 K 测得的 2DEG 密度 $n_{s2D}\sim x$ 的关系曲线做线性拟和，代入迁移率模型公式计算各种散射机制的迁移率[16]。

各种散射机制的迁移率与 2DEG 迁移率的关系如图 4.12 所示，散射机制包括声学形变势散射(DP)、声学波压电散射(PE)、极性光学声子散射(POL)、合金无序散射(ADO)、界面粗糙度散射(IFR)、位错散射(DIS)、调制掺杂远程散射(MD)。不论 77 K 还是室温，位错散射和调制掺杂散射这两种库仑散射都比较弱，这与材料的 2DEG 密度较高、对库仑力的屏蔽作用较强有关。77 K 下，晶格振动散射包括声学形变势散射、声学波压电散射、极性光学声子散射[这种机制的迁移率的数量级为 $1\times10^7\ cm^2/(V\cdot s)$，在图 4.12(a) 中没有画出]的作用较弱，2DEG 迁移率随 Al 组分增大而降低的趋势和变化幅度主要是由界面粗糙度散射和合金无序散射决定的，尤其是在较高的 Al 组分下界面粗糙度散射对 2DEG 迁移率的降低有主导性的作用；其他散射机制在较低的 Al 组分下则对 2DEG 迁移率有一定的影响。

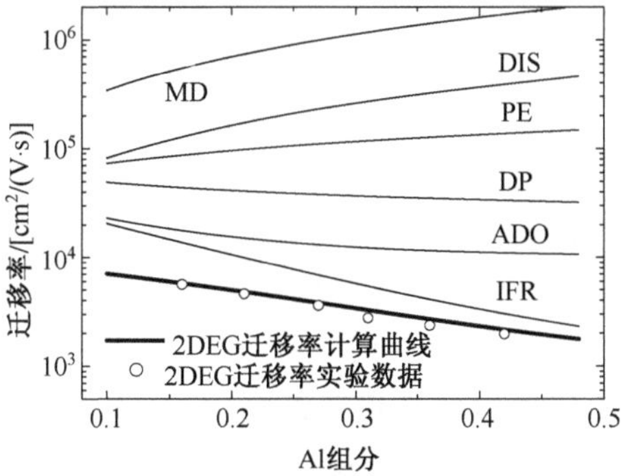

(a) 温度为77 K

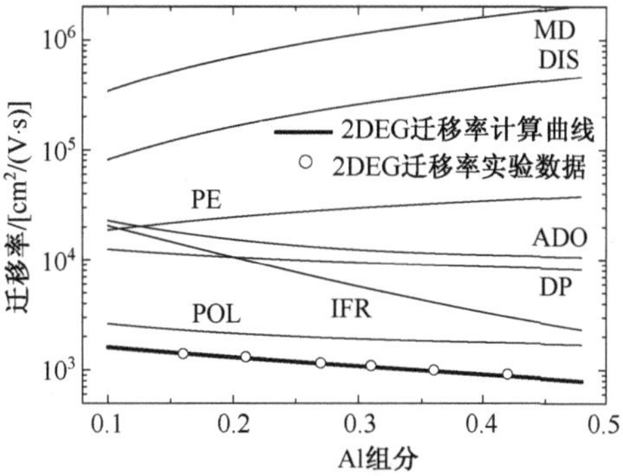

(b) 室温

图 4.12　77 K 和室温下各种散射机制的迁移率与 2DEG 迁移率实验数据和理论数据随 AlGaN/GaN 结构势垒层 Al 组分的变化

室温下[如图 4.12(b)所示]，与晶格振动相关的声学形变势散射、声学波压电散射和极性光学声子散射显著增强，尤其是极性光学声子散射变成最强的一种散射作用，其他散射机制的作用则不随温度变化。声学形变势散射和声学波压电散射的迁移率都和 T^{-1} 成正比，而极性光学声子散射迁移率与温度成近指数下降关系。而且 GaN 的极性光学声子能量很大(91.2 meV)，进一步加强了极性光学声子散射的作用。因此在室温下，2DEG 迁移率的量值和随 Al 组分增大而降低的趋势主要是由极性光学声子散射和界面粗糙度散射决定的，极性光学声子散射在所考虑的 Al 组分范围内有主导性的作用,界面粗糙度散射在较高的 Al 组分下对 2DEG 迁移率的降低有较强的影响。

在确定的温度下,随着 Al 组分的增大,每一种散射机制的迁移率都会发生变化。根据各种散射机制的动量弛豫率模型,除了合金无序散射迁移率与 Al 组分的变化直接相关外,其他散射机制理论上都与 Al 组分无关。因此各种散射作用的变化主要是由 AlGaN/GaN 结构中伴随 Al 组分增大的 2DEG 密度增加及其空间分布的变化引起的。

调制掺杂散射是库仑散射,其散射中心是 AlGaN 势垒层中与 2DEG 有一定距离的电离施主。因此施主密度不变而 2DEG 密度增大时,2DEG 对库仑力的屏蔽作用增强,散射作用减弱,迁移率增加。位错散射也是库仑散射,其散射中心是由悬挂键组成的带电位错线,线电荷密度为 $ef_{\mathrm{DIS}}/c_0(0)$,因此位错散射迁移率也随着 2DEG 密度增大而升高。

声学形变势散射的迁移率与 $n_{\mathrm{s2D}}{}^{-1/3}$ 成正比,因此随 2DEG 密度增大而降低。压电散射迁移率与 2DEG 密度有着复杂的先降后升的函数关系,在所涉及的 2DEG 密度下呈现上升趋势。极性光学声子散射迁移率则与 2DEG 密度有近指数下降的关系。

合金无序散射是 AlGaN 合金势垒层中 Al 原子和 Ga 原子随机分布引起的无规则势起伏对 2DEG 渗入势垒层部分的散射作用。势垒层 Al 组分变化时,一方面合金无序程度[与 $x(1-x)$ 成正比]会变化,在 $x = 0.5$ 时最强,Al 组分偏离这个值时合金无序程度减弱;另一方面 AlGaN/GaN 界面的能量势垒高度和 2DEG 密度会随 Al 组分增大而升高。如图 4.13 所示,当保持 2DEG 密度不变而势垒层 Al 组分增大时,$x \leqslant 0.5$ 范围内,除了在较低的 Al 组分下合金无序程度增加会导致散射增强以外,大部分的 Al 组分范围内主要由于 AlGaN/GaN 界面的能量势垒升高,2DEG 渗入量减少,散射被削弱;在 $x \geqslant 0.5$ 范围内,异质界面势垒仍在升高,合金无序程度则减小,散射被进一步削弱。若考虑 2DEG 密度随势垒层 Al 组分的变化,则合金无序散射迁移率仍由上述几种机制的共同作用决定,但迁移率与 Al 组分的关系曲线在形状上会有显著的变化,在迁移率下降到最低点($x = 0.5$)然后上升的过程中,主导性的因素由 2DEG 密度的增大变为 Al 组分的上升。

界面粗糙度散射是一种对 2DEG 密度很敏感的机制。异质界面是一个材料和晶格发生变化的区域,这种变化的微观无规则性使异质界面变得粗糙,对电子沿界面方向的输运造成散射。当 2DEG 密度增加时,电子的分布更靠近异质界面,对界面的粗糙程度更加敏感,界面粗糙度散射增强,其迁移率下降。然而,图 4.12 中的界面粗糙度散射迁移率是将 2DEG 迁移率实验数据与除界面粗糙度散射之外的其他所有散射机制联合作用所限制的总迁移率代入式(4.22)反推得到的,该迁移率随着 Al 组分增大而下降的速度之快并非仅仅是由 2DEG 密度增大、2DEG 更贴近界面造成

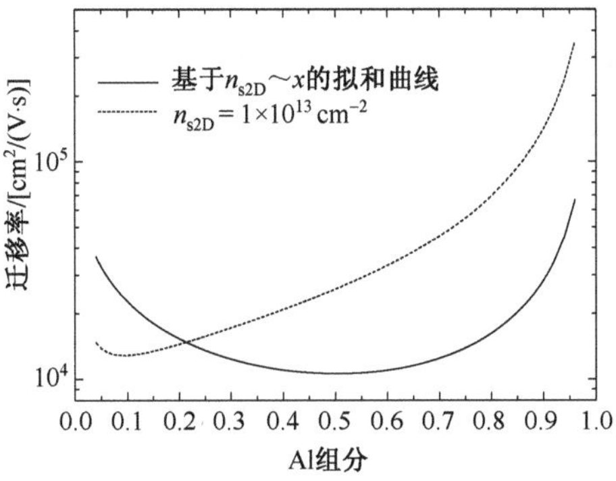

图 4.13　合金无序散射迁移率随势垒层 Al 组分的变化

的。进一步的分析说明，界面粗糙度参数也随 Al 组分发生了变化，即界面变得更粗糙。AlGaN/GaN 结构中 Al 组分的增大使势垒层应力增强，引起表面的形貌起伏加剧，造成表面退化，这一点已由样品表面形貌的原子力显微观察结果证明[15]。因此，计算结果与实验结果相符，说明 AlGaN/GaN 结构中势垒层 Al 组分增大确实引起界面退化，粗糙程度加剧。相对而言，AlGaN 势垒层 Al 组分增加时，2DEG 密度增大仍是引起界面粗糙度散射迁移率下降的主要因素，但界面变粗糙也具有显著的加强散射的作用。

根据以上分析，低温(77 K)下二维电子气迁移率随 Al 组分的变化主要是由界面粗糙度散射和合金无序散射决定，室温下这种变化则主要由极性光学声子散射和界面粗糙度散射决定。势垒层 Al 组分较大时，所造成的应力引起 AlGaN/GaN 界面粗糙度增大，是界面粗糙度散射限制高 Al 组分 AlGaN/GaN 异质结二维电子气迁移率的一个重要因素。

4.3.3　晶格匹配 InAlN/GaN 和 InAlN/AlN/GaN 材料二维电子气输运特性

晶格匹配 InAlN/GaN 材料的室温电子迁移率通常比较低[70～260 $cm^2/(V\cdot s)$][17]，且其变温霍尔迁移率往往呈现为随温度降低先升高后降低的体电子特性[18]，其呈现随温度降低先升高后逐渐饱和的 2DEG 特性的报道比较少。在 InAlN/GaN 界面引入薄层 AlN 插入层形成 InAlN/AlN/GaN 材料，则一般能够获得 2DEG 输运特性以及与 AlGaN/GaN 材料相当的室温电子迁移率[812～1510 $cm^2/(V\cdot s)$][17,19]。另外，2DEG 的电子密度对迁移率具有显著的影响，而已报道的 InAlN/GaN 和 InAlN/AlN/GaN 材料的电子密度数据相当分散(0.6×10^{13}～$4.23\times10^{13}\ cm^{-2}$)[19,20]。这些现象使得分析 InAlN/GaN 材料的输运性质以及 AlN 插入层改善 InAlN/GaN 电子迁移率的机理相当困难。

脉冲 MOCVD 方法能够生长高质量的晶格匹配 InAlN/GaN 材料和 InAlN/

AlN/GaN 材料,对其二维电子气低场迁移率可进行定量分析[19]。InAlN/GaN 材料和 InAlN/AlN/GaN 材料的室温霍尔迁移率分别为 949 $cm^2/(V \cdot s)$ 和 1437 $cm^2/(V \cdot s)$,霍尔迁移率变温特性均具有典型的二维电子气特征。采用如表 4.2 所示的模型参数,代入 4.3.1 节的理论模型,计算出各个散射机制限制的迁移率和总的 2DEG 迁移率如图 4.14 所示,其中 InAlN/AlN/GaN 材料中没有考虑合金无序散射。温度从 77 K 变化到 300 K,InAlN/GaN 和 InAlN/AlN/GaN 材料 2DEG 迁移率的计算值和实验测量值都符合得比较好,说明所用的模型和参数合理。

表 4.2 计算中所采用的模型参数

参数 \ 材料类型	InAlN/GaN	InAlN/AlN/GaN
2DEG 浓度/cm^{-2}	1.65×10^{13}	1.75×10^{13}
界面粗糙度/nm	0.432	0.245
相关长度/nm	1.5	1.5
合金无序散射势/eV	3.848	
位错密度/cm^{-2}	8.869×10^{8}	
InAlN 的电子有效质量 m_x^*	$(0.4-0.33x)m_0$,m_0为电子静止质量	
InAlN 禁带宽度	$6.13(1-x)+0.626x-5.4x(1-x)$	
InAlN 晶格常数	$a(x)=3.548x+3.112(1-x)$	$c(x)=5.76x+4.982(1-x)$

注:2DEG 密度为样品实测值,位错密度由 X 射线衍射实验数据估算,合金无序散射势按照 AlN 和 InN 的导带偏移量估算,In 组分 x 取 0.18。

比较图 4.14(a)和(b),可看到 InAlN/AlN/GaN 材料中 2DEG 迁移率相比 InAlN/GaN 材料明显提高,这主要是 3 种机制相互竞争的结果:第一,AlN 插入层能够加深 GaN 中的量子阱、增大 2DEG 密度,引起位错散射减弱,而晶格振动相关散射则增强,界面粗糙度不变时界面散射也会增强,令 InAlN/AlN/GaN 材料中 2DEG 迁移率略微下降。第二,AlN 插入层抑制了 InAlN/AlN/GaN 材料中的合金无序散射,从而提高了 2DEG 迁移率,这也是传统的 AlGaN/AlN/GaN 材料引入 AlN 插入层改善 2DEG 迁移率的主要机理。第三,InAlN/AlN/GaN 材料中界面粗糙度散射的作用比 InAlN/GaN 材料显著减弱,界面粗糙度参数由 0.432 nm 下降为 0.245 nm,两种材料的生长除了 AlN 插入层外保持了严格一致的生长工艺条件,这说明是 AlN 插入层使得影响 2DEG 输运的界面微观起伏减小、界面更为平滑,从而削弱了界面粗糙散射。总体上,InAlN/AlN/GaN 材料的 2DEG 迁移率得到提高,说明 AlN 插入层引起的这 3 种变化中,合金无序散射的免除和界面粗糙度散射的抑制是占主导地位的作用。

2DEG 密度也是影响 2DEG 迁移率的重要因素。由于势垒层厚度、合金组分、材料生长设备和生长条件等方面的差异,目前 InAlN/GaN 和 InAlN/AlN/GaN 材料的电子密度的实验数据分散性很强。为了深入地分析其 2DEG 密度影响迁移率的规律,分别对 In 组分取 0.18 的 InAlN/GaN 和 InAlN/AlN/GaN 材料计算了室温下

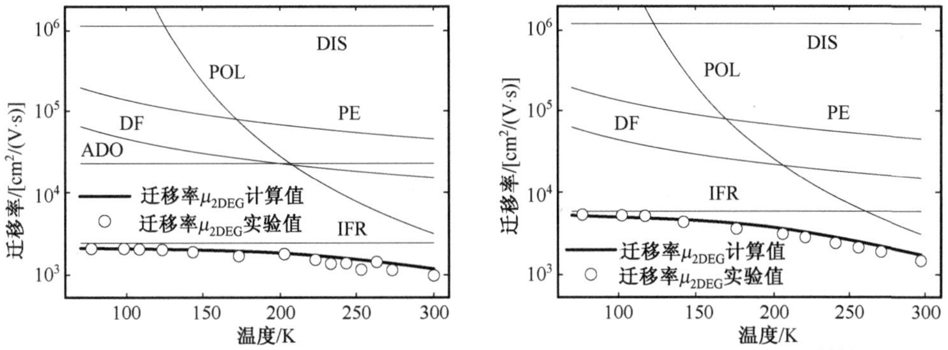

(a) InAlN/GaN材料　　(b) InAlN/AlN/GaN材料

图 4.14　InAlN/GaN 材料和 InAlN/AlN/GaN 材料中各散射机制所限制的迁移率与 2DEG 总迁移率 μ_{2DEG} 随温度的变化

DIS 为位错散射，POL 为极性光学波散射，PE 为压电散射，DF 为声学形变势散射，ADO 为合金无序散射，IFR 为界面粗糙度散射

2DEG 迁移率随密度的变化关系。鉴于实际样品结晶质量和界面情况的差异，没有考虑位错散射而保留了模型中其他 5 种散射机制以简化分析，对界面粗糙度散射则取了一系列界面粗糙度值，这样得到的 2DEG 迁移率可以视为实际迁移率的理论上限，计算结果和实验数据如图 4.15 所示。

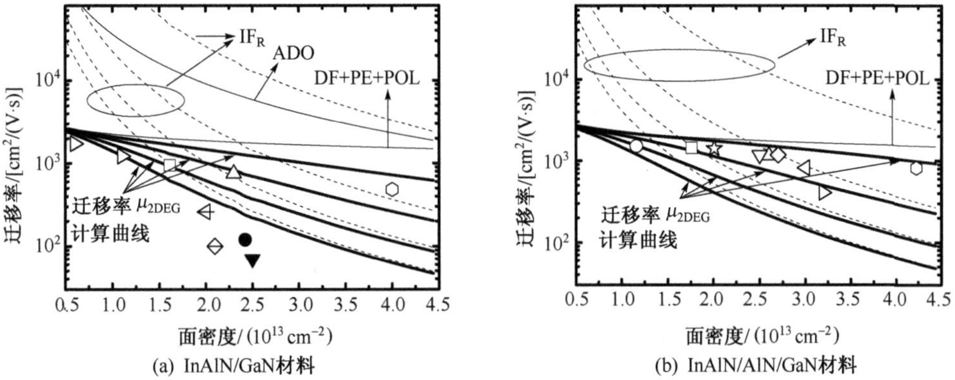

(a) InAlN/GaN材料　　(b) InAlN/AlN/GaN材料

图 4.15　室温下 InAlN/GaN 材料和 InAlN/AlN/GaN 材料中各散射机制所限制的迁移率与 2DEG 总迁移率 μ_{2DEG} 随电子面密度的变化

界面粗糙度散射选取了一系列界面粗糙度 Δ = 0.1 nm、0.3 nm、0.5 nm、0.7 nm(相关长度均为1.5 nm)形成一族曲线，以考虑不同样品的界面粗糙度分散性，相应的 2DEG 总迁移率 μ_{2DEG} 也形成一族曲线，在图中由上向下依次排列。空心和实心符号为实验数据

图 4.15(a)中，InAlN/GaN 材料的室温迁移率和电子密度实验数据都比较分散。根据样品的变温霍尔特性的相关报道，形成了 2DEG 的样品的迁移率较高[20]，

呈体电子特性(其低温迁移率比室温迁移率还要低)的样品的迁移率较低。有些样品没有报道变温迁移率数据[21],但室温迁移率较低,接近于那些呈体电子特性的样品的室温迁移率。图 4.15(b)中 InAlN/AlN/GaN 材料的室温迁移率实验数据普遍较高(除了 Dadgar 等[22]人的报道,因为他们报道是早期在 Si 衬底上的研究结果,因而迁移率较低),一般都形成了 2DEG。就各种散射机制的作用而言,随着 2DEG 密度增大,与晶格振动相关的迁移率变化较小;由于 2DEG 与异质界面的距离减小、渗入合金势垒层的比例增加,合金无序散射和界面粗糙度散射显著增强。对比两图实验数据的分布情况还可以发现,InAlN/GaN 材料中形成 2DEG 的样品的迁移率数据在界面粗糙度从 0.1 nm 到 0.7 nm 的 μ_{2DEG} 计算曲线之间都有分布,而 InAlN/AlN/GaN 材料几乎所有的迁移率数据都很接近界面粗糙度仅 0.1 nm 的 μ_{2DEG} 计算曲线,这一点也说明了 AlN 插入层对 InAlN/GaN 界面的改善作用。

总之, InAlN/AlN/GaN 材料与 InAlN/GaN 材料相比,电子迁移率得到显著提高,主要是由于 AlN 插入层不仅有效地抑制了合金无序散射,而且改善了界面的平滑性,削弱了界面粗糙度散射。

参考文献

[1] ZHANG J F, HAO Y. GaN-based heterostructures: Electric-static equilibrium and boundary conditions[J]. Chinese Physics, 2006, 15(10): 2402-2406.

[2] SMORCHKOVA I P, ELSASS C R, IBBETSON J P, et al. Polarization-induced charge and electron mobility in AlGaN/GaN heterostructures grown by plasma-assisted molecular-beam epitaxy[J]. Journal of Applied Physics, 1999, 86(8): 4520-4526.

[3] KOLEY G, SPENCER M G. Surface potential measurements on GaN and AlGaN/GaN heterostructures by scanning Kelvin probe microscopy[J]. Journal of Applied Physics, 2001, 90(1): 337-344.

[4] DELAGEBEAUDEUF D, LINH N T. Metal-(n) AlGaAs-GaAs two-dimensional electron gas fet[J]. IEEE Transactions on Electron Devices, 1982, ED-29(6): 955-960.

[5] GONSCHOREK M, CARLIN J F, FELTIN E, et al. Two-dimensional electron gas density in $Al_{1-x}In_xN$/AlN/GaN heterostructures ($0.03 \leqslant x \leqslant 0.23$)[J]. Journal of Applied Physics, 2008, 103(9): 093714(7 pp.).

[6] YU E T, DANG X Z, ASBECK P M, et al. Spontaneous and piezoelectric polarization effects in III-V nitride heterostructures[C]. 26th Conference on the Physics and Chemistry of Semiconductor Interfaces, January 17-21, 1999. USA: AIP for American Vacuum Soc, 1999.

[7] TAN I H, SNIDER G L, CHANG L D, et al. A self-consistent solution of Schrodinger-Poisson equations using a nonuniform mesh[J]. Journal of Applied Physics, 1990, 68(8): 4071-4076.

[8] ZHANG J F, WANG C, HAO Y, et al. Effects of donor density and temperature on electron

systems in AlGaN/AlN/GaN and AlGaN/GaN structures[J]. Chinese Physics, 2006, 15(5): 1060-1066.

[9] DAVIES J H. The physics of low-dimensional semiconductors[M]. Cambridge: Cambridge University Press, 1998.

[10] JENA D, GOSSARD A C, MISHRA U K. Dislocation scattering in a two-dimensional electron gas[J]. Applied Physics Letters, 2000, 76(13): 1707-1709.

[11] LEVINSHTEIN M E, RUMYANTSEV S L, SHUR M S. Properties of advanced semiconductor materials GaN, AlN, InN, BN, SiC, SiGe [M]. New York: John Wiley & Sons, 2001.

[12] KNAP W, CONTRERAS S, ALAUSE H, et al. Cyclotron resonance and quantum Hall effect studies of the two-dimensional electron gas confined at the GaN/AlGaN interface[J]. Applied Physics Letters, 1997, 70(16): 2123-2125.

[13] ZANATO D, GOKDEN S, BALKAN N, et al. The effect of interface-roughness and dislocation scattering on low temperature mobility of 2D electron gas in GaN/AlGaN[J]. Semiconductor Science and Technology, 2004, 19(3): 427-432.

[14] LEUNG K, WRIGHT A F, STECHEL E B. Charge accumulation at a threading edge dislocation in gallium nitride[J]. Applied Physics Letters, 1999, 74(17): 2495-2497.

[15] MIYOSHI M, EGAWA T, ISHIKAWA H. Structural characterization of strained AlGaN layers in different Al content AlGaN/GaN heterostructures and its effect on two-dimensional electron transport properties[J]. Journal of Vacuum Science & Technology B (Microelectronics and Nanometer Structures), 2005, 23(4): 1527-1531.

[16] ZHANG J, HAO Y, ZHANG J, et al. The mobility of two-dimensional electron gas in AlGaN/GaN heterostructures with varied Al content[J]. Science in China Series F (Information Science), 2008, 51(6): 177-186.

[17] GONSCHOREK M, CARLIN J F, FELTIN E, et al. High electron mobility lattice-matched AlInN/GaN field-effect transistor heterostructures[J]. Applied Physics Letters, 2006, 89(6): 62106(3 pp.).

[18] XIE J, NI X, WU M, et al. High electron mobility in nearly lattice-matched AlInN/AlN/GaN heterostructure field effect transistors[J]. Applied Physics Letters, 2007, 91(13): 1-3.

[19] 王平亚，张金风，郝跃，等. 晶格匹配 InAlN/GaN 和 InAlN/AlN/GaN 材料二维电子气输运特性研究[J]. 物理学报，2011，60(11)：605-610.

[20] KATZ O, MISTELE D, MEYLER B, et al. InAlN/GaN heterostructure field-effect transistor DC and small-signal characteristics[J]. Electronics Letters, 2004, 40(20): 1304-1305.

[21] KUZMIK J, CARLIN J F, GONSCHOREK M, et al. Gate-lag and drain-lag effects in (GaN)/InAlN/GaN and InAlN/AlN/GaN HEMTs[J]. Physica Status Solidi A, 2007, 204(6): 2019-2022.

[22] DADGAR A, SCHULZE F, BIASING J, et al. High-sheet-charge-carrier-density AlInN/GaN field-effect transistors on Si(111)[J]. Applied Physics Letters, 2004, 85(22): 5400-5402.

第 5 章　AlGaN/GaN 异质结材料的生长与优化方法

AlGaN/GaN 异质结是 GaN HEMT 器件材料的主流结构。基于和 AlGaAs/GaAs 异质结类似的 I 型异质结能带结构，AlGaN/GaN 异质结中在异质结交界面的 GaN 侧能够形成二维电子气，如图 5.1 所示。然而，AlGaN/GaN 材料整体的禁带宽度较宽，具有较强的耐压能力；AlGaN/GaN 界面导带带阶较大，且该材料有很强的压电和自发极化效应，有利于形成深而窄的量子阱，积聚高密度的二维电子气。二维电子气由于自身的分布和输运的特点，具有显著高于体电子的迁移率与饱和速度。因此，AlGaN/GaN 二维电子气材料是理想的微波功率器件材料。

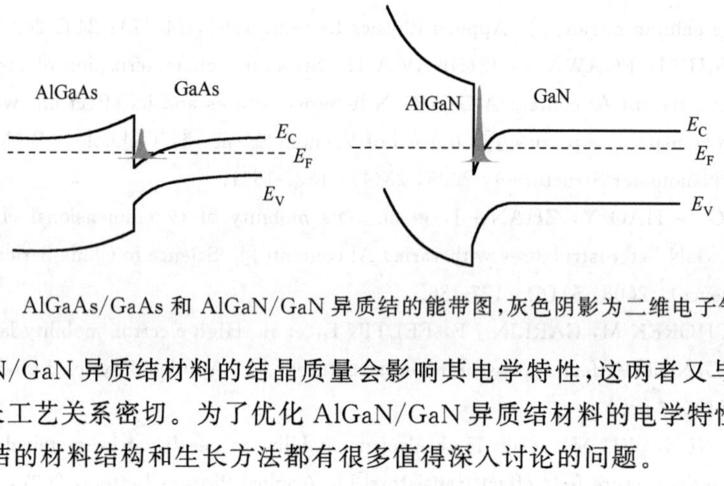

图 5.1　AlGaAs/GaAs 和 AlGaN/GaN 异质结的能带图，灰色阴影为二维电子气分布

AlGaN/GaN 异质结材料的结晶质量会影响其电学特性，这两者又与材料的层结构和生长工艺关系密切。为了优化 AlGaN/GaN 异质结材料的电学特性，AlGaN/GaN 异质结的材料结构和生长方法都有很多值得深入讨论的问题。

5.1　AlGaN/GaN 异质结材料结构

通常的 AlGaN/GaN 异质结材料结构，衬底和成核层上方只有 GaN 缓冲层（兼沟道层）和 AlGaN 势垒层两层材料。要优化该异质结结构，关键的问题是要将各层的结晶质量提高，获得平滑的异质结表面和界面，并设法提高材料的电学特性。GaN 缓冲层的厚度通常为 1～3 μm，但是高质量的缓冲层要求：

(1)高的结晶质量，或延伸缺陷少。III 族氮化物材料的异质外延使得其薄膜通常呈镶嵌结构，延伸缺陷（以穿透位错为主）的密度较高。延伸缺陷会影响材料的表面和界面质量以及合金势垒层的结晶质量。另外，延伸缺陷中的刃位错能够在禁带中引入深能级起受主态陷阱的作用，其带电性质以及位错周围的应变场对二维电子气沿异质界面的输运具有散射作用。螺位错虽然不带电，但可能形成从材料表面向下的漏电路径。因此应尽量降低缓冲层的缺陷密度。

(2)高阻。高阻的缓冲层材料有利于减少器件的关态漏电、改善亚阈特性、提高开关比和击穿电压。理论上 GaN 材料的室温本征载流子密度为 1×10^{-11} cm^{-3} 量级，具有很好的高阻特性，但通常非故意掺杂的 GaN 材料也具有 $1\times10^{15}\sim1\times10^{17}$ cm^{-3} 的背景 n 型掺杂，主要是由 Si 和 O 的替位式浅施主杂质等引起。因此，需要减少缓冲层的浅施主杂质或引入补偿型受主掺杂以形成高阻特性。另一方面，在蓝宝石衬底上外延的缓冲层近衬底位置往往有一个 n 型掺杂密度较高(可达 1×10^{18} cm^{-3})的区域形成缓冲层的漏电路径，称为掩埋电荷层，由成核层对衬底覆盖不完整、高温生长时蓝宝石衬底分解、O 元素向上扩散进入 GaN 成为浅施主形成。因此高阻特性的形成也会抑制该掩埋电荷层。高阻缓冲层的另一种实现措施是在保持异质结整体结晶质量的前提下引入禁带更宽的 AlGaN 背势垒缓冲层。

就 AlGaN 势垒层而言，其 Al 组分和厚度增加都会令二维电子气密度增加，但也使得 AlGaN 处于更强的张应变状态。当应变过强时，异质结材料中将出现应变弛豫现象，以位错等缺陷甚至开裂的形式释放应力，压电效应将大大减小。根据 Ambacher O 等人报道的实验数据，厚度约 30 nm 的 AlGaN 势垒层，在 Al 组分高于 0.38 后出现应变弛豫[1]。实际异质结材料的应变弛豫点往往随材料生长的系统和工艺条件而变化，通常需要由材料的表面形貌、结晶质量和电学特性的变化来观察。应变弛豫除了影响合金材料的缺陷密度和表面形貌、令二维电子气密度显著下降以外，通常也会令二维电子气的迁移率降低，可能是应变弛豫影响了异质界面的平滑度、增大了界面粗糙度散射。除了应变弛豫对 AlGaN 势垒层的 Al 组分和厚度有限制以外，AlGaN/GaN HEMT器件的可靠性研究显示，对 AlGaN/GaN HEMT 器件可靠性有严重影响的强电场逆压电极化现象也与 AlGaN 层的初始应变量有关。

因此，为了保证沟道中具有较高的电子浓度同时又不引起势垒层的应变弛豫，通常 HEMT 异质结材料的 AlGaN 势垒层的 Al 含量为 0.15～0.3，厚度为 10～30 nm (增强型 HEMT 器件中可能更薄)，同时一种较普遍的做法是在 AlGaN/GaN 异质界面引入厚约 1 nm 的 AlN 插入层。在极化效应的作用下，该插入层能够提高沟道电子密度和电子迁移率，还有改善异质界面的作用。

GaN 异质结的表面形貌、微结构和表面状态对于器件的加工工艺和器件的可靠性也有很大的影响。若异质结的表面直接为 AlGaN 势垒层表面，则 Al 容易氧化的性质有可能引起异质结的特性随时间退化的问题。这种问题在 Al 组分较高、AlGaN结晶质量下降的 AlGaN/GaN 异质结中尤为严重。通常可以在 AlGaN 表面引入薄的 GaN 帽层来改善异质结表面和材料整体的性质。

图 5.2 对以上 AlGaN/GaN 异质结的生长和结构优化措施作出了总结。

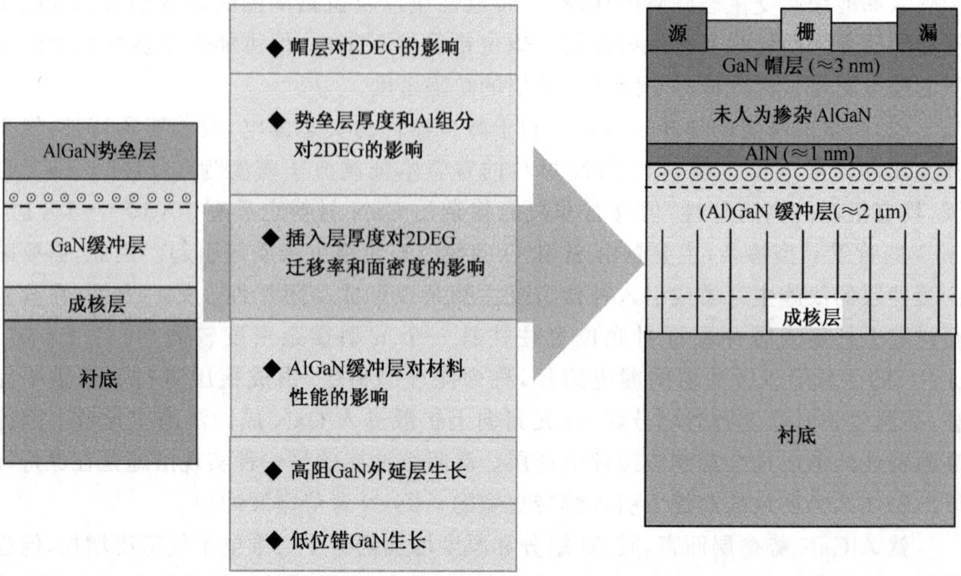

图 5.2 AlGaN/GaN 异质结的生长和结构优化的若干关键措施

5.2 低缺陷密度氮化物材料生长方法

异质外延生长 GaN 薄膜材料时，为了减少由衬底材料与 GaN 之间的晶格失配和热失配带来的外延层中的高密度位错（$1\times10^{9}\sim1\times10^{10}$ cm^{-2}量级）和残余应力，衬底表面处理、成核层优化已经成为提高 GaN 结晶质量必不可少的优化措施。为了进一步降低氮化物外延材料的延伸缺陷密度，横向外延过生长（ELOG）技术是一种有效的手段[2]，它可以使蓝宝石衬底上外延的 GaN 的位错密度降低 2～4 个数量级（达到 1×10^{6} cm^{-2} 量级），并逐渐发展成为一种重要的低缺陷密度氮化物材料生长方法。

ELOG 技术的实现方法如下：

（1）按常规方法生长 GaN 厚度为约几微米的 GaN 模板（template，指在蓝宝石或 SiC 等衬底上外延几微米到几十微米厚的 GaN 薄膜后整体形成的复合多层薄膜晶片，其表面的 GaN 对后续材料外延或材料加工具有模板的作用）；

（2）生长掩膜层，如二氧化硅（SiO_2）或氮化硅（SiN）介质；并在掩膜上刻蚀出周期性排列窗口（常见形状如条形或六边形等），露出下方 GaN；

（3）由于 GaN 在掩膜材料表面的成核能远大于在 GaN 上的成核能，故在适当的生长条件下可控制 GaN 选区生长，即 GaN 开始只在未掩膜区（即窗口区）成核并生长，其厚度大于掩膜层厚度后，将在继续长厚的同时横向生长；

(4)相邻窗口区的 GaN 横向过生长直至合并,形成连续的 GaN 层。

能否实现成功的横向过生长合并(合并速度快且合并后材料表面较平整光滑),与窗口区的形状和位置(如条形窗口的窗口宽度与掩膜区宽度之比、条形的取向等)以及外延生长的条件(V/III 比和温度等)等密切相关。如图 5.3(a)所示,条形窗口的取向沿 $[1\bar{1}00]$ 晶向的情况下,GaN 的横向生长速率较高,选区生长时 GaN 侧面由 $(1\bar{1}01)$ 面逐渐变为 $(11\bar{2}0)$ 面,GaN 剖面形状为矩形,横向合并后薄膜沿 [0001] 方向进行生长;图 5.3(b)则给出了生长温度对选区生长时 GaN 剖面形状的影响。若条形窗口的取向沿 $[11\bar{2}0]$ 晶向,则外延时 GaN 剖面形状多为三角形或梯形(纵向生长速率高于横向生长速率),其侧面为 $(1\bar{1}01)$ 面,横向外延合并后形成的薄膜表面仍有大的棱状起伏。

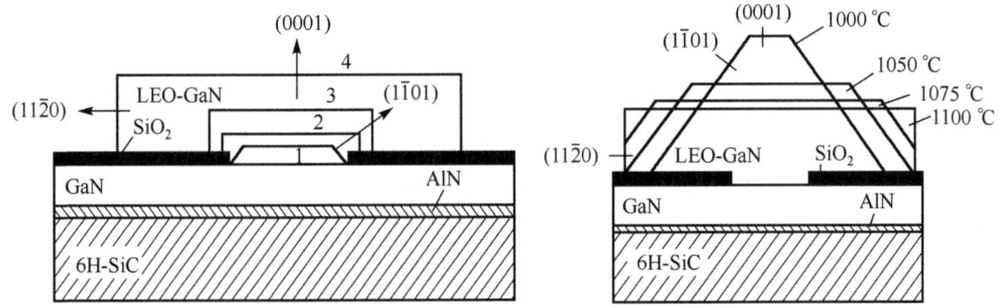

(a) 不同生长时间下GaN的剖面形状和生长方向，1~4对应的生长时间分别为3 min、9 min、20 min和60 min

(b) 生长温度对LEO GaN侧面的影响

图 5.3　GaN ELOG 生长原理,条形窗口沿 $[1\bar{1}00]$ 晶向[3],图中 LEO 指横向外延过生长

ELOG 技术之所以能够降低 GaN 层中的位错密度、提高 GaN 外延层的晶体质量,一方面是由于掩膜层对下方 GaN 中延伸位错的阻挡作用[如图 5.4(a)所示],另一方面是横向过生长过程中位错会转向和形成闭合位错环,实现位错的湮灭,如图 5.4(b)所示。

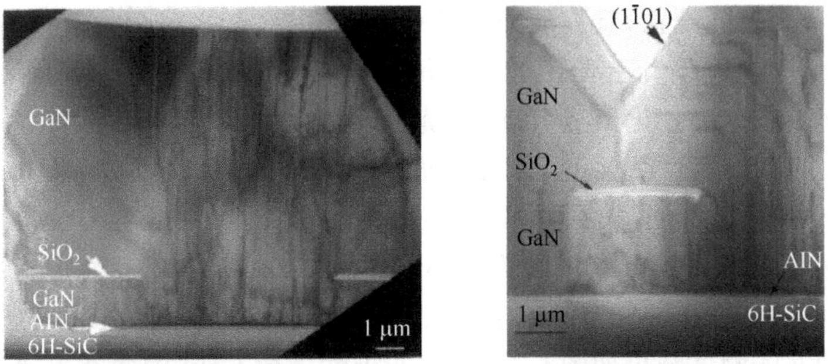

(a) SiO_2掩膜对位错的阻挡作用令掩膜上方的GaN几乎没有缺陷

(b) 在掩膜两侧GaN横向合并区附近，部分延伸位错发生90°偏转

图 5.4　GaN ELOG 降低位错密度的原理,条形窗口沿 $[11\bar{2}0]$ 晶向[3]

ELOG 技术能够以简单的工艺实现低缺陷密度 GaN 外延材料，但通常只能降低掩膜上方 GaN 横向生长和合并的区域的位错密度，而窗口区上方仍为位错密度较高的材料，不适合大尺寸器件的制备；并且通常比较耗时，淀积掩膜和二次生长时也容易引入一些非故意掺杂或污染。

基于 ELOG 原理，材料的外延生长又发展出了图形衬底外延和多孔插入层方法。图形衬底(PSS)是将衬底材料的表面以刻蚀技术形成周期性微米/纳米级图形所获得的衬底，图形的形状非常多，包括柱形、锥形、球形等各种凸起以及各种凹坑结构和腐蚀坑结构等。在图形衬底上外延 GaN 时，可通过控制材料的横向和纵向生长速率以类似 ELOG 原理生长，能够显著降低缺陷密度，但材料的生长总体上是单步工艺，避免了 ELOG 中的非故意污染问题。图形衬底用于发光二极管还能够提高出光效率，在光电器件中已得到广泛应用，但在电子材料和器件中应用还比较少。

多孔插入层方法指在 GaN 模板表面淀积厚度很薄的其他材料，随后利用这些材料与氮化物的反应源气体(如 NH_3)的化学反应，形成孔隙为纳米级的多孔介质掩膜，再以 ELOG 原理生长低缺陷密度 GaN 的方法。多孔插入层主要包括原位生长的 SiN 插入层和淀积金属再氮化形成的金属氮化物插入层两类。

在 MOCVD 工艺中，原位生长 SiN 插入层以同时通入硅烷(SiH_4)和 NH_3 来生长。由于 SiN 的连续成膜能力很强，因此 SiN 插入层的厚度必须控制得很薄来形成孔隙足够密的多孔结构，否则 GaN 难以合并。我们采用原位 SiN 插入层获得的 GaN 材料与未采用 SiN 插入层而 MOCVD 工艺条件一致的 GaN 材料相比，XRD 摇摆曲线半高宽有明显的减小，(002)面由 300 arcsec 减小到 220 arcsec，(102)面由 800 arcsec 减小到 198 arcsec，说明位错密度有显著的下降。然而，SiN 生长时 Si 原子会对 GaN 形成施主掺杂效应，这对原位 SiN 插入层在电子材料中的应用有不利的影响。

在金属氮化物插入层方面，我们采用 TiN 插入层获得了低缺陷密度非极性 a 面 GaN 材料。图 5.5 给出了 5 nm 厚的 Ti 金属在氮化 30 min 以后的形貌图，可看到生成的 TiN 薄膜为多孔结构，且孔的分布较均匀和密集，孔的间距大于孔的尺寸，非常适合作为 ELOG 的掩膜。在质量相同的非极性 a 面 GaN 模板上，采用不同厚度的 Ti 在 MOCVD 反应室氮化形成 TiN 薄膜后，继续生长同样厚度的 a 面 GaN，根据 HRXRD 和 TEM 的测试结果(如图 5.6 所示)发现，Ti 的最佳厚度为 10 nm。当 Ti 厚度达到 5 nm 时，已能明显改善材料的表面形貌(如图 5.7 所示)，位错坑密度和由面内各向异性引起的表面起伏度大为减小，5 μm×5 μm AFM 表面形貌的均方根粗糙度由无插入层样品的 5.73 nm 减小到 0.594 nm。Ti 厚度为 10 nm 的 TiN 插入层材料的剖面 TEM 测试结果如图 5.8 所示，非极性 a 面 GaN 中两类重要的延伸缺陷即位错和层错，在向上延伸到 TiN 插入层处，大部分被有效地阻挡，穿透过插入层的部分又大多数发生了方向的偏转，有利于彼此合并。TiN 插入层显著降低了其上方材料的缺陷密度。表 5.1 给出了同时期国际上报道的 a 面 GaN 材料的 $(11\bar{2}0)$ 面摇摆曲线半高宽和我们的结果。由于 TiN 插入层 ELOG 生长 GaN 时合并很快，可采用多次插入层技术继续提高材料质量。

表 5.1　非极性 *a* 面 GaN X 射线测试结果比较

生长方法	XRD (11$\bar{2}$0) 面摇摆曲线 FWHM /arcsec		数据来源
	沿 *c* 轴	沿 *m* 轴	
SiN ELOG	669	1111	2008 年，Huang J J 等人[5]
原位 SiN 插入层	936	1080	2006 年，Chakraborty A 等人[6]
ELOG＋气流调制外延(FME)	459	1062	2008 年，Huang J J 等人[5]
10 nmTi 形成 TiN 插入层	432	497	2010 年，许晟瑞等人[7]

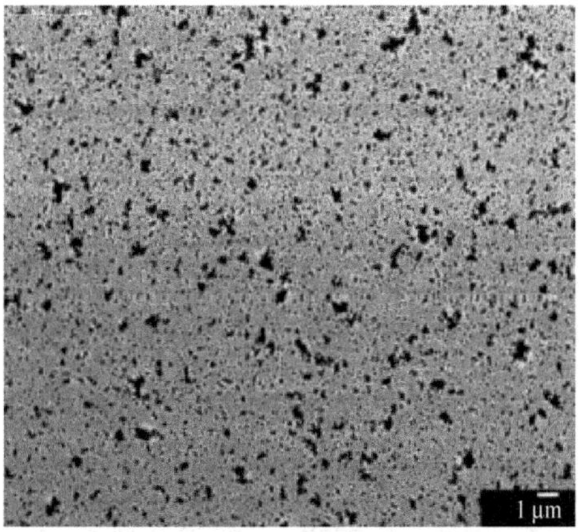

图 5.5　5 nm 厚的 Ti 金属在氮化 30 min 以后的形貌图[4]

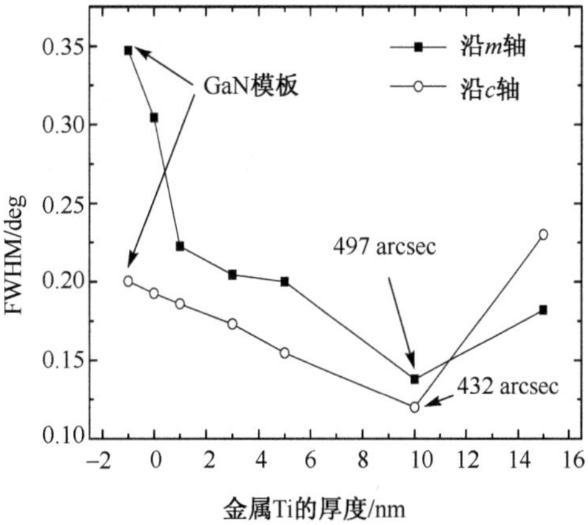

图 5.6　采用不同厚度 Ti 金属形成 TiN 插入层生长的非极性 *a* 面 GaN (11$\bar{2}$0) 面摇摆曲线半高宽(FWHM)的测试结果

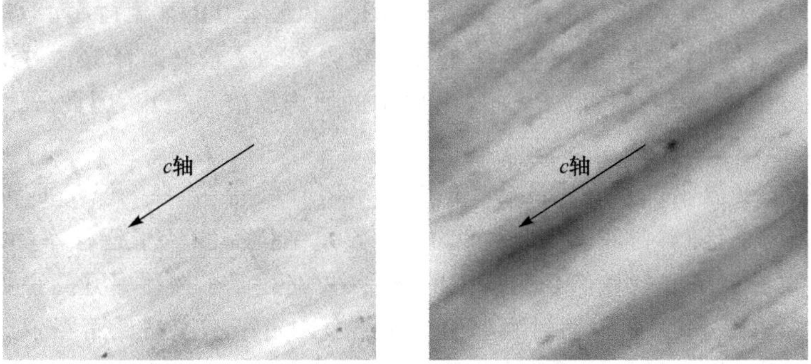

(a) 采用5 nmTi金属形成TiN插入层　(b) 无TiN插入层

图 5.7　*a* 面 GaN 材料的 5 μm×5 μm AFM 表面形貌

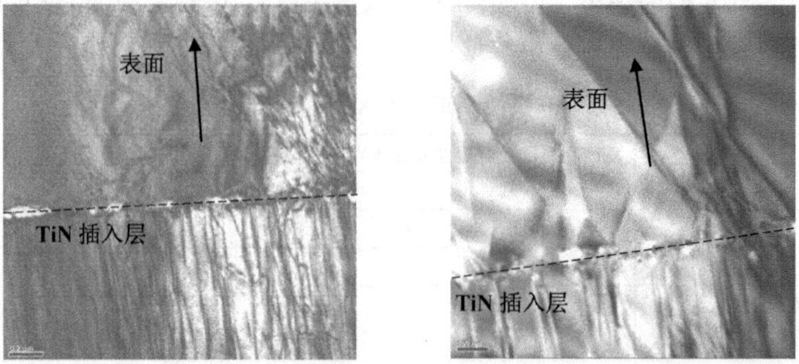

(a) $\boldsymbol{g}=[11\bar{2}0]$，显示了材料中的位错　　(b) $\boldsymbol{g}=[1\bar{1}00]$，显示了材料中的堆垛层错

图 5.8　采用 10 nm Ti 金属形成 TiN 插入层生长的 a 面 GaN 的剖面 TEM 图像，黑色虚线给出了 TiN 插入层的位置

5.3　斜切衬底生长低缺陷 GaN 缓冲层

除了 ELOG 技术和基于类似原理的图形衬底外延和多孔插入层技术以外，采取斜切衬底生长 GaN 材料不需要在材料生长过程中引入额外的工艺步骤，并且能够降低 GaN 材料位错密度，改善 A1GaN/GaN 异质结材料特性。

我们分析了斜切蓝宝石衬底的斜切角度对 AlGaN/GaN 异质结结晶质量和电学特性的影响[8]，发现无论斜切方向为 c 偏 a 面还是 c 偏 m 面，当斜切角度由 0°增加到 0.5°时，GaN(002)面和(102)面的 XRD 摇摆曲线半高宽均下降，说明螺位错和刃位错密度随着斜切角度的增大而减小，如图 5.9 所示。在 c 偏 m 面斜切衬底上的 GaN 质量比 c 偏 a 面斜切衬底上的 GaN 质量要好。利用 XRD 2θ-ω 扫描曲线分析不同斜切角度和方向衬底上 GaN 薄膜中的应力情况，可发现所有样品中 GaN 材料受到的都是面内的压应力。斜切衬底上 GaN 薄膜的面内压应力比常规衬底上 GaN 受的面内压应力小，说明斜切衬底上 GaN 中的残余应力得到了较好的释放。对于相同的斜切角度，在 c 偏 m 面斜切衬底上 GaN 薄膜中的面内压应力较小，因此 c 偏 m 面斜切衬底上的 GaN 质量较高。

异质结的变温霍尔效应测试结果(如表 5.2 所示)说明，在 c 偏 a 面和 c 偏 m 面两个斜切方向下，随着衬底斜切角度的增大，异质结样品载流子迁移率随之升高；并且随着温度的降低，在衬底斜切角度大的样品中，其载流子迁移率升高得更快。两个斜切方向中，在 c 偏 m 面斜切衬底上的异质结霍尔电子密度略低而霍尔迁移率整体较高。低温下二维电子气的迁移率主要受合金无序散射和界面粗糙度散射限制，斜切衬底对 A1GaN/GaN 异质结低温载流子迁移率的改善说明界面粗糙度散射的影响变弱。

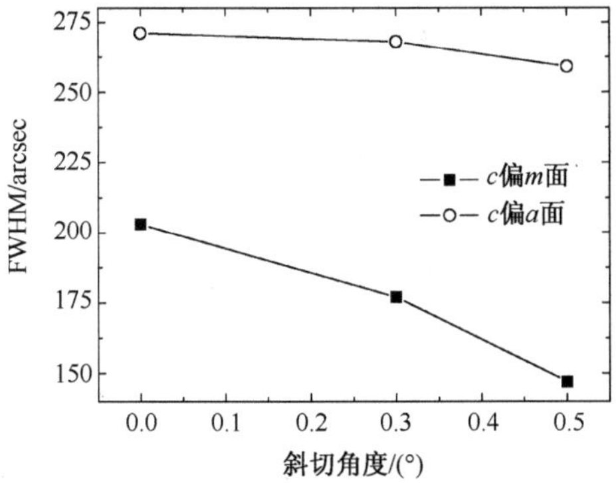

(a) (002)面的XRD摇摆曲线半高宽

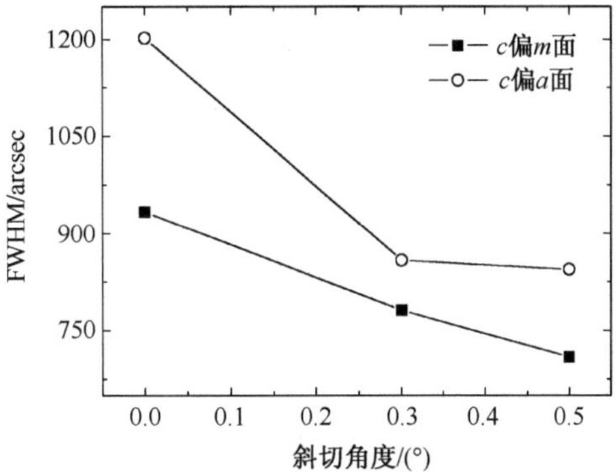

(b) (102)面的XRD摇摆曲线半高宽

图 5.9　斜切蓝宝石衬底的斜切角度对 GaN 的 XRD 摇摆曲线半高宽(FWHM)的影响

表 5.2　斜切衬底上 GaN 异质结样品的电学特性

样品编号	衬底特征	300 K 迁移率/[cm^2/(V·s)]	77 K 迁移率/[cm^2/(V·s)]	300 K 2DEG 密度/(10^{13} cm^{-2})	77 K 2DEG 密度/(10^{13} cm^{-2})
Ia	c 偏 a 面 0.5°	1419	6106	1.49	1.35
Ib	c 偏 a 面 0.3°	1277	5270	1.58	1.42
Ic	c 偏 a 面 0.0°	1215	4294	1.5	1.36
IIa	c 偏 m 面 0.5°	1406	6397	1.19	1.08
IIb	c 偏 m 面 0.3°	1353	5980	1.21	1.12
IIc	c 偏 m 面 0.0°	1305	4852	1.25	1.13

然而,根据 AFM 表面形貌测试结果(如图 5.10 所示),材料的表面均方根粗糙度(RMS)随着斜切角度变大而增加,这说明 A1GaN/GaN 异质界面的粗糙度也应该随着斜切角增加,与界面粗糙度散射变弱的趋势不符。然而,对材料表面形貌的深入分析可发现,常规衬底的样品表面原子台阶呈螺旋形,采用斜切衬底后,异质结材料表面中形成了大量平直的原子台阶。在衬底切角为 0.3°时,形成的原子台阶主要是单分子层的原子台阶;当衬底切角增大到 0.5°时,异质结材料表面的原子台阶变化为由多个单分子层原子台阶合并形成的较宽的微台阶,使样品表面的 RMS 粗糙度明显增加。分析认为,对于螺旋形原子台阶形貌的异质结材料而言,沿 c 面内各个方向上载流子受到的粗糙度散射强度相当,因此界面粗糙度的降低会削弱该散射对载流子迁移率的影响,令异质结中的载流子迁移率显著升高。然而,对平直原子台阶形貌的异质结材料而言,载流子迁移率存在比较明显的各向异性:在垂直于原子台阶的方向,载流子迁移率较低;而在平行于台阶的方向,载流子迁移率较高。因此有可能材料表面台阶的高度和宽度都增加从而引起表面粗糙度增加时,台阶流的一致性更好,令材料的迁移率上升。

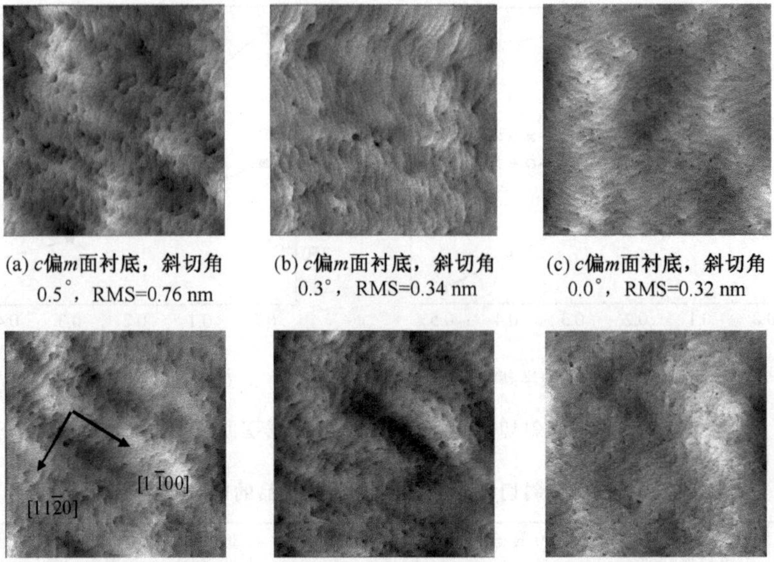

(a) c偏m面衬底，斜切角 0.5°，RMS=0.76 nm
(b) c偏m面衬底，斜切角 0.3°，RMS=0.34 nm
(c) c偏m面衬底，斜切角 0.0°，RMS=0.32 nm
(d) c偏a面衬底，斜切角 0.5°，RMS=0.82 nm
(e) c偏a面衬底，斜切角 0.3°，RMS = 0.72 nm
(f) c偏a面系列，斜切角 0.0°，RMS=0.39 nm

图 5.10 不同斜切蓝宝石衬底上 GaN 薄膜材料的 5 μm×5 μm AFM 表面形貌图

5.4 GaN 的同质外延

同质外延没有异质外延时衬底材料与外延材料之间的晶格失配和热失配问题，能显著提高 GaN 的结晶质量。目前已出现 HVPE 获得的自支撑 GaN 厚膜材料，其厚度可达 300 μm，足以作为衬底继续 GaN 的同质外延。HVPE 获得 GaN 厚膜也需要首先有 MOCVD 异质外延的 GaN 模板，在模板上生长后剥离掉异质衬底，把 GaN 厚膜作为同质外延的衬底。

GaN 单晶衬底上进行 GaN 薄膜的同质外延虽然简单，也涉及几个重要问题：

(1)由于 GaN 表面存在极化电荷以及存在大量露头的穿透位错，GaN 单晶衬底表面易于黏附 C、O 等杂质，而且 O 杂质易于和 Ga、Al 原子成键，在同质外延时如果对表面污染去除不好，会在衬底与外延层界面形成漏电层；

(2)由于单晶衬底与外延层的生长方法不同，如 GaN 单晶衬底采用 HVPE 法制备，GaN 外延薄膜采用 MOCVD 制备，两种生长方法的机制存在一定差异，因此同质外延得到 GaN 外延层表面形貌、位错密度均会与衬底有所不同；

(3)如果在同质外延之前，对 GaN 单晶衬底表面的位错点进行适当腐蚀，形成 V 形腐蚀坑，然后在同质外延时利用位错的弯曲湮灭等机制可以使外延层中的位错密度大大低于衬底。

下面就 MOCVD 生长 GaN 模板上 HVPE 生长 GaN 厚膜以及 HVPE 生长 GaN 模板上 MOCVD 外延 GaN 的实验结果作一简单讨论。

5.4.1　斜切衬底上 HVPE 生长 GaN

HVPE 生长 GaN 厚膜通常基于常规蓝宝石衬底，而很少有在斜切衬底上 HVPE 生长 GaN 厚膜的报道。我们基于斜切衬底能有效诱导 GaN 位错湮灭的发现（详见本书 8.2 节），对比了在常规蓝宝石和斜切角度为 0.5°的 c 偏 m 面蓝宝石衬底上 HVPE 生长的 GaN 厚膜。样品材料的制备过程为：在两种蓝宝石衬底上以 MOCVD 技术生长 AlN 成核层和 1.5 μm GaN 后，再以 HVPE 技术生长 30 μm GaN。

图 5.11 给出了斜切衬底和常规衬底上 HVPE 生长前后，GaN 材料的 AFM 表面形貌图，扫描范围为 2 μm× 2 μm。可以看到，HVPE 生长后 GaN 材料表面延伸缺陷露头形成黑点的数目大大减少，说明位错密度显著降低。材料表面呈宽直台阶状形貌，台阶宽度为 GaN 模板表面台阶的几倍，说明 HVPE 生长过程中，相邻的台阶间相互合并形成了较大的台阶，晶粒的尺寸也在增大，位错密度减小。仔细观察图像还可发现，在 c 偏 m 斜切衬底上外延的 GaN 基板上 HVPE 生长的 GaN 厚膜表面大部分区域非常光滑，缺陷只是在局部区域集中出现，这与斜切衬底上 GaN 中位错扎堆的特点一致（详见本书 8.3 节），说明斜切衬底上位错密度下降得更快。

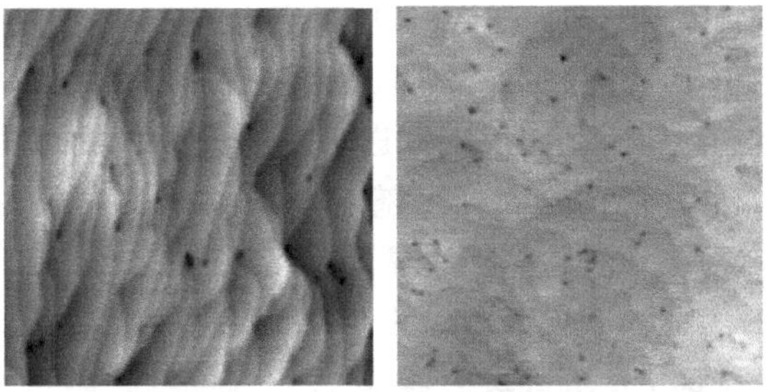

(a) A样品HVPE前　(b) B样品HVPE前

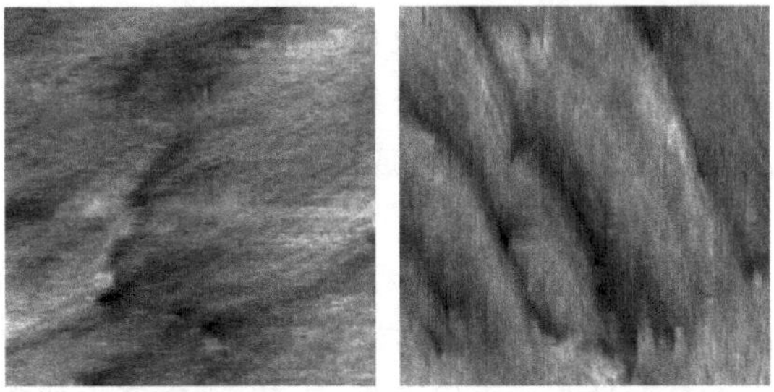

(c) A样品HVPE后　(d) B样品HVPE后

图 5.11　样品的 2 μm× 2 μm AFM 表面形貌图

(a)、(b)为 HVPE 前在 c 偏 m 面的衬底和常规衬底上生长的 GaN 表面形貌，(c)、(d)为 HVPE 后在 c 偏 m 面的衬底上和常规衬底上 GaN 的表面形貌

图 5.12 给出了斜切衬底和常规衬底上 HVPE 生长 GaN 厚膜在较大区域内的表面形貌,可见斜切衬底上 HVPE 生长 GaN 厚膜的表面在较大区域内非常光滑,而在常规衬底上 HVPE 生长之后 GaN 厚膜的表面却出现了很多凹坑。这种大型缺陷的出现意味着较高的初始缺陷密度或者较大的残余应力,这一点得到了 XRD 摇摆曲线测量结果的支持。

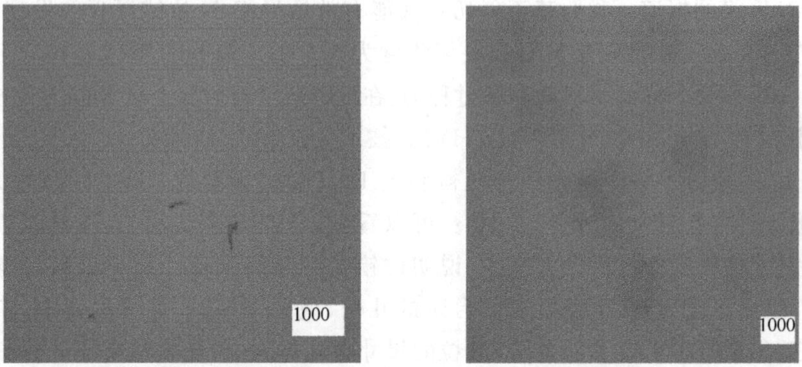

(a) 斜切衬底上HVPE生长之后GaN厚膜的表面形貌　(b) 常规衬底上HVPE生长之后GaN厚膜的表面形貌

图 5.12　样品的1000倍光学显微镜表面形貌图

图 5.13 给出了斜切衬底和常规衬底上 HVPE 生长 GaN 厚膜(002)面和(102)面的 XRD 摇摆曲线。从图 5.13 可见,斜切衬底上 GaN 在 HVPE 生长前后的缺陷密度都比常规衬底上 GaN 样品更低,因此采用斜切衬底上 GaN 薄膜为基板 HVPE 生长的 GaN 厚膜质量得到明显的改善。进一步的分析表明,斜切衬底上 GaN 有位错集中湮灭的特点,集中湮灭的区域可随着材料的生长出现在多个不同厚度处。HVPE 生长 GaN 膜越厚,这种位错集中湮灭的区域越多,最终能够穿透到 GaN 表面的位错自然减少,因此,能够获得高质量的 GaN 厚膜。

5.4.2　HVPE GaN 模板上 MOCVD 外延 GaN

目前,器件级 GaN 材料的同质外延流程是在 HVPE 系统中生长 GaN 厚膜基片并抛光后,再进入 MOCVD 系统中同质外延 GaN 薄膜。HVPE 厚膜基片的抛光等工艺以及在空气中放置会对 GaN 基板造成严重的污染,因此,在 MOCVD 二次生长前的表面处理是非常必要的。

将蓝宝石衬底 HVPE 生长并抛光的两英寸 GaN 厚膜分为 4 份,分别标记为样品 I、II、III、IV。样品 I 采用去离子水超声清洗;样品 II 采用丙酮、乙醇、去离子水超声清洗;样品 III 先用 HF 酸洗 5 s,再用丙酮、乙醇、去离子水超声清洗;样品 IV 先用 HF 酸洗 10 s,再用丙酮、乙醇、去离子水超声清洗。4 个样品在同一反应室中同时进行二次外延,进入反应室后再通 NH_3、H_2 进行高温表面处理,生长了 1.4 μm 厚的 GaN 材料。

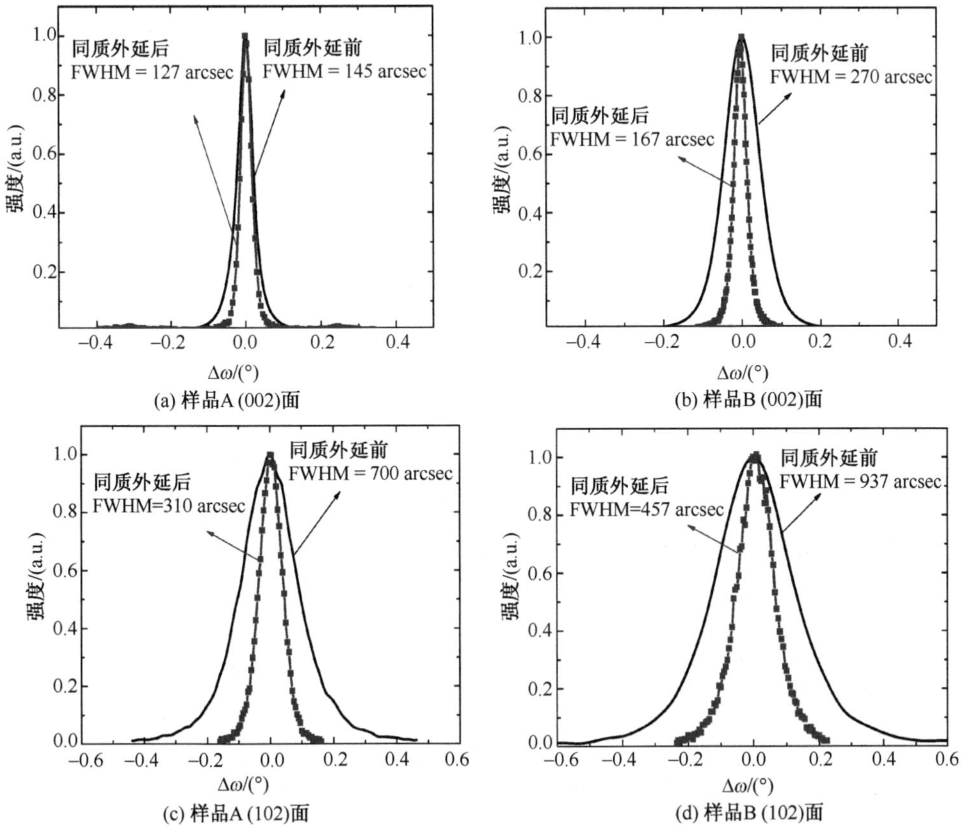

图 5.13　HVPE 生长前后 GaN 厚膜(002)面和(102)面的 XRD 摇摆曲线

样品 A 为斜切衬底,样品 B 为常规衬底

图 5.14 给出了经过不同表面处理的 GaN 材料二次生长后(002)面和(102)面 XRD 摇摆曲线半高宽与表面处理情况的对应关系。可以看到,同质外延生长的 GaN 薄膜的质量远比 HVPE 基片中 GaN 厚膜的质量好,螺位错和刃位错密度大大降低,特别是刃位错密度下降得更加明显。另外,经过不同表面处理后外延生长的 GaN 质量也大不相同。二次外延生长前,4 个样品的结晶质量基本一致,然而经过不同的表面处理工艺后再外延生长的 GaN 薄膜质量却相差很大,其中用 HF 酸洗 10 s,再用丙酮、乙醇、去离子水超声清洗过的样品 IV 获得最高的结晶质量,(002)面的 XRD 半高宽从 343 arcsec 逐渐降低到 127 arcsec,其(102)面的半高从 522 arcsec 大幅降低到 342 arcsec。

为了深入分析不同表面处理之后对后续 GaN 外延生长的影响,采用原子力显微镜和 SEM 对表面处理前后衬底基片及二次生长后 GaN 的表面形貌进行分析,如图 5.15和图 5.16 所示。根据 AFM 图像,二次生长之后 GaN 薄膜表面缺陷(黑点)

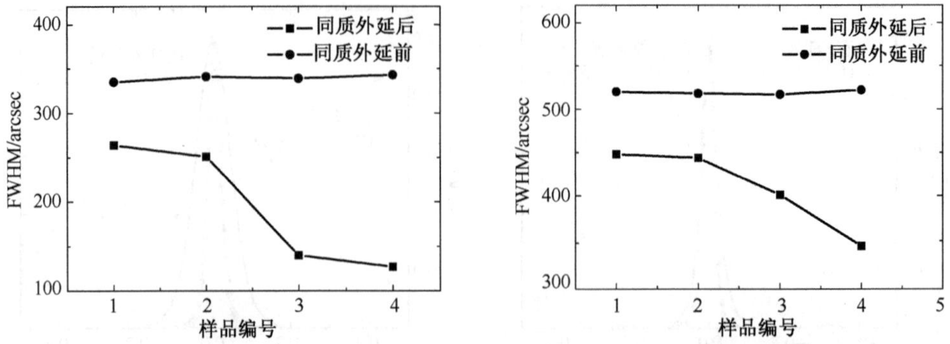

(a) (002)面　　(b) (102)面

图 5.14　4 个样品二次生长前后 XRD 摇摆曲线半高宽(FWHM)与表面处理情况的对应关系

密度减少,表面台阶流形貌的台阶宽度变宽,表面粗糙度增大,这说明同质外延一方面因消除晶格失配和热失配而对外延晶体薄膜提高结晶质量具有基础性作用,另一方面,生长前端台阶合并也促进了位错弯曲和湮灭。然而,不同表面处理显著影响结晶质量的原因从 AFM 图像看不出来,却能在 SEM 图像中找到答案。

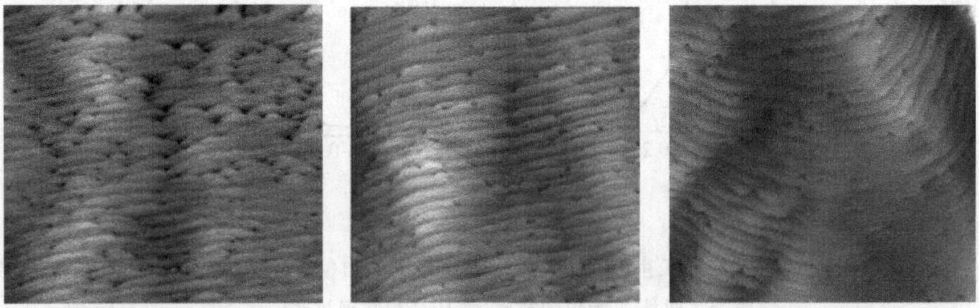

(a) 表面处理前基片表面形貌(RMS=0.417 nm)　　(b) 样品I二次生长后GaN表面形貌(RMS=0.675 nm)　　(c) 样品IV二次生长后GaN表面形貌(RMS=0.803 nm)

图 5.15　二次生长前后 GaN 表面的 AFM 图像

根据图 5.16,样品 IV 的表面非常干净;而只进行简单的去离子水超声清洗的样品 I,其表面可清晰观察到大型的沉积物。利用 SEM 的电子探针对图 5.16(a)中的沉淀物进行成分分析(如图 5.17 所示),发现沉淀物处的 O 元素和 C 元素含量很高,说明未清洗干净的沉淀物主要是含 C 和 O 的包络物。因此,不同的表面处理工艺,对衬底基片的清洁程度不同,是引起结晶质量差异的原因之一。在有沉淀物的情况下,沉淀物周围 Ga 原子和 N 原子很难成核,使沉淀物位于晶粒晶界,材料生长时应力在沉淀物周围产生并且随着生长而累积,当达到一定程度时,应力的释放产生位错。因此,表面清洁度较差的样品上二次外延的 GaN 结晶质量较差。另一方面,样品 III 和样品 IV 的表面处理工艺仅 HF 酸清洗时间不同,后者更长,结晶质量也更好。可能原因是 HF 酸会对 GaN 衬底表面的位错点进行适度腐蚀形成 V 形腐蚀坑，MOCVD 外延过程中借助 V 形坑区域的侧向生长将很多衬底位错进行湮灭，因此形成位错密度更低的 GaN 外延层。

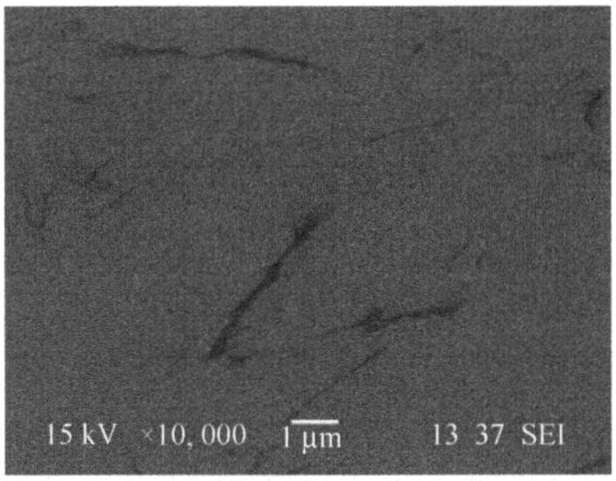

(a) 样品I

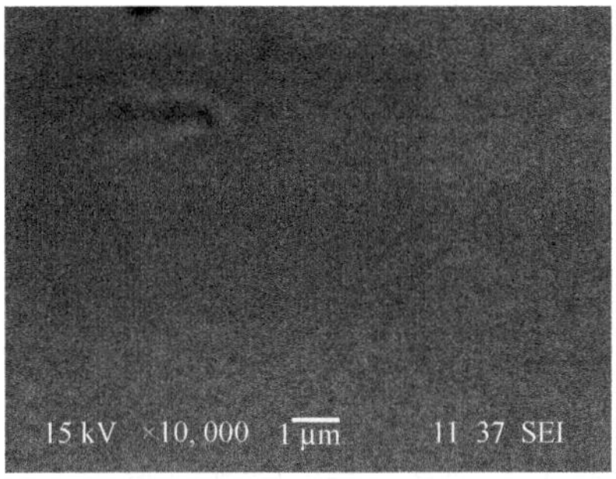

(b) 样品IV

图 5.16　不同表面处理之后 GaN 厚膜基片的 SEM 图像

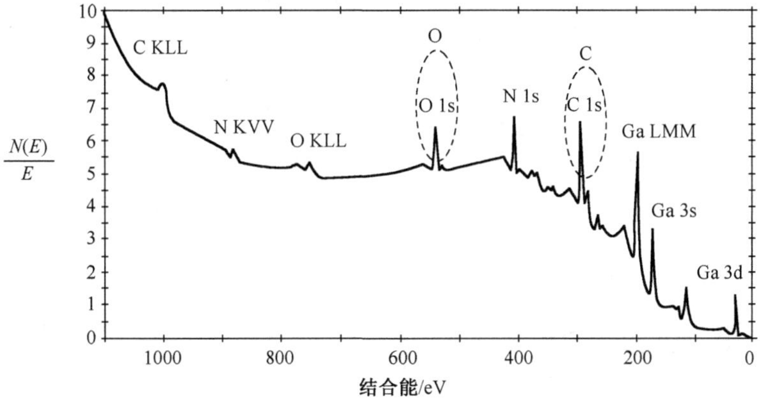

(a) 样品I沉淀物处能谱图

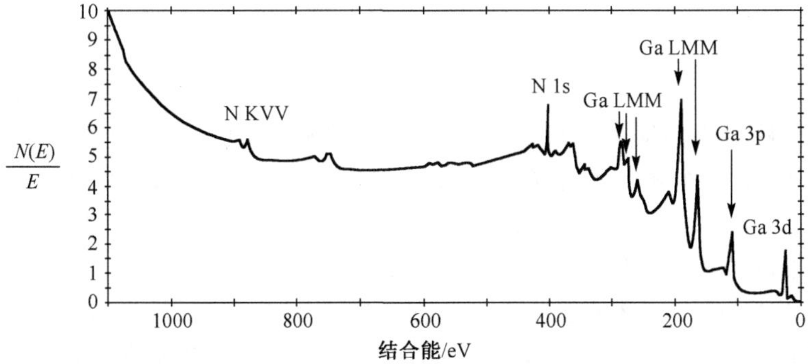

(b) 样品IV能谱图

图 5.17　不同表面处理之后 GaN 厚膜基片的能谱图

5.5　高阻 GaN 外延方法

5.5.1　缓冲层漏电的表征方法

对于 GaN 缓冲层的漏电特性，可以用 *C-V* 测试、台面隔离测试、二次离子质谱(SIMS)测试等手段表征。

图 5.18 所示为 AlGaN/GaN 异质结样品的 *C-V* 测试曲线，区域 1 为二维电子气耗尽区域，测得电容为 AlGaN 势垒层电容；区域 2 中二维电子气耗尽后 GaN 缓冲层开始耗尽，区域 3 的状态为 GaN 缓冲层深处被耗尽，根据其电容的大小可判断材料是否漏电。因为 GaN 耗尽区很厚(1 μm 量级)，所以区域 3 的电容值很小，对不漏电的材料近似为 0；而漏电的材料，3 区的电容值较大，数值越大说明漏电情况越严重。另外，*C-V* 曲线图可以转化为载流子密度剖面图，这就更加直观地为分析 GaN 外延层中的背景掺杂随深度的分布提供了帮助。

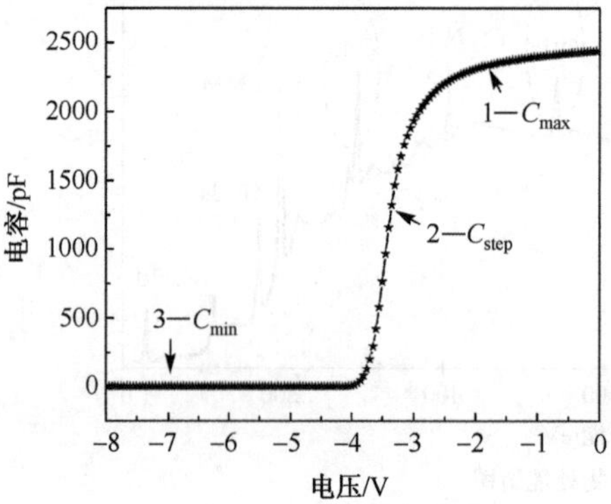

图 5.18　AlGaN/GaN 异质结材料 *C-V* 测试曲线

台面隔离漏电测试是器件级的表征手段，将整个外延片完成台面刻蚀(刻到 GaN 缓冲层中)和欧姆接触后，测量台面两两间的 *I-V* 特性，可计算出整个外延片上缓冲层电阻率的分布。一般取测试电压为 50 V 时的漏电计算样品的电阻率，这是因为在高偏压下，样品中被陷阱或位错束缚的电子也会参与导电，并且 GaN 器件工作时漏源电压较高，这样计算所得的结果更接近于工作状态时 GaN 缓冲层的电阻率。

二次离子质谱(SIMS)测试则可以精确地分析能够形成背景掺杂的 C、O、Si 等杂质的密度，进而判断材料的漏电情况。

图 5.19 对一个基于蓝宝石衬底采用高温 AlN 成核层生长、缓冲层有漏电的 AlGaN/GaN异质结样品的 *C-V* 载流子剖面分布与 SIMS 测得的 O 元素和 Al 元素浓度随深度的分布作了比较。从 SIMS 测试所得的 O 浓度和 Al 浓度分析，可见高温 AlN 成核层和 GaN 缓冲层的界面约在距离表面 1.5 μm 处，在高温 AlN 成核层中 O 杂质浓度极高。由此界面向表面方向，O 杂质的浓度并没有很快地降低至背景载流子浓度，说明成核层中有一部分 O 向 GaN 内部扩散。而这一部分 O 杂质在 GaN 缓冲层中形成了施主能级，引入了背景载流子，并聚集在一个小范围内，形成掩埋电荷层。这与 *C-V* 载流子剖面分布所得到的结果一致。图 5.19 中 O 杂质密度高

达 $5\times10^{16}\ \mathrm{cm}^{-3}$，但背景载流子密度在 $1\times10^{16}\ \mathrm{cm}^{-3}$ 量级，这是因为在 GaN 缓冲层中还有主要以受主形式存在的 C 杂质以及对背景电子有陷阱作用的刃型位错，因此背景电子密度低于氧杂质密度。

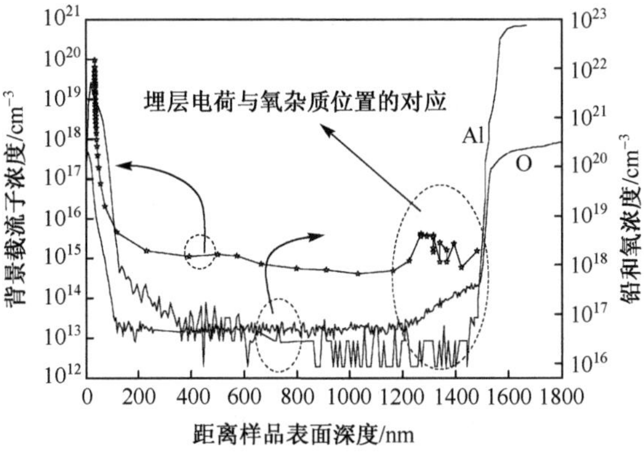

图 5.19　缓冲层漏电的 AlGaN/GaN 异质结样品 C-V 载流子剖面分布与 SIMS 测试结果对照图

可以看出，依靠生长较厚的缓冲层，增大二维电子气导电沟道与掩埋电荷层之间的距离并不能削弱掩埋电荷层漏电效应。这是由于掩埋电荷层是外延材料高温生长时衬底 O 扩散形成的。当缓冲层高温生长过程延长时，衬底中的 O 不断扩散到缓冲层中，衬底漏电问题仍然严重。

5.5.2　位错对衬底 O 扩散的影响

衬底的 O 在 GaN 高温生长过程中向上扩散时，除了替代 N 原子形成点缺陷而逐步向上扩散，穿透位错可以起到扩散路径的作用。那么究竟是螺位错还是刃位错在起作用呢?

假定图 5.19 的样品编号为 A，已知其有掩埋电荷层引起漏电。采用相同成核层和外延层结构以及生长工艺再生长了样品 B，其蓝宝石衬底的厂家和抛光质量与样品 A 不同，并未出现漏电。这两个样品的漏电情况不同的根本原因是衬底的质量有差异，从而引起同样生长条件下材料的成核层覆盖度和外延层结晶质量有差异。采用 XRD 摇摆曲线评估材料的位错(如表 5.3 所示)，可见漏电的样品 A 螺位错密度较高而刃位错密度较低，因此螺位错可能是衬底 O 向上扩散的主要路径。根据氮化物材料中位错在材料表面露头处的凹坑(黑点)的尺寸，可知螺位错形成的漏电通道口径较大，而刃位错口径较小，也说明 O 杂质更易沿螺位错向上扩散。

表 5.3　衬底不同引起漏电不同的两个样品的 XRD、AFM 和 *C-V* 测试数据比较

样品编号	AFM	XRD FWHM/arcsec		*C-V*
	RMS/nm	(002)	(102)	耗尽电容/pf
A	0.273	369	743	55
B	0.328	297	689	6

该结论得到另一个实验证据的支持。一个由于生长的不均匀性出现边缘不漏电而中心漏电的外延片经 *C-V* 和 SIMS 分析(如图 5.20 所示),确认片子中心处出现了衬底 O 元素外扩散引起的掩埋电荷层漏电。XRD 摇摆曲线显示(如图 5.21 所示),片子的螺位错密度是中心高而边缘低,刃位错密度则是边缘高而中心低,即在漏电区域的螺位错密度较高而刃位错密度较低,说明是螺位错促进了衬底 O 的扩散。

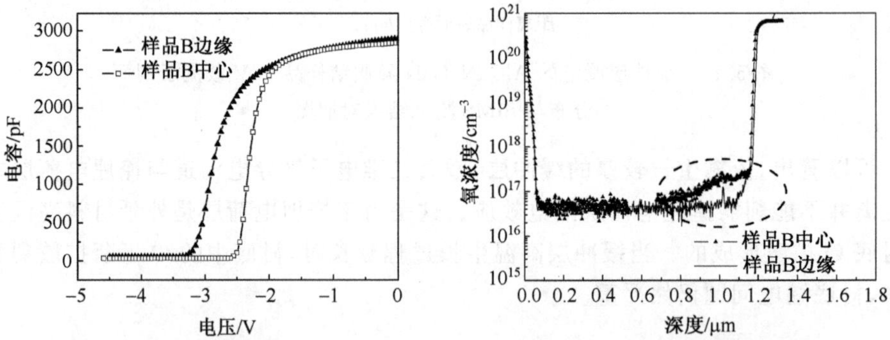

(a) *C-V* 特性比较　　　　(b) O元素深度分布比较

图 5.20　样品 B 外延片中心和边缘的 *C-V* 特性和 SIMS O 元素深度分布比较

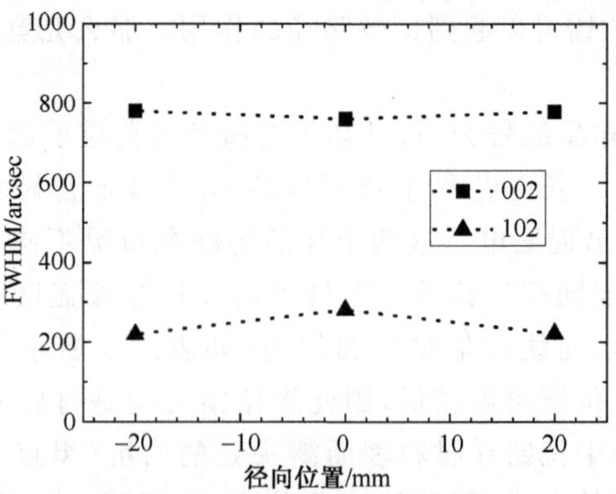

图 5.21　样品 B 的 XRD 摇摆曲线半高宽(FWHM)沿两英寸外延片直径方向的分布图

5.5.3　掩埋电荷层抑制方案

从前面的分析可知，埋层电荷主要是衬底中的 O 杂质向外扩散时在紧邻成核层的 GaN 缓冲层中积聚形成。为了形成高阻 GaN 缓冲层，必须首先设法消除掩埋电荷层，抑制衬底向 GaN 缓冲层的 O 扩散。实现这种阻挡作用的最佳角色是成核层。常用的成核层包括低温 GaN(LT-GaN)层、低温 AlN(LT-AlN)层和高温 AlN(HT-AlN)层，其表面形貌如图 5.22 所示。因为低温缓冲层中，成核岛的晶粒取向一致性很差，需要通过升温重结晶实现较好的晶粒取向效果，所以低温成核层不能够太厚。低温 GaN 成核层对蓝宝石衬底能够形成比较致密的覆盖，而低温 AlN 成核层通常较难，因此低温 AlN 成核层上能够实现结晶质量较高的 GaN 外延层，但却难以获得高阻的样品。高温 AlN 成核层则在成核层外延的同时对下层的 AlN 成核岛进行退火重结晶，保证了成核层的质量，因此能够较好地实现其对蓝宝石衬底表面的完整覆盖和对衬底中 O 扩散的抑制作用。图 5.23 给出了不同成核层的 AlGaN/GaN 异质结在相同测试条件下的 *C-V* 特性曲线，其 GaN 缓冲层耗尽电容的大小有明显差异，显示了成核层对漏电性质的影响。

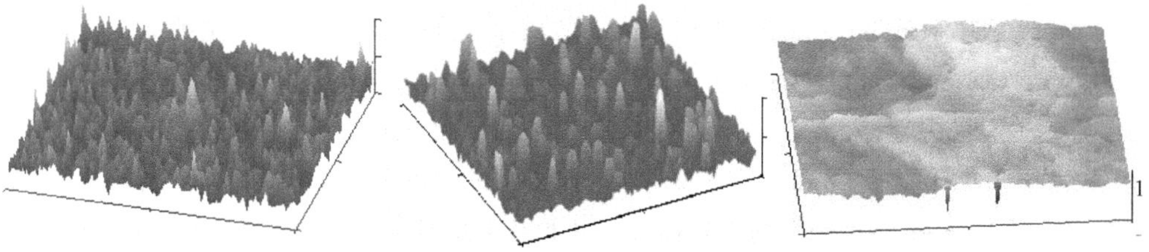

图 5.22　LT-AlN、LT-GaN 以及 HT-AlN 成核层的表面形貌

高温 AlN 成核层的生长也有三维岛状生长、岛间合并形成连续薄膜的过程，为了形成对蓝宝石衬底表面的完整覆盖，高温 AlN 成核层有一个最小的厚度。我们生长了一系列 AlGaN/GaN 异质结材料样品，不同样品的生长工艺条件中仅高温 AlN 成核层生长时间不同，分别为 10 min、15 min、20 min、25 min、30 min、35 min。分析这些样品的 *C-V* 特性曲线(图 5.24)中 GaN 缓冲层电容的大小，并结合材料剖面氧含量的 SIMS 测试(图 5.25)可以确定，能够有效抑制掩埋电荷层形成的高温 AlN 成核层最小厚度为 100 nm(生长时间 25 min)。

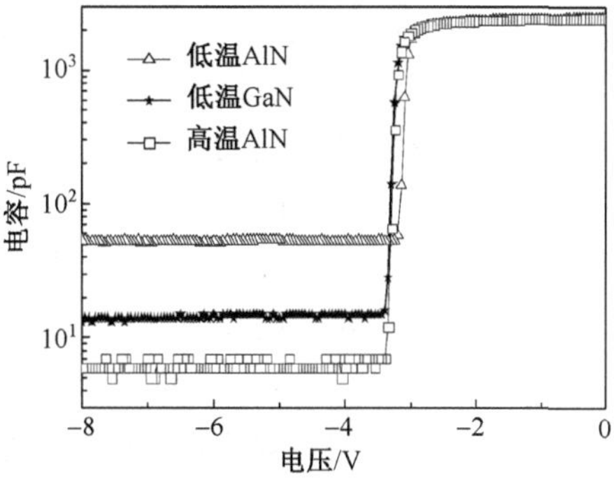

图 5.23　基于不同成核层的 AlGaN/GaN 异质结的 *C-V* 特性曲线

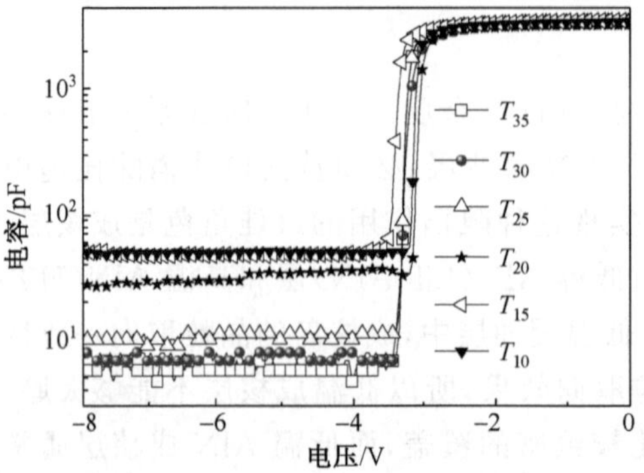

图 5.24 不同 HT-AlN 成核层厚度下 AlGaN/GaN 异质结样品的 C-V 测试图，AlN 成核层生长时间(T)分别为 10 min、15 min、20 min、25 min、30 min、35 min

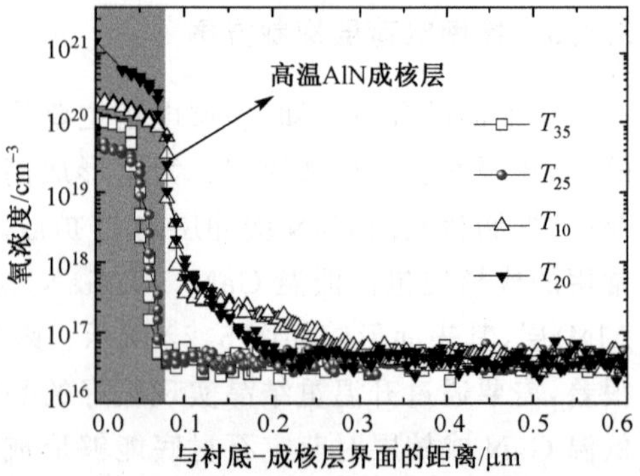

图 5.25 样品 O 杂质含量的 SIMS 测试结果，AlN 成核层生长时间(T)分别为 10 min、20 min、25 min、35 min

5.5.4 GaN 缓冲层背景 n 型掺杂的抑制

非故意掺杂的 GaN 薄膜中，C、Si、O 是最常见的杂质。C 元素主要来自于 MO 源的分解，如 TMGa[$Ga(CH_3)_3$]中的 C，另外还可能来自于反应室内石墨基座的 C 元素。Si 元素主要来源于生长环境，如大气中的黏附或石墨基座外 SiC 涂层的分解。O 元素一方面来源于载气中携带的氧以及大气中的氧黏附，包括水蒸气、氧气等杂质，另一方面主要是蓝宝石衬底(Al_2O_3)由下自上扩散而来。这些杂质中，O 和 Si 是浅施主，C 则是双性杂质，替代 Ga 原子成为浅施主，替代 N 原子成为浅受主。在 n 型 GaN 中，C 元素最稳定的状态就是浅受主，间隙位 C 则是深受主，能够起到自补偿的作用。

在消除掩埋电荷层的基础上，形成高阻 GaN 缓冲层仍需要降低其背景载流子浓度。一方面可以引入大量的刃位错在 GaN 体内形成深受主陷阱，俘获背景电子形成高阻，但这样材料的结晶质量变差。通过改变 MOCVD 生长条件获得含有高浓度 C 杂质的 GaN 外延材料也可以实现高阻。但是，低压低温条件下才有利于 C 杂质大量进入，而这种生长条件会导致 GaN 外延材料结晶质量的下降。

若向 GaN 掺入补偿性的 p 型杂质来中和多余的电子，较成功的办法是铁(Fe)掺杂。Fe 在 GaN 中呈 $Fe^{3+/2+}$ 价态，其受主能级分别位于价带顶 2.6 eV 和 1.7 eV。尽管 Fe 掺杂具有记忆效应，即在外延过程中，Fe 及其化合物附着在反应室管壁和管道内使得材料中的 Fe 掺杂浓度不会因为 Fe 源关断而立即下降，导致不应掺杂的材料中也被掺杂，但目前它是形成高阻 GaN 缓冲层而不明显降低材料结晶质量和器件可靠性的最好办法。

一个 Fe 掺杂样品的 SIMS 测试结果如图 5.26 所示，阴影部分为设定的掺杂区域，材料中其余区域形成了非故意的 Fe 掺杂。由于在材料生长过程中，Fe 掺杂实验和非 Fe 掺杂实验交替进行时非 Fe 掺杂样品中的 Fe 原子含量低于 SIMS 测量极限(3×10^{15} cm^{-3})，分析认为图 5.26 中设定的材料掺杂区域以外的非故意 Fe 掺杂并不一定是通常所理解的反应室表面对 Fe 杂质的吸附与脱附造成的记忆效应，而是一种 Fe 掺杂的慢开、慢关效应。当 Fe 的反应源(Cp_2Fe)通入反应室时，在外延薄膜表面会形成一个富含 Fe 原子的堆积层。在这一层没有完全建立起来时，Fe 杂质在薄膜中的结合率较低，这就导致了在 Fe 掺杂过程中 Fe 杂质浓度缓慢升高，即慢开效应；当切断 Cp_2Fe 源通入时，堆积在外延层表面的 Fe 原子会成为 Fe 源进一步扩散至后续生长的外延层中，直到这一层完全耗尽，这就是慢关效应。另外，在材料生长中，Fe 掺杂的有限区域两侧的材料会经过一个相同的热处理过程，这样的话，杂质将会有一定对称性地扩散至两侧未掺杂的区域内，这也是导致 Fe 杂质浓度慢开、慢关效应的一个重要因素。

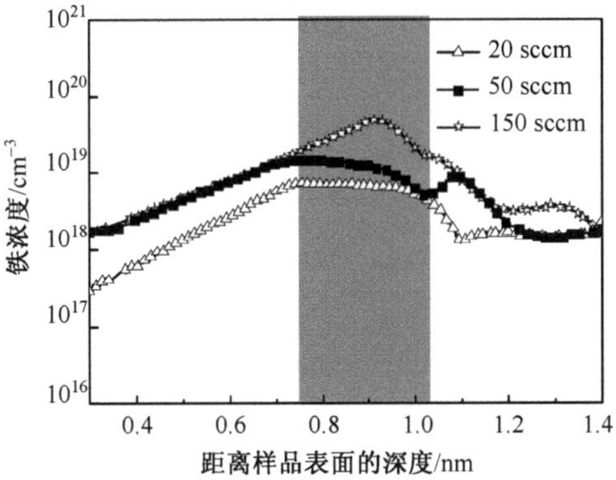

图 5.26　不同 Fe 源流量下样品的 SIMS 测试图，在 Cp_2Fe 流量为 150 sccm、50 sccm、20 sccm 时，掺杂区域 Fe 杂质的浓度分别为 4.93×10^{19} cm^{-3}、1.48×10^{19} cm^{-3} 和 7.29×10^{18} cm^{-3}

5.6　AlGaN 势垒层的优化

5.6.1　AlGaN 势垒层 Al 组分和厚度对材料 2DEG 性质的影响

AlGaN 势垒层的 Al 组分和厚度增加会令二维电子气密度增加，若过大则将引起势垒层应变弛豫，令异质结的材料特性恶化。在应变弛豫没有出现的情况下，为了提高二维电子气的电导，需要对 AlGaN 层的 Al 组分或厚度进行优化。

图 5.27 归纳了文献报道的实验数据[9-12]和我们自己研究的实验结果，给出了二维电子气密度随 AlGaN 层 Al 组分和厚度变化的关系，并给出了与实验数据符合很

好的拟合曲线。可见,在没有出现应变弛豫之前,二维电子气密度随 Al 组分增大近线性上升。理论上 Al 组分大于 0 就可以形成二维电子气,实验上即使 Al 组分低达 5%,在势垒层足够厚(> 40 nm)时也确实形成了二维电子气。令二维电子气出现的 AlGaN 厚度则有最小值,该最小值随 Al 组分增加而减小。二维电子气密度随 AlGaN厚度增加先快速上升然后饱和,对 Al 组分为 0.27 的异质结材料在 AlGaN 厚度超过 25 nm 后二维电子气密度基本饱和。

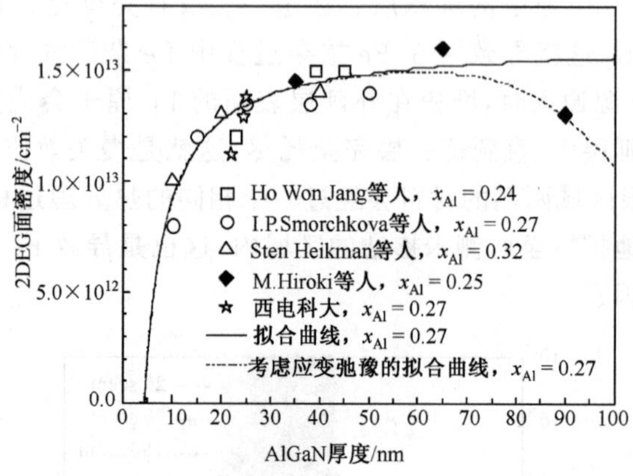

(a)

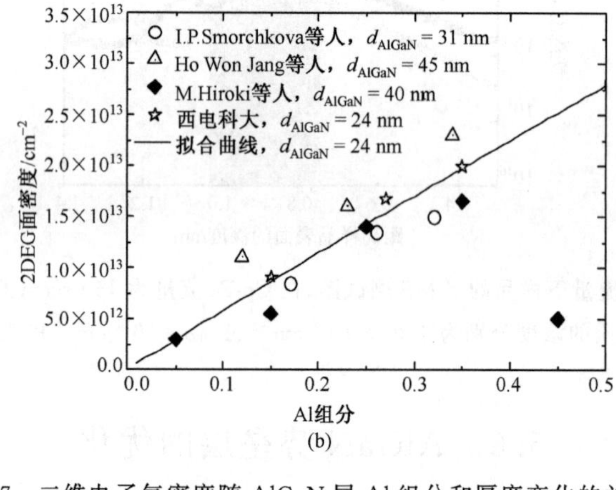

(b)

图 5.27 二维电子气密度随 AlGaN 层 Al 组分和厚度变化的关系[9-12]

二维电子气迁移率也会随着 AlGaN 层 Al 组分或厚度的增大而发生变化。我们对这种实验现象以声学形变势散射、声学波压电散射、极性光学声子散射、合金无序散射、界面粗糙度散射等多种散射机制综合作用的理论模型进行了分析,发现势垒层 Al 组分或厚度增加引起二维电子气密度增大、分布变窄且更靠近异质界面是造成各种散射作用发生变化、导致二维电子气迁移率下降的主要原因[13](详见本书 4.3.2 节)。

对于不同的 MOCVD 生长设备,AlGaN 势垒层的最优化 Al 组分和厚度可能彼此有差异，需要具体问题具体分析。我们对 Al 组分为 30%的 AlGaN/GaN 异质结以势垒层生长时间不同、其他生长工艺条件相同的大量生长实验，在同一台 MOCVD 生长设备上进行了势垒层厚度在 10～30 nm 的优化。图 5.28 和图 5.29 给出了这些材料样品的电学特性测试结果。可以看出，当二维电子气浓度在 1×10^{13}～1.4×10^{13} cm^{-2}时，载流子迁移率没有特别明显的下降，维持在 1600～1800 $cm^2/(V\cdot s)$内；当 2DEG 浓度超过 1.4×10^{13} cm^{-2}时，载流子迁移率迅速下降。这种变化规律使得样品的方块电阻在 2DEG 浓度为 1.4×10^{13}～1.6×10^{13} cm^{-2}时取得最小值，在 240～300 Ω/sq 内，其对应的势垒层厚度约为 20 nm，即势垒层厚度取 20 nm 时 AlGaN/GaN 异质结样品可以在高迁移率前提下获得最好的电导特性。

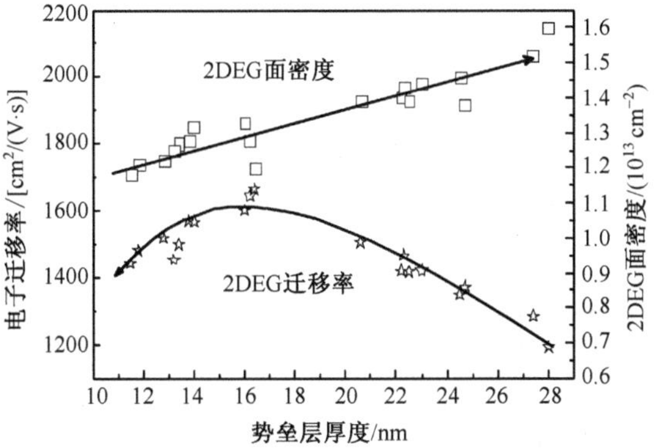

图 5.28　AlGaN/GaN 异质结中 2DEG 面密度和迁移率随势垒层厚度的变化关系

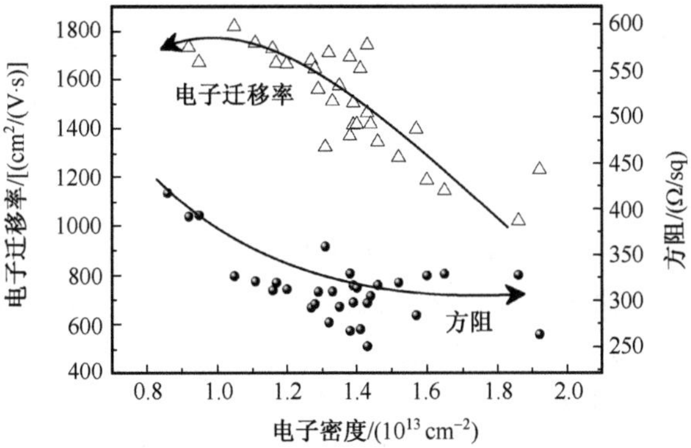

图 5.29　AlGaN/GaN 样品方块电阻以及载流子迁移率随 2DEG 浓度的变化关系

5.6.2　AlN 界面插入层的作用

2001 年，加州大学圣巴巴拉分校的 Shen 等人提出在 AlGaN/GaN 界面引入厚约 1 nm 的 AlN 插入层形成 AlGaN/AlN/GaN 异质结有利于改善异质结的材料特性[14]。在极化效应的作用下，该插入层能够提高 AlGaN 势垒层和 GaN 沟道层的有效导带带阶(如图 5.30 所示)，一方面能够形成更深而窄的量子阱，有利于提高沟道电子密度；另一方面还能够抑制二维电子气渗入到 AlGaN 合金势垒层中的部分所受到的合金无序散射，提高沟道电子迁移率。

AlN 插入层过薄则作用不大，过厚则会给势垒层引入极大的应力(AlN 和 GaN 的晶格失配约为 2.4%)，降低 AlGaN 层的外延质量，导致迁移率的降低。因此，选取一个合适的 AlN 插入层厚度对提高载流子迁移率起着重要影响。图 5.31 给出了 AlGaN/GaN 异质结的电特性随 AlN 插入层厚度的变化关系，可见 AlN 厚度的优化结果约为 1.2 nm。

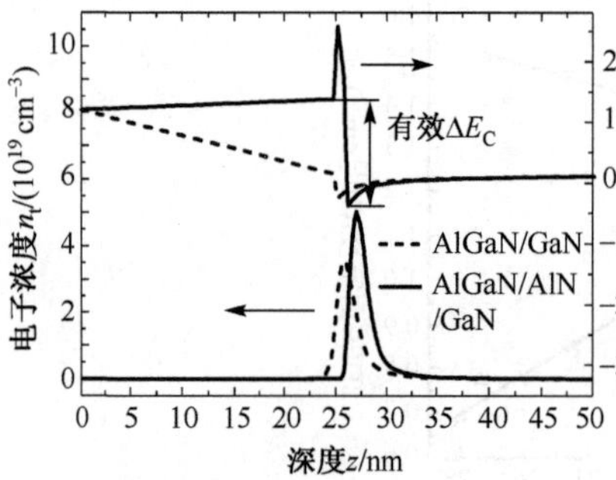

图 5.30　AlGaN/GaN 和 AlGaN/AlN/GaN 异质结的导带和电子密度分布

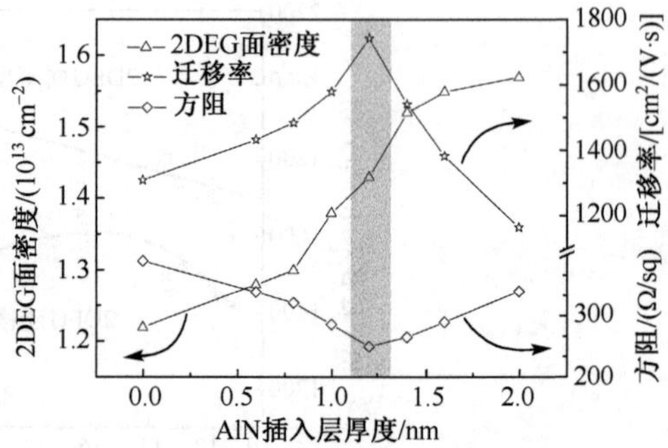

图 5.31　AlGaN/GaN 异质结的电特性随 AlN 插入层厚度的变化关系

在势垒层和沟道层之间插入 AlN 插入层对 InAlN/GaN 异质结具有更强的材料特性改善作用：通常沟道电子密度不受影响或略有增加，沟道电子迁移率则可以从约 70 $cm^2/(V\cdot s)$提高到 1170 $cm^2/(V\cdot s)$，且霍尔电子迁移率的变温特性也从随温度降低先升高后降低的类体电子特性转变为先升高后逐渐饱和的二维电子气特性。我们对比了脉冲 MOCVD 法生长的近晶格匹配 InAlN/GaN 和 InAlN/AlN/GaN 异质结的材料特性[15]，发现两种材料的微观表面形貌都出现了清晰的原子台阶，在 2 μm × 2 μm 的 AFM 扫描面积中，两种样品表面的均方根粗糙度均约为 0.3 nm，但其中 InAlN/GaN 材料[如图 5.32(a)]的表面出现了一些主要沿原子台阶方向延伸的短线状凹陷，我们认为这可能与 GaN 中的缺陷延伸到 InAlN 中有关。一个与之相关的现象是在优化 InAlN/AlN/GaN 结构中 AlN 插入层的厚度时，当 AlN 厚度由 0 逐渐增加到 1.2 nm 时，这种线状的凹陷会逐渐减少并最终消失[如图 5.32(b)所示]，但 AlN 厚度继续增大时则该缺陷又会出现。Song J 等人以 TEM 研究了不同厚度的 AlN 插入层对 AlGaN 势垒层微结构的影响[16]，发现 AlN 插入层达到最佳厚度时，可以令 AlGaN 势垒层具有最均匀的应力分布和最低密度的穿透位错，认为这是由于 AlN 和 GaN 之间较大的失配应力使位错弯曲并在异质界面附件彼此湮灭。由此可见，AlN 插入层不仅具有平滑异质界面的作用，也能够减少 AlGaN 或 AlInN 势垒层的延伸缺陷，显著提高势垒层的结晶质量。这两种作用也都有可能对 AlN 插入层数十倍地提高 InAlN/GaN 材料的沟道电子输运特性具有重要的贡献。

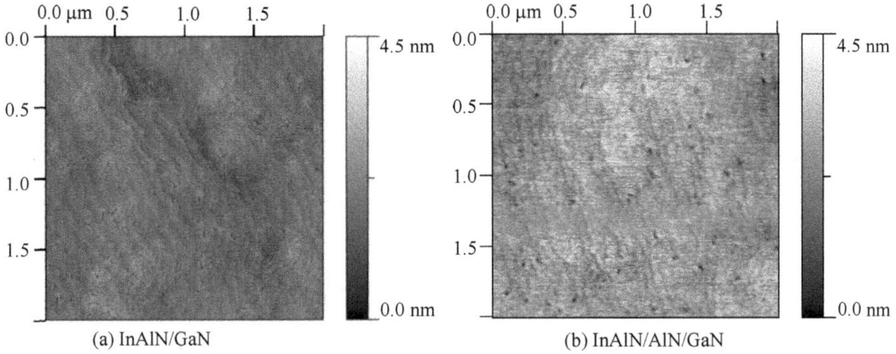

图 5.32　InAlN/GaN 和 InAlN/AlN/GaN 材料样品表面的 AFM 显微图片

引入约 1 nm 的 AlN 插入层目前已成为 AlGaN/GaN 和 InAlN/GaN 异质结优化材料特性的一种较普遍的做法。然而，这种做法并非全无负面的影响，有报道称该插入层可能影响 HEMT 器件的可靠性。美国 Northrop Grumman 公司的 Coffie R 等人对超过 300 个由 MOCVD 和 MBE 生长的 AlGaN/GaN 和 AlGaN/AlN/GaN HEMT 器件样品的可靠性进行研究发现[17]，在射频功率应力下，出现栅漏电上升的 AlGaN/AlN/GaN HEMT 器件达到其总量的 78%，而 AlGaN/GaN HEMT 仅 28%。分析认为，AlGaN/AlN/GaN HEMT 器件更容易出现栅漏电上升的原因是在器件的整个栅下 AlN 插入层无法达到处处厚度相等，具体地讲，材料生长中，无法将 AlN 插入层的微观厚度起伏控制到不超过单分子层。即使是如此微小的厚度变化，在极化效应的作用下也会显著地影响沟道和栅之间的有效势垒高度（如图 5.33 所示），因此在 AlN 层局部较薄处容易引起上方栅条的局部击穿（如图 5.34 的热斑），增大了栅漏电。

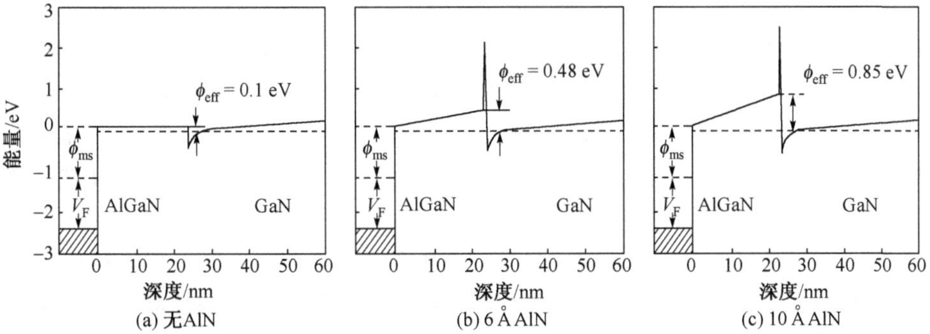

图 5.33　栅正向偏压 V_F = 1.2 V 时 AlN 插入层厚度分别为 0、6 Å 和 10 Å 的 AlGaN/AlN/GaN 异质结的能带图，图中 ϕ_{eff} 为沟道和栅之间的有效势垒高度

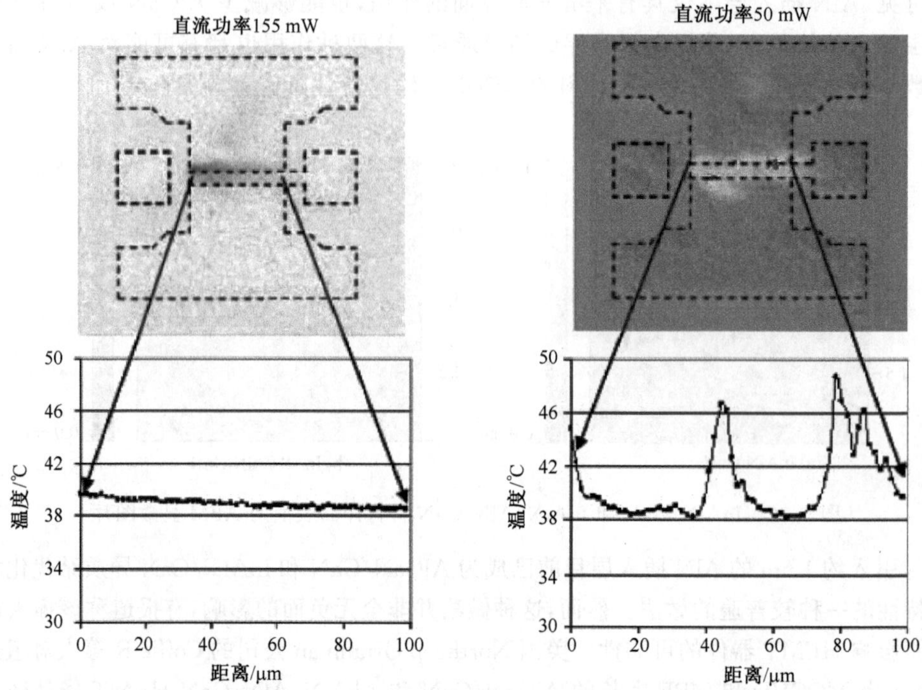

(a) 无AlN　　(b) 6 Å AlN

图 5.34　正向栅压下 GaN HEMT 器件表面(俯视图)的红外热图像，其中无 AlN 插入层的 AlGaN/GaN HEMT 整个栅条均匀发热，而有 6 Å 厚 AlN 插入层的 AlGaN/AlN/GaN HEMT 沿栅条出现若干热斑

总而言之，AlN 插入层对 HEMT 材料和器件的影响还需要进一步深入的分析。

5.6.3　帽层对异质结材料性质的影响

帽层是一种在 GaN 基器件中广泛使用的优化材料结构的措施。有研究表明：在 AlGaN/GaN HEMT 材料顶部加上 InGaN 帽层能够有效减少欧姆接触的电阻；GaN 帽层在极化效应的作用下一方面能够以载流子浓度略微下降的代价提高 2DEG 迁移率，另一方面可以增加 AlGaN/GaN 异质结结构上的肖特基接触势垒，进而显著减小栅漏电流[18]；另外低温 AlN 帽层可以用作 AlGaN/GaN HEMT 和 GaN 基光伏器件的栅绝缘层和钝化层[19]。

我们分析了 GaN 和 AlN 帽层对高 Al 组分 AlGaN/GaN 异质结材料质量和二维电子气输运特性的影响[20]。两种帽层都采用和 GaN 缓冲层同样的生长温度和压力，厚度均为 2 nm，AlGaN 势垒层均为 22 nm 厚的 $Al_{0.37}Ga_{0.63}N$，GaN 缓冲层厚度均为约 1.5 μm。

根据有/无帽层的异质结材料(105)面附近的倒易空间图谱(如图 5.35 所示)，没有帽层的样品 C 中 AlGaN 层稍有弛豫(22 nm 已接近 GaN 上 $Al_{0.37}Ga_{0.63}N$ 的应变弛豫临界厚度[21])。引入 GaN 帽层的样品 A 中 AlGaN 势垒层完全应变共格生长，而使用了 AlN 帽层的样品 B 中 AlGaN 层大为弛豫，位错密度增加，结晶质量下降。可估算出 A、B、C 样品中 AlGaN 的弛豫度分别约为 0、33%与 6.5%。我们分析认为这是 GaN 和 AlN 帽层对 AlGaN 施加的应力不同，因而在生长后的降温过程中前者增强 AlGaN 与 GaN 的共格状态，而后者加剧 AlGaN 与 GaN 的晶格失配，引起了 AlGaN 应变状态的差异。

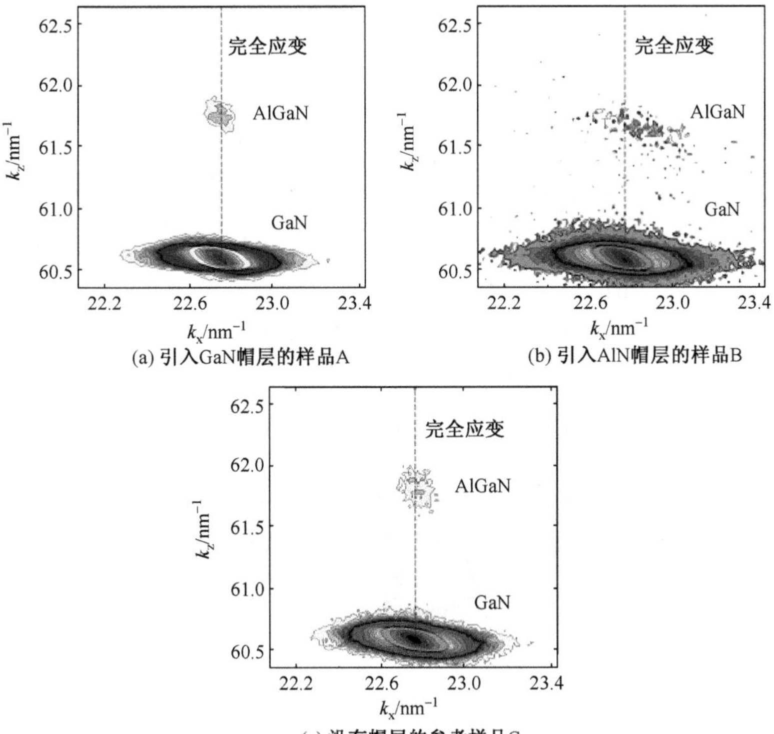

图 5.35　AlGaN/GaN 结构在(105)非对称衍射面附近的倒易空间图谱

虚线表示的是完全应变的 AlGaN 材料光斑应处的位置

3 个样品表面形貌的 AFM 图像(如图 5.36 所示)显示，样品 B 的表面最为粗糙，随后是样品 C 与 A，这与应变弛豫伴随着应力释放和位错增加从而形貌变差的估量一致。X 射线反射率测量拟合得到的界面粗糙度也表现出与 AFM 表面粗糙度一致的趋势。

图 5.37 给出了各样品的室温霍尔迁移率和面密度与 AlGaN 弛豫度(R)之间的关系，可见迁移率与势垒层应变弛豫度 R 的关系更密切。虽然样品 A 中 GaN 帽层提高了 AlGaN 层有效势垒高度，电子密度比样品 C 有所下降，但是其 AlGaN 处于

完全应变状态(R = 0),因此位错密度和界面粗糙度较低,界面粗糙度散射、带电位错的库仑散射以及位错附近的应变场的散射作用较弱,二维电子气迁移率最高。而 AlN 帽层令 AlGaN 势垒层应变弛豫,削弱了压电极化作用,所以样品 B 载流子面密度也低于样品 C,与样品 A 相当。但样品 B 的迁移率显著低于 A,这是由于 AlGaN 势垒层应变弛豫引起位错增加和界面粗糙度增大,对二维电子气的散射作用显著增强。

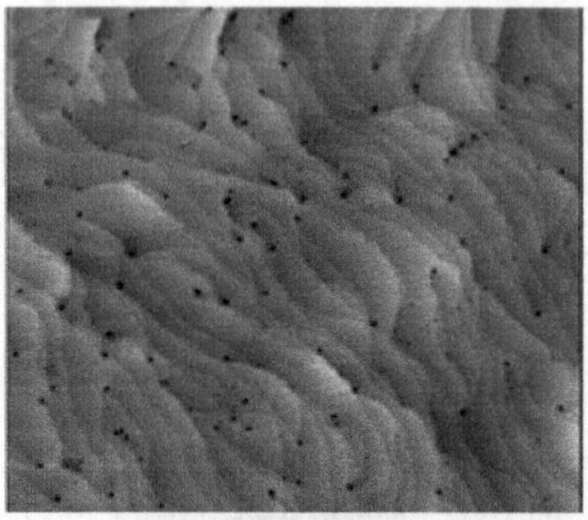

(a) 样品A

(b) 样品B

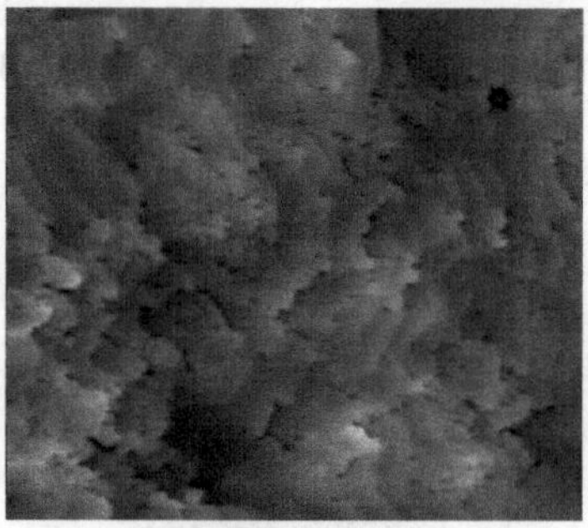

(c) 样品C

图 5.36　3 种样品的 5 μm× 5 μm 的 AFM 显微形貌

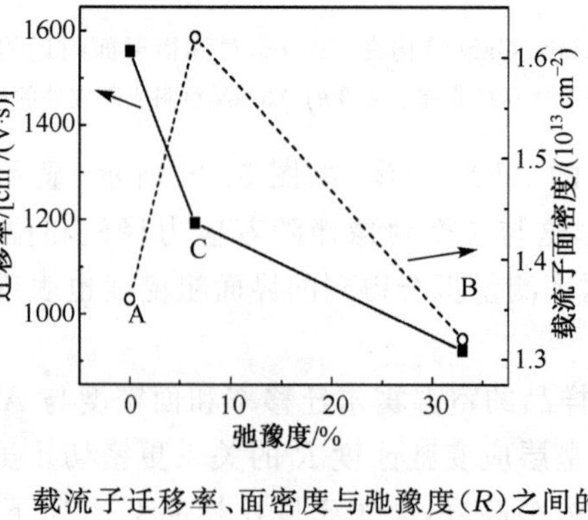

图 5.37　载流子迁移率、面密度与弛豫度(R)之间的关系

总之，对于不同晶格常数的帽层，势垒层的应变状态会有所改变，而这又会导致位错密度和界面形貌的改变。这些势垒层结构特性的改变会影响二维电子气的输运特性。

参考文献

[1] AMBACHER O, FOUTZ B, SMART J, et al. Two dimensional electron gases induced by spontaneous and piezoelectric polarization in undoped and doped AlGaN/GaN heterostructures[J]. Journal of Applied Physics, 2000, 87(1): 334-344.

[2] KATO Y, KITAMURA S, HIRAMATSU K, et al. Selective growth of wurtzite GaN and $Al_xGa_{1-x}N$ on GaN/sapphire substrates by metalorganic vapor phase epitaxy[J]. Journal of Crystal Growth, 1994, 144(3-4): 133-140.

[3] ZHELEVA T S, NAM O H, ASHMAWI W M, et al. Lateral epitaxy and dislocation density reduction in selectively grown GaN structures[J]. Journal of Crystal Growth, 2001, 222(4): 706-718.

[4] MORAM M A, KAPPERS M J, BARBER Z H, et al. Growth of low dislocation density GaN using transition metal nitride masking layers[J]. Journal of Crystal Growth, 2007, 298(SPEC. ISS): 268-271.

[5] HUANG J J, SHEN K C, SHIAO W Y, et al. Improved a-plane GaN quality grown with flow modulation epitaxy and epitaxial lateral overgrowth on r-plane sapphire substrate[J]. Applied Physics Letters, 2008, 92(23): 231902.

[6] CHAKRABORTY A, KIM K C, WU F, et al. Defect reduction in nonpolar a-plane GaN films using in situ SiN_x nanomask[J]. Applied Physics Letters, 2006, 89(4): 041903(3 pp.).

[7] 许晟瑞. 非极性和半极性 GaN 的生长及特性研究[D]. 西安: 西安电子科技大学, 2010.

[8] XU Z H, ZHANG J C, HAO Y, et al. The effects of vicinal sapphire substrates on the properties of AlGaN/GaN heterostructures[J]. Chinese Physics B, 2009, 18(12): 5457-5461.

[9] SMORCHKOVA I P, ELSASS C R, IBBETSON J P, et al. Polarization-induced charge and electron mobility in AlGaN/GaN heterostructures grown by plasma-assisted molecular-beam epitaxy[J]. Journal of Applied Physics, 1999, 86(8): 4520-4526.

[10] HEIKMAN S, KELLER S, YUAN W, et al. Polarization effects in AlGaN/GaN and GaN/AlGaN/GaN heterostructures[J]. Journal of Applied Physics, 2003, 93(12): 10114-10118.

[11] JANG H W, JEON C M, KIM K H, et al. Mechanism of two-dimensional electron gas formation in $Al_xGa_{1-x}N$/GaN heterostructures[J]. Applied Physics Letters, 2002, 81(7): 1249-1251.

[12] HIROKI M, MAEDA N, KOBAYASHI N. Metalorganic vapor phase epitaxy growth of AlGaN/GaN heterostructures on sapphire substrates[J]. Journal of Crystal Growth, 2002, 237-239(1-4 II): 956-960.

[13] ZHANG J, HAO Y, ZHANG J, et al. The mobility of two-dimensional electron gas in Al-

GaN/GaN heterostructures with varied Al content[J]. Science in China Series F (Information Science), 2008, 51(6): 177-186.

[14] SHEN L, HEIKMAN S, MORAN B, et al. AlGaN/AlN/GaN high-power microwave HEMT[J]. IEEE Electron Device Letters, 2001, 22(10): 457-459.

[15] 张金风，薛军帅，郝跃，等. 高电子迁移率晶格匹配 InAlN/GaN 材料研究[J]. 物理学报，2011，60(11)：611-616.

[16] SONG J, XU F J, MIAO Z L, et al. Influence of ultrathin AlN interlayer on the microstructure and the electrical transport properties of $Al_xGa_{1-x}N$/GaN heterostructures[J]. Journal of Applied Physics, 2009, 106(8): 083711 (5 pp.).

[17] COFFIE R, CHEN Y C, SMORCHKOVA I, et al. Impact of AlN interalayer on reliability of AlGaN/GaN HEMTs[C]. 44th Annual IEEE International Reliability Physics Symposium, March 26, 2006. San Jose CA, USA: Institute of Electrical and Electronics Engineers Inc., 2006.

[18] YU E T, DANG X Z, YU L S, et al. Schottky barrier engineering in III-V nitrides via the piezoelectric effect[J]. Applied Physics Letters, 1998, 73(13): 1880-1882.

[19] SELVARAJ S L, ITO T, TERADA Y, et al. AlN/AlGaN/GaN metal-insulator-semiconductor high-electron-mobility transistor on 4 in. silicon substrate for high breakdown characteristics[J]. Applied Physics Letters, 2007, 90(17): 173506 (3 pp.).

[20] LIU Z Y, ZHANG J C, DUAN H T, et al. Effects of the strain relaxation of an AlGaN barrier layer induced by various cap layers on the transport properties in AlGaN/GaN heterostructures[J]. Chinese Physics B, 2011, 20(9).

[21] LEE S R, KOLESKE D D, CROSS K C, et al. In situ measurements of the critical thickness for strain relaxation in AlGaN/GaN heterostructures[J]. Applied Physics Letters, 2004, 85(25): 6164-6166.

第 6 章　AlGaN/GaN 多异质结材料与电子器件

HEMT 器件的材料层结构优化，可以进一步提升常规 AlGaN/GaN 异质结电子器件的性能。一条重要的优化途径是利用极化效应对能带和载流子分布的调制作用来获得高性能 AlGaN/GaN 多异质结电子材料。本章基于薛定谔-泊松方程量子效应自洽解模型，从理论上对多异质结进行层结构优化，分析多异质结中所形成的沟道和势垒的性质。目前，多异质结的发展主要有两种趋势，一种是在单沟道异质结中沟道下方形成背势垒来改善沟道的性质，另一种则是通过直接形成多沟道异质结来提高 HEMT 沟道区的电导。

6.1　Al(Ga,In)N/InGaN/GaN 材料

如图 6.1 所示，常规 AlGaN/GaN 异质结中，GaN 既是缓冲层材料也是沟道材料。由于沟道下方 GaN 侧的势垒高度较低，在高温、栅极电压或漏极电压较高的情况下，沟道中的载流子容易溢出沟道进入缓冲层成为三维电子，从而使二维电子气限域性变差，器件性能退化。深亚微米 GaN HEMT 器件中，短沟道效应也引起沟道夹不断、关态漏电大的问题。

克服这一问题的方法之一，是将沟道材料由 GaN 更换为禁带宽度更窄的 InGaN，形成 AlGaN/InGaN/GaN(/成核层/衬底)材料。导带的带阶和极化效应的作用使得 GaN 对于 InGaN 形成了一个较高的背势垒(如图 6.2 所示)，有利于提高二维电子气的限域性，从而减小器件的关态泄漏电流，改善器件的夹断特性。AlGaN/InGaN/GaN 材料中极化效应比 AlGaN/GaN 异质结更强，因此也有利于提高二维电子气密度。

在实际的材料生长过程中，由于 InGaN 的生长温度低于 GaN 和 AlGaN 且 In 组分对温度很敏感，所以对 InGaN 沟道层而言，后续 AlGaN 势垒层的高温生长会恶化 InGaN 层的材料质量，引起 In 的偏析，还会使异质结界面更加粗糙，影响界面 2DEG 的电学特性。因此，通常在 InGaN 沟道上方采用与 InGaN 同样的生长温度生长薄层 AlN 界面插入层来保护 InGaN 表面，随后高温生长 AlGaN 势垒层形成整个异质结材料[2]。而且，InGaN 沟道材料的 GaN 模板应降低位错密度，减少 In 在缺陷处偏析的可能。

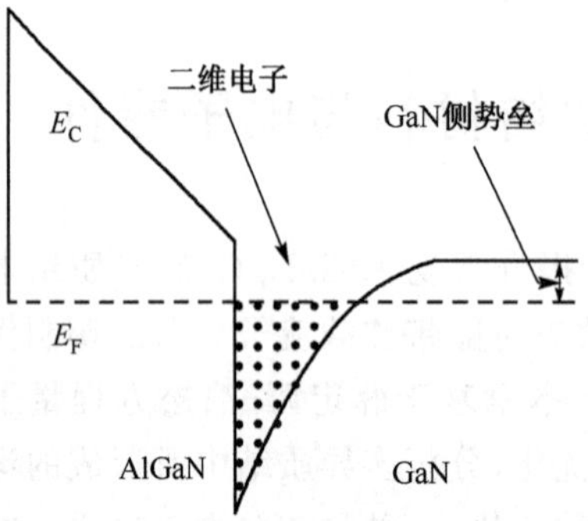

图 6.1　AlGaN/GaN 异质结中二维电子气沟道下方 GaN 侧势垒较低，沟道载流子容易溢出成为三维体电子

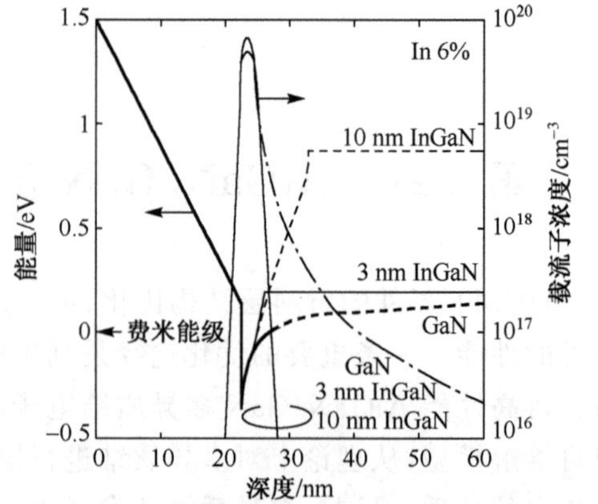

图 6.2　完全应变的 AlGaN/InGaN/GaN 异质结的能带图和载流子分布图，极化电场使得 GaN 背势垒高度随 InGaN 变厚而增大[1]

根据 AlGaN/InGaN/GaN 双异质结材料的实验结果，通常其霍尔电子密度高于 AlGaN/GaN 异质结，但室温霍尔迁移率较低，为 500～800 $cm^2/(V \cdot s)$。Okamoto 等人研究发现，将 $Al_{0.3}Ga_{0.7}N/In_{0.06}Ga_{0.94}N/GaN$ 异质结中 InGaN 的厚度从15 nm减小到 3 nm，可将迁移率从 500 $cm^2/(V \cdot s)$大幅提升到 1110 $cm^2/(V \cdot s)$[1]。这种现象被归因为薄的 InGaN 材料中 In 组分起伏较小。

Xie 等人对比了 AlGaN、InAlN 以及 AlInGaN 四元合金势垒层对 InGaN 沟道异质结电学特性的影响[3]，发现将高温生长的 $Al_{0.25}Ga_{0.75}N$ 势垒层(1030 ℃)更换为生长温度较低(900 ℃)的 $Al_{0.24}In_{0.01}Ga_{0.75}N$ 四元合金可以将异质结材料的室温霍尔迁移率由 870 $cm^2/(V \cdot s)$提高到 1230 $cm^2/(V \cdot s)$，或更换为生长温度也较低(750～800 ℃)的 InAlN 势垒层可以将异质结材料的室温霍尔电子密度由 $1.26 \times 10^{13}\ cm^{-2}$ 提高到 $2.12 \times 10^{13}\ cm^{-2}$。分析认为，在 InGaN 表面有低温 AlN 插入层保护的情况下，AlGaN 势垒层生长的高温环境仍有可能令 InGaN 沟道质量退化。因此，对于 InGaN 沟道的异质结，AlInN 或 AlInGaN 势垒层比 AlGaN 势垒层更有优势。

宋杰等人对比分析了 $Al_{0.25}Ga_{0.75}N/In_{0.03}Ga_{0.97}N/GaN$ 异质结材料和常规 GaN 沟道异质结的变温电学特性[2]，发现在高温下 InGaN 沟道异质结构具有更强的电流限制效应[如图 6.3(b)所示]，其可能原因是在 InGaN/GaN 界面处形成了一层耗尽性空间电荷区，使得在高温下 GaN 中热激发载流子形成的并行电导效应被隔离。结果表明 $Al_xGa_{1-x}N/In_yGa_{1-y}N/GaN$ 异质结构在高温器件应用上可能更有优势，如图 6.3(a)所示。

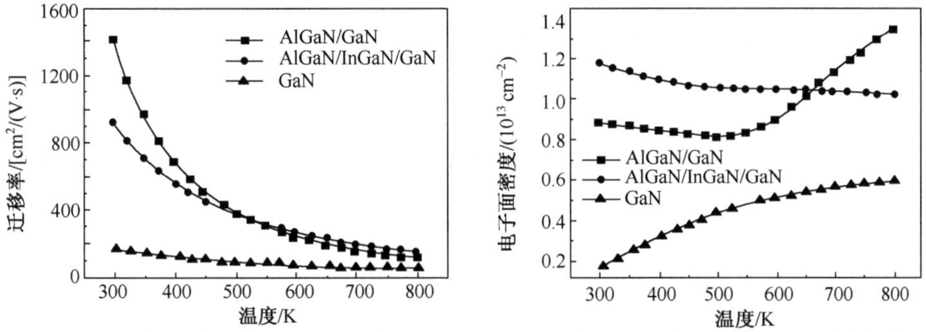

(a) 变温迁移率显示InGaN沟道材料在高温下迁移率更高　(b) 变温电子密度显示InGaN沟道材料在高温下没有表现出热激发载流子形成的并行电导

图 6.3　$Al_{0.25}Ga_{0.75}N/In_{0.03}Ga_{0.97}N/GaN$ 异质结材料和常规 GaN 沟道异质结的变温电学特性[2]

6.2　GaN 沟道下引入 AlGaN 背势垒

当沟道材料仍采用 GaN 时，也可在 GaN 沟道下方插入其他材料形成背势垒层，将导电沟道中的 2DEG 限制在顶势垒和背势垒之间。

AlGaN/GaN 异质结中，在 GaN 沟道下方引入较薄的 AlGaN 层而缓冲层仍为 GaN，即形成 AlGaN/GaN/AlGaN/GaN(/成核层/衬底)结构，较低的 AlGaN 层对顶部沟道可以起到背势垒的作用，但同时会引起较低的 AlGaN/GaN 界面处形成寄生沟道。因此，通常在 GaN 沟道下方到成核层之间整个引入厚的 AlGaN 缓冲层作为背势垒，形成单沟道 AlGaN/GaN/AlGaN(/成核层/衬底)双异质结构。

对于该结构，薛定谔-泊松方程量子效应自洽解模型理论计算结果(如图 6.4 所示)证明：随着缓冲层 Al 组分的增大，背势垒升高，2DEG 限域性增强，但面密度降低。这是由于厚的 AlGaN 缓冲层已完全弛豫，其上生长的 GaN 沟道层较薄，处于压应变状态，减弱了随后生长的 AlGaN/GaN 异质结中的晶格失配程度，从而减弱了异质结中的压电极化效应，导致 2DEG 面密度下降。因此，AlGaN 背势垒的 Al 组分需要优化，以平衡 2DEG 限域性和密度的关系。另外，厚 AlGaN 缓冲层的材料生长难度也会随 Al 组分增加而增加。

我们举例说明 AlGaN/GaN/AlGaN 双异质结构材料的优化过程[4]。样品 A 为未采用 AlGaN 背势垒的 AlGaN/GaN 常规单异质结；而样品 B 首先采用 7% Al 组分的 AlGaN 背势垒生长出 22 nm $Al_{0.32}Ga_{0.68}N$/10 nm GaN/1.3 μm $Al_{0.07}Ga_{0.93}N$ 双异质结构。样品 B 的(105)面倒易空间图谱如图 6.5(a)所示，$Al_{0.07}Ga_{0.93}N$ 缓冲层的衍射光斑与 $Al_{0.32}Ga_{0.68}N$ 势垒层的衍射光斑完全分开，而且缓冲层和势垒层的衍射光斑沿 k_z 方向完全在一条直线上，说明 $Al_{0.32}Ga_{0.68}N$ 势垒层与 $Al_{0.07}Ga_{0.93}N$ 缓冲层完全应变。非接触式方阻测试仪测试结果(如表 6.1 所示)表明,样品 B 与样品 A 相比电子密度下降而迁移率提高,与图 6.4 的分析结果一致。

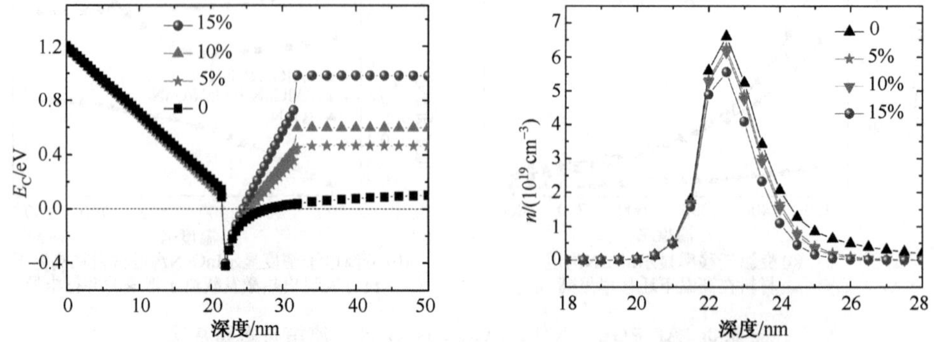

(a) 能带图　　　　　　　　　　(b) 载流子分布图

图 6.4　变 Al 组分 AlGaN 缓冲层 Al 组分对 22 nm $Al_{0.32}Ga_{0.68}N$/10 nm GaN/1.3 μm $Al_xGa_{1-x}N$ 双异质结构 2DEG 分布特性的影响

表 6.1　非接触式方阻测试仪测得的样品电学特性

样品编号	样品结构	霍尔迁移率/[cm^2/(V·s)]	霍尔电子密度/($10^{13}\ cm^{-2}$)	方块电阻/(Ω/sq)
A	22 nm $Al_{0.32}Ga_{0.68}N$/1.3 μm GaN	1356	1.17	394
B	22 nm $Al_{0.32}Ga_{0.68}N$/10 nm GaN/1.3 μm $Al_{0.07}Ga_{0.93}N$	1508	0.85	450
C	22 nm $Al_{0.32}Ga_{0.68}N$/10 nm GaN/600 nm $Al_{0.07}Ga_{0.93}N$/渐变 $Al_xGa_{1-x}N$/700 nm GaN	1752	1.06	354
D	22 nm $Al_{0.32}Ga_{0.68}N$/14 nm GaN/600 nm $Al_{0.07}Ga_{0.93}N$/渐变 $Al_xGa_{1-x}N$/700 nm GaN	1821	1.04	340
E	22 nm $Al_{0.32}Ga_{0.68}N$/14 nm GaN/0.7 nm AlN/600 nm $Al_{0.07}Ga_{0.93}N$/渐变 $Al_xGa_{1-x}N$/700 nm GaN	1862	0.95	362

为了提高 $Al_{0.07}Ga_{0.93}N$ 缓冲层的结晶质量,将 1.3 μm $Al_{0.07}Ga_{0.93}N$ 缓冲层改为 700 nm GaN 缓冲层上再生长 600 nm $Al_{0.07}Ga_{0.93}N$ 缓冲层的复合缓冲层(样品 C)。为了避免 $Al_{0.07}Ga_{0.93}N$ 和 GaN 缓冲层之间界面出现寄生沟道,这两层之间生长了一薄层 Al 组分 x 线性渐变的 $Al_xGa_{1-x}N$(沿材料生长方向 x 由 0 渐变到 0.07)。样品 C 的(105)面的倒易空间图如图 6.5(b)所示,可见 GaN 缓冲层、$Al_{0.07}Ga_{0.93}N$ 缓冲层和 $Al_{0.32}Ga_{0.68}N$ 顶势垒层的衍射光斑中心都在垂直于 k_x 轴的一条直线上,说明两层 AlGaN 都保持了与 GaN 晶格常数一致的完全应变状态。$Al_{0.07}Ga_{0.93}N$ 的衍射光斑面积与 GaN 相当,说明 $Al_{0.07}Ga_{0.93}N$ 缓冲层的结晶质量得到显著提高,达到与 GaN 缓冲层同样的水平。电学特性的测试则说明复合缓冲层结构令其霍尔电子密度和迁

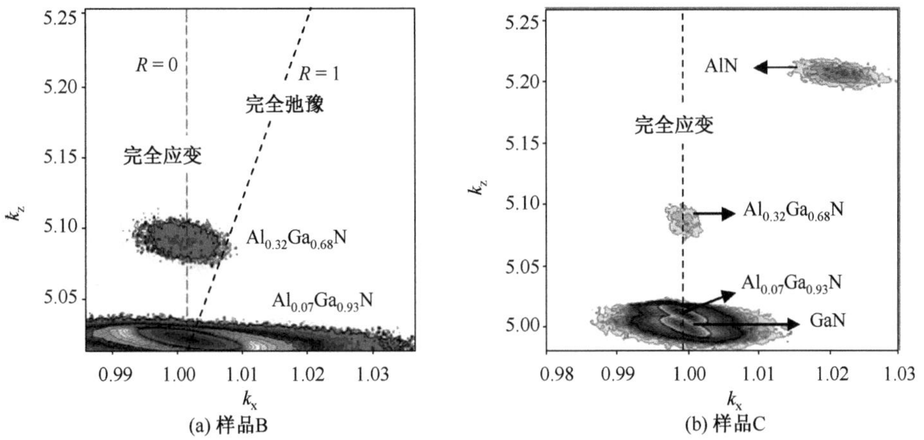

图 6.5　双异质结样品的(105)面倒易空间图谱

移率均比单 $Al_{0.07}Ga_{0.93}N$ 缓冲层的样品明显上升，方阻分布不均匀性则由 6.53%降低到 1.95%。

将 GaN 沟道层厚度增加到 14 nm(样品 D)，迁移率有所上升，可能是由于二维电子气的分布在背势垒侧受到的界面粗糙度散射减小。在样品 D 的 GaN 沟道与 AlGaN 背势垒层间引入 0.7 nm AlN 插入层(样品 E)以减小背势垒对二维电子气可能的合金无序散射，迁移率又出现了小幅上升。

样品 A 到 E 的 77～573 K 变温范德堡霍尔特性测试结果如图 6.6 所示，低温下 AlGaN/GaN/AlGaN 双异质结构的迁移率略低于 AlGaN/GaN 单异质结，这主要是由于双异质结中具有顶势垒/沟道和沟道/背势垒两个界面，二维电子气受到的界面粗糙度散射和合金无序散射更强的缘故。样品 B 到 E 对双异质结构的系列优化令其背势垒界面的界面粗糙度散射和合金无序散射大大降低，因此双异质结样品 E 的霍尔迁移率接近于常规单异质结样品。温度为 77 K 时，双异质结样品 E 的迁移率达到了 5973 $cm^2/(V\cdot s)$。温度在 300 K 以上时，AlGaN/GaN/AlGaN 双异质结构的迁移率显著高于 AlGaN/GaN 单异质结，双异质结的霍尔电子密度基本不随温度变化，而 AlGaN/GaN 单异质结的霍尔电子密度由室温下的 1.57×10^{13} cm^{-2}上升到 573 K 的 3.06×10^{13} cm^{-2}。

分析认为，在 AlGaN/GaN 单异质结中，随着温度升高，GaN 缓冲层的背景掺杂或一些深能级的杂质可能进一步电离，使背景电子浓度增大；另一方面，沟道中的二维电子获得足够大的能量溢出到缓冲层成为体电子。因此，低迁移率体电子电导的作用在高温下显著增强，使得高温下材料的整体霍尔迁移率明显下降而电子密度升高。双异质结样品中，AlGaN 背势垒层对沟道二维电子气的限域性增强，抑制了沟道中的二维电子向缓冲层的溢出，使得量子电导在高温下具有更强的稳定性，且

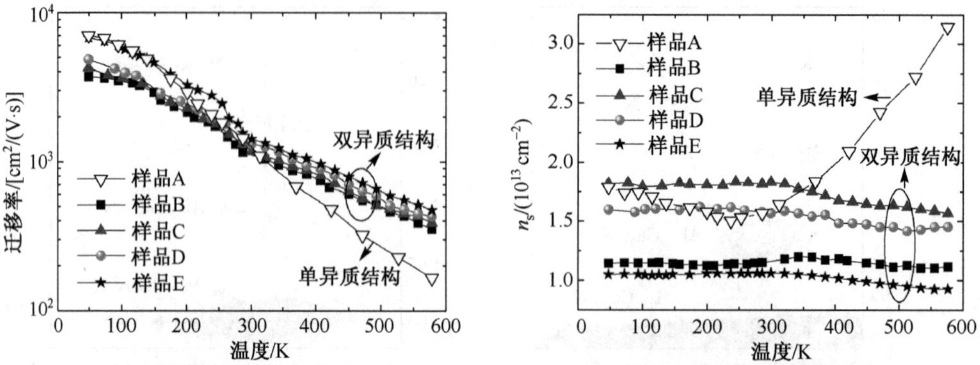

(a) 迁移率随温度的变化　　　　　　(b) 面密度随温度的变化

图 6.6　AlGaN/GaN 单异质结和双异质结系列样品的变温霍尔特性

AlGaN背势垒层本身的导带底和费米能级之间具有较大的能量间距，抑制了背景掺杂或可能的深能级的杂质的电离作用。因此，高温下双异质结样品的霍尔迁移率大于单异质结样品，且电子密度基本不变。温度为 573 K 时，双异质结样品 E 和常规单异质结样品 A 的迁移率分别为 478 $cm^2/(V \cdot s)$ 和 179 $cm^2/(V \cdot s)$，双异质结材料的高温迁移率是常规单异质结材料的两倍多。

对比双异质结和单异质结所制备的 HEMT 器件特性，可看到 AlGaN/GaN/AlGaN双异质结 HEMT 的关态漏电在室温和高温下都显著低于 AlGaN/GaN 单异质结 HEMT，而且高温下双异质结器件的开态特性相对于室温的退化量也更小。另外，AlGaN/GaN/AlGaN 双异质结 HEMT 的击穿电压提高，电流崩塌现象明显减弱，漏致势垒降低(DIBL)效应和亚阈斜率 S(亚阈区漏极电流增加一个数量级所需要增大的栅电压)减小(如图 6.7 所示)，这些都是 AlGaN 背势垒增强沟道载流子限域性带来的好处。

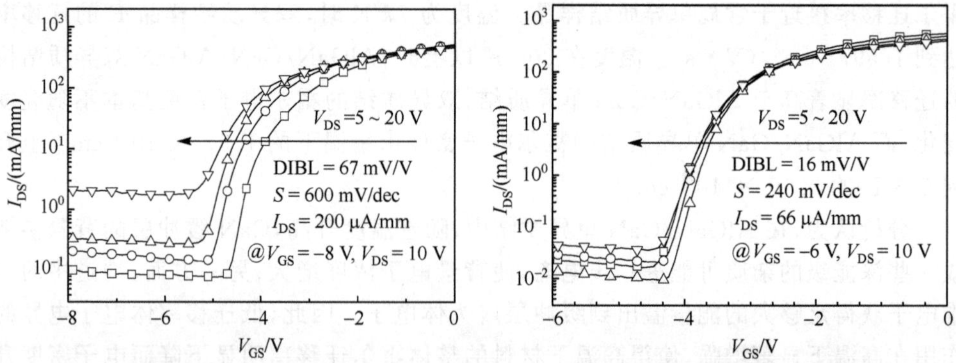

(a) 常规单异质结HEMT　　　　　　(b) AlGaN缓冲层背势垒双异质结HEMT

图 6.7　不同漏压下的转移特性曲线

6.3　InGaN 背势垒结构

常见的背势垒结构除了 AlGaN 背势垒结构，还有 InGaN 背势垒结构。InGaN 材料的禁带宽度比 GaN 窄，然而若在 AlGaN/GaN 异质结中 GaN 沟道下方插入薄层 InGaN 形成 AlGaN/GaN/InGaN/GaN(/成核层/衬底)双异质结构，则 InGaN 处于压应变状态，其压电极化方向与 AlGaN 相反，极化电场令能带倾斜的作用导致 InGaN插入层连同下方的 GaN 缓冲层的能带显著上升，形成 InGaN 背势垒结构，增强二维电子气的限域性，阻止载流子溢出到缓冲层，如图 6.8 所示。另外，极化效应和 InGaN 较窄的禁带宽度使得在 GaN 沟道层和 InGaN 背势垒层界面处形成了一个非常浅的次沟道，其载流子很容易运动到主沟道中参与导电。InGaN 背势垒双异质结构中这种主沟道和次沟道彼此连通的性质使得导电沟道被扩展，有利于提高器件的线性度；同时，GaN 中的主沟道仍然起主导性的作用，因此二维电子气的迁移率通常不会因为 InGaN 次沟道中微弱的合金无序散射出现恶化，这是 InGaN 背势垒双异质结构相较于采用 InGaN 沟道的 AlGaN/InGaN/GaN 异质结的优势。

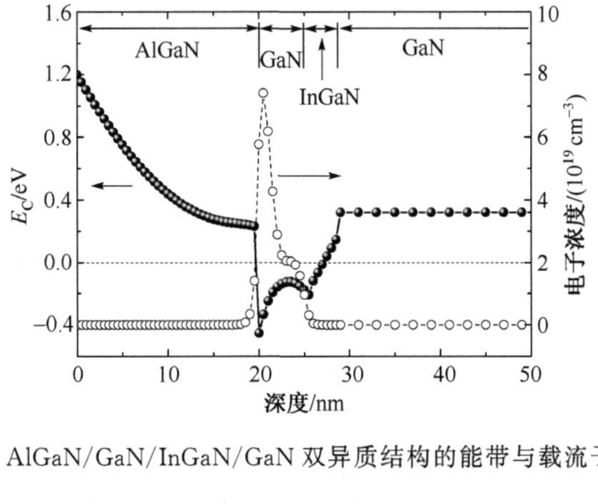

图 6.8　AlGaN/GaN/InGaN/GaN 双异质结构的能带与载流子分布图

在实际材料的生长过程中，InGaN 插入层的厚度要求比较薄以防止 In 析出，通常不超过 10 nm。由于 InGaN 层的极化作用很强，较薄的 InGaN 层就足以获得较高的背势垒。另外，为了避免在 InGaN 背势垒层生长结束后升温生长 GaN 层的时候出现 In 的析出，可先用与 InGaN 相同的生长温度生长一层薄的低温 GaN 来保护 InGaN 表面，然后再升温生长高温 GaN 沟道层。

我们对 AlGaN/GaN 单异质结、AlGaN/GaN/InGaN/GaN 双异质结的材料和 HEMT 器件特性进行对比分析。根据材料的汞探针 *C-V* 特性(如图 6.9 所示)，InGaN背势垒双异质结构并未表现出寄生沟道的影响，只是阈值电压绝对值比单异质结的要大，InGaN/GaN 的背势垒作用令 GaN 中的背景电子密度要低于单异质结。

HEMT 器件的特性分析说明[5]，InGaN 背势垒与 AlGaN 背势垒有相似的作用，即降低关态漏电（如图 6.10 所示），减弱漏致势垒降低效应（DIBL）和亚阈斜率，改善器件的耐压能力和高温特性。

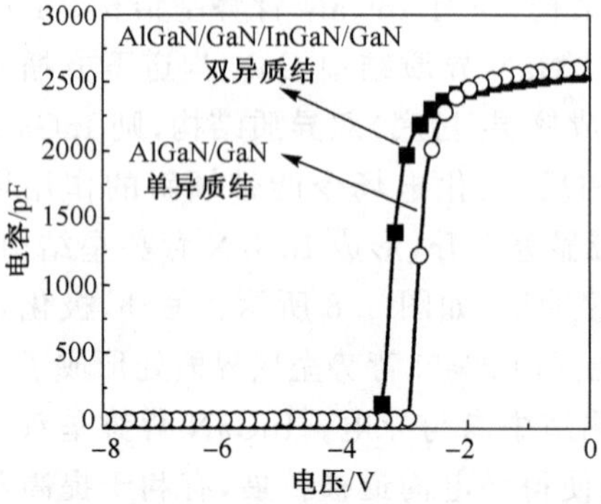

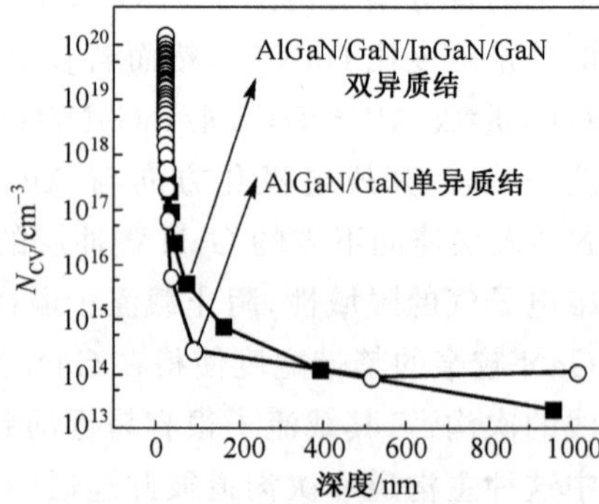

图 6.9　AlGaN/GaN 单异质结和 AlGaN/GaN/InGaN/GaN 双异质结的 C-V 测试曲线和载流子分布图

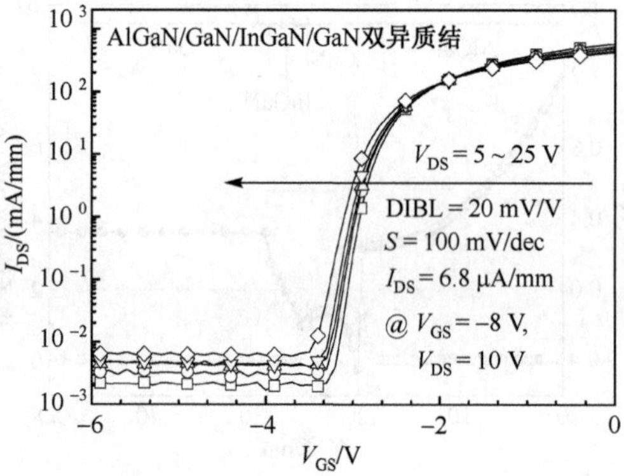

图 6.10　AlGaN/GaN/InGaN/GaN 双异质结（DH-HEMT）在源漏电压分别为 5 V、10 V、15 V、20 V、25 V 时的转移特性曲线

6.4　双/多沟道 AlGaN/GaN 异质结

以上涉及的异质结均为单沟道异质结。若将单沟道变为双/多沟道，并设法保持每沟道的二维电子气密度和迁移率均与单沟道的情况相当，则材料的电导将随着沟道数目的增加而线性地增大，大幅提高器件的电流驱动能力。在双/多沟道 HEMT 器件肖特基栅之外的区域，材料面电阻的减小也有利于减小器件源极—栅极和栅极—漏极之间的通道电阻（access resistance），提高器件的跨导和截止频率的线性度

(即在较大的漏极电流下仍保持较高的跨导和截止频率),有利于提高器件在高频下的功率性能和线性度。

对双沟道 AlGaN/GaN 异质结即 AlGaN/GaN/AlGaN/GaN(/成核层/衬底)结构的理论仿真结果(如图 6.11 所示)说明,若 AlGaN/GaN 异质结整体非故意掺杂,将两个 AlGaN 势垒层的 Al 组分和厚度以及两个 GaN 沟道层的厚度等结构参数分别变化,极化电场将使两个沟道中二维电子气密度以及能带结构发生变化。然而,除了顶部 AlGaN 势垒层的 Al 组分或厚度增加能使两层二维电子气的密度之和增加外,其他情况下异质结总体的二维电子气密度基本不变[如图 6.11(b)所示],与采用同样顶部 AlGaN 势垒层结构的 AlGaN/GaN 单异质结的二维电子气密度相等。这说明,虽然极化效应令 AlGaN/GaN 异质结中插入较薄且未人为掺杂的第二 AlGaN 势垒层就能形成第二层二维电子气(相比而言,AlGaAs/GaAs 异质结中形成第二层二维电子气需要重掺杂且较厚的第二 AlGaAs 势垒层),但极化电场只是改变了载流子和能带的分布,却不能产生电子,未掺杂 AlGaN/GaN 异质结中电子应来源于表面态。因此,第二 AlGaN 层的组分、厚度和位置的变化都不能令异质结的总体电子密度显著增加(多沟道异质结中第一沟道下其他势垒区的背景掺杂电离作用有可能会使总电子密度有微弱上升),AlGaN/GaN 异质结要形成二维电子气密度随沟道数目线性增加的目标,必须对 AlGaN 势垒层掺杂。另外,为了令各沟道之间电子转移时能量势垒较低(欧姆接触源漏电极制备在异质结材料上表面,电极电流进入和流出各沟道要求各沟道间电子能够相互转移),增加两沟道之间的连通性,第二势垒层宜采用自顶向下 Al 组分逐渐增加的渐变 AlGaN 材料。

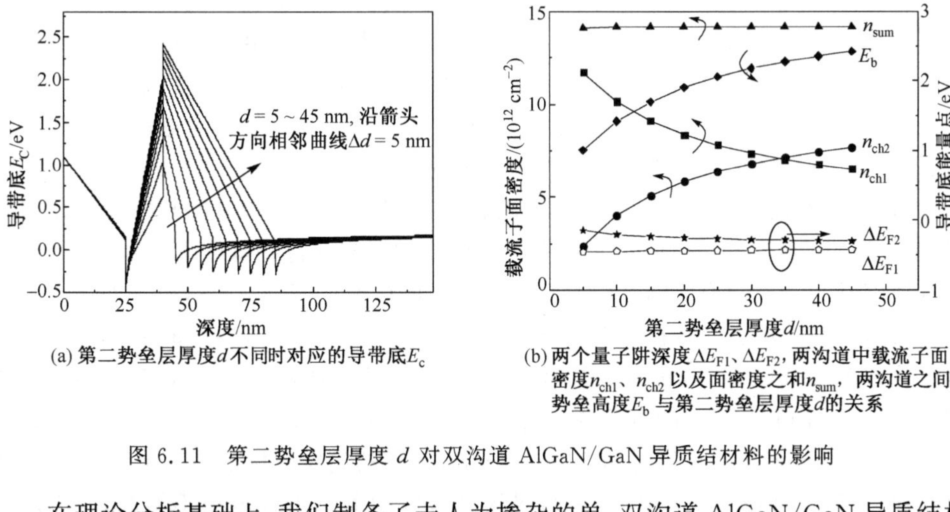

(a) 第二势垒层厚度d不同时对应的导带底E_c

(b) 两个量子阱深度ΔE_{F1}、ΔE_{F2},两沟道中载流子面密度n_{ch1}、n_{ch2}以及面密度之和n_{sum},两沟道之间势垒高度E_b与第二势垒层厚度d的关系

图 6.11　第二势垒层厚度 d 对双沟道 AlGaN/GaN 异质结材料的影响

在理论分析基础上,我们制备了未人为掺杂的单、双沟道 AlGaN/GaN 异质结材料样品,其霍尔电特性如表 6.2 所示。双沟道样品的电子密度确实与单沟道材料基

本相同，但迁移率有明显的上升。不同势垒层掺杂的双沟道结构材料生长和特性分析显示，在同样的掺杂浓度和总量下，在第二势垒层掺杂要比在第一势垒层掺杂更能提高材料的电子密度，但第二势垒层掺杂过重会对材料结晶质量和表面界面有负面的影响，令异质结的迁移率显著下降，因此应采取较低浓度的掺杂获得较高质量的双异质结材料和较好的载流子电输运特性。

表 6.2　不同势垒层掺杂的单、双沟道异质结样品的电特性测试结果

样品编号	势垒层掺杂硅烷流量/sccm	霍尔效应测试		
		方块电阻/(Ω/sq)	面密度/(10^{13} cm^{-2})	迁移率/[cm^2/(V·s)]
R	非故意掺杂单沟道	354	1.22	1398
A	非故意掺杂双沟道	328	1.23	1552
B	双沟，第一势垒，50	263	1.92	1234
C	双沟，第二势垒，50	143	3.91	1112
D	双沟，第二势垒，5	145	3.22	1331

温度升高时双沟道电学性质的变化有可能与单沟道异质结的情况不同，为此制备了双沟道 AlGaN/GaN 异质结的环状肖特基二极管，测试了 300～673 K 的变温 *C-V* 特性，如图 6.12(a)所示。*C-V* 曲线中的双平台形状对应了两层二维电子气。当温度高于 570 K 后，*C-V* 载流子剖面图[如图 6.12(b)所示]显示的 GaN 缓冲层中背景载流子浓度有明显的增大，这与单沟道 AlGaN/GaN 异质结类似。图 6.12(c)和(d)分别为第一、二沟道中载流子浓度分布曲线，从图中可以明显看到，随着温度的增加，第一沟道中载流子浓度峰值向表面的偏移量非常小，而第二沟道载流子浓度峰值则有很大的偏移量，说明高温对第二沟道的影响要远大于第一沟道。这是由于该双沟道结构中第二沟道对应的量子阱本身就比较浅，高温下就减到更浅，沟道中载流子容易溢出沟道到缓冲层。因此，通过材料结构的优化增加第二沟道的量子阱深度或在第二沟道下方加背势垒可能会抑制这个现象。

对单/双沟道 AlGaN/GaN 异质结还制备了 HEMT 器件，对比其特性。在非故意掺杂双沟道 HEMT 器件中，采用不同的刻蚀时间刻蚀肖特基栅下区域，获得平面双沟道(刻蚀 0 s)、槽栅双沟道(刻蚀 26 s)和槽栅单沟道(刻蚀 55 s，第一沟道被刻蚀掉)器件，器件的输出和转移特性如图 6.13 所示。平面双沟道器件的最大饱和漏极电流达到 1400 mA/mm，超出了大部分报道的单沟道 AlGaN/GaN HEMT 器件，说明双沟道 HEMT 有很强的电流驱动能力；其两个跨导(g_m)峰值分别为－4.7 V 时的 203 mS/mm 和－1.6 V 时的 289 mS/mm，展宽的高跨导区非常有利于提高器件的线性。然而，如图 6.14 所示，平面双沟道器件的关态击穿电压不够高，仅 58 V。槽栅双沟道器件的输出电流和跨导与平面双沟道器件相当，但击穿电压提高到近乎两倍的 114 V，说明槽栅对第二沟道的控制能力大大加强，两沟道共同分担电场强度峰值的区域更宽,使得击穿电压得到提高。槽栅单沟道器件的击穿电压与槽栅双沟道器件相当,但输出电流和跨导则显著下降,这与第二沟道的导电能力不如第一沟道强有关,也从一个侧面说明槽栅双沟道器件具有开态电流大、跨导高且线性度高、关态耐压高的特点。

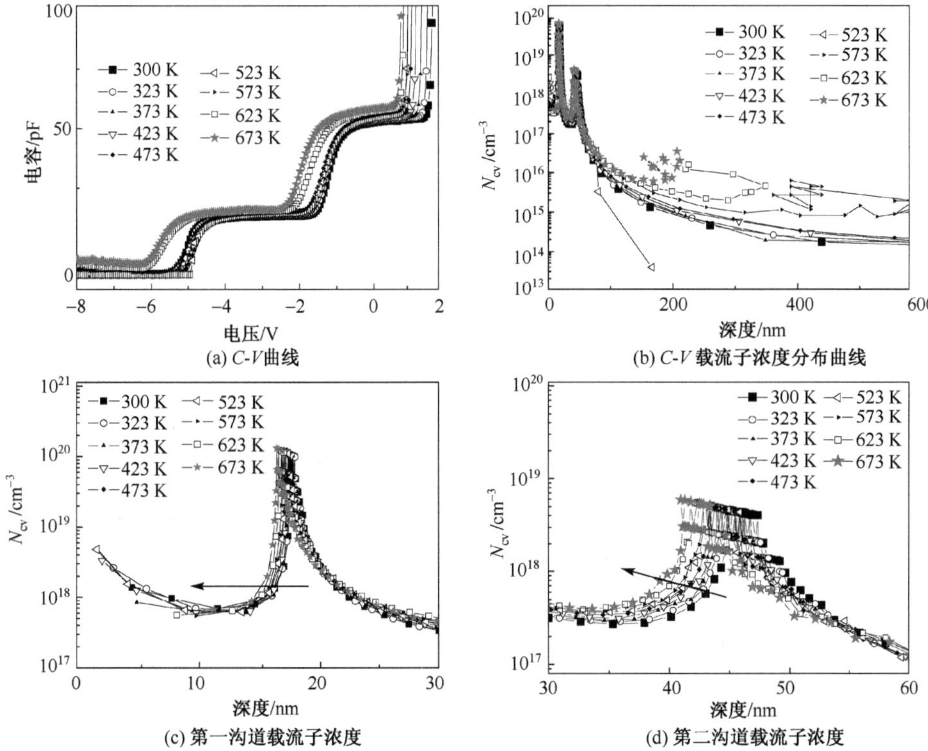

图 6.12　非故意掺杂双沟道 AlGaN/GaN 异质结的变温 C-V 测试结果

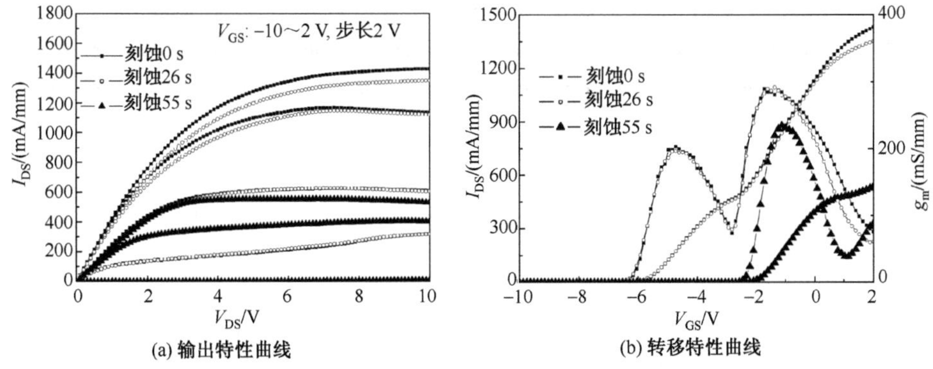

图 6.13　不同槽栅刻蚀时间的双沟道 HEMT 器件直流特性曲线

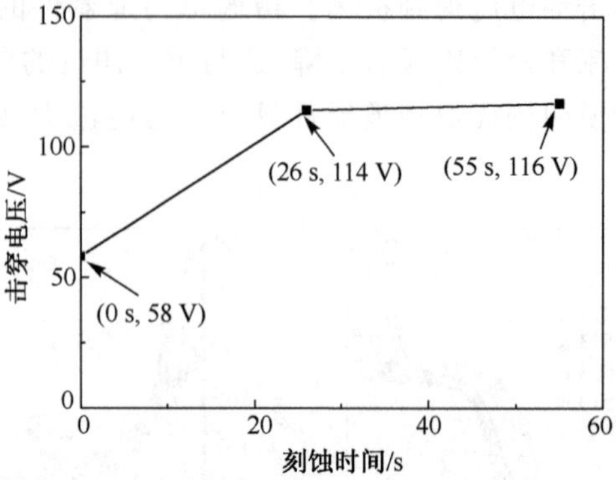

图 6.14　击穿电压与栅极刻蚀时间的对应关系

参 考 文 献

[1] OKAMOTO N, HOSHINO K, HARA N, et al. MOCVD-grown InGaN-channel HEMT structures with electron mobility of over 1000 $cm^2/(V \cdot s)$[C]. 12th International Conference on Metalorganic Vapor Phase Epitaxy, May 30-June 4, 2004. Netherlands: Elsevier, 2004.

[2] SONG J, XU F J, HUANG C C, et al. Different temperature dependence of carrier transport properties between $Al_xGa_{1-x}N/In_yGa_{1-y}N/GaN$ and $Al_xGa_{1-x}N/GaN$ heterostructures[J]. Chinese Physics B, 2011, 20(5): 057305 (5 pp.).

[3] XIE J, LEACH J H, NI X, et al. Electron mobility in InGaN channel heterostructure field effect transistor structures with different barriers[J]. Applied Physics Letters, 2007, 91(26): 262102(3 pp.).

[4] FANNA M, JINCHENG Z, HAO Z, et al. Transport characteristics of AlGaN/GaN/AlGaN double heterostructures with high electron mobility[J]. Journal of Applied Physics, 2012, 112(2): 023707 (6 pp.).

[5] SHI L, ZHANG J, HAO Y, et al. Growth of ingan and double heterojunction structure with ingan back barrier[J]. Journal of Semiconductors, 2010, 31(12): 123001 (4 pp.).

第7章 脉冲 MOCVD 方法生长 InAlN/GaN 异质结材料

氮化物半导体器件的一个重要目标是实现超高频工作。为了使 GaN HEMT 微波功率器件达到更高的工作频率，如毫米波频段甚至 THz 频段，往往要求器件的栅长要缩短到 150 nm 以下甚至 50 nm 或更短的 10 nm，这时器件的短沟道效应将成为一个重要的问题。为了克服短沟道效应对毫米波器件的影响，往往需要减薄 AlGaN 势垒层厚度(减小栅和 2DEG 沟道之间的距离)，同时采用背势垒、高阻缓冲层等手段获得更低的夹断特性和更高的输出电阻。但是，减薄势垒层的同时还要保持高的异质结沟道电导特性，就必须增大势垒层 Al 组分以维持高的 2DEG 密度。然而，在材料特性上，高 Al 组分 AlGaN 和 GaN 的晶格失配增大，所引起的应力会导致 AlGaN/GaN界面粗糙度增加以及 AlGaN 势垒层结晶质量的恶化甚至应变弛豫，从而降低 2DEG 面密度和迁移率、影响器件的性能和长时间在高压高温情况下的可靠性。另外，在器件工艺上，一方面薄而且缺陷密度高的 AlGaN 势垒层会使 2DEG 对势垒层表面状态和应力非常敏感，在器件加工中若由于氧化、刻蚀损伤等使表面退化就有可能会耗尽 2DEG；另一方面，高 Al 组分 AlGaN 的绝缘性增加，欧姆接触电阻不可避免地增大，这也给毫米波器件研制造成了困难。

AlGaN/GaN HEMT 器件中的 2DEG 电荷主要是依靠材料的自发极化和压电极化得到的。当器件工作在高电压和短沟道状态时，材料会因为受到过强的电场作用而产生逆压电极化效应，从而使材料发生退化，严重时会产生材料微裂纹(见本书第 11 章)，因此，为了避免严重的逆压电极化效应对器件可靠性的影响，希望能够有一种消除材料的压电极化而又不会严重影响 2DEG 密度的 HEMT 材料结构。

针对这些问题，发展更适合工作在高频、高温和高可靠等应用场合的 III 族氮化物 HEMT 异质结材料和电子器件是非常有必要的。将 AlGaN 势垒层更换为 InAlN 势垒层形成 InAlN/GaN HEMT 异质结材料，已被证明是一个成功的方法。

7.1 近晶格匹配 InAlN/GaN 材料的优势及其 HEMT 特性

近年来，近晶格匹配 InAlN/GaN 异质结已经成为 GaN HEMT 器件的一种非常有竞争力的材料结构。图 7.1 所示为 InAlN 禁带宽度-晶格常数关系和器件的材料结构。$In_xAl_{1-x}N$ 材料具有 III 族氮化物合金材料中可变范围最大的禁带宽度(0.7～6.2 eV)、晶格常数(3.112～3.522 Å)和自发极化强度(－0.09～－0.042 C/m^2)。其中 In 组分约为 17%时，InAlN 材料可以和 GaN 形成晶格匹配 InAlN/GaN 异质结。这时的 $In_{0.17}Al_{0.83}N$ 异质结只有自发极化而几乎没有压电极化，因而可以显著降低短沟道强电场下的逆压电极化效应的影响。

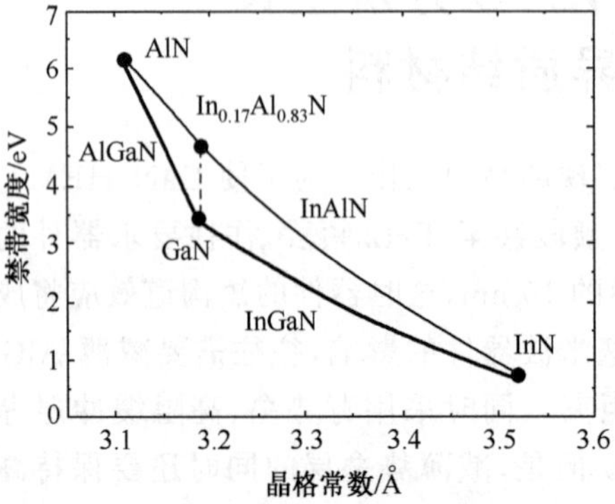

(a) 形成晶格匹配的物理机理

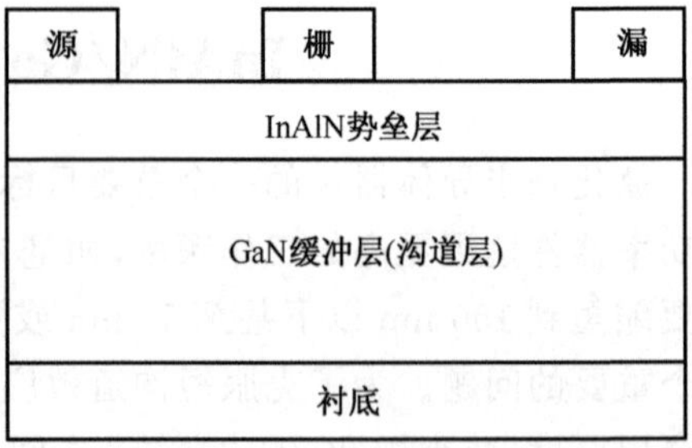

(b) 器件结构

图 7.1　晶格匹配 InAlN/GaN 异质结

虽然晶格匹配的 InAlN/GaN 消除了势垒层的晶格失配应变，与 AlGaN/GaN 异质结相比只有自发极化而无压电极化，但是 $In_{0.17}Al_{0.83}N$ 有很强的自发极化强度(如图 7.2所示)，所以极化效应的总体效果比 AlGaN/GaN 异质结更强。同时在InAlN势垒层和 GaN 沟道层的异质结界面具有更大的导带带阶 0.65 eV ($Al_{0.25}Ga_{0.75}N$/GaN界面导带带阶为 0.34 eV)，所以可以得到高密度 2DEG 和高电导特性。

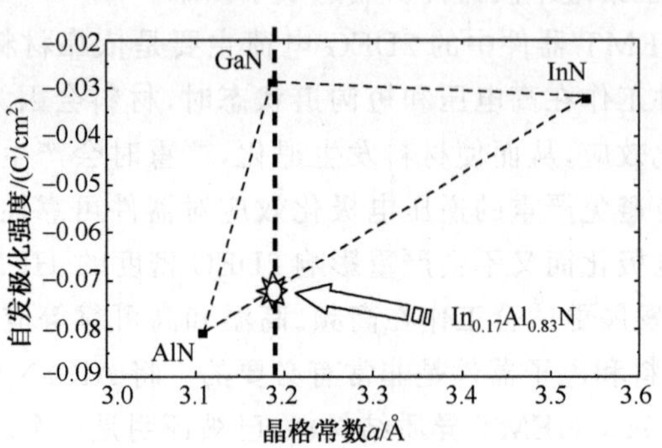

图 7.2　氮化物材料的自发极化强度

因此，在势垒层结晶质量较好的情况下，AlGaN/GaN 材料通常以厚度约 25 nm 的 AlGaN 势垒层才能获得密度为 $1\times10^{13}\sim1.8\times10^{13}\ cm^{-2}$的二维电子气。而晶格匹配 InAlN/GaN 异质结能够以厚度仅 5～15 nm 的未有意掺杂 InAlN 势垒层获得二维电子气密度高于 $2.5\times10^{13}\ cm^{-2}$、方块电阻低于 220 Ω/sq 的高电导性能[13]。在 HEMT 器件特性方面，相比蓝宝石、SiC 和 Si 衬底上 AlGaN/GaN HEMT，它们的最大输出电流通常为 0.8～1.6 A/mm，而 InAlN 厚度仅 13 nm 的 InAlN/GaN HEMT 最大输出电流可达 2 A/mm[4]。另外，InAlN/GaN HEMT 表现出较强的电流驱动能力，在器件的等比例缩小方面具有明显的优势[4,5]，这正是高频功率器件需要的特性。已报道的栅长 30 nm、具有 InGaN 背势垒结构的 InAlN/GaN HEMT 器件的 f_T 达到 290～300 GHz[5]，甚至有报道栅长为 20 nm 时，f_T 达到了 370 GHz[6]。

InAlN 势垒层无应变的特点，使 InAlN/GaN HEMT 的可靠性有较大的提高，首先是 InAlN/GaN 避免了 AlGaN/GaN HEMT 器件强电场逆压电极化效应对可靠性的严重影响；另外，InAlN/GaN HEMT 还表现出比 AlGaN/GaN HEMT 器件更强的高温工作能力，在 1000 ℃ 真空下仍可输出高于 600 mA/mm 的电流（其中 InAlN的生长温度只有 840 ℃ 左右），且温度降回室温后器件的退化可以完全恢复[7]，这种高温的稳定性与 InAlN 和 GaN 晶格匹配有直接的联系[8]。

7.2　近晶格匹配 InAlN/GaN 材料的生长、缺陷和电学性质

7.2.1　近晶格匹配 InAlN/GaN 材料的生长和缺陷

InAlN 材料是由 AlN 和 InN 构成。高质量 AlN 单晶薄膜的生长需要高温和低 V/III 比，而高质量 InN 薄膜的生长需要低温和高 V/III 比。因此，含 Al 和含 In 的氮化物材料的生长条件是彼此矛盾的，高质量 InAlN 单晶薄膜的生长难度很大。而且，AlN 和 InN 两种材料之间共价键的显著差异，使得 $In_{0.17}Al_{0.83}N$ 单晶生长时的共熔度很低，容易出现相分离和组分非均匀分布等现象，降低材料的结晶质量。因此，必须综合考虑 InN 和 AlN 的生长特点，优化设计生长条件，做出平衡选择，才能实现高质量 $In_{0.17}Al_{0.83}N$ 单晶薄膜的外延。InAlN 合金材料的外延生长方法主要有常规 MOCVD 和等离子增强型 MBE 等方法。本章重点介绍我们提出的 InAlN/GaN 脉冲 MOCVD 方法，该方法在获得高迁移率 InAlN/GaN 异质结上具有明显的优势。

在 InAlN 材料的缺陷性质方面，当 GaN 模板上外延的 InAlN 组分发生变化使 InAlN 处于张应变或压应变状态时，应变状态对 $In_xAl_{1-x}N$ 薄膜的表面形貌和微结构有明显的影响，如图 7.3 所示。Miao Z L 等人发现[9]在 In 组分为0.166～0.208的近匹配情况下，$In_xAl_{1-x}N$ 薄膜(200 nm 厚)的晶体质量良好，表面平整；InAlN 具有较大张应变时会开裂，如图 7.3(d)所示，但表面粗糙度不受影响；InAlN 具有较大压应变时，压应力导致晶格弛豫和表面粗糙度增加，如图 7.3(f)和(i)所示。

近晶格匹配 InAlN 材料表面常出现大小均一的 V 形坑缺陷，缺陷尺寸随 InAlN 厚度线性增加[10]，如图 7.4 所示。分析发现这些 V 形坑形成于 $In_xAl_{1-x}N$ 生长的开始阶段，起源于具有螺位错分量的穿透位错，如图 7.5 所示。InAlN 生长时，In 原子

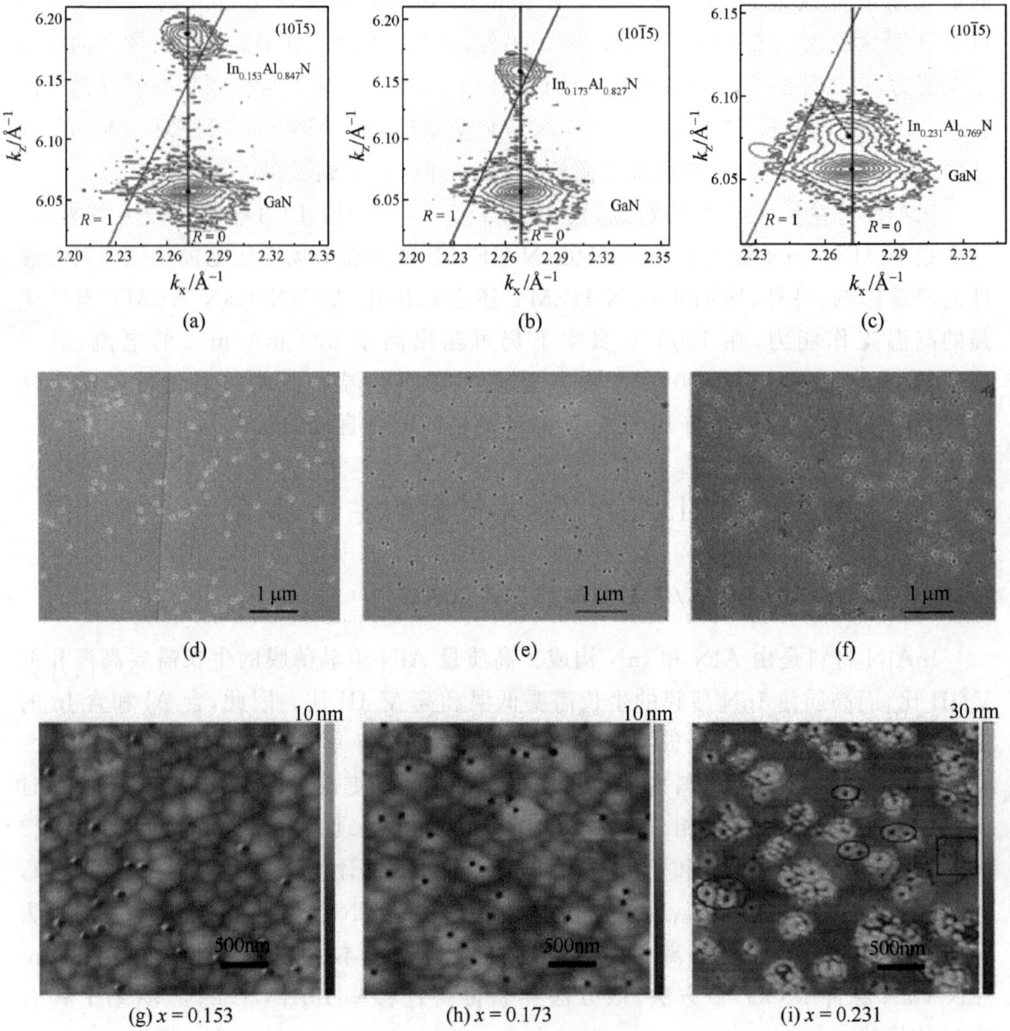

图 7.3　In 组分 x 对 GaN 模板上外延的 200 nm $In_xAl_{1-x}N$ 薄膜的应变状态、表面形貌和微结构的影响[9]

(a)～(c)为 3 个样品的倒易空间图谱，(d)～(f)为 SEM 图片，(g)～(i)为 3 μm×3 μm AFM 图片。(i)中有两种缺陷坑，一种坑较大，其周围局部鼓起，以圆圈标出；另一种坑较小，其周围表面光滑未鼓起，以方框标出

在这些位错核心处的偏析阻止了 $In_xAl_{1-x}N$ 在此处的生长，V 形坑形貌是由其侧壁{10$\bar{1}$1}晶面的生长速率较慢造成的，如图 7.6 所示。因此近晶格匹配 InAlN/GaN 材料的生长不仅要求 $In_{0.17}Al_{0.83}N$ 的生长条件要优化，也要求 GaN 模板具有高的结晶质量。

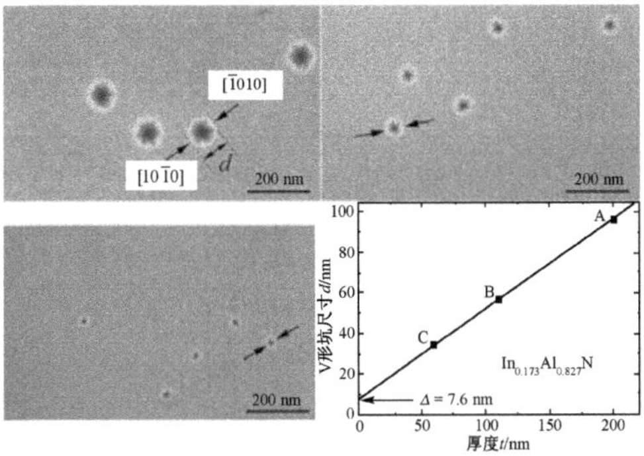

图 7.4　InAlN 表面 SEM 形貌图及 V 形坑尺寸随 InAlN 薄膜厚度的变化[10]

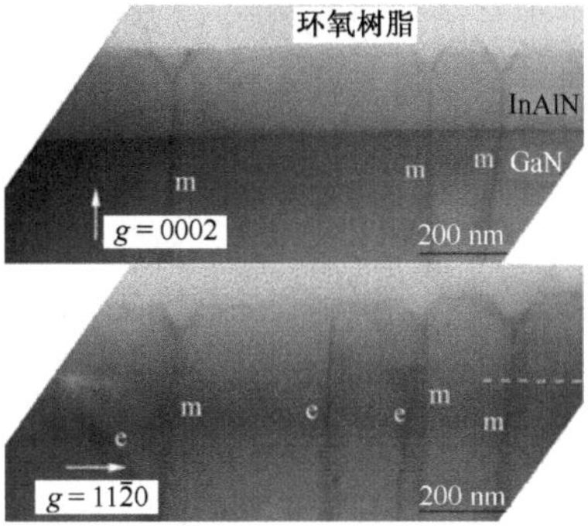

图 7.5　V 形坑剖面 TEM 图像[10]

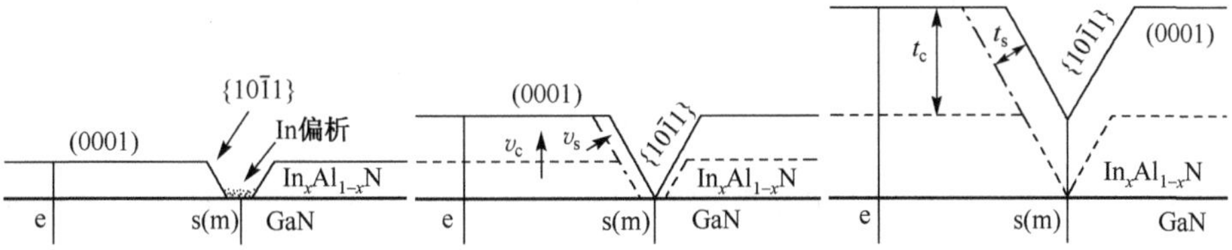

图 7.6　V 形坑形貌的演变原理示意图[10]

e 指刃位错，s(m)指螺位错(混合位错)

即使 GaN 模板上近晶格匹配 InAlN 材料的显微表面形貌没有出现 V 形坑，通常InAlN/GaN 异质结构的 Ni/Au 肖特基的反偏漏电也比 AlGaN/GaN 异质结肖特基漏电高出几个数量级。导电原子力显微镜和透射电子显微镜观测结果表明，在螺位错附近由于 In 的偏析和富集，导致螺位错变成了高电导率的漏电通道，造成InAlN/GaN异质结的肖特基反偏漏电大。

7.2.2　近晶格匹配 InAlN/GaN 材料的电学性质

在 InAlN/GaN 异质结材料的电学性质方面，直接在 GaN 模板上生长 InAlN 获得的近晶格匹配 InAlN/GaN 异质结材料一般具有很高的沟道电子密度(高于 $2.5\times10^{13}\ \mathrm{cm^{-2}}$)和较低的电子迁移率[70～500 $\mathrm{cm^2/(V\cdot s)}$][如图 7.7(a)所示]，并且其霍尔迁移率往往呈现为随温度降低先升高后降低的体电子特性[11]，而呈现随温度降低先升高然后逐渐饱和的 2DEG 特性的报道比较少。借鉴常规 AlGaN/GaN 异质结中采用超薄 AlN 界面插入层提高 2DEG 迁移率的做法，在 InAlN/GaN 材料体系中，已有 AlGaN、AlN/GaN/AlN、AlN 等几种不同的插入层方法。在 InAlN/GaN 界面引入厚约 1 nm 的 AlN 插入层形成 InAlN/AlN/GaN 材料，通常沟道电子密度不受影响或略有增加，沟道电子迁移率则可以从约 70 $\mathrm{cm^2/(V\cdot s)}$提高到 1170 $\mathrm{cm^2/(V\cdot s)}$[1]，且霍尔电子迁移率呈现随温度降低先升高后逐渐饱和的 2DEG 特性[如图 7.7(b)所示]。考虑到外延生长的简单和有效控制，引入 AlN 界面插入层已成为生长高性能InAlN/GaN异质结的普遍做法。

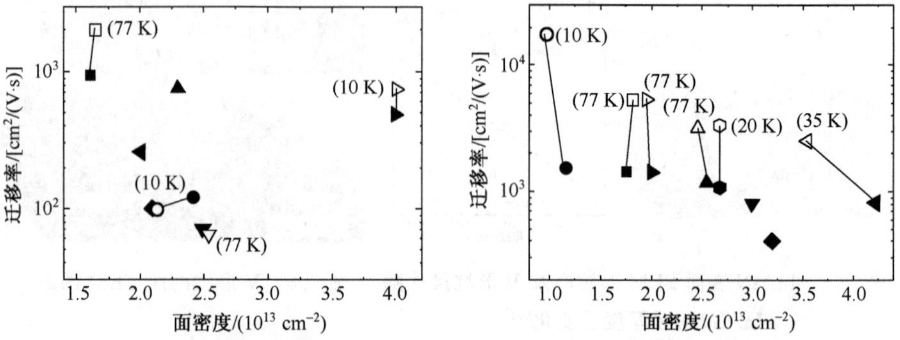

(a) InAlN/GaN材料　　　　(b) InAlN/AlN/GaN材料

图 7.7　InAlN/GaN 异质结的霍尔迁移率与电子密度的关系[12]

实心符号为室温实验数据，空心符号表示其低温实验数据和相应的测量温度

Miao 等人首次观察到了晶格匹配 InAlN/AlN/GaN 异质结的 SdH 振荡和明显的 2DEG 双子带占据现象[13]。两个子带的能量差高达 191 meV，远大于通常的 AlGaN/GaN 异质结构(约 70 meV)；第一子带迁移率远低于第二子带。分析表明，晶格匹配 InAlN/AlN/GaN 异质结构中的 2DEG 占据性质源于 InAlN 的强自发极化，异质界面极强的极化电场导致界面粗糙度散射成为决定 2DEG 迁移率的最主要散射机制。

我们用脉冲 MOCVD 方法获得了高性能近匹配 InAlN/GaN 异质结，其霍尔迁移率在室温和77 K下分别达到 949 cm²/(V·s)和 2032 cm²/(V·s)，形成了二维电子气电导，说明脉冲 MOCVD 方法显著提高了 InAlN 的结晶质量；进一步引入 1.2 nm的 AlN 界面插入层形成 InAlN/AlN/GaN 结构，则霍尔迁移率在室温和 77 K 下分别上升到 1437 cm²/(V·s)和 5308 cm²/(V·s)[12]，如图 7.8 所示。基于该

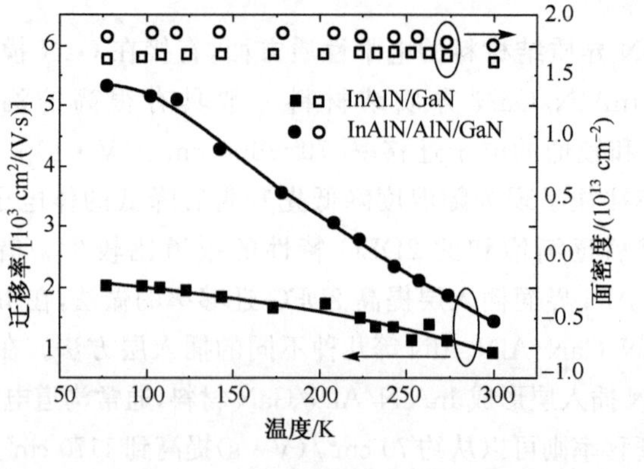

图 7.8　脉冲 MOCVD 方法生长的 InAlN/GaN 和 InAlN/AlN/GaN 材料样品的变温霍尔数据

系列样品的霍尔特性数据和结晶质量、表面/界面粗糙度实验测量数据，分析了 AlN 插入层提高 InAlN/GaN 异质结电子迁移率的机理，发现 AlN 插入层对 InAlN/GaN 材料迁移率的改善作用一方面是降低了 2DEG 的合金无序散射，另一方面还显著改善了异质界面，抑制了界面粗糙度散射[14]。

7.3　表面反应增强的脉冲 MOCVD (PMOCVD)方法

PMOCVD 方法有利于生长结晶质量高、界面特性好的 InAlN/GaN 异质结，这与 PMOCVD 方法的独特生长方式和机理是分不开的。本节对这一方法作一介绍，在 7.4 节给出 PMOCVD 方法生长 InAlN/GaN 异质结的实验结果。

在氮化物材料的生长过程中，V 族和 III 族原子在到达衬底上方淀积薄膜的关键反应区域之前有预反应的过程，在衬底上方既有彼此反应形成 III—N 键的化学过程，也有各自在材料表面横向迁移、吸附和解吸附的物理过程。各种过程同时进行，外界条件如材料生长温度、压强以及 V/III 比等的变化会影响到各种过程的强度。

常规 MOCVD 外延生长方法中，V 族和 III 族反应源即 NH_3 和 MO 源，是同时、连续地通入反应室的。反应物的预反应是一个严重的问题，尤其是 Al 源反应物，其预反应生成的寄生产物固体颗粒会落在衬底外延薄膜表面，在薄膜表面形成缺陷，恶化结晶质量。削弱预反应的措施通常是通过反应室的特殊设计实现气路分离，即空间上将反应气体分开输运到衬底上方再混合反应。

PMOCVD 方法是采用脉冲分时输运方式将 V 族和 III 族反应源在不同的时间分别通入反应室的 MOCVD 生长方法，如图 7.9 所示。PMOCVD 的分时输运方式一方面减少了不同的反应物在到达衬底之前发生预反应的机会，抑制了预反应产物淀积引起的材料缺陷；另一方面令 MO 源中金属原子在与 N 原子反应成键之前获得足够的时间在材料表面横向迁移，到达生长面上能量最有利的格点如台阶的扭折或晶体缺陷处，因此原子结合到晶体中时得以规则地排列，有利于增强二维表面覆盖，获得原子级光滑表面，并提高结晶质量。这种表面反应的增强使得材料生长所需的温度显著降低，这进一步抑制了预反应。

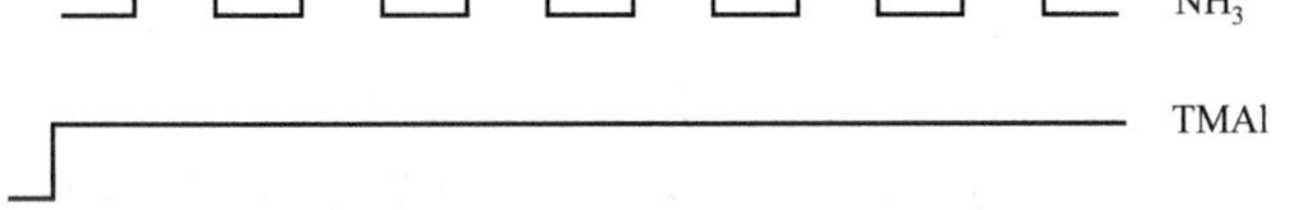

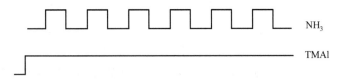

图 7.9　脉冲 MOCVD 方法生长 AlN 的脉冲生长方式

在工艺控制上，PMOCVD 方法将单个外延层的生长过程分为多个重复的周期单元,在每个单元内对不同反应源分别设置其脉冲方式,主要是脉冲宽度和脉冲个数。这种生长方式本身增加了工艺控制的自由度,同时通过调整脉冲宽度和个数、脉冲的间隔和交叠时间等参数来控制反应源流量和 V/III 族流量比,增加了工艺控制的精确度,能够实现约 0.1 nm 的单周期单元材料生长厚度,具有外延材料的单原子层级厚度精确控制的优势。

PMOCVD 方法的这种特点非常适合生长高 Al 含量氮化物合金材料和 AlN 材料。常规 MOCVD 方法生长的 AlN 通常是螺位错很少但刃位错很多(位错密度分别为 1×10^{7} cm^{-2} 和 1×10^{10} cm^{-2}),具有优先岛状竖直生长、高密度岛间合并形成薄膜的生长特点。我们在蓝宝石衬底上以 PMOCVD 方法生长 AlN,通过 V/III 比和反应源流量的优化,获得了 XRD 摇摆曲线(002)面 FWHM 为 65 arcsec,(102)面 FWHM 为 236 arcsec 的高质量 AlN 外延材料[15],这在同时期 AlN 外延材料的报道中处于国际领先水平,如表 7.1 所示。

表 7.1 常规 MOCVD 方法和 PMOCVD 方法获得的 AlN 结晶质量比较

衬底和生长方法	XRD 摇摆曲线 FWHM/arcsec		数据来源
	(002)面	(102)面	
c 面 6H-SiC,脉冲激光淀积(PLD)	210	252	2008 年,Myunghee K 等人[16]
蓝宝石,固源 HVPE	103	828	2008 年,Kenichi E 等人[17]
蓝宝石,脉冲 NH_3气流多层生长技术	200	370	2009 年,Hirayama H 等人[18]
蓝宝石,改良迁移增强外延(MMEE)	43	250	2009 年,Banal R G 等人[19]
蓝宝石,PMOCVD	65	236	2010 年,周晓伟等人[15]

7.4 PMOCVD 方法生长 InAlN/GaN 异质结

在 III 族氮化物材料体系中,InAlN 和 AlInGaN 能够与 GaN 形成具有高密度二维电子气的近晶格匹配异质结,这一特性在 GaN HEMT 技术中具有重要的应用价值。InAlN/GaN 异质结中,高质量的 InAlN 势垒层要求具有光滑但无 In 相析出和分离的表面、接近 17%的 In 组分以及和 GaN 基板之间良好的界面,只有这样才能获得优越的输运特性,为制备 HEMT 器件打下坚实的材料基础。

根据 PMOCVD 的原理,V 族源和 III 族源分时输运以相间隔交替的方式通入反应室,能够极大地避免与 Al 相关的预反应而增强 Al 原子的表面迁移,因而可以有效地降低 InAlN 薄膜的外延温度,避免 In 相的分离和解析,在 AlN 和 InN 各自矛盾的外延参数之间取得一定的平衡。由于能够灵活地调控和设计脉冲循环次数和脉冲长度,因此 PMOCVD 在 InAlN 材料的组分和厚度的控制方面也非常精确。

经过对外延生长温度、外延压强、V/III、Al/In 以及脉冲时间的一系列优化实验,我们首次报道了 PMOCVD 外延生长获得的高质量近晶格匹配 InAlN/GaN 异质结材料[20]。PMOCVD 外延 InAlN 材料的优化脉冲生长方式如图 7.10 所示，在微观上以淀积超薄 AlN/InN 超晶格的方式生长 InAlN。MO 源和 NH_3 以相间隔交替的方式通入反应室，并且 NH_3 脉冲在 MO 源脉冲之后。根据图 7.11 可估计出 InAlN 的 In 组分约为 17%，材料 AFM 显微表面光滑，有明显的原子台阶流，没有大的小丘和凸起等缺陷，如图 7.12 所示。通过进一步优化 InAlN/GaN 界面 AlN 插入层的厚度和生长条件，获得了室温霍尔迁移率为 1402 $cm^2/(V \cdot s)$，方块电阻为 231 Ω/sq，两英寸外延片的方块电阻不均匀性为 1.22% 的 InAlN/GaN 异质结材料，如图 7.13 和图 7.14 所示。

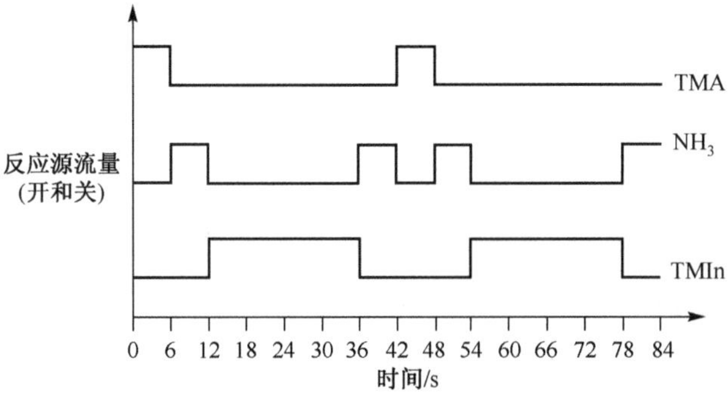

图 7.10　脉冲 MOCVD 法生长 InAlN 的脉冲生长序列[20]

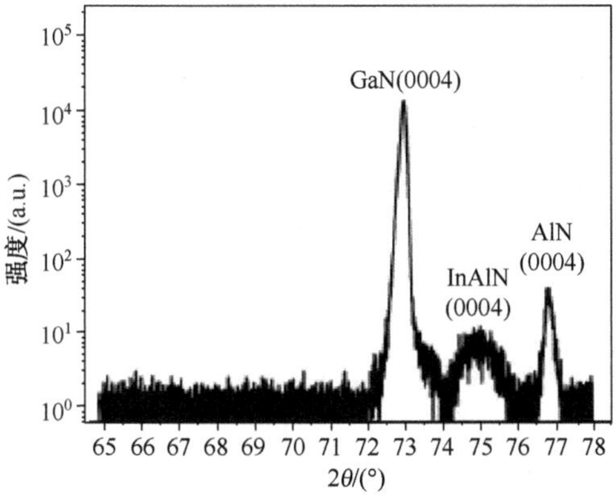

图 7.11　InAlN/GaN 异质结的 HRXRD (0004)面的扫描结果，In 组分约为 17%

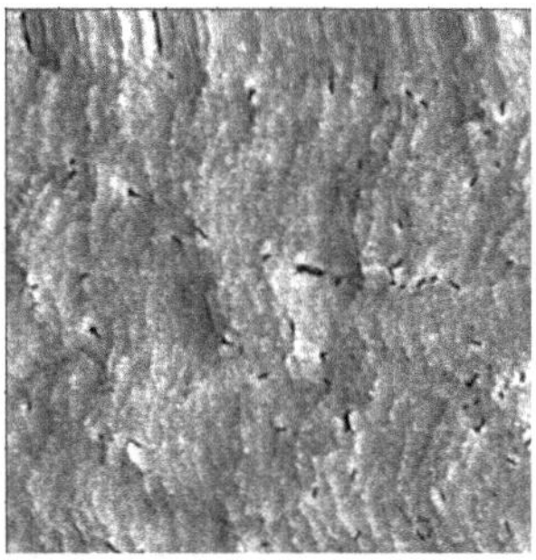

图 7.12　InAlN/GaN 异质结的 2 μm× 2 μm AFM 表面形貌图，均方根粗糙度为 0.257 nm

在用 PMOCVD 外延获得高质量 InAlN/GaN 异质结的实验中，InAlN 外延生长的温度、压强以及脉冲序列的组合和设计对 InAlN 材料的表面形貌和 In 组分有明显的影响。这种影响直接转嫁到 InAlN/GaN 异质结的输运特性上。下面主要对这些外延参数的影响进行表述。生长参数的优化实验中直接制备了结构参数符合

HEMT 器件要求的 InAlN/GaN 异质结材料，把 InAlN 材料和异质结两者结合起来进行优化。

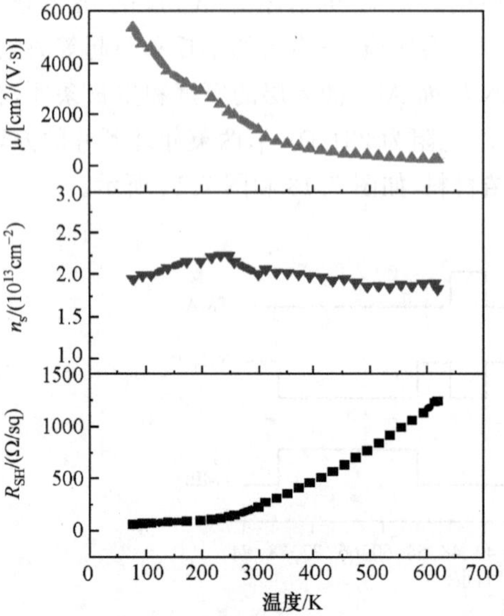

图 7.13　InAlN/GaN 异质结的电学特性

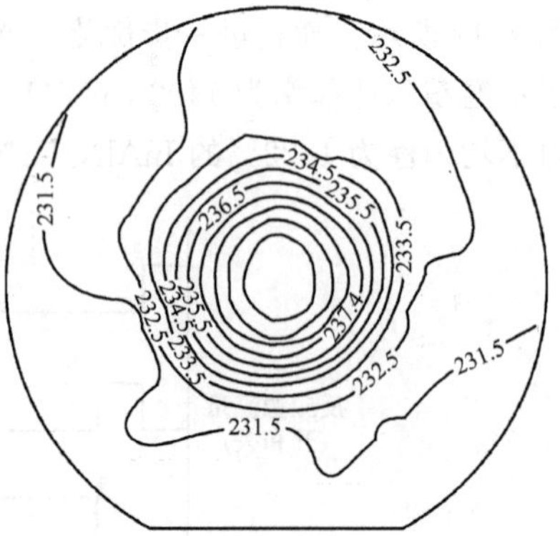

图 7.14　两英寸 InAlN/GaN 异质结外延片的方阻分布图

7.4.1　外延生长压强对 InAlN/GaN 的性能影响

外延压强作为 PMOCVD 外延生长 InAlN 最重要的条件参数，是 AlN 所需低生长压强和 InN 所需高生长压强的折中，主要影响 In 的结合效率。按照如图 7.10 所示的脉冲生长方式，在 720 ℃的生长温度下，外延压强每隔 50 Torr 从 100 Torr 增加

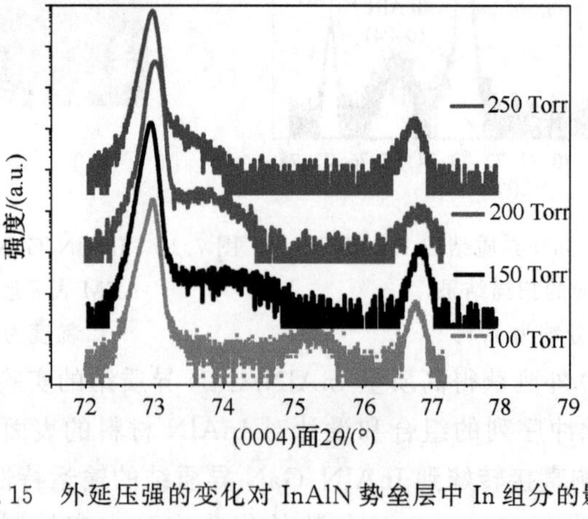

图 7.15　外延压强的变化对 InAlN 势垒层中 In 组分的影响

到 250 Torr 进行生长实验。从图 7.15 可以明显地看出，压强的增加非常有利于 In 的结合。同时在高压条件下外延得到的 InAlN 薄膜表面形貌大大改善，如图 7.16 所示，原子台阶更加清晰，V 形坑状缺陷密度大大减小。不仅如此，如图 7.17 所示，在 InAlN/GaN 异质结的 *C-V* 特性中，高生长压强样品与二维电子气沟道下 GaN 耗尽区对应的电容下降沿十分陡峭，而低生长压强样品的电容下降沿出现明显的缓变形状。这种现象的出现说明，低生长压强样品中大量 V 形缺陷引起显著的肖特基漏电。

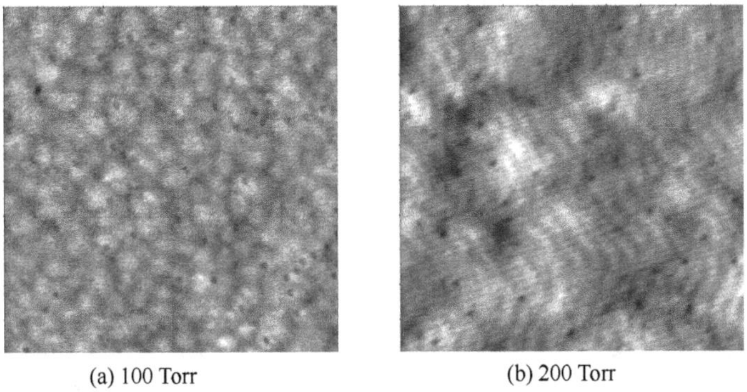

图 7.16　外延的 InAlN/GaN 异质结的 2 μm×2 μm 表面 AFM 显微形貌

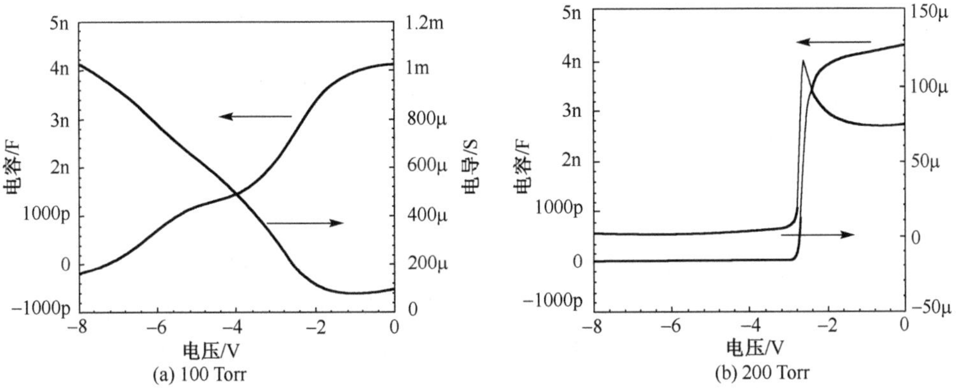

图 7.17　InAlN/GaN 异质结的 *C-V* 和 *G-V* 特性

7.4.2　In 源脉冲时间对 InAlN/GaN 的性能影响

在用 PMOCVD 外延生长 InAlN 材料时，MO 源脉冲和 NH_3 脉冲的不同组合影响着薄膜的表面形貌、结晶质量和组分。为了实验程序控制的简单，在设计上避免脉冲之间的叠加，而主要变化 In 源即 TMIn 的脉冲宽度，同时保持其他脉冲宽度不变。这样的设计主要是为了掌握 InAlN 薄膜中 In 组分与 TMIn 脉冲宽度的关系。取

TMIn 的脉冲宽度分别为 0.1 min、0.2 min、0.3 min、0.4 min 进行实验，所生长 InAlN/GaN 材料的表征结果如图 7.18 和图 7.19 所示。

图 7.18 所示 XRD 2θ-ω 曲线中，随着 TMIn 脉冲宽度的增加，InAlN 的 XRD 衍射峰位明显地向 GaN 峰靠近，并且强度也增大。这意味着 TMIn 的脉冲宽度可以有效地调节薄膜中 In 的含量，当 TMIn 的脉冲宽度由 0.1 min 增加到 0.4 min 时，In 组分从 7.2%增加到 19.1%。这种变化还使得 InAlN 势垒层的表面形貌、厚度和结晶质量也相应地发生变化，带来的直接影响是 InAlN/GaN 异质结的 2DEG 电学特性的变化，如图 7.19 所示。在 TMIn 脉冲宽度为 0.3 min 时，2DEG 迁移率达到 1506 $cm^2/(V\cdot s)$，2 μm× 2 μm 面积 AFM 表面均方根粗糙度为 0.24 nm。

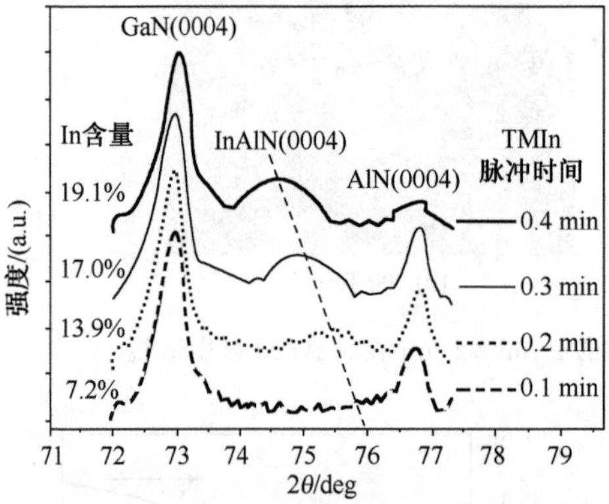

图 7.18 不同 TMIn 脉冲宽度外延的 InAlN/GaN 的 XRD 2θ-ω 扫描曲线

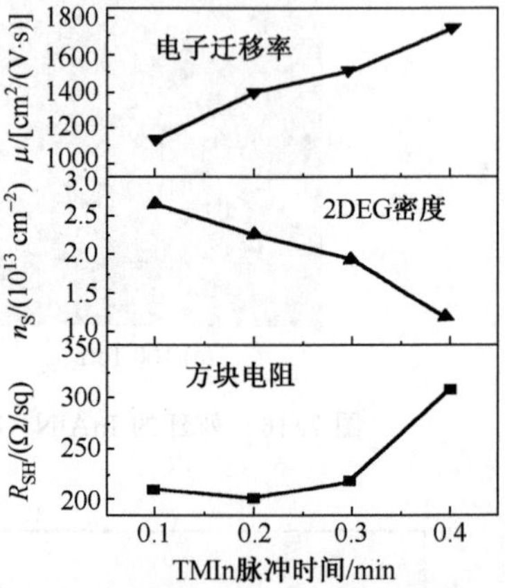

图 7.19 TMIn 脉冲宽度对 InAlN/GaN 异质结的室温霍尔特性的影响

7.4.3 外延生长温度对 InAlN/GaN 的性能影响

PMOCVD 外延生长 InAlN 时，将生长温度从 680 ℃变化到 760 ℃，每 20 ℃变化一次，得到 5 个 InAlN/GaN 异质结样品，其表征结果如图 7.20～图 7.24 所示。

图 7.20 是不同温度下外延获得的 InAlN/GaN 异质结的(004)面的 XRD 2θ-ω 扫描曲线。随着温度的升高，InAlN 峰逐渐向 AlN 靠近，说明 InAlN 势垒层中的 In 组分降低。在温度从 650 ℃升高到 730 ℃时，In 组分近似线性地从 20.5%下降到 13.5%(如图 7.21 所示)，并且在 720 ℃的温度下获得了 17%的结晶晶格匹配的组分。这种 In 组分随着温度的变化趋势与常规 MOCVD 法外延的变化趋势一致。

生长温度的变化不仅影响 In 组分，还对 InAlN 势垒层的表面形貌有影响。可以从图 7.22 的 2 μm×2 μm AFM 扫描结果中明显地看出，在晶格匹配的条件下获得了具有原子台阶的光滑表面。而在低温情况下，出现坑状缺陷，同样在过高的温度下，也出现 V 形坑缺陷，只是密度较少而已。这种形貌的出现主要与 InAlN 和 GaN

之间的晶格失配有关，其晶格失配越大，表面出现的缺陷越多。如图 7.21 所示，InAlN表面的均方根粗糙度随着温度升高而降低，这得益于温度的升高使得薄膜表面的吸附原子的表面迁移速率增大，表面吸附原子就能够更好地找到结合的格点。在 720℃以上的温度时，表面粗糙度下降不再明显。

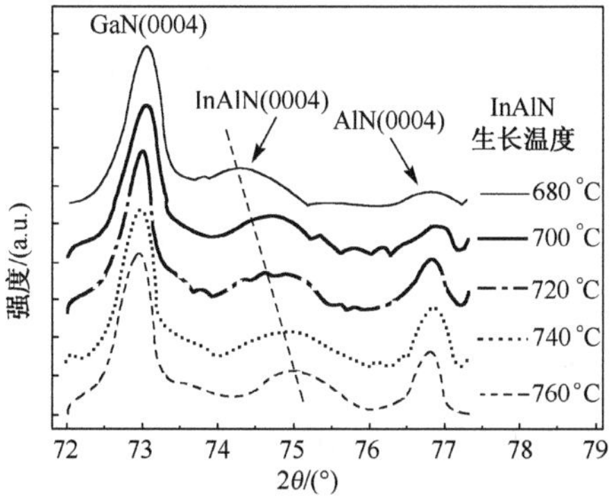

图 7.20　不同温度条件下外延生长的 InAlN/GaN 异质结的 XRD 2θ-ω 曲线

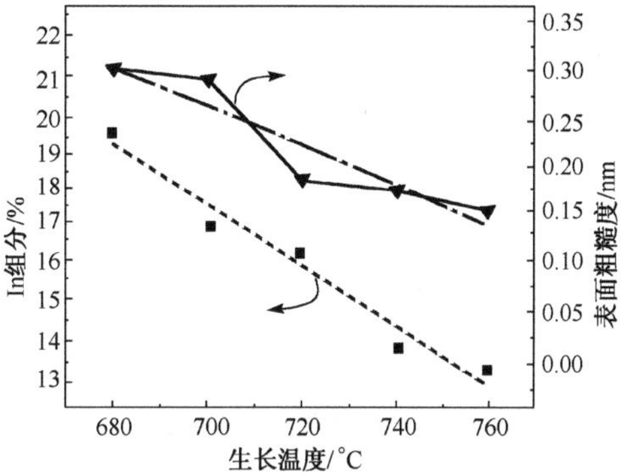

图 7.21　温度对 InAlN 势垒层 In 组分和表面粗糙度的影响(虚线为拟合结果)

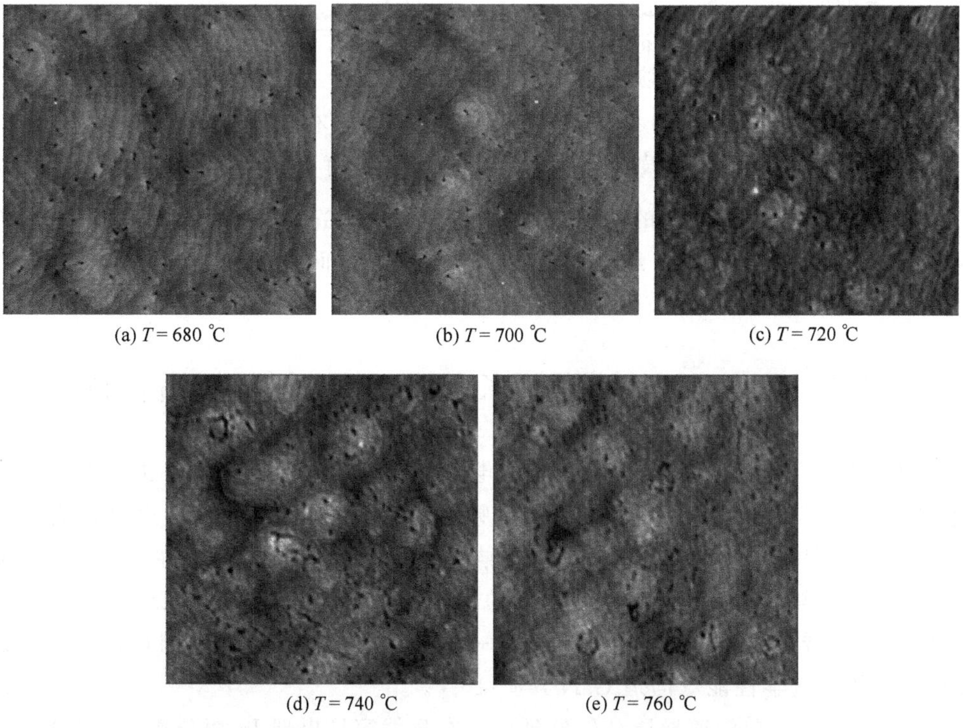

(a) T = 680 ℃　(b) T = 700 ℃　(c) T = 720 ℃　(d) T = 740 ℃　(e) T = 760 ℃

图 7.22　不同温度 T 下外延的 InAlN 势垒层的 2 μm×2 μm AFM 表面形貌

图 7.23 和图 7.24 分别给出了不同温度下外延获得的 InAlN/GaN 异质结的室温霍尔特性和 *C-V* 的测试结果。可以看到，随着温度的升高，变化最为突出的是 2DEG 的迁移率，从 385 $cm^2/(V \cdot s)$增加到 1587 $cm^2/(V \cdot s)$，而面密度的变化不明显，仅在高温下略微下降，这主要是过高的 Al 组分引起的部分应变弛豫。整体上材料方块电阻下降，在 720～760 ℃的生长温度下可获得低于 250 Ω/sq 的方块电阻。*C-V* 曲线显示，低温获得的 InAlN/GaN 异质结有肖特基漏电，这与表面形成的太多坑状缺陷有关。

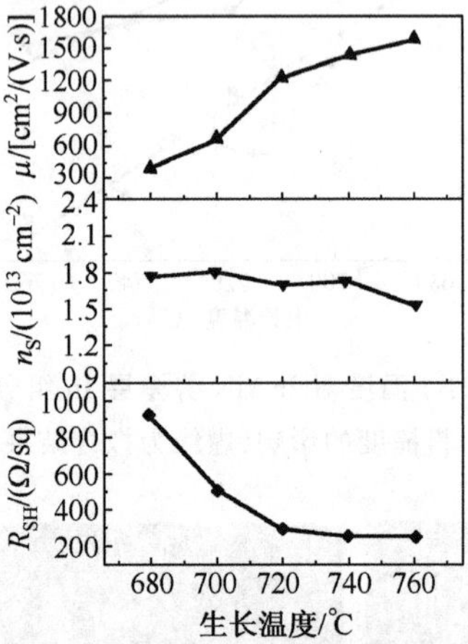

图 7.23　不同温度下外延的 InAlN/GaN 异质结的室温霍尔特性

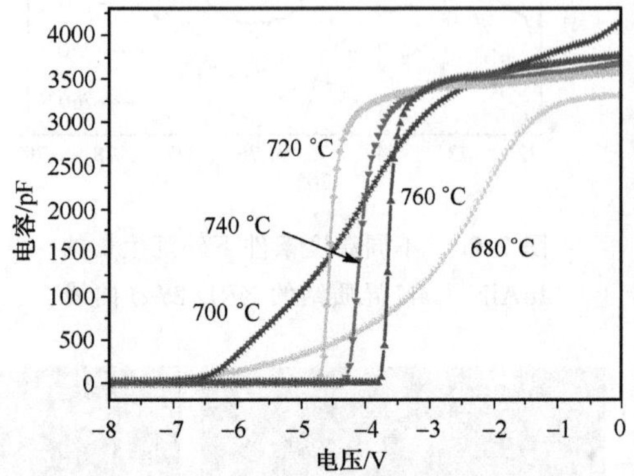

图 7.24　不同温度下外延的 InAlN/GaN 异质结的 *C-V* 特性曲线

总之，为了得到高质量的结晶晶格匹配的 InAlN/GaN 异质结材料，生长条件的选择必须适当，还要兼顾 In 组分和表面形貌，这两者之间通常存在着折中。同时，以迁移率为主的材料电学性质也是重要的指标。

7.5　PMOCVD 方法生长 InAlN/GaN 双沟道材料

为了进一步降低异质结材料的方块电阻，从而减小 HEMT 器件工作时的导通电阻 R_{on}，提高器件的线性度和最大工作频率，我们提出了采用双沟道材料成倍增加 2DEG 密度的方法，同时可以使异质结材料的方块电阻减半。在 PMOCVD 生长高质量单沟道 InAlN/GaN 异质结的基础上，可实现 PMOCVD 生长双沟道 InAlN/GaN 异质结。图 7.25 所示为第一个完全采用 InAlN 势垒层（含 AlN 界面插入层）的高电学性能双沟道 GaN 异质结[21]。

InAlN/GaN 单沟道异质结的外延生长本身就容易出现 In 相分离、In 组分在生长方向和生长面内分布不均匀的问题，双沟道 InAlN/GaN 异质结的生长则更有挑战性。这是因为，在双沟道异质结生长时，需要在较低温生长的底层 InAlN 势垒层之上接着高温生长 GaN 沟道层。GaN 沟道层的高温生长条件会引起底层 InAlN 势垒层质量的恶化，造成 In 组分的解析和表面的粗化，以及 2DEG 沟道质量的下降和异质结材料电学特性的退化。因此，在 PMOCVD 生长 InAlN 的基础上，必须采用创新的双沟道材料生长方法。

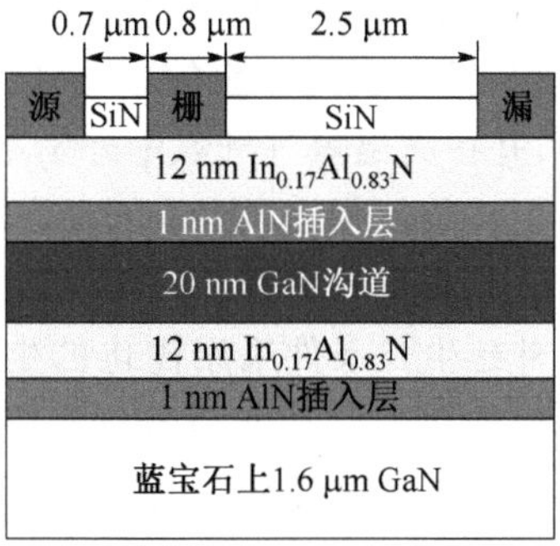

图 7.25　双沟道 InAlN/GaN HEMT 结构

如图 7.26 所示，和常规 GaN 体材料的外延生长采用高温氢气（H_2）不同，在 InAlN/GaN/InAlN/GaN 异质结的顶部 20 nm GaN 沟道生长时，采用低温氮气（N_2）和高温氢气两种气氛相结合的生长方法。首先，在底层 12 nm InAlN 势垒层材料外延生长结束之后，不是立即从氮气气氛转换为氢气气氛并升高温度到常规 GaN 体材料的生长温度，而是继续在氮气和 InAlN 势垒层外延的低温气氛中，生长 2 nm 左右的 GaN 空间保护层。此薄层材料能有效地保护

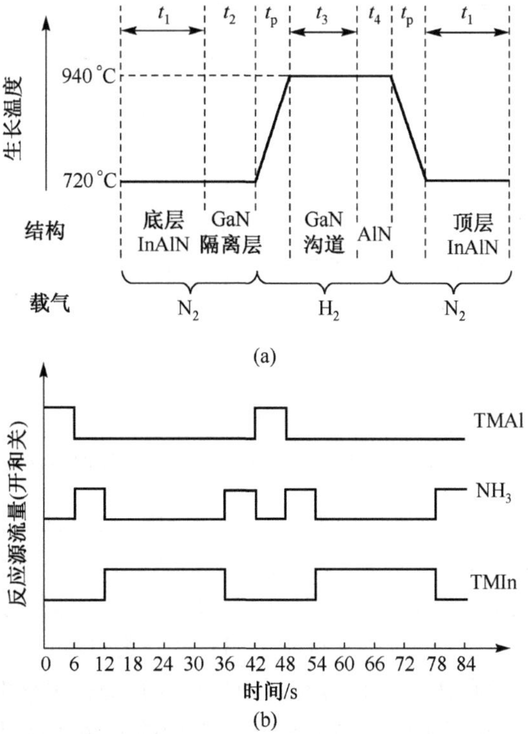

图 7.26　InAlN/GaN 双沟道异质结的 PMOCVD 外延生长示意图

底层 InAlN 势垒层材料,使其避免后续的 GaN 沟道高温生长过程对其造成大的退火影响,发生表面形貌的恶化和 In 相的重新分布与聚集。之后,在氢气气氛中升高温度,并在高温氢气气氛中外延 18 nm 厚的 GaN 沟道层。和常规的 GaN 体材料的外延生长条件相比,这一 GaN 沟道层的外延生长具有比较低的生长速率,以期得到高的结晶质量和平滑的表面,有效地提高 2DEG 的迁移率。而上下两层 InAlN 势垒层的外延生长条件采用优化的生长参数,仍旧采用 PMOCVD 法外延生长,其中 In 组分保持在 17%附近以接近晶格匹配的条件。

采用上述的外延生长方法所获得的 InAlN/GaN/InAlN/GaN 材料的室温霍尔电子密度高达 $2.55\times10^{13}\ cm^{-2}$(如图 7.27 所示),接近常规的 AlGaN/GaN 异质结所能达到的 2DEG 面密度的两倍,实现了预期的提高 2DEG 面密度来有效降低方块电阻的目的。同时 InAlN/GaN 双沟道材料的霍尔迁移率高达 $1414\ cm^2/(V\cdot s)$,方块电阻低达 172 Ω/sq,接近于报道过的超薄纯二元 AlN/GaN 异质结的方块电阻(170 Ω/sq)。同时,双沟道异质结的表面形貌(如图 7.27 内插图所示)接近于 PMOCVD 生长的 InAlN/GaN 单沟道异质结,没有因为多层不同材料在不同外延生长气氛中的叠加生长而引起表面形貌的粗糙不平和退化。在 2 μm×2 μm 的原子力显微镜的扫描面积下,表面粗糙度仅为 0.2 nm。

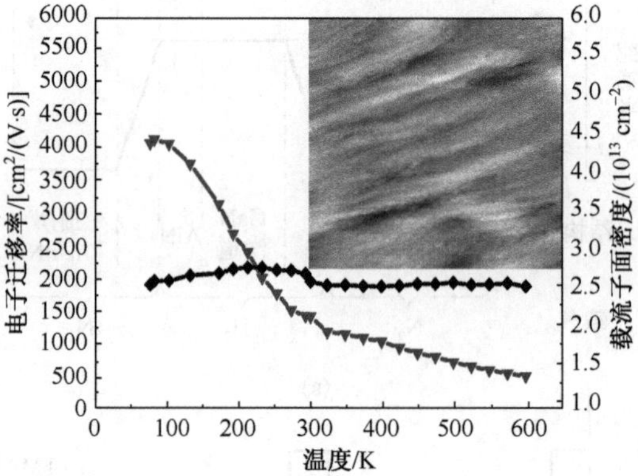

图 7.27 InAlN/GaN 双沟道异质结的变温霍尔特性,内插图为材料 AFM 表面形貌

在 HRXRD 倒易空间图谱(如图 7.28 所示)中,上下两层 InAlN 势垒层以及 GaN 沟道层和 GaN 基板材料的最大衍射强度完全处在同一横坐标上,表明外延的 InAlN 势垒层处在完全应变状态,没有发生部分应变弛豫和相分离等现象。材料的 *C-V* 测试结果(如图 7.29 所示)充分验证了 2DEG 双沟道特性的存在,其界面陡峭突变,2DEG 分布集中,没有在 InAlN 势垒层中形成并行的寄生导电沟道。

总之,基于创新的低温氮气和高温氢气相结合的 GaN 沟道外延生长方法,结合 InAlN 势垒层的 PMOCVD 外延方法,可以获得高质量的 InAlN/GaN/InAlN/GaN

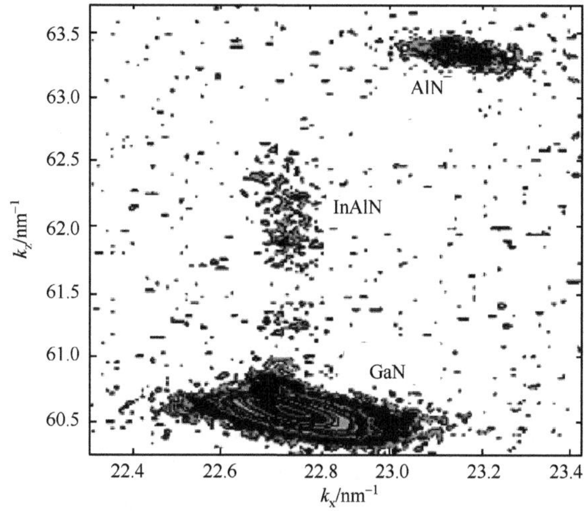

图 7.28　InAlN/GaN/InAlN/GaN 双沟道异质结的(105)面倒易空间图谱

异质结材料。这种新方法可以应用于氮化物材料的多层异质结光电器件如分布式布拉格反射镜(DBR)的外延生长。

值得一提的是，根据图 7.1 近匹配氮化物异质结材料的基本原理，我们可以进一步开展如图 7.30 所示的另外两方面的研究，一方面是从 $In_{0.17}Al_{0.83}N$/GaN 匹配点向左，实现晶格匹配的 $Al_xIn_{1-x}N/Al_xGa_{1-x}N$/GaN结构(图 7.30 中的 A 点)，该结构的优点是 $Al_xIn_{1-x}N$ 有更宽的禁带宽度，能够实现高击穿电压和高温的 HEMT 器件；另一方面是从 $In_{0.17}Al_{0.83}N$/GaN 匹配点向右，实现晶格匹配的 $In_xAl_{1-x}N/In_xGa_{1-x}N$/GaN 结构(图 7.30 中的 B 点)，该结构的优点是 $In_xGa_{1-x}N$ 沟道层有高的电子迁移率[InN 的电子迁移率达到 5000 $cm^2/(V\cdot s)$]，可以实现速度和频率更高的 HEMT 器件。无论是哪种材料结构，PMOCVD 都是一种实现高质量材料生长的好方法。

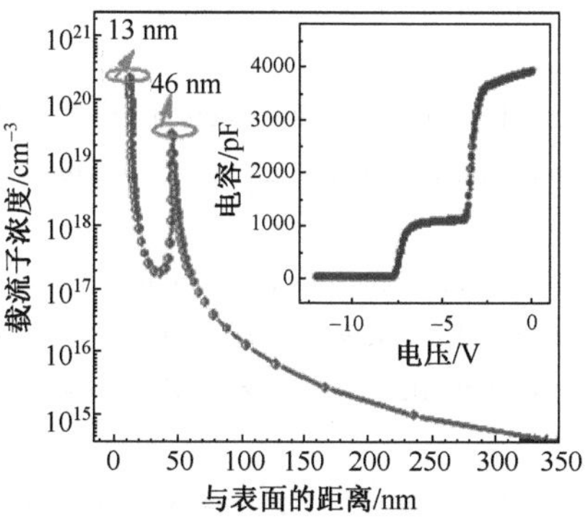

图 7.29　InAlN/GaN 双沟道异质结 *C-V* 载流子剖面图，内插图为 *C-V* 特性

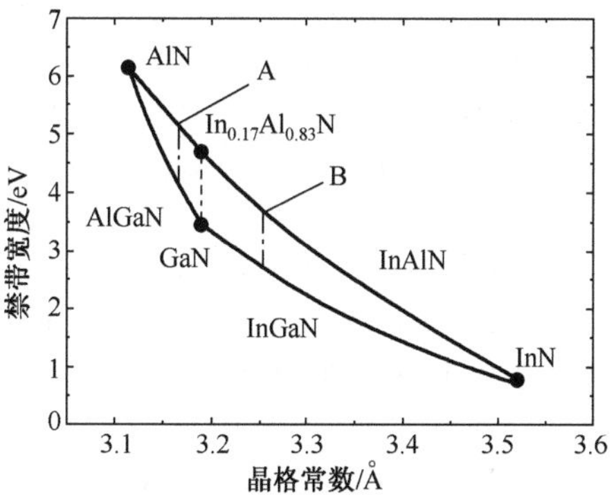

图 7.30　氮化物材料的匹配结构示意图

参考文献

[1] GONSCHOREK M, CARLIN J F, FELTIN E, et al. High electron mobility lattice-matched AlInN/GaN field-effect transistor heterostructures [J]. Applied Physics Letters, 2006, 89(6): 62106(3 pp.).

[2] JEGANATHAN K, SHIMIZU M, OKUMURA H, et al. Lattice-matched InAlN/GaN two-dimensional electron gas with high mobility and sheet carrier density by plasma-assisted molecular beam epitaxy[J]. Journal of Crystal Growth, 2007, 304(2): 342-345.

[3] KATZ O, MISTELE D, MEYLER B, et al. InAlN/GaN heterostructure field-effect transistor DC and small-signal characteristics[J]. Electronics Letters, 2004, 40(20): 1304-1305.

[4] GAQUIERE C, MEDJDOUB F, CARLIN J F, et al. AlInN/GaN a suitable HEMT device for extremely high power high frequency applications[C]. 2007 International Microwave Symposium, June 3-8, 2007. Piscataway NJ, USA: IEEE, 2007.

[5] DONG SEUP L, BIN L, AZIZE M, et al. Impact of GaN channel scaling in InAlN/GaN HEMTs[C]. 2011 IEEE International Electron Devices Meeting, December 5-7, 2011. Piscataway NJ, USA: IEEE, 2011.

[6] YUANZHENG Y, ZONGYANG H, JIA G, et al. InAlN/AlN/GaN HEMTs with regrown ohmic contacts and f_T of 370 GHz[J]. IEEE Electron Device Letters, 2012, 33(7): 988-990.

[7] MEDJDOUB F, CARLIN J F, GONSCHOREK M, et al. Can InAlN/GaN be an alternative to high power / high temperature AlGaN/GaN devices[C]? 2006 International Electron Devices Meeting, December 10-13, 2006. San Francisco, USA: Institute of Electrical and Electronics Engineers Inc., 2006.

[8] GADANECZ A, BLASING J, DADGAR A, et al. Thermal stability of metal organic vapor phase epitaxy grown AlInN[J]. Applied Physics Letters, 2007, 90(22): 221906(3 pp.).

[9] MIAO Z L, YU T J, XU F J, et al. Strain effects on InxAl1-xN crystalline quality grown on GaN templates by metalorganic chemical vapor deposition[J]. Journal of Applied Physics, 2010, 107(4): 043515 (5 pp.).

[10] MIAO Z L, YU T J, XU F J, et al. The origin and evolution of V-defects in $In_xAl_{1-x}N$ epilayers grown by metalorganic chemical vapor deposition[J]. Applied Physics Letters, 2009, 95(23): 231909 (3 pp.).

[11] XIE J, NI X, WU M, et al. High electron mobility in nearly lattice-matched AlInN/AlN/GaN heterostructure field effect transistors[J]. Applied Physics Letters, 2007, 91(13): 1-3.

[12] 张金风，薛军帅，郝跃，等. 高电子迁移率晶格匹配 InAlN/GaN 材料研究[J]. 物理学报，2011，60(11)：611-616.

[13] MIAO Z L, TANG N, XU F J, et al. Magnetotransport properties of lattice-matched $In_{0.18}Al_{0.82}N$/AlN/GaN heterostructures[J]. Journal of Applied Physics, 2011, 109(1): 016102 (3 pp.).

[14] 王平亚，张金风，郝跃，等. 晶格匹配 InAlN/GaN 和 InAlN/AlN/GaN 材料二维电子气输运

特性研究[J]. 物理学报，2011，60(11)：605-610.

[15] 周小伟. 高 Al 组分 AlGaN/GaN 半导体材料的生长方法研究[D]. 西安：西安电子科技大学，2010.

[16] KIM M，OHTA J，KOBAYASHI A，et al. Low-temperature growth of high quality AlN films on carbon face 6H-SiC[J]. Physica Status Solidi Rapid Research Letters，2008，2(1)：13-15.

[17] ERIGUCHI K I，HIRATSUKA T，MURAKAMI H，et al. High-temperature growth of thick AlN layers on sapphire (0001) substrates by solid source halide vapor-phase epitaxy[J]. Journal of Crystal Growth，2008，310(17)：4016-4019.

[18] HIRAYAMA H，FUJIKAWA S，NOGUCHI N，et al. 222～282 nm AlGaN and InAlGaN-based deep-UV LEDs fabricated on high-quality AlN on sapphire[J]. Physica Status Solidi (A)：Applications and Materials Science，2009，206(6)：1176-1182.

[19] BANAL R G，FUNATO M，KAWAKAMI Y. Growth characteristics of AlN on sapphire substrates by modified migration-enhanced epitaxy [J]. Journal of Crystal Growth，2009，311(10)：2834-2836.

[20] XUE J，HAO Y，ZHOU X，et al. High quality InAlN/GaN heterostructures grown on sapphire by pulsed metal organic chemical vapor deposition[J]. Journal of Crystal Growth，2011，314(1)：359-364.

[21] XUE J S，ZHANG J C，HAO Y，et al. Fabrication and characterization of InAlN/GaN-based double-channel high electron mobility transistors for electronic applications[J]. Journal of Applied Physics，2012，111(11)：114513 (5 pp.).

第8章 III族氮化物电子材料的缺陷和物性分析

III族氮化物材料通常以外延薄膜材料形式存在，而且大多数是异质外延的薄膜。这些薄膜材料存在各类晶格缺陷。材料的物性和材料的缺陷、极性以及应力等密切相关。本章将对III族氮化物电子材料的位错和点缺陷以及与之相关的物性进行分析。

8.1 腐蚀法分析GaN位错类型和密度

湿法选择性腐蚀对有缺陷的表面的应变区或化学不均匀性，如位错、杂质条纹等，有很强的腐蚀作用。由于材料表面存在缺陷的地方和无缺陷的地方的腐蚀速度不同，腐蚀法可以将缺陷缀饰出来。因而，湿法腐蚀以其低成本和简单的实验工序被广泛地用于半导体单晶材料的缺陷表征。目前，Si和GaAs单晶片的工业化质量检测均采用湿法腐蚀。其技术关键有：

(1)找到腐蚀坑与缺陷的对应关系以确定缺陷类型；

(2)找到最优的腐蚀条件，使所有种类的缺陷尽可能多地显露；

(3)准确地进行显微观测。

将腐蚀法应用于GaN必须考虑GaN的极性问题。极性GaN材料通常为Ga面极性，在原子排列上是Ga原子在{0001}双层原子面结构的顶端；若N原子在{0001}双层原子面的顶端则称为N面极性。由于N极性表面悬挂键密度是Ga极性表面的3倍，N面GaN的化学性质更活泼。N极性面的GaN在碱性溶液中很容易被腐蚀，实现表面抛光甚至剥离。而对于Ga极性面的GaN，用普通酸性或碱性溶液即使在加热状态下也很难将其腐蚀，只有在熔融的KOH或热的浓磷酸中才会在位错表面露头处被选择性腐蚀，而其他区域保持完好无损。

湿法腐蚀用于GaN材料表征的早期研究中，由于对腐蚀坑形成机制并未做深入探究，腐蚀坑与缺陷的对应关系问题没有得到很好的解决。我们对腐蚀法表征GaN位错类型和密度作了系统的实验分析[1-3]，发现不同极性面的化学性质的差异在腐蚀坑形成过程中具有关键性的作用。

8.1.1 腐蚀坑形状与位错类型的对应关系

采用熔融的KOH以适当的温度和时间腐蚀GaN材料，并以扫描电子显微镜(SEM)观察腐蚀后的表面形貌图(如图8.1所示)，能够发现有3种形状的腐蚀坑，

可分别称为 α 型、β 型、γ 型腐蚀坑。根据二次电子形貌衬度原理，最亮的部分表示陡坡，灰色部分表示平面或缓坡，黑心说明存在一个洞或存在一个其中的二次电子不能被收集的凹槽。因此，α 型腐蚀坑可能是一个被截去头的倒六棱锥，β 型是一个尖底的倒六棱锥，而 γ 型的腐蚀坑的形状根据进一步 AFM 的测试发现其纵剖面的直线轮廓是三角形和梯形的结合，是 α 型和 β 型坑结合的结果。

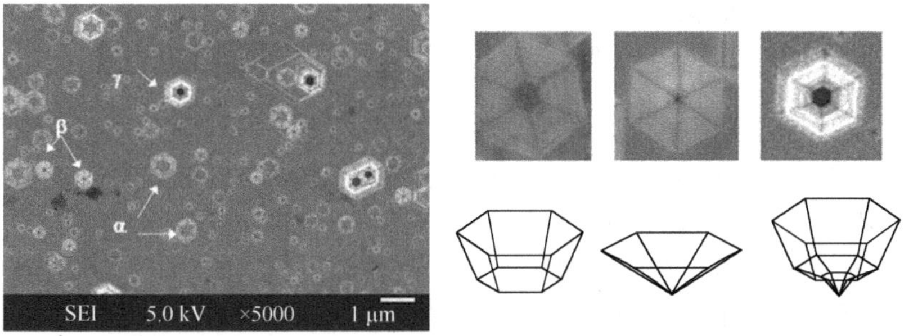

(a)被KOH腐蚀的GaN表面的典型SEM图片　(b) α型　(c) β型　(d) γ型

图 8.1　被 KOH 腐蚀的 GaN 表面的典型 SEM 图片和 α 型、β 型、γ 型腐蚀坑及其三维图示

上述 3 种类型腐蚀坑的形成机制与极性有密切的关系。α 型腐蚀坑对应纯螺位错。螺位错在表面露头处会形成一个螺旋阶梯（如图 8.2 所示），与表面自然的台阶结构相连。这一阶梯很容易被 KOH 侵蚀令位错坑变大，但在台阶底部会留下一个小平面。这个小面应呈 Ga 面极性，若呈 N 面极性则其化学活性将使得腐蚀继续向下进行。一旦这一小平面形成，Ga 面的化学稳定性将阻止竖直方向的进一步腐蚀，而横向的腐蚀速度保持不变，令这一小面最后变成一个较大的平面而被观察到，这样就形成了 α 型腐蚀坑。β 型腐蚀坑代表纯刃位错。如图 8.3(a)所示的俯视图，“×”代表了刃位错线。因为这条线上每一个原子都有一个悬挂键，它们很容易被腐蚀，因此沿竖直的位错线方向腐蚀不断进行，形成截面为倒三角形的 β 型腐蚀坑。γ 型坑的形状是 α 型和 β 型的结合，它所对应的位错应兼有螺型分量和刃型分量，因此是混合型位错。

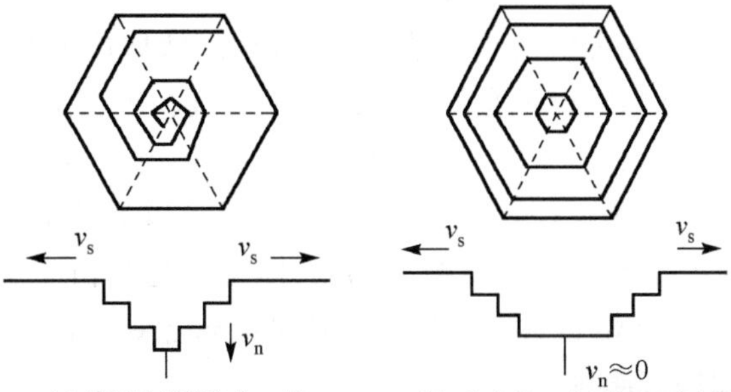

(a) 腐蚀初期形成一些螺旋上升的阶梯　(b) 形成的Ga极性小面以阻止进一步竖直方向的腐蚀

图 8.2　纯螺位错腐蚀过程示意图

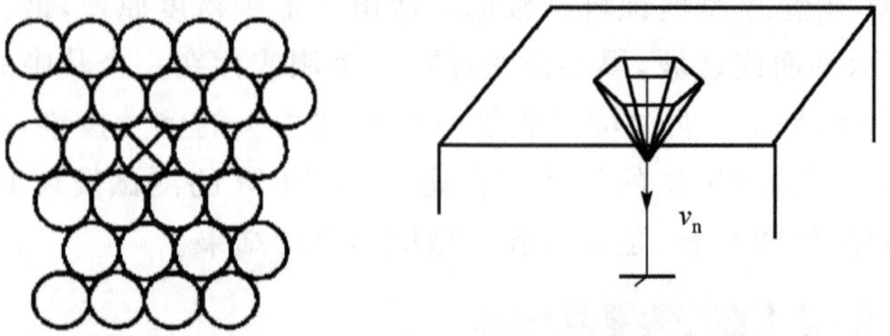

(a) 纯刃位错的俯视图　　(b) 腐蚀易于沿竖直的位错线方向进行

图 8.3　纯刃位错腐蚀过程示意图

对上述推论最有力的证据是 TEM 图片。根据 TEM 衍射对比度原理中位错的消像准则，螺位错和混合位错在 $\boldsymbol{g}=[0002]$ 时可见，刃位错和混合位错在 $\boldsymbol{g}=[11\bar{2}0]$ 时可见，其他如 $\boldsymbol{g}=[10\bar{1}1]$ 等衍射矢量可显示所有类型的位错。如图 8.4 所示，位错顶部的腐蚀坑截面形状和位错类型的一一对应关系与上述推论相符，证明了 Ga 极性面的化学稳定性对不同类型的位错坑的形成发挥着重要作用。

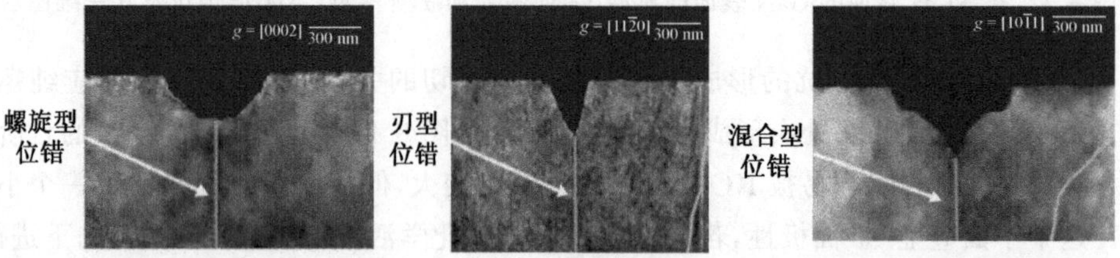

(a) α型　　(b) β型　　(c) γ型

图 8.4　3 种腐蚀坑的横截面 TEM 图片，图中标出了相应的衍射矢量

8.1.2　湿法腐蚀准确估计不同类型位错的密度

确定了腐蚀坑与位错类型的对应关系后，就可通过优化腐蚀条件，对 GaN 内的位错密度进行检测。图 8.5 给出了不同腐蚀程度下的表面形貌，若腐蚀不彻底会低估位错密度，而太过腐蚀也可能造成腐蚀坑合并，从而低估位错密度。因此，在整个腐蚀过程中，应不断反复判断腐蚀是否达到最优的程度。事实上，最优的腐蚀条件是略过腐蚀，即腐蚀坑直径较大，紧密相连，个别出现合并，并且背景中不存在或存在极少隐约可见的小洞。这种条件使得低倍 SEM 观察时可以清楚地分辨出每个腐蚀坑的类型，同时，个别合并不会造成数量减少的估计，却能避免由于腐蚀不完全带来的漏估计。图 8.5(d)即属于略过腐蚀的情况。若腐蚀未达到最优程度，可继续在原有程度上增加腐蚀时间进行腐蚀。

腐蚀时间和温度对腐蚀表面的影响相同，延长的腐蚀时间或增加的腐蚀温度都可以增大腐蚀坑大小，并增加腐蚀坑密度直到所有的腐蚀坑都被显露出来。图 8.6

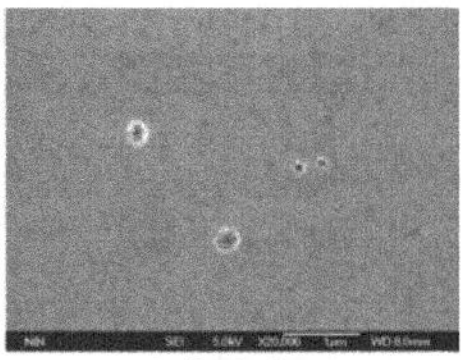

(a) 未腐蚀表面

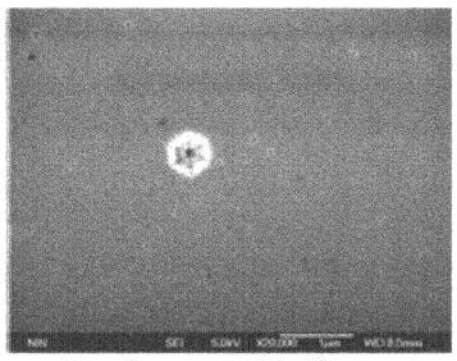

(b) 在210 °C熔融KOH中腐蚀了2.5 min

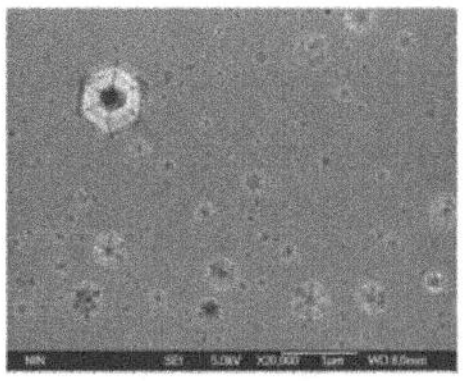

(c) 在210 °C熔融KOH中腐蚀了5 min

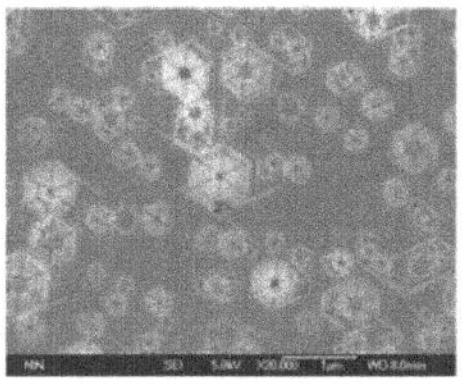

(d) 在235 °C熔融KOH中腐蚀了2.5 min

图 8.5　蓝宝石衬底 GaN 薄膜腐蚀形貌的 SEM 图片

是达到最大腐蚀坑密度所需的腐蚀时间和腐蚀温度的关系。高质量的样品需要更高的温度或更长的时间以显示所有的位错。

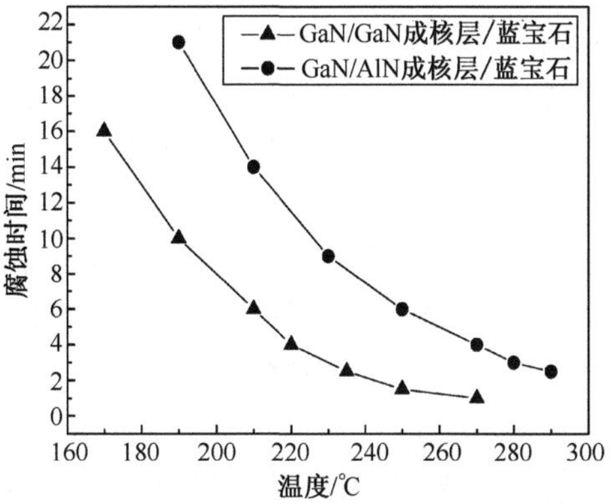

图 8.6　腐蚀坑密度达到最大时所需的温度与时间的关系

对图 8.6 的 GaN 样品测量(002)和(302)面的 XRD 摇摆曲线并以 Pseudo-Voigt 函数拟合(如图 8.7 所示)，得到的位错密度数据如表 8.1 所示，与根据腐蚀坑密度估计的位错密度一致，说明了湿法腐蚀准确估计不同类型位错密度的准确性。

表 8.1　两种典型样品的 3 种腐蚀坑密度(α 型、β 型和 γ 型)和由 XRD 实验得到的位错密度值

样　　品	腐蚀坑密度/cm^{-2}			XRD 确定的位错密度/cm^{-2}	
	α 型	β 型	γ 型	螺位错	刃位错
GaN/GaN/蓝宝石	4×10^7	5×10^8	5×10^6	4.36×10^7	4.98×10^8
GaN/AlN/蓝宝石	3×10^6	6×10^7	1×10^6	3.89×10^6	5.86×10^7

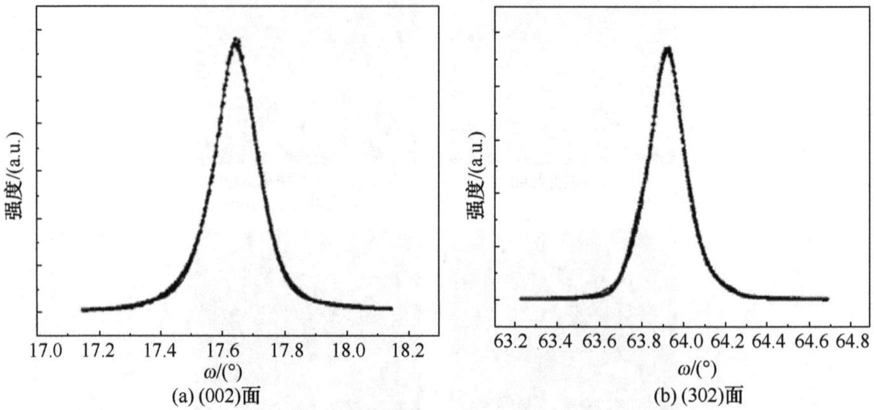

图 8.7　图 8.6 样品的(002)面和(302)面的摇摆曲线(散点)以及拟合曲线(实线)

8.1.3　腐蚀法分析 GaN 的其他类型缺陷——反向边界和小角晶界

对于极性 GaN 材料,两种极性面化学性质的差异可以表征反向边界。由于 N 极性表面悬挂键密度是 Ga 极性表面的 3 倍,表面为 N 面的区域很容易被氧化。在表面为 Ga 极性的 GaN 内,反向边界所围成的区域为 N 面极性,因此,该区域表面很快被腐蚀掉,腐蚀不断向深度进行,形成深洞;而 Ga 面极性区域则保持完好,仅在位错处被选择性腐蚀。图 8.8 所示是用湿法腐蚀显现出来的反向边界。图中大面积区域为被选择性腐蚀的 Ga 极性面,倒六棱锥型凹坑为上述位错的腐蚀坑。除了由位错形成的形状规则的腐蚀坑,图中还存在大量形状不规则的任意多边形腐蚀坑,中间全黑,根据扫描电镜的衬度原理,该区域为贯穿的深洞,出射的电子不能被探测器收集到,因而这种类型的腐蚀坑是由反向边界形成的。

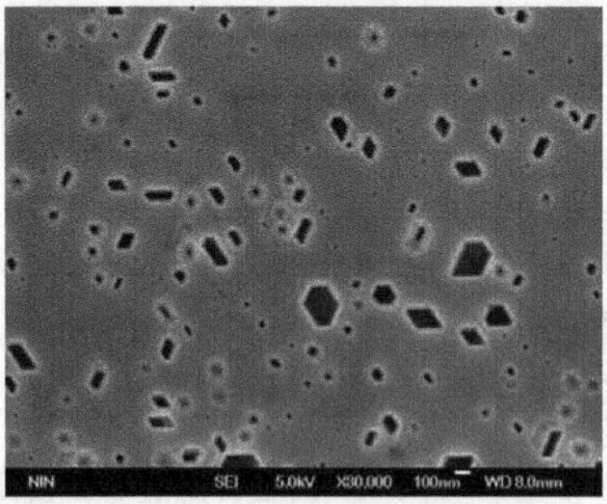

图 8.8　在熔融的 KOH 中腐蚀 1 min 后 GaN 表面形貌的 SEM 图片,不规则六边形腐蚀坑显示出了反向边界

具有微小取向差的柱状亚晶粒合并后形成的小角晶界是由大量穿透位错组成,因此可以从位错的表面腐蚀坑相连的情况观察到小角晶界的存在。图 8.9 所示为 GaN 腐蚀后的形貌图,位错位于晶粒边缘的小角晶界上,而晶粒内部无位错或很少位错出现,因而一连串位错的腐蚀坑勾画出晶粒的情况。图 8.10 是用平面 TEM 表征的小角位错,位错线在平面 TEM 像中显示为短线,这些位错的短线相互连接勾勒出小角晶界的轮廓。这与腐蚀法显示的小角晶界效果相同。

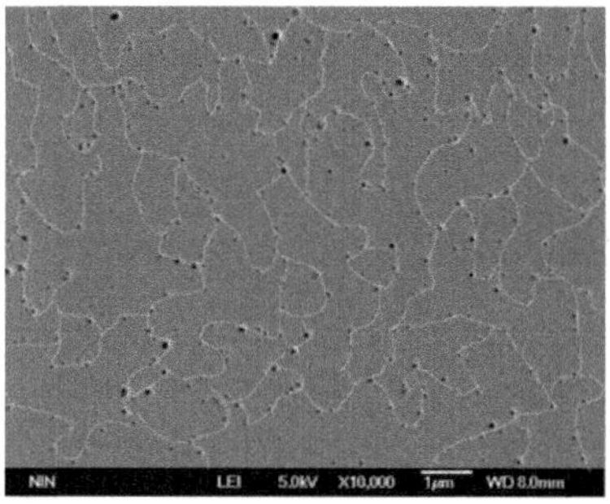

图 8.9　Ga 面 GaN 样品腐蚀后表面形貌的 SEM 背散射电子图

图中的黑点为实验中位错在表面露头处形成的腐蚀坑，白线将这些腐蚀坑连接起来，勾画出晶粒相连的情况

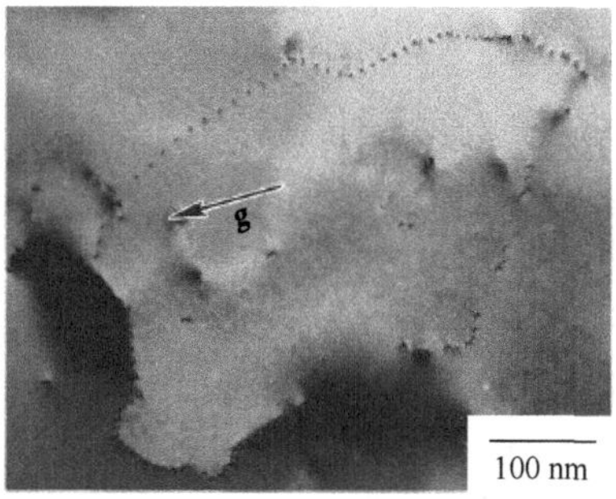

图 8.10　GaN 薄膜的平面 TEM 像 ($\boldsymbol{g}=[2\bar{1}\bar{1}0]$)

位错线在平面 TEM 像中显示为短线，它们相互连接勾勒出小角晶界的轮廓

8.2　不同极性面材料的腐蚀形貌和成因

从上一节中看到，Ga 极性面的化学稳定性对不同类型位错腐蚀坑的形成发挥着重要作用。在 N 极性面和非极性面材料中，腐蚀又会出现一些新的现象[4]。

8.2.1　N 面材料的腐蚀特性

N 面材料表面很容易制作低阻接触电极，同时它的光致发光(PL)谱中的黄带比 Ga 面材料弱得多，在光电子和微波功率器件领域都有非常大的应用潜力。N 面材料可以采用 MOCVD 方法来生长，所采用的成核层的生长条件和后期 GaN 的生长条件和 Ga 面材料完全相同，唯一不同的是在衬底的处理阶段，为了获得 N 面材料，必须要用更大流量的氨气和更长的时间对衬底进行氮化处理。

图 8.11(a)给出了 N 面 GaN 腐蚀之前的形貌图，这种形貌是 N 面 GaN 的典型形貌，表面由很多六方的晶粒组成。采取与 Ga 面材料相同的 KOH 腐蚀条件(Ga 面材料在该条件下腐蚀后仅出现表面腐蚀坑，并未过腐蚀，因此材料厚度没有变化)，腐蚀后 N 面 GaN 的形貌发生了极大的变化，如图 8.11(b)所示。看起来似乎由于 N 面化学性质的活泼性，已经腐蚀到了衬底表面，只剩下一些较小的成核晶粒。为了验证这一假想，对材料表面选取两个有代表性的点进行元素分析，点 1 选择在颗粒状材料表面，点 2 选择在没有颗粒状形貌的材料表面，测量结果如图 8.12 所示。可以看出，1 点的元素主要是 N 和 Ga，有少许的 Al，说明这个位置的晶粒是成核层的一部分；而 2 点的元素只有 Al 和 O，没有其他元素峰的出现，表明点 2 区域已经到了蓝宝石衬底的表面。因此，N 面 GaN 确实有非常快的腐蚀速率。

这种腐蚀速率的差异可以通过 Ga 面和 N 面材料的原子排列结构来解释。Ga

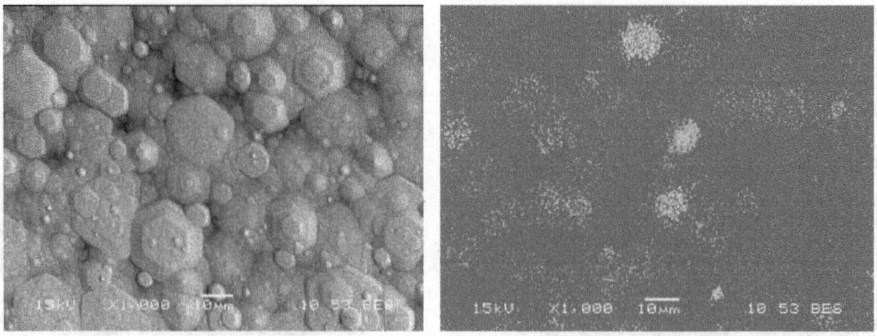

(a) 腐蚀前　　(b) 腐蚀后

图 8.11　N 面 GaN 腐蚀前和腐蚀后的形貌

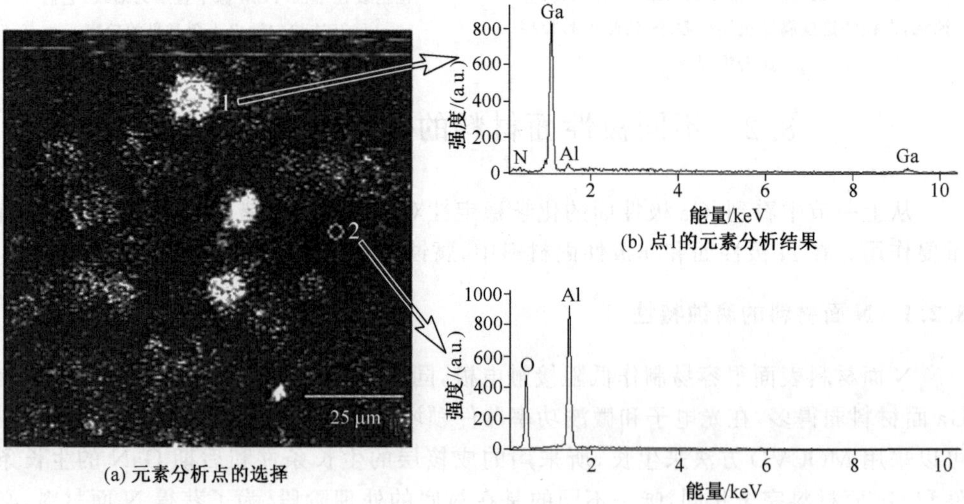

(a) 元素分析点的选择　　(b) 点1的元素分析结果　　(c) 点2的元素分析结果

图 8.12　元素分析结果

面材料的原子排列如图 8.13 所示，它的每一层都是相同种类的原子，或者是 Ga 或者是 N，同时 N 的最外层有 3 个悬挂键，这对 OH^- 有着非常大的排斥作用，所以 OH^- 很难使 N 原子下面的 N—Ga 键断裂。在这种原子排列结构之下 N 原子形成了对 Ga 原子的有效保护。只有在位错线附近，原子排列次序发生紊乱的地方，OH^- 可以沿着位错线对材料进行腐蚀，因此位错坑通过腐蚀显露了出来，而在其他区域则很难进行腐蚀，基本保持了原貌。

图 8.14 给出了 N 面 GaN 的原子排列结构图。从 N 面材料的表面原子结构看，最外层的 N 只有一个悬挂键，因此对 OH^- 的排斥作用较弱。OH^- 能够使表层的 Ga—N的键断裂，并且吸附在 GaN 表面，OH^- 和 GaN 反应生成 Ga_2O_3 和 NH_3，Ga_2O_3 能够溶解在碱性溶液中，反应方程式如下：

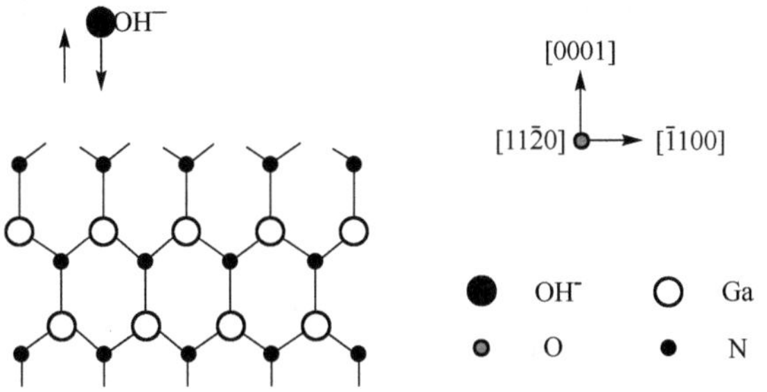

图 8.13　Ga 面 GaN 的原子排列及腐蚀示意图

$$2GaN + 3H_2O \xrightarrow{KOH} Ga_2O_3 + 2NH_3 \tag{8.1}$$

吸附和溶解的过程如图 8.14(b)～(d)所示。经过上述的吸附和溶解过程以后，OH^- 继续向下攻击下一层的 Ga—N 键，使得腐蚀一层一层地往下进行，N 面材料被迅速地腐蚀殆尽。

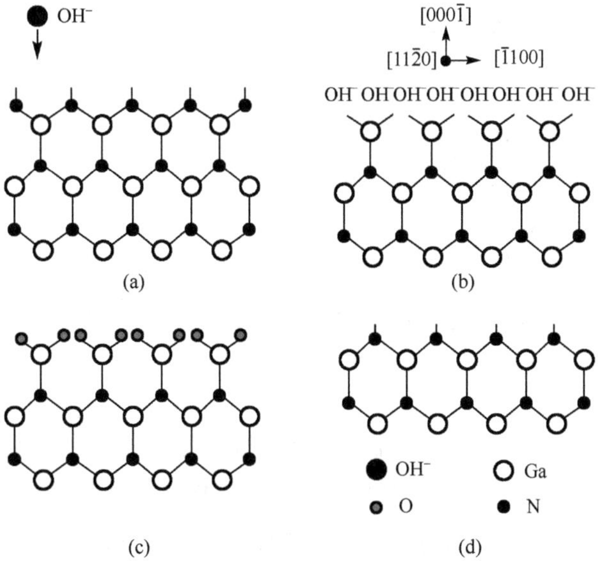

图 8.14　N 面 GaN 的原子排列结构及腐蚀示意图

8.2.2　非极性 *a* 面 GaN 的选择性腐蚀

对于非极性 *a* 面 GaN 材料，其原子排列结构与极性面材料不同，与表面平行的面内每一层原子都是 Ga 原子和 N 原子混合排列。

我们仍根据原子排列结构来分析腐蚀的模式，如图 8.15 所示，非极性 *a* 面 GaN 的腐蚀也应该是按照类似图 8.14 的模式：OH^- 打断 Ga—N 键，吸附→OH^-

和 GaN 反应生成 Ga_2O_3 和 NH_3，Ga_2O_3 溶解→ OH^- 继续向下攻击，一层一层地往下进行。

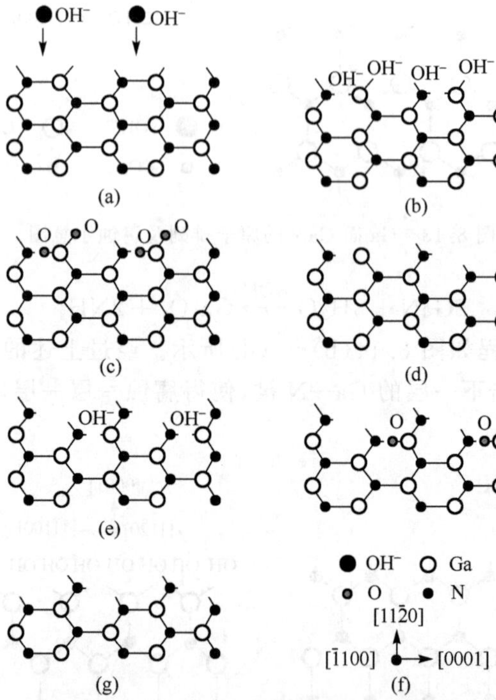

图 8.15　非极性 a 面 GaN 的理想腐蚀模型

然而，采取和 Ga 面、N 面相同的腐蚀条件，对表面没有三角坑缺陷的高质量非极性 a 面 GaN 材料[如表面形貌如图 8.16(a)所示]进行腐蚀后，材料表面出现了很多面内微米及纳米柱结构，如图 8.16(b)所示。这种柱状结构极具规律性，虽然柱状结构的直径不同，但所有柱的方向都是沿着 c 轴，这种形貌是一种大范围出现的普遍现象[如图 8.16(c)所示]，说明非极性材料的腐蚀模式具有各向异性。

(a) 腐蚀前　　(b) 腐蚀后小范围　　(c) 腐蚀后大范围

图 8.16　非极性 a 面 GaN 腐蚀前 SEM 表面形貌和腐蚀后小范围、大范围的 SEM 表面形貌

图 8.15 所述的腐蚀模型是一种不考虑材料晶格缺陷时的理想化腐蚀模型，显然并不能解释图 8.16 的腐蚀形貌的成因。为了更准确地描述非极性 a 面 GaN 的腐蚀机理，必须考虑非极性材料中一类非常重要的缺陷——堆垛层错。

图 8.17 给出了非极性 a 面 GaN 成核层生长初期不同时间下的成核岛形貌图。这些成核岛大部分由 $(000\bar{1})$ 面、$(10\bar{1}1)$ 面和 $(01\bar{1}1)$ 面组成。随着生长的进行，$(000\bar{1})$ 面依然保持自身的结构特征，并且生长速度很慢，这个面是非极性 a 面材料中堆垛层错存在的根源。一般非极性材料中的层错密度很高，可以达到 4×10^5 cm^{-1}，并且极其难以消除，即使采用 ELOG 技术也很难消除。正是层错中有 $(000\bar{1})$ 面的存在，从根本上影响了非极性材料的腐蚀特征。

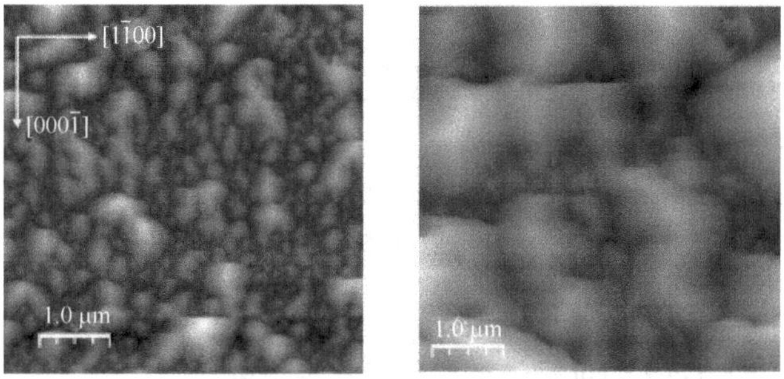

(a) 成核层生长时间为120 s　　(b) 成核层生长时间为600 s

图 8.17　非极性 a 面 GaN 材料成核初期的形貌图

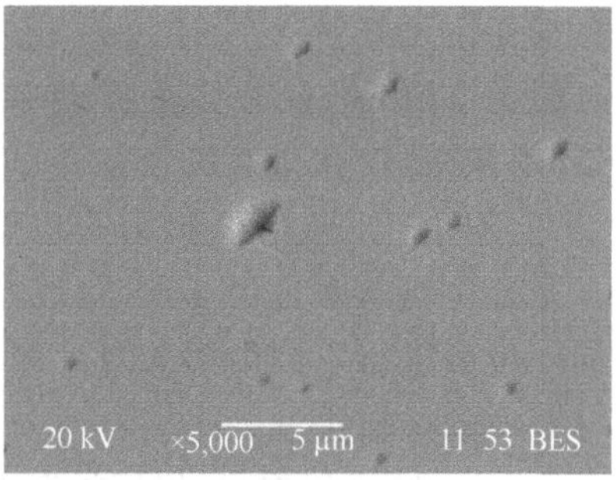

图 8.18　有三角坑形貌的非极性 a 面 GaN 材料腐蚀前的形貌

非极性 a 面 GaN 表面的三角缺陷坑的侧壁和面内的晶向具有很好的对应关系。为了说明层错中的 $(000\bar{1})$ 面在非极性 a 面 GaN 腐蚀中的作用，我们选取了一片表面保留有三角缺陷坑结构形貌的材料进行腐蚀。腐蚀前和腐蚀后的材料表面形貌如图 8.18 和图 8.19所示。以三角坑内部的黑点为坐标，发现材料沿着 [0001] 方向没有腐蚀的迹象，腐蚀主要是沿着 $[000\bar{1}]$ 方向进行的。可以看到原本三角坑中的 $(000\bar{1})$ 面已经不存在了，或者说沿着 $[000\bar{1}]$ 方向腐蚀了非常远的距离。因此在非极性材料中，$(000\bar{1})$ 面 GaN 仍然具有非常快的腐蚀速度，Ga 极性面和 N 极性面的化学性质差异导致了非极性 a 面 GaN 腐蚀形貌的各向异性。

综合来看，几种类型材料的腐蚀速率排序为：N 面 GaN 最快，非极性 a 面 GaN 次之，Ga 面 GaN 最慢。而非极性 a 面 GaN 由于有了堆垛层错中的 N 面的存在，使其腐蚀的特点和 c 面 GaN 差异巨大，面内柱状形貌的产生也正是由于面内的 N 面结构。

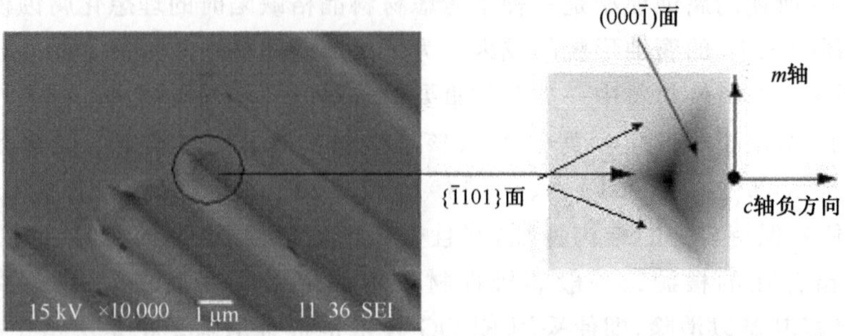

图 8.19　有三角坑形貌的非极性 a 面 GaN 材料腐蚀后的形貌及三角坑对应关系

8.3　斜切衬底降低位错密度的机理分析

本书第 5 章介绍了斜切衬底比常规衬底更有利于生长低缺陷 GaN 薄膜材料。在本节中，我们以 TEM 观察了斜切衬底上材料内部缺陷的特点，分析了斜切衬底降低 GaN 外延薄膜位错密度的机制。

8.3.1　斜切衬底上 GaN 的位错类型和位错扎堆现象

本节所分析的材料是在斜切角度为 0.5°的 c 偏 m 面蓝宝石衬底上生长的 1.4 μm非故意掺杂 GaN 薄膜。图 8.20 (a)、(b)和(c)分别为 GaN 的 [1$\bar{1}$00] 晶向附近在操作衍射矢量 $\boldsymbol{g}$ = [0002]、$\boldsymbol{g}$ = [11$\bar{2}$0] 和 $\boldsymbol{g}$ = [11$\bar{2}$2] 下的横截面 TEM 图像。根据 TEM 衍射对比度原理中位错的消像准则，在六方晶体结构的 GaN 的 TEM 图像中，仅在衍射矢量 $\boldsymbol{g}$ = [0002] 条件下出现的位错为螺位错，仅在 $\boldsymbol{g}$ = [11$\bar{2}$0] 条件下出现的位错为刃位错，在两种衍射矢量条件下都出现的是混合位错。全部位错通常也用 $\boldsymbol{g}$ = [11$\bar{2}$2] 衍射矢量的横截面 TEM 图像表征。在样品上同一位置进行不同衍射矢量的测试，可以根据位错衬度随衍射矢量的变化来确定材料中的位错类型。

从图 8.20 可以看出，斜切衬底上外延的 GaN 材料中的位错大部分都是具有刃位错分量的混合位错，纯的螺位错很少。另外，在斜切蓝宝石衬底上外延的 GaN 薄膜在某些区域位错呈现扎堆出现的现象，并且位错束逐渐收缩。从图 8.21 可以很清楚地看到，在 GaN 外延薄膜的局部区域基本没有位错，位错比较集中地出现在一些特定区域，并且这些区域交替出现。一般来说位错会产生于两个晶粒合并的交界处。这种位错扎堆出现并有较大无位错区域的情况说明了在斜切蓝宝石衬底上生长的 GaN 具有相对较大的晶粒尺寸，同时这种位错扎堆的情况非常有利于后期位错的集中湮灭。

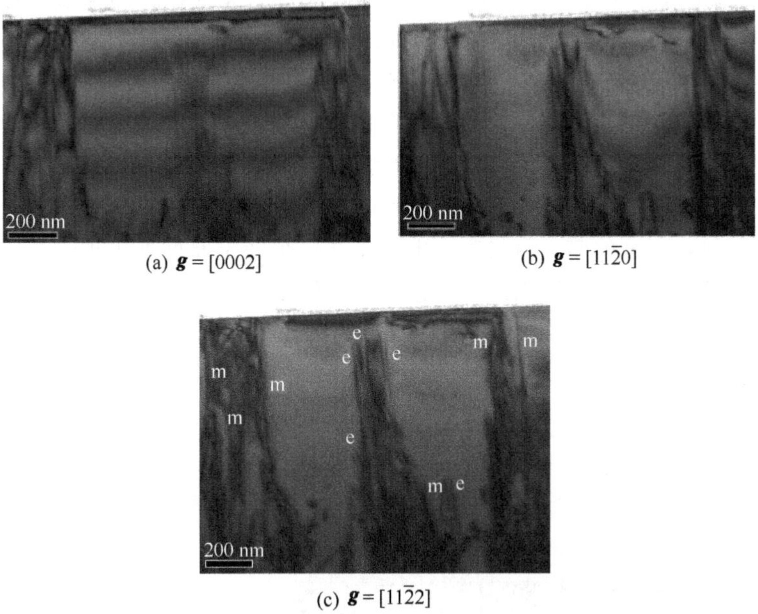

图 8.20　GaN 薄膜在 **g** = [0002]、**g** = [11$\bar{2}$0] 和 **g** = [11$\bar{2}$2] 的横截面 TEM 图
图中 e 代表刃位错，m 代表混合位错

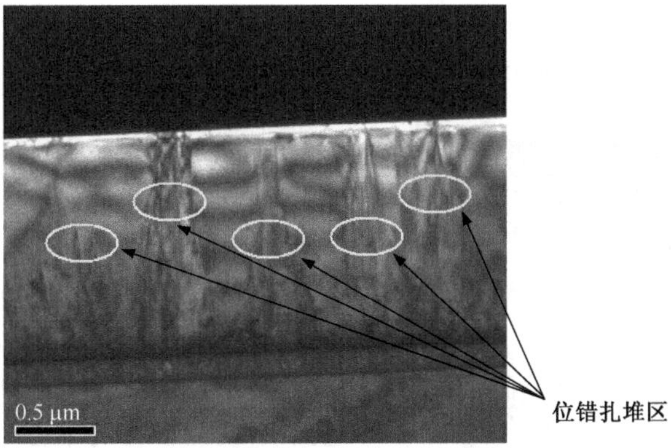

图 8.21　斜切蓝宝石衬底上生长的 GaN 在 [1$\bar{1}$00] 晶向附近当 **g** = [0002] 时的 TEM 图像

8.3.2　斜切衬底上 GaN 中位错的集中湮灭

在斜切蓝宝石衬底上 GaN 薄膜接近表面的区域，位错密度较少，大量的位错在外延层生长的过程中相互形成位错环而湮灭，没有延伸到材料的顶层。仔细观察图 8.22 的 TEM 图像可以发现两个位错大量湮灭的区域。一个是在 AlN 成核层外 100 nm 之

内有大量位错形成位错环而没有延伸到 GaN 外延层。这在 GaN 的生长中是一种普遍现象，由于作为成核层的 AlN 在蓝宝石衬底上是按照 3D 的生长模式进行生长的，当转向 GaN 生长时由于 GaN 的横向生长速率较快，生长模式从 3D 转向 2D，在此过程中位错大量湮灭，位错密度显著降低。另外一个位错集中湮灭的区域是在距离成核层大约 0.8 μm的区域，后续外延的 GaN 薄层中只有少量位错延伸到材料表面。分析认为，斜切角度对外延薄膜中位错的影响是呈阶段性的，在某个特定厚度的区域，大量位错发生湮灭，在其他斜切角度的蓝宝石衬底上也会在某一个特定厚度处出现一个位错集中湮灭的区域，也就是第二位错湮灭区的位置与斜切角度有关。作为比较，我们同时给出了常规蓝宝石衬底上生长的 GaN 外延层的 TEM 图像(如图 8.23 所示)，其 GaN 外延层中并未出现第二个位错集中湮灭的区域。

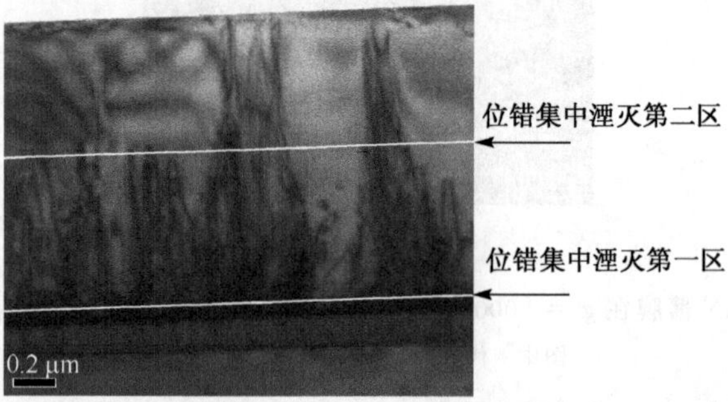

图 8.22 [1$\bar{1}$00] 晶向附近 $\boldsymbol{g}=[11\bar{2}0]$ 时斜切蓝宝石衬底上 GaN 中位错集中湮灭的 TEM 图像

图 8.23 常规蓝宝石衬底上生长的 GaN 在 [1$\bar{1}$00] 晶向附近当 $\boldsymbol{g}=[11\bar{2}0]$ 时的 TEM 图像

根据本书 5.2 节不同斜切角度的斜切衬底上 GaN 的 XRD 分析(如图 5.13 所示)和本节的 TEM 分析，斜切蓝宝石衬底上生长的 GaN 外延层中的位错密度明显低于常规蓝宝石衬底上 GaN 中的位错密度。在外延 GaN 薄膜材料的生长过程中，材料表面存在大量不断彼此合并的单分子层原子台阶。斜切衬底使 GaN 生长表面出现更多的微台阶，材料的生长呈现明显的台阶流生长模式。台阶的合并可以促使位错发生偏转，当达到某一个特定厚度以后，位错形成闭环，使其不能够延伸至表面，从而有效降低位错密度。

总而言之，斜切衬底上的 GaN 外延材料中的位错具有扎堆出现、集中湮灭的特点。若外延薄膜更厚，有可能出现多个集中湮灭区域。

8.4　极性对杂质结合和黄带的影响

黄带是 GaN 的光致发光(PL)光谱中一个重要的组成部分,位置在 2.2～2.3 eV附近。大量的研究报道表明,黄带是一种与缺陷相关的深能级发光现象,因此黄带的强度和形状有利于直接判断 GaN 材料的点缺陷密度。高质量的 GaN 电子材料通常要求无黄带发光。虽然对黄带的研究非常的多,所获得的共识是黄带产生于施主和受主之间的复合,但是就引起黄带的深受主的物理本质而言,一直没有定论。

在极性、非极性和半极性 GaN 材料的 PL 谱中,都有黄带发光现象。这几种材料的生长和性质都受到极性或更本质的原子排列结构的显著影响,黄带以及相关的杂质与材料结合的问题也有必要从极性的角度加以分析。

8.4.1　与极性有关的杂质结合模型

我们分别在 *c* 面、*m* 面和 *r* 面蓝宝石衬底上生长了极性、半极性和非极性的 GaN,对其分析不同极性材料的杂质结合情况。生长时采用了相同的工艺条件、生长压力、生长温度和成核层以排除不同生长工艺的影响。分析的元素主要包括 Si、C 和 O,元素分析采用二次离子质谱(SIMS),探测极限如下:C 为 $2\times10^{16}\ cm^{-3}$, O 为 $1\times10^{16}\ cm^{-3}$, Si 为 $1\times10^{16}\ cm^{-3}$。

极性(0001)面、半极性$(11\bar{2}2)$面和非极性$(11\bar{2}0)$面 GaN 的 Si、C 和 O 元素的含量如图 8.24 所示,可见 3 种材料中 Si 的含量都非常低,都在探测极限附近。因此在正常工艺条件下生长的 GaN 材料中 Si 元素的掺入量较小,对材料特性的影响可以忽略,应主要关注 C 和 O 元素在上述材料中的结合情况。

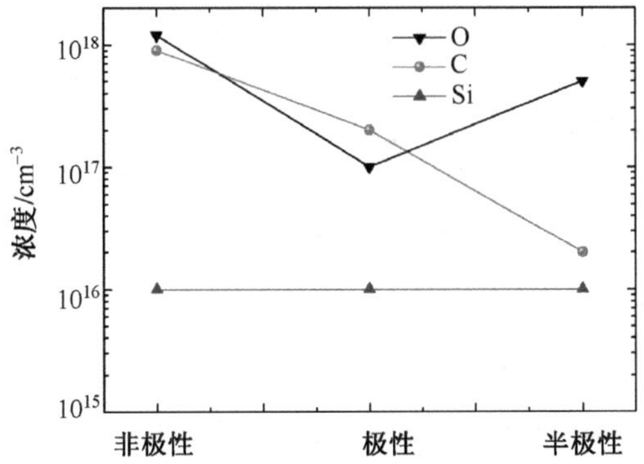

图 8.24　不同极性材料中 O、C 和 Si 的结合

从图 8.24 可以看出,半极性材料中 O 含量大约是极性材料中的 6 倍,极性材料

中 C 的含量是半极性材料中 C 含量的 15 倍,非极性材料中的 C 和 O 的含量都是最高的。由于这 3 种材料采用了相同的生长工艺条件,杂质结合的情况却出现明显的差异,因此需考虑极性的影响。需要说明的是,半极性材料的极性基本都是 N 面极性,因此用典型的 N 面原子排列结构来分析其杂质结合情况。Fichtenbaum 等人认为在 Ga 面材料中,O 原子替换 N 的位置,仅仅和 Ga 形成一个悬挂键,而在 N 面材料中,O 原子替换 N 的位置和 Ga 形成 3 个悬挂键,导致 N 面上 O 的结合更强[5],但是用这种观点却不能够同时解释 3 种材料中 C 和 O 的结合情况,因为 C 和 O 出现了相反的规律。

考虑到杂质的来源方向以及各个极性面原子排列结构,许晟瑞等人提出了能够同时解释 C 和 O 的杂质结合的模型[6]。O 元素主要来自于衬底的分解,从方向的角度考虑它来自于下方;C 元素主要来自于生长过程中源的分解,从方向的角度考虑它来自于上方。在 n 型的 GaN 薄膜中,对于 C 和 O 来说最为稳定的状态就是以替位的形式出现,即 C_N和 O_N。对于 Ga 面 GaN 的情况,如图 8.25(a)所示,O 原子从底部分解向上的过程中试图取代 N 的位置形成 O_N,但是每一个 N 原子的正下方都有一个较大的 Ga 原子对上面的 N 原子形成有效的保护。对于 N 面 GaN 的情况,如图 8.25(b)所示,由于和 Ga 面的原子排列方向相反,Ga 原子不能对 N 原子形成有效的保护,所以 N 面 GaN 中 O 的含量明显高于 Ga 面中 O 的含量。对于 C 的结合也可以用类似的方法来考虑,只不过 C 是来自于上面源的分解,结合是自上而下的过程。如图 8.25(a)所示,当从上面来的 C 准备替换 N 形成 C_N时,Ga 不能对 N 形成有效的保护,所以有更多的 N 被 C 替换掉形成了 C_N,导致 Ga 面材料中 C 的含量较高。如图 8.25(b)所示,对于 N 面的情况,当从上面来的 C 准备替换 N 形成 C_N

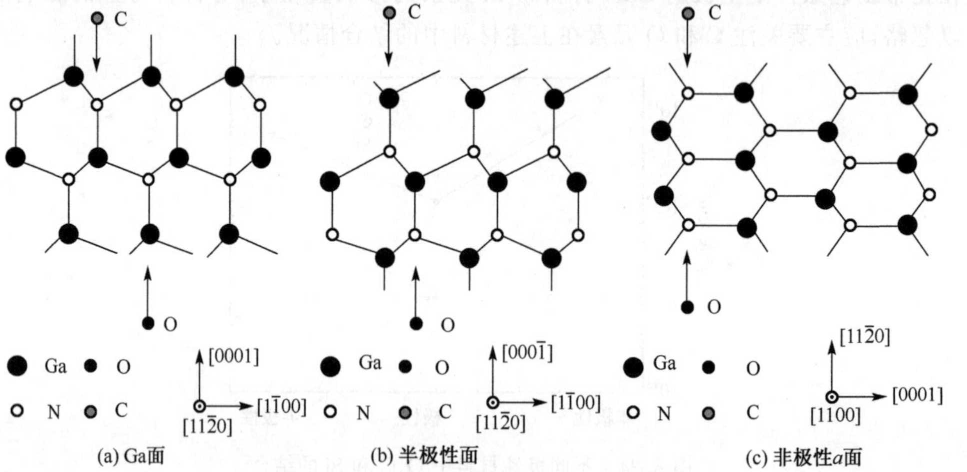

图 8.25 从杂质来源方向考虑的杂质结合模型

时，每一次上面都有 Ga 原子对 N 形成有效的保护，因此 N 面材料中的 C 的含量较低。

如图 8.25(c)所示，对于非极性 *a* 面 GaN 材料，在纵向方向上每一列都是相同种类的原子，当 C 或者 O 试图从上面或者下面替换 N 形成替位时，每次都没有 Ga 对 N 形成保护，因此非极性材料内的 C 和 O 的含量是最高的。

8.4.2　杂质结合对黄带的影响

图 8.26 给出了极性(0001)面、半极性(11$\bar{2}$2)面和非极性(11$\bar{2}$0)面 GaN 材料的 PL 谱以带边峰为基准的归一化测试结果。可以看出，采用相同的工艺条件生长的不同极性 GaN 材料的发光性质有着巨大的差异，半极性 GaN 有着非常弱的黄带，非极性和极性的材料都表现出了非常强的黄带。

如前所述，黄带产生于缺陷引入的施主和受主之间的复合，但是引起黄带的深受主是什么一直没有定论，目前主要有 3 种观点：一种认为是与 Ga 空位(V_{Ga})相关的 V_{Ga}-O_N引入的深受主是黄带的根源，另一种认为黄带是来自于与 C 相关的杂质，还有一种认为是刃位错对 GaN 的黄带影响较大。

为了探讨几种机制对黄带的影响，我们对几种样品进行了 HRXRD 测试，图 8.27给出了几种材料 HRXRD(102)面摇摆曲线的测试结果。*c* 面 GaN(102)面的半高宽为 0.18°，*a* 面 GaN(102)面的半高宽为 0.4°，半极性 GaN(102)面的半高宽为 0.58°，GaN(102)面 HRXRD 的半高宽可以反映出材料中刃位错密度的大小[7]。如果按照黄带深受主的第三种观点，刃位错对 GaN 中黄带的影响是主要因素显然是解释不通的，*c* 面 GaN(102)面的半高宽比其他面明显小得多，也就是位错密度要低得多，然而 *c* 面 GaN 的黄带非常得强，同时半极性材料(102)面的半高宽是 3 种材料中最大的，其位错密度是最高的，但它的黄带是所有材料中最弱的。因此刃位错不是 GaN 中黄带产生的最主要原因，必然存在其他更为重要的决定性因素。

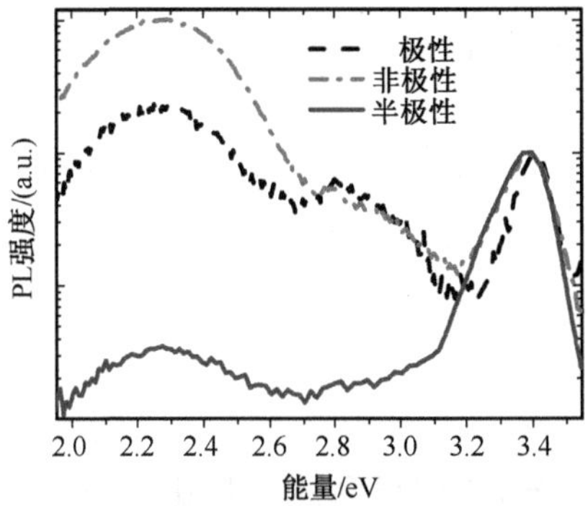

图 8.26　不同极性材料的 PL 谱

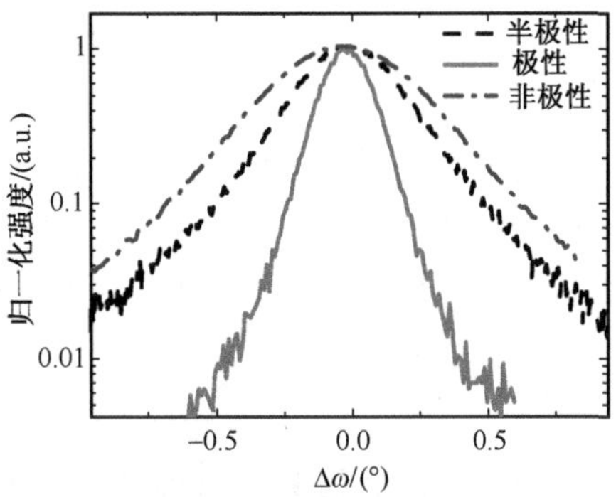

图 8.27　不同极性材料 HRXRD 的(102)面摇摆曲线

从图 8.24 可以看出,半极性 GaN 材料有着非常高的 O 浓度,也就是会有更多的 V_{Ga}-O_N复合体的存在。如果按照 V_{Ga}-O_N复合体是黄带产生的根源的理论来解释,那么半极性(11$\bar{2}$2)面 GaN 应该具有非常强的黄带,然而从图 8.26 可见半极性(11$\bar{2}$2)面 GaN 的黄带是最弱的,也就是说按照 V_{Ga}-O_N复合体的解释机制对几种材料的黄带也是解释不通的。

图 8.28 给出了不同极性材料 C 含量和 PL 谱黄带的关系,从图中可以看出 PL 谱的黄带和 C 的含量有着非常好的对应关系,这说明 C 所引入的深受主是黄带产生的根源。在 MOCVD 生长过程中,由于 MO 源 $Ga(CH_3)_3$中含有 C,因此不可避免地要引入 C。此外,根据关于 HVPE 生长的非极性 *a* 面 GaN 材料的大量实验报告,即使材料质量很差的 *a* 面 GaN 的黄带都极弱。由于 HVPE 中的 C 很难被引入,这也更加证明了 C 是 PL 谱中黄带产生根源的设想。并且 Wright 通过研究证明了 C 相关的缺陷能级位置刚好能够和黄带的能级位置吻合[8]。

所有以上的论述都证明,C 是 GaN 材料黄带产生的决定性因素。

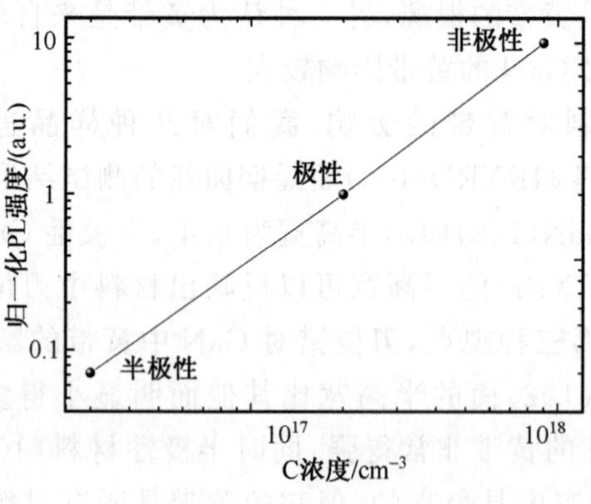

图 8.28　不同极性材料 C 含量和 PL 谱黄带的关系

8.5　GaN 中黄带的深受主来源

二次离子质谱(SIMS)能够定量分析各种点缺陷在薄膜材料中的分布。本节对大量的样品做了 PL 谱黄带和点缺陷杂质的 SIMS 表征,针对引起黄带的深受主的 3 种观点从点缺陷角度分析了黄带的深受主来源[9]。

8.5.1　GaN 中黄带与 C 杂质的相关性分析

考虑到不同样品的测试条件和仪器状态的差异,不同样品的黄带比较应关注 GaN 样品黄带峰和带边峰的比值(YL/BL)。在有黄带发光的大量样品中,为了尽可能多地考虑到材料的不同极性、不同生长方法以及黄带发光的相对强弱即 YL/BL

比的差异，我们选取了 7 个典型的样品，其 PL 谱如图 8.29 所示。为了方便比较，对 PL 峰的强度做了归一化处理。可清楚地看到 7 个不同样品从上往下黄带逐渐增强，即 1# 的 YL/BL 比最大，7# 最小。这 7 个样品的剖面层结构如图 8.30 所示，除了1# 是非极性 *a* 面的 GaN，其余都是极性 *c* 面 GaN。另外，除了 7# 是用 HVPE 方法外延的 GaN，其余都是采用 MOCVD 方法生长的。

可能引起黄带的点缺陷如 8.4 节所述，即 Ga 空位（V_{Ga}）和 C。目前没有很好的直接表征 V_{Ga} 含量的手段，一般都是通过基于第一性原理的理论分析和间接实验的方式。表征 C 杂质的含量可以用 SIMS 的分析手段，在这里首先分析 C 杂质与黄带的相关性。

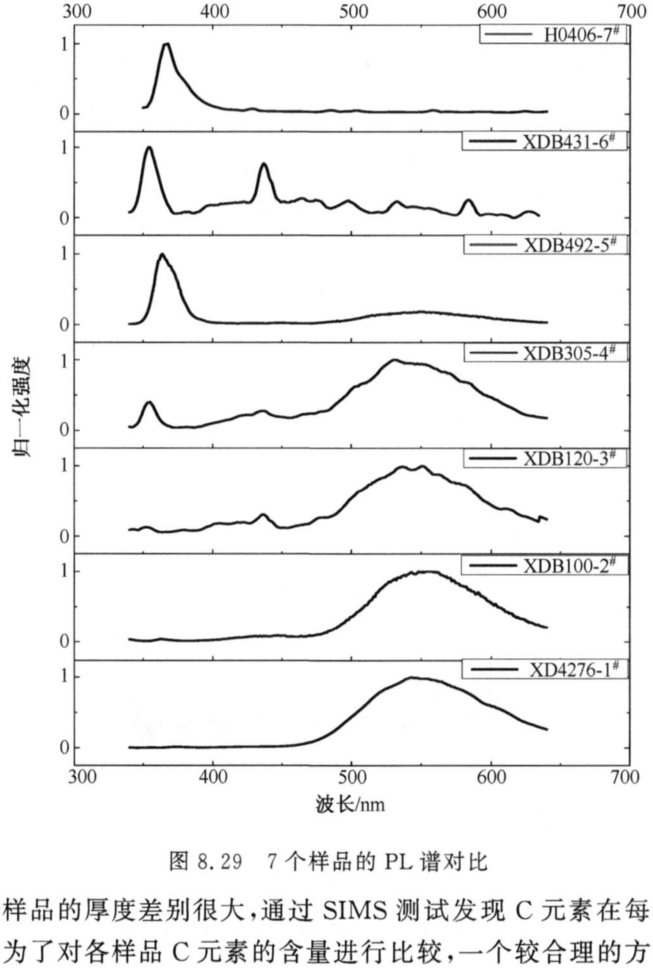

图 8.29　7 个样品的 PL 谱对比

以上 7 个样品的厚度差别很大，通过 SIMS 测试发现 C 元素在每个样品中的分布也不均匀。为了对各样品 C 元素的含量进行比较，一个较合理的方案是把所有的样品厚度归一化，取距表面 20%～50%的 C 元素含量作为源数据，如图 8.31 中的虚线框中所示。根据图 8.30 的层结构，这个深度范围基本全部落在 GaN 外延层，而且

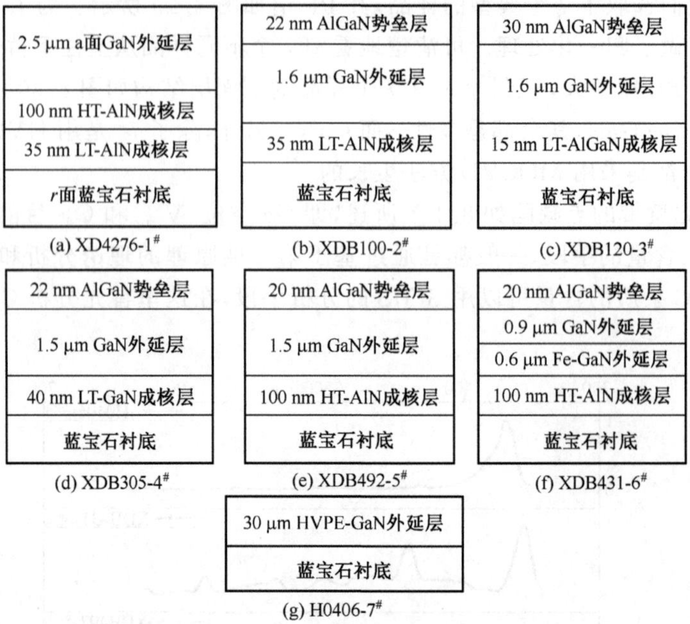

图 8.30　7 个样品的剖面层结构示意图

C 含量也相对稳定。然后把这些起伏较大的源数据做快速傅里叶(FTT)滤波处理，再取平均。图 8.31 是样品 3# 的 SIMS 图。图 8.32 是经过数据处理后 7 个样品的 C 含量 SIMS 图。

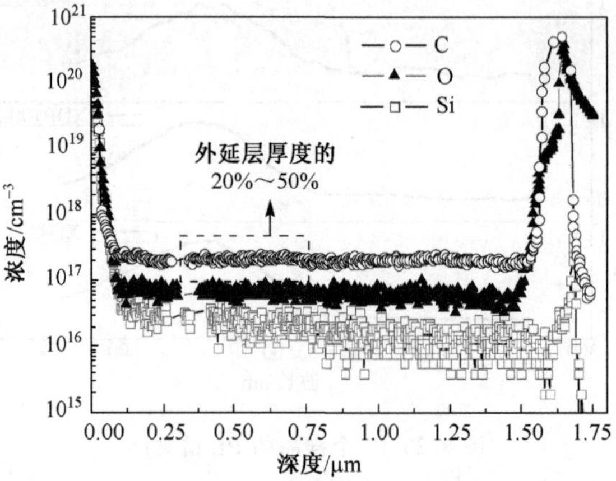

图 8.31　3# 样品的典型 SIMS 图

从图 8.32 中可以明显地看出 7 个样品的 C 含量差距。表 8.2 列出了这 7 个样品的 YL/BL 值和 C 杂质的平均含量，以及样品各自的特点。

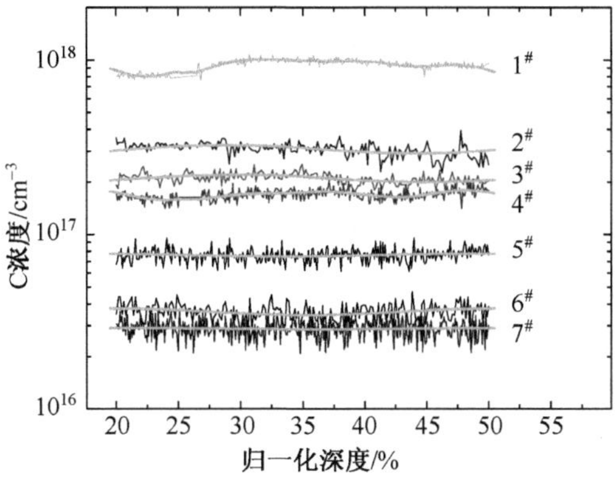

图 8.32　7 个样品的 C 含量 SIMS 数据及 FFT 平滑后的数据

表 8.2　7 个样品的 YL/BL 值、C 杂质平均含量及各自的特点

样品编号	YL/BL	C 含量/(10^{16} cm^{-3})	样品结构特点
XD4276-1#	64.30699	约 90	非极性 *a* 面 GaN
XDB100-2#	32.855	约 31	LT-GaN 成核层
XDB120-3#	8.8018	约 20	LT-AlGaN 成核层
XDB305-4#	2.4697	约 17	LT-AlN 成核层
XDB492-5#	0.6412	约 8	HT-AlN 成核层
XDB431-6#	0.1819	约 4	HT-AlN 成核层,Fe 掺杂
H0406-7#	0.05479	约 3	HVPE 生长 GaN

从图 8.33 中可以看出在这些结构和生长情况迥异的样品中,C 的含量与黄带发光的强度表现出极好的一致性。这一点强有力地支持了 C 相关的杂质是黄带主要来源的观点。鉴于此,可以得出结论:GaN 材料的 PL 谱黄带发光的主要机理是 C 相关的杂质。

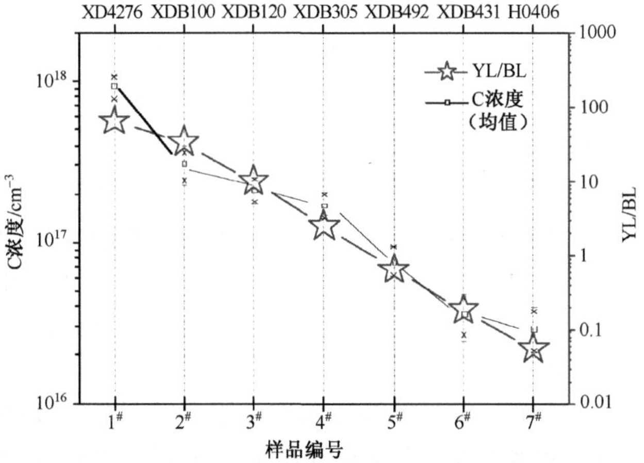

图 8.33　C 浓度与相对黄带发光强度(YL/BL)的关系图,其中 C 浓度给出了均值、最大值和最小值

8.5.2　对 Ga 空位引起黄带发光的否定性讨论

对于 Ga 空位的含量可以通过 3 种间接的表征手段来说明：

(1)可以根据 GaN 外延层的生长条件来判断，以三乙基镓(TEGa)作为 III 族的 Ga 源，NH_3 作为 V 族 N 源，V/III 比不同，其生长时产生 Ga 空位的概率也不同。V/III 比越高时，即富 N 状况下，越易产生 Ga 空位。

(2)根据基于第一性原理的 GaN 中本征点缺陷的形成能随费米能级的变化，GaN 的 n 型性质越强，其费米能级越高，Ga 空位的形成能就越低，产生 Ga 空位的概率就越大。所以对于未有意掺杂的 GaN，可以通过 SIMS 手段表征出起施主作用的 O 和 Si 的含量来估计背景电子浓度，背景电子浓度高的样品，可以认为其 Ga 空位含量也较高。

(3)可以测量 GaN 的 X 射线光电子能谱(XPS)，得到 N1s 和 Ga3d 的光电子峰，通过算法计算 Ga 和 N 的原子比，来判断 Ga 空位。理想情况下，Ga 和 N 的原子比应该是 1∶1，若存在 Ga 空位，则 N 的含量比较高，Ga/N 比便会小于 1。根据 Ga/N 比值大小，来比较 Ga 空位含量。比值越小，Ga 空位含量越高。但是 XPS 的定量分析精度不高，通常会有 10% ～ 20%的误差，而且采用不同的拟合算法会得到不同的结果，在使用这种方法的时候，应尽量选择相近的测试条件和相同的拟合算法。

从上述的 7 个样片中，选择了 GaN 外延层生长时 V/III 比不同的两个代表性样品 2# 和 5#，用上面的 3 种方法比较两者的 Ga 空位密度。根据 2# 和 5# 样品 GaN 外延层的生长条件(如表 8.3 所示)，以及 SIMS 结果(如图 8.34 所示)中 O 杂质的含量(背景电子浓度)，可以得到的结论是 2# 样品中的 Ga 空位含量应低于 5# 样品的 Ga 空位含量。

表 8.3　2# 和 5# 样品的生长条件对比

样品编号	NH_3流量/sccm	TEG 流量/sccm	V/III 比
2#	4897	299	1547
5#	4896	219	2116

测得两个样片的 XPS 谱(本书没有给出示意图)后，分别对 2# 和 5# 的 Ga3d 和 N1s 峰进行拟合计算，得出的结果如表 8.4 所示。两个样片的 Ga/N 比均小于 1，说明都有可能形成 Ga 空位。5# 的 Ga/N 比较低，说明其 Ga 空位含量较高，这与前两种方法得到的结论一致。

3 种方法都证明 2# 样品中的 Ga 空位浓度要低于 5# 样品，但是图 8.29 的 PL 谱测试结果说明 2# 样品的黄带发光强度要远高于 5# 样品。因此，黄带发光的主要来源与 Ga 空位的浓度关系不大，以上测试分析结果从反面推翻了与 Ga 空位相关的深受主是黄带的主要来源的结论。

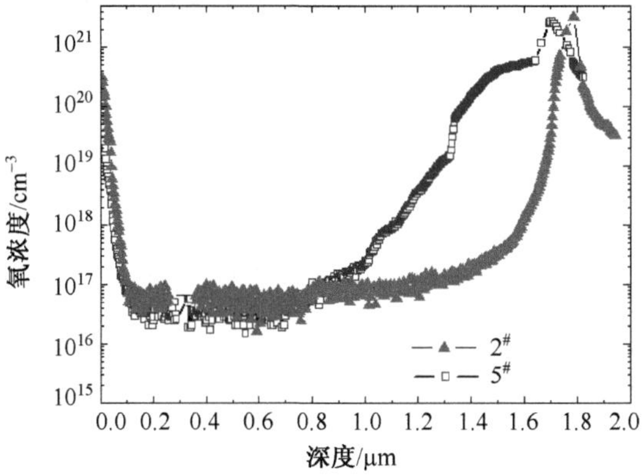

图 8.34 2# 和 5# 样品的 O 含量对比图

表 8.4 2# 和 5# 样品的 Ga/N 比计算结果

样品编号	峰的名称	结合能/eV	高度/CPS	半高宽/eV	原子百分比/%	Ga/N 比
2#	N1s	394.38	43186.36	1.92	50.49	0.98
	Ga3d	18.08	45416.13	2.58	49.51	
5#	N1s	394.38	43797.93	2.62	51.16	0.95
	Ga3d	18.08	41494.29	2.04	48.84	

参 考 文 献

[1] GAO Z, HAO Y, ZHANG J, et al. Observation of dislocation etch pits in GaN epilayers by atomic force microscopy and scanning electron microscopy[J]. Chinese Journal of Semiconductors, 2007, 28(4): 473-479.

[2] GAO Z, HAO Y, ZHANG J, et al. Polarity results in different etch pit shapes of screw and edge dislocations in GaN epilayers[C]. 2007 International Workshop on Electron Devices and Semiconductor Technology, June 3-4, 2007. Beijing: Inst. of Elec. and Elec. Eng. Computer Society, 2007.

[3] LU L, GAO Z Y, SHEN B, et al. Microstructure and origin of dislocation etch pits in GaN epilayers grown by metal organic chemical vapor deposition[J]. Journal of Applied Physics, 2008, 104(12): 123525(4 pp.).

[4] XU S R, HAO Y, ZHANG J C, et al. The etching of a-plane GaN epilayers grown by metal-organic chemical vapour deposition[J]. Chinese Physics B, 2010, 19(10): 107204 (5 pp.).

[5] FICHTENBAUM N A, MATES T E, KELLER S, et al. Impurity incorporation in heteroepitaxial N-face and Ga-face GaN films grown by metalorganic chemical vapor deposition[J]. Journal of Crystal Growth, 2008, 310(6): 1124-1131.

[6] XU S R, HAO Y, ZHANG J C, et al. Polar dependence of impurity incorporation and yellow

luminescence in GaN films grown by metal-organic chemical vapor deposition[J]. Journal of Crystal Growth，2010，312(23)：3521-3524.
[7] HEINKE H，KIRCHNER V，EINFELDT S，et al. X-ray diffraction analysis of the defect structure in epitaxial GaN[J]. Applied Physics Letters，2000，77(14)：2145-2147.
[8] WRIGHT A F. Substitutional and interstitial carbon in wurtzite GaN[J]. Journal of Applied Physics，2002，92(5)：2575-2585.
[9] 杨传凯. GaN外延薄膜点缺陷与材料电学光学性质关系研究[D]. 西安：西安电子科技大学，2011.

第 9 章　GaN HEMT 器件的原理和优化

常规 AlGaN/GaN 异质结 HEMT 材料有很强的压电和自发极化效应，在未有意掺杂的情况下就能够形成高电子迁移率、高密度的二维电子气(2DEG)，正是二维电子气沟道的高导电能力和 AlGaN/GaN 材料的高耐压能力为 GaN HEMT 微波功率器件提供了材料基础。HEMT 器件的工作原理和结构优化方法在传统的 GaAs 材料体系中已有系统的理论，本章针对 GaN HEMT 的相关原理作介绍，并给出 GaN HEMT 器件场板结构优化的实例。

9.1　GaN HEMT 器件的工作原理

图 9.1 所示为 GaN HEMT 器件结构，器件的源极和漏极与材料中的二维电子气形成欧姆接触，源漏电压 V_{DS} 形成横向电场，令二维电子气沿异质结界面输运形成输出电流 I_{DS}；肖特基势垒栅极利用栅压 V_{GS} 的耗尽作用来控制二维电子气沟道的开启和关闭。

栅压对沟道控制作用的物理模型[1]如下。如图 9.2 所示，假设厚度为 d 的 AlGaN 势垒层有 n 型调制掺杂，N_D 和 d_d 是 n-AlGaN 层的掺杂浓度和厚度；$e\phi_b$ 是肖特基势垒高度，ΔE_C 为 GaN 和 AlGaN 两种半导体的导带底在交界面处的带阶，σ_{pol} 为 AlGaN/GaN 界面处由这两种材料压电极化强度 P_{PE} 之差和自发极化强度 P_{SP} 之差引起的总极化电荷密度[假设 GaN 完全应变弛豫，即 $P_{PE}(GaN)=0$，则 $\sigma_{pol}=P_{PZ}(AlGaN)+P_{SP}(AlGaN)-P_{SP}(GaN)$]，$n_{s2D}$ 为二维电子气面密度。

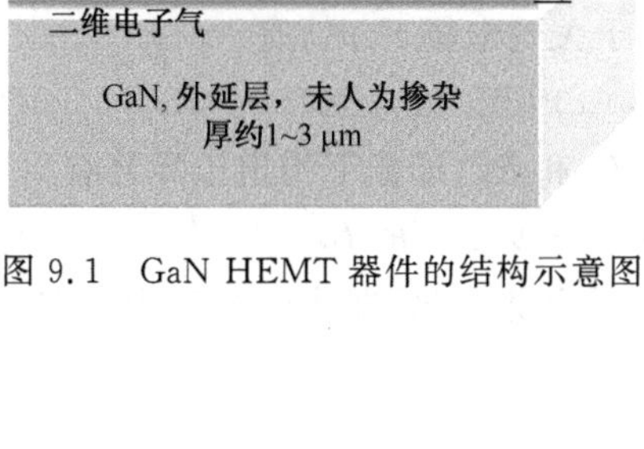

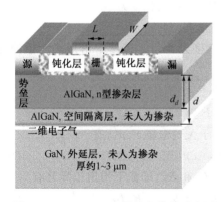

图 9.1　GaN HEMT 器件的结构示意图

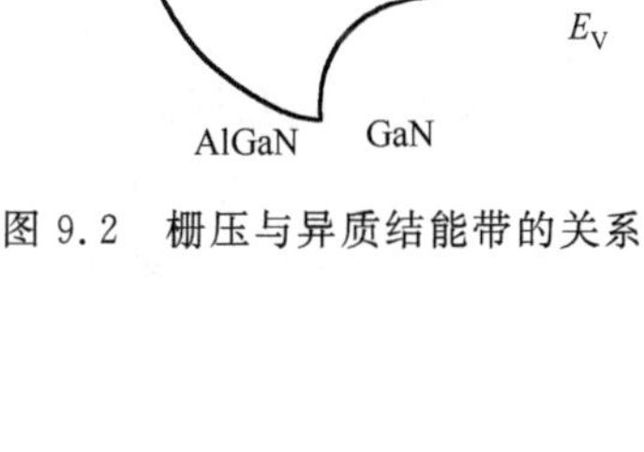

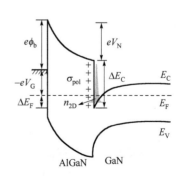

图 9.2　栅压与异质结能带的关系

设 AlGaN/GaN 异质界面 AlGaN 侧的介电常数和电场为 ε_1 和 F_1，GaN 侧的介电常数和电场为 ε_2 和 F_2。定义栅和沟道之间的单位面积电容为 C_1，设二维电子气与 AlGaN/GaN 界面的距离 Δd 与势垒层厚度 d 相比可忽略，则有

$$C_1 = \varepsilon_1/(d+\Delta d) \approx \varepsilon_1/d \tag{9.1}$$

根据泊松方程可得

$$\varepsilon_2 F_2 = en_{s2D} \tag{9.2}$$

$$\varepsilon_1 F_1 = C_1[V_N - (e\phi_b - eV_G + \Delta E_F - \Delta E_C)/e] \tag{9.3}$$

$$V_N = e\int_0^d \frac{N_D(x)}{\varepsilon(x)} x\,dx = \frac{eN_D}{2\varepsilon_1} d_d^2 \tag{9.4}$$

式中，e 为基本电荷电量。

在 AlGaN/GaN 异质结界面上，沿垂直于界面方向对高斯方程积分可得[2]

$$\varepsilon_2 F_2 = \varepsilon_1 F_1 + \sigma_{pol} \tag{9.5}$$

整理得

$$en_{s2D} = \sigma_{pol} + C_1(V_N - \phi_b + V_G - \Delta E_F/e + \Delta E_C/e) \tag{9.6}$$

当栅压达到令 2DEG 耗尽的阈值电压 V_T 时，可认为 $n_{s2D} \approx 0$ 以及 $\Delta E_F \approx 0$，代入上式可得

$$V_T = \frac{-\sigma_{pol}}{C_1} - V_N + \phi_b - \Delta E_C/e \tag{9.7}$$

一般情况下，式(9.6)中的 ΔE_F 作为栅压 V_{GS} 的函数总是相当小，比起其他项可以忽略，则可整理得

$$en_{s2D} = C_1(V_G - V_T) = C_1 V_{GT} \tag{9.8}$$

器件加上源漏电压后，需要考虑到沟道中电势 V_C 沿沟道方向的变化。设沿沟道方向的坐标为 x，则在栅极的源端 $x=0$，在栅极的漏端 $x=L$，式(9.8)应调整为

$$en_{s2D}(x) = C_1[V_{GT} - V_C(x)] \tag{9.9}$$

根据电流密度方程，二维电子气沟道中的源漏电流 I_{DS} 为

$$I_{DS} = qWv(x)n_{s2D}(x) \tag{9.10}$$

式中，W 是栅宽，$v(x)$ 为电子速度。对电子速度以两段式模型给出形式上最简化的近似：

$$v(F) = \begin{cases} \mu F, F < F_S \\ v_S, F \geqslant F_S \end{cases} \tag{9.11}$$

则当沟道中电场 $F(x) = dV_C(x)/dx$ 低于关键电场 F_S 时，有

$$I_{DS} = W\mu C_1[V_{GT} - V_C(x)]dV_C(x)/dx \tag{9.12}$$

考虑到源栅之间和栅漏之间有串联电阻 R_S 和 R_D，即栅下沟道边界处有

$$V_C(0) = R_S I_{DS},\ V_C(L) = V_{DS} - R_D I_{DS} \tag{9.13}$$

在 V_{DS} 很小的情况下，若忽略沿沟道方向的电势变化[即式(9.12)中的 $V_C(x)$ 一

项],则可得

$$I_{DS} = \beta V_{GT}[V_{DS} - (R_S + R_D)I_{DS}] \tag{9.14}$$

$$\beta = Wu\varepsilon_1/(dL) \tag{9.15}$$

式中,β称为跨导系数。由式(9.14)可见 I_{DS}与 V_{DS}成线性关系,这就是电流与电压关系的线性区。在 V_{DS}较大时,不能忽略沿沟道方向的电势变化,将式(9.13)代入式(9.12)沿沟道方向积分可得沟道电势满足

$$V_C(x) = V_{GT} - \sqrt{[V_{GT} - V_C(0)]^2 - 2I_{DS}x/(\beta L)} \tag{9.16}$$

这样可推出沟道中电场 $F(x)$。设 $V_L = F_S L$,若在 $x = L$ 处 $F(L) = F_S$,则电子漂移速度达到饱和使得沟道电流达到饱和值 I_{Dsat},可得

$$I_{Dsat} = \beta V_L[\sqrt{V_L^2 + (V_{GT} - R_S I_{Dsat})^2} - V_L] \tag{9.17}$$

在同样的 V_{DS}下,沟道电场的大小与栅长 L 有关。在长沟极限下,$V_L \gg V_{GT} - R_S I_{Dsat}$,整个栅下电场都达不到 F_S,式(9.17)简化为

$$I_{Dsat} = \frac{\beta}{2}(V_{GT} - R_S I_{Dsat})^2 \tag{9.18}$$

在短沟极限下,$V_L \ll V_{GT} - R_S I_S$,电子以饱和速度 v_s越过沟道,式(9.17)简化为

$$I_{Dsat} = \beta V_L(V_{GT} - R_S I_{Dsat}) \tag{9.19}$$

在不考虑源漏串联电阻 R_S和 R_D时,长沟器件和短沟器件的饱和电压 V_{Dsat}分别为 V_{GT}和 V_L;考虑串联电阻则 V_{Dsat}会增大。

以上简化模型主要从工作原理的角度给出了 HEMT 器件工作状态下的电流与电压特性,物理意义明确,但并不精确。对于二维电子气面密度 n_{s2D},这里采用线性电荷控制模型[如式(9.8)和式(9.9)所示]描述栅压对其控制作用,更精确的模型要考虑到非线性的栅压控制作用[3]以讨论亚阈特性,阈值电压的表达式也可能会发生变化。GaN 中电子的速度-电场关系如本书 2.2.2 节图 2.6 所示具有负微分特性,以两段式模型[如式(9.11)所示]描述过于简单,可以改进。肖特基栅漏电有时也必须考虑[4]。在蓝宝石衬底上的 GaN HEMT 器件通常有显著的自热效应,对其特性的分析需要考虑热的因素。更精确地考虑栅外沟道以及扩散电流的模型也有一些报道[5]。

9.2　GaN HEMT 器件的性能参数

9.2.1　直流性能参数

HEMT 器件的直流性能参数主要有最大输出饱和电流密度(I_{DS}/W)和阈值电压等。

根据阈值电压的表达式(9.7)以及式(9.1)和式(9.4),阈值电压与肖特基接触势

垒高度 $e\phi_b$、AlGaN/GaN 界面极化电荷密度 σ_{pol}、AlGaN 层的厚度（影响 C_1）和掺杂（影响 V_N）、异质结界面导带不连续性 ΔE_C 等密切相关。其中，$e\phi_b$、σ_{pol} 和 ΔE_C 的大小直接受 AlGaN 层的 Al 组分的影响，因此势垒层的层结构和掺杂对阈值电压有决定性的控制作用。另外，根据式(9.8)和式(9.1)，在栅压 V_G 为 0 的情况下有 $en_{s2D} = -(\varepsilon_1/d)V_T$，所以就材料特性与器件性能参数的关系而言，二维电子气密度的大小（也由势垒层的层结构和掺杂决定）与阈值电压的绝对值有正相关的关系。

在考虑源漏串联电阻 R_S 和 R_D 的情况下，要明确饱和电流的影响因素，有必要先明确 R_S 和 R_D 的来源和影响因素。如图 9.3 所示，R_S 和 R_D 来源于栅源和栅漏之间的无栅沟道区的通道电阻(access resistance)以及源漏欧姆接触电阻 R_C，即

$$R_S = R_C + R_{SH}\frac{L_{GS}}{W} \tag{9.20}$$

$$R_D = R_C + R_{SH}\frac{L_{GD}}{W} \tag{9.21}$$

式中，$R_{SH} = \dfrac{1}{\mu n_{s2D} e}$ 为材料方块电阻，W 为栅宽，L_{GS} 为栅源间距，L_{GD} 为栅漏间距。因此，单位栅宽的 R_S 和 R_D 的大小取决于 R_C 和 R_{SH} 以及源漏间距。

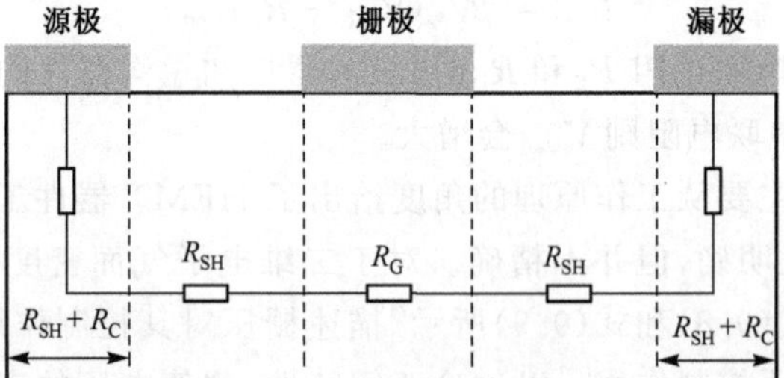

图 9.3　源漏电阻示意图

明确了 R_S 和 R_D 的机理，根据长沟极限和短沟极限下的饱和电流表达式(9.18)和式(9.19)，要得到大的饱和电流，在异质结材料特性方面，应提高 AlGaN/GaN 材料的迁移率（长沟器件）、饱和速度（短沟器件）和二维电子气密度；在器件尺寸方面，可以减小栅长（提高沟道电场）和源漏间距（减小 R_S 和 R_D）来获得大的饱和电流密度。

9.2.2　交流小信号跨导

图 9.4 给出了实际 HEMT 器件的交流小信号等效电路，包括本征场效应管部分和串联电阻 R_S 与 R_D 等引起的寄生效应。跨导 g_m 反映了栅对沟道电流的控制能力，在忽略串联电阻 R_S 和 R_D 的情况下所获得的跨导为本征跨导 g_m^*，根据式(9.18)和式(9.19)，HEMT 器件的饱和区跨导为

$$g_m^* = \frac{\partial I_{DS}}{\partial V_{GS}} = \begin{cases} \beta V_{GT} & \text{长沟器件} \\ \beta V_L & \text{短沟器件} \end{cases} \tag{9.22}$$

根据式(9.22)和跨导系数的定义式(9.15)，提高单位栅宽的本征跨导需要提高材料的输运特性，减小势垒层厚度以及栅长。

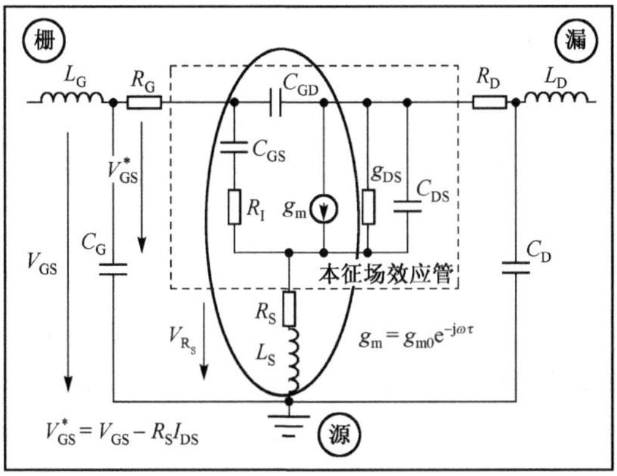

图 9.4　实际 HEMT 器件的交流小信号等效电路

框图内为本征场效应管部分，R_I为输入电阻

实际器件工作时，I_{DS}在源漏串联电阻 R_S和 R_D上产生压降。源电阻 R_S使加在栅源间的有效栅压下降，会影响饱和区跨导 g_m。漏电阻 R_D会使电流开始饱和时的源漏电压 V_{Dsat}增加，但 $V_{DS} > V_{Dsat}$时的 V_{DS}对输出电流没有影响，因此 R_D对 g_m没有影响，实测跨导满足

$$g_m = g_m^* / (1 + R_S g_m^*) \tag{9.23}$$

图 9.5 给出了由实测跨导推出本征跨导的原理。

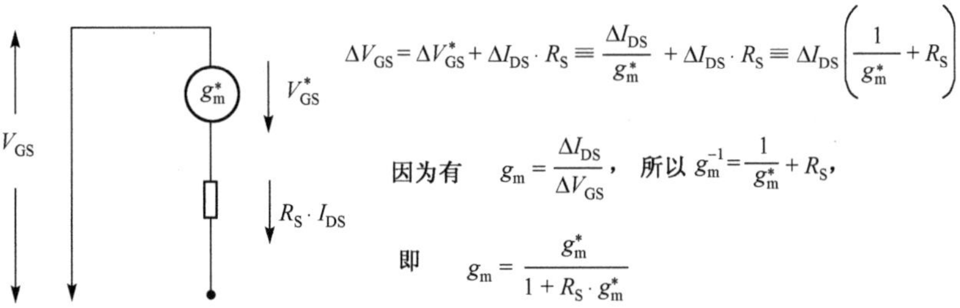

图 9.5　简化的等效电路和本征跨导推导过程

9.2.3　截止频率 f_T和最高振荡频率 f_{max}

截止频率 f_T 定义为共源等效电路中，通过输入电容的电流等于电流源的电流 $g_m V_{gs}$ 时的频率[6]，即电流增益 h_{21}下降为 1 时的频率。在不考虑寄生元件的情况下有

$$f_T = \frac{g_m^*}{2\pi C_G} \tag{9.24}$$

式中，g_m^* 为本征跨导，$C_G = C_1WL$ 是栅电容。

对于短沟道器件，频率极限主要受速度饱和限制。当沟道长度缩短到沟道载流子的漂移速度达到饱和时，栅极下电子的渡越时间为 $\tau = L/v_s$，跨导为 $g_m^* = C_1 v_s W$，由此得截止频率为

$$f_T = \frac{1}{2\pi\tau} = \frac{v_s}{2\pi L} \tag{9.25}$$

考虑寄生效应后，仍根据其定义可得 f_T 表达式变化如下：

$$f_T = \frac{g_m^*/2\pi}{(C_{GS}+C_{GD})[1+(R_S+R_D)/R_{DS}]+C_{GD}g_m^*(R_S+R_D)} \tag{9.26}$$

由以上关系式可见，要提高 f_T 需要提高跨导，减小栅电容，并减小源漏串联电阻 R_S 和 R_D，因此需要提高载流子迁移率，减小栅长，并减小源漏间距和欧姆接触电阻。

在输入输出匹配时，f_{max} 定义为单向功率增益 UPG 等于 1 时的频率。其公式为

$$f_{max} = \frac{f_T}{2\sqrt{(R_G+R_S+R_I)/R_{DS}+2\pi f_T R_G C_{GD}}} \tag{9.27}$$

式中，$R_I = \partial V_G/\partial I_G$ 为本征场效应管的输入电阻，其他物理量见图 9.4 的标注。实际器件中，要提高 f_{max} 需要提高 f_T，减小栅串联电阻 R_G 和源电阻 R_S。

实际器件的频率特性测量时，可以通过 S 参数测量得到 h_{21} 和 UPG，从而得到器件的 f_T 和 f_{max}。将 HEMT 器件看成一个二端网络[7]，输入信号加在栅和源上，输出信号从源和漏间测量。定义 a_1、a_2 为入射波，b_1、b_2 为反射波并且各自相互独立，如图 9.6所示，可得 S 参数线性网络方程为

$$\begin{cases} b_1 = S_{11}a_1 + S_{12}a_2 \\ b_2 = S_{21}a_1 + S_{22}a_2 \end{cases} \tag{9.28}$$

其中 S 参数的定义如下：

$$S_{ij} = \left.\frac{b_i}{a_j}\right|_{a_m=0} \quad \begin{matrix} S_{11} = \left.\dfrac{b_1}{a_1}\right|_{a_2=0} & S_{12} = \left.\dfrac{b_1}{a_2}\right|_{a_1=0} \\ S_{21} = \left.\dfrac{b_2}{a_1}\right|_{a_2=0} & S_{22} = \left.\dfrac{b_2}{a_2}\right|_{a_1=0} \end{matrix} \tag{9.29}$$

就物理意义而言，S_{11} 是器件输出端接匹配负载时的输入端电压反射系数，S_{12} 是器件输入端接匹配负载时的反向传输系数，S_{21} 是器件输出端接匹配负载时的正向传输系数，S_{22} 是器件输入端接匹配负载时的输出端电压反射系数。

器件 S 参数可以用网络分析仪测量，其大小与器件的电压、电流工作点以及频率有关。S 参数与 h_{21}、UPG 的关系如下：

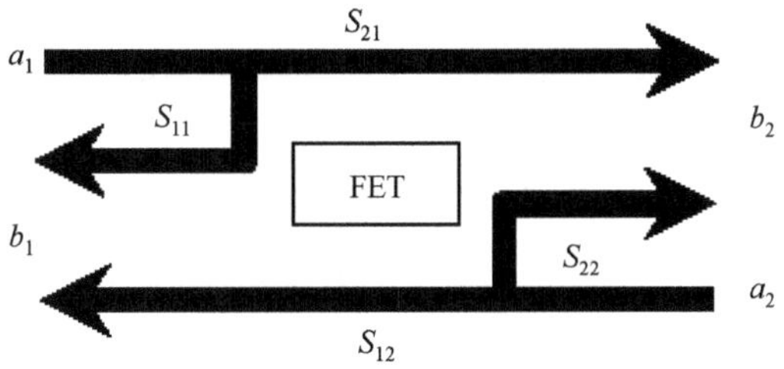

图 9.6　S 参数的原理示意图

$$h_{21}(\text{dB}) = 20\log\left[\frac{-2S_{21}}{(1-S_{11})(1+S_{22})+S_{12}S_{21}}\right] \tag{9.30}$$

$$\text{UPG}(\text{dB}) = 10\log\left[|S_{21}|^2\left(\frac{1}{1-|S_{11}|^2}\right)\left(\frac{1}{1-|S_{22}|^2}\right)\right] \tag{9.31}$$

通过测量变频 S 参数获得 h_{21} 和 UPG 变为 1 时的频率，就得到了器件的 f_T 和 f_{max}。

9.2.4　功率性能参数

对于正弦波形，根据最大输出电压和电流摆幅可得最大输出功率为

$$P_{om} = \frac{1}{8}I_{Dmax}(BV_{DS} - V_{Dsat}) \tag{9.32}$$

这样得到的功率的单位常用 mW，功率还有另一常用表示方法即 $10\log P_{om}$（以单位为 mW 的功率数值代入，得到的功率单位为 dBm）。要得到大的输出功率不仅要得到大的饱和源漏电流，还要尽可能地提高击穿电压和降低饱和电压（也称为膝点电压）。

功率性能的另外两个常见参数为增益 G 和功率附加效率 PAE。增益 G 定义为输出功率 P_{out} 和输入功率 P_{in} 的比值：

$$G = P_{out}/P_{in} \tag{9.33}$$

其常用表示方法为 $10\log G$（以单位为 mW 的功率数值代入，得到的增益单位为 dB）。增益通常随着 P_{in} 信号的增大而减低，若在较大的 P_{in} 信号范围内增益变化较小，则可认为器件的线性度较高，输出信号中的谐波分量较小。

功率附加效率 PAE 的定义为

$$\text{PAE} = (P_{out} - P_{in})/P_{DC} \tag{9.34}$$

可见 PAE 是输出信号功率与输入信号功率之差和直流电源功耗 P_{DC} 的比值，是一种对直流功率转化为交流输出功率的效率的衡量方式。通常随着输入信号 P_{in} 增大，PAE 和输出功率 P_{out} 逐渐增大，PAE 先达到饱和，开始下降，随后输出功率 P_{out} 达到饱和。

9.3　GaN HEMT 器件性能的优化措施

器件性能的优化方向取决于器件的应用场合。图 9.7 给出了 GaN 及其异质结的材料特性与应用于微波功率场合的 GaN HEMT 目标特性之间的关系。

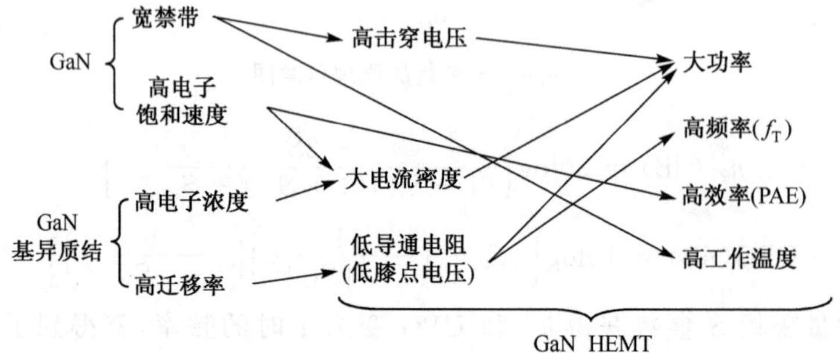

图 9.7　GaN 及其异质结的材料特性与 HEMT 目标特性之间的关系

在本书第 5 章中，已经对应用于 HEMT 器件的 AlGaN/GaN 异质结材料优化作了详细的分析。AlGaN 势垒层参数优化到一个范围(势垒层的 Al 含量为 15%～30%，厚度为 10～30 nm)，可以获得较高的沟道二维电子气密度且保持较高的迁移率和速度，同时又不引起势垒层应变弛豫。通常还引入 AlN 界面插入层和 GaN 帽层来进一步优化势垒层，这样则器件的输出电流密度、频率特性和功率特性有了基本的保证。高的器件输出阻抗要求缓冲层漏电小，可采用高结晶质量的本征材料或利用深受主掺杂补偿得到的高质量高阻缓冲层。好的夹断特性要求关态电流比开态电流至少小 3 个数量级，一方面可以用低漏电缓冲层实现，另一方面可以在异质结材料沟道下方采用本书第 6 章的背势垒结构来实现。

GaN HEMT 制备工艺的优劣也对器件的性能有直接影响。源漏欧姆接触电阻对器件的导通电阻、跨导和频率特性等都有影响，其数值应不大于沟道电阻。肖特基接触的漏电对器件的栅控能力、击穿电压和可靠性等都有影响，应尽量减小。由于材料中以表面陷阱为主的作用，GaN HEMT 器件有一种被称为电流崩塌的可逆退化现象(详见本书 11.1 节)。因此，需要在器件表面淀积介质薄膜，将器件表面无栅区的表面状态稳定下来，该工艺被称为表面钝化。尽管在不同的实验报道中钝化后器件的最大输出电流和击穿电压可能会上升或不变或下降，但大量的实验观察证明钝化是消除电流崩塌的重要措施，能提高输出功率密度和 PAE，现在已成为 GaN HEMT 制备的标准工艺。

除了材料结构和工艺的优化，GaN HEMT 器件还可以通过器件结构的优化来提高器件特性，主要集中在栅结构的优化。

减小栅长（同时应减小栅—沟道距离以避免短沟道效应）和源漏间距能够提高频率特性，栅的不同形状对截止频率 f_T 和最高振荡频率 f_{max} 的影响也不同。纵剖面保持粗细一致的栅（即 I 形栅）在足够小的栅长下能够获得极高的 f_T，但由于栅条极细使栅的串联电阻很大，f_{max} 并不高（明显低于 f_T）；为了在栅条变细的同时尽量不增大甚至减小栅串联电阻，通常要采用蘑菇栅、T 形栅或 Y 形栅，使得栅与半导体接触的部分尺寸（栅长）很小，而栅的顶部则尺寸较大。这样则 f_{max} 可以显著提高，但栅的顶部和半导体之间引入的寄生电容等对 f_T 有一定的负面影响（f_T 一般低于 f_{max}）。总而言之，频率特性的提高一方面要尽量提高 f_T，另一方面要尽量减小 f_T 和 f_{max} 的比值，这两个要求需要折中考虑。栅的形状设计需要考虑到器件频率特性要求以及栅的机械稳定性等因素，形状复杂的栅的光刻制作工艺也较复杂。

在栅下挖槽形成槽栅，可以减小栅和沟道之间的距离，提高跨导和频率特性。GaN HEMT 的槽栅通常以反应离子刻蚀（RIE）等干法刻蚀工艺实现，会引起表面损伤，可以通过适当温度的快速热退火（RTA）来恢复器件特性。实验观察到槽栅结构有利于减小电流崩塌，这可能是由栅与器件的表面态分开引起的。槽栅结构的主要设计参数是槽宽和槽深，槽宽的设计通常应使栅的边缘与槽的侧壁尽量贴近，减少刻蚀的表面积；若槽宽比栅长还小则形成所谓的埋栅结构，可以更好地抑制电流崩塌，也能获得比槽栅器件更大的输出电流和击穿电压。槽深需要根据器件的阈值电压目标来设定，阈值电压随槽深增加而正向增加，增强型 HEMT 的设计方法之一就是深槽栅。

在工作状态下的 GaN HEMT 器件中，器件的最大电场出现在栅极的漏侧边缘处，如图 9.8 所示。降低该电场峰值有利于提高器件的击穿电压，削弱强场电子效应从而抑制电流崩塌，提高输出功率密度和 PAE。要达到这一目的，可采用场板（field plate）结构，如图 9.9 所示。场板通常指与器件电极形成连接的金属板，可与器件电极或互连金属的制备（详见本书第 10 章）同步完成。场板通常与栅极或源极相连，栅场板位于栅漏之间，可降低栅极漏侧边缘的强电场，但会增大栅漏反馈电容，对功率增益有不利影响；源场板在比栅极高度还厚的介质层上延伸到栅漏之间来减小栅漏侧的强电场，会增大源漏电容，但其负面影响小于栅场板，因此源场板器件的大信号增益略高于栅场板器件。场板的设计参数包括场板的长度（即场板伸出栅极漏侧的长度）、场板与器件表面之间介质层的厚度。HEMT 器件中的场板结构需要合理设计，以确保场板可以有效调节器件沟道电场的分布，同时尽量减小其对器件电容的影响，获得最好的器件性能。

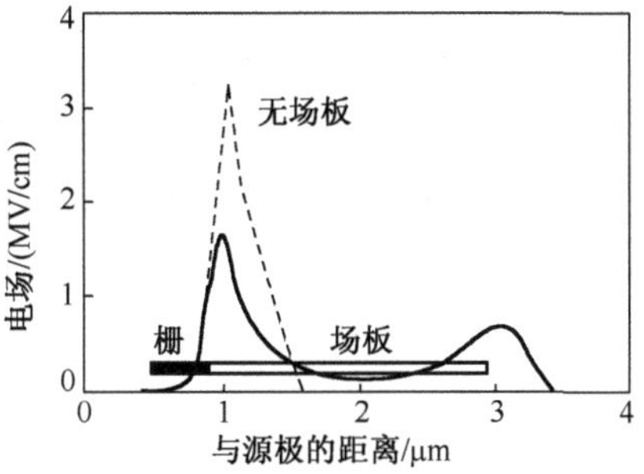

图 9.8　栅场板减小电场的作用

以上的性能参数优化讨论针对的是栅宽较小的小器件。为了提高器件的总功率

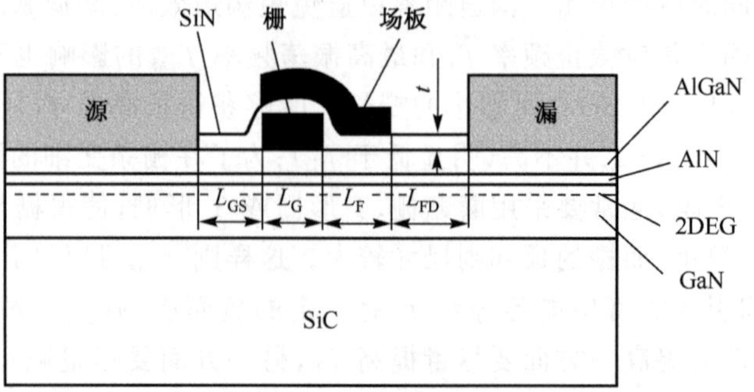

图 9.9　栅场板结构示意图[8]

就要增大器件的栅宽，比如总栅宽达到 1 mm 以上。节省芯片面积、提高成品率、减小电信号的相移等多种因素要求大栅宽器件采用多栅结构，即采用多根较小宽度的栅组合成较大的栅宽，通常有平行栅和鱼骨形栅两种结构，如图 9.10 所示。在平行栅结构中，信号从栅电极输入，分配到每个栅指，放大后在漏端被收集。中间的栅指信号和两侧的栅指信号有明显的相差，造成漏端信号产生相移。栅指个数越多，这种情况越严重，所造成的功率附加效率的下降越多。鱼骨形栅结构中，每个栅指单元信号所经历的总路程相同(栅指单元离输入信号最近时，则信号到达漏极后再传输到漏端键合点的距离最远；信号向更远的栅指单元传输时，栅指上信号传输路程增大，则漏极收集信号再传递出去的路程减小，故总路程不变)，不同栅指间信号的相移大为缩小，使功率附加效率提高。鱼骨形栅结构的栅指向两侧分布，还更有利于散热。鱼骨形栅结构的缺点是每个漏端的空气桥(电极间的金属连接桥，以空气作为桥下介质)都要从栅和源电极上跨过，造成较大的寄生电容，使得器件信号增益下降。综合看来，鱼骨形栅结构的功率附加效率还是优于平行栅结构。多指栅器件中，栅指的个数增加会增大不同栅指间的电延迟现象，影响器件的增益和效率；单个栅指的宽度增

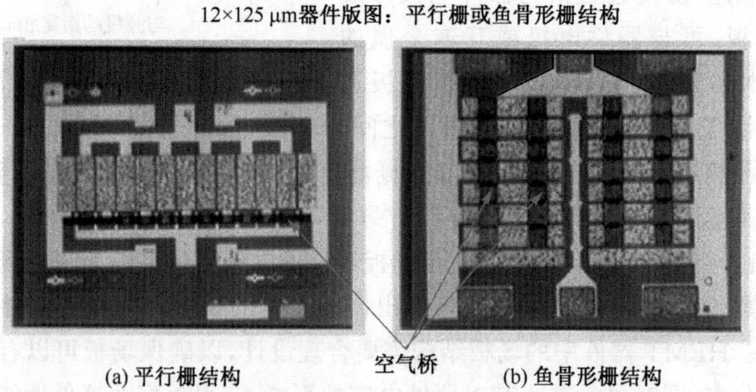

图 9.10　大栅宽 HEMT 器件的两种多指栅结构

大又会增大寄生电阻，同时也会产生额外的相移。所以多指栅器件的设计要综合考虑栅指宽度和栅指个数，同时注意器件的散热。

9.4　提高器件击穿电压的场板结构仿真和实现

如上节所述，栅场板能够降低器件中栅极的漏侧边缘处的电场峰值，有利于提高器件的击穿电压。本节以理论仿真和器件制备的实例讨论栅场板的结构优化作用。

9.4.1　场板 HEMT 器件的仿真优化

本节以 HEMT 器件为例，说明对一个场板器件进行优化的过程。首先，为了对比器件优化前后的特性，仿真采用的常规 HEMT 材料层结构与场板 HEMT (FP-HEMT)材料结构一致。该器件的材料层自下而上依次为：1.4 μm GaN 缓冲层、1.5 nm AlN 插入层、23 nm AlGaN 势垒层和 2 nm GaN 帽层，各层材料均未有意掺杂(基本结构如图 9.1 所示，中间增加了一个 AlN 插入层，最上面增加了一个 GaN 帽层)。AlGaN层的 Al 组分为 30%。基于二维数值仿真软件 SILVACO ATLAS建立 FP-HEMT 器件的数值仿真模型。仿真中，采用了 Shockley-Read-Hall 复合模型、Caughey 和 Thomas 迁移率模型、Van Overstraeten-de Man 碰撞电离模型，各层半导体材料的背景载流子浓度均为 $1 \times 10^{15}\ cm^{-3}$，栅电流主要由肖特基势垒隧穿和热离子发射两种机制贡献。在异质结界面处设置一层正电荷以模拟极化效应，由于该电荷密度与阈值电压以及跨导密切相关，将转移特性仿真曲线与测量结果相比较(如图 9.11所示)可知该面密度设为 $1.22 \times 10^{13}\ cm^{-2}$ 时仿真曲线与实验曲线的一致性最好。进行场板器件的仿真时，为了便于讨论，源漏间距取为 16 μm。

器件被偏置时，场板具有与所连接电极相近的电势，能够调制场板下器件区域的局部电场，因此栅场板能够减小栅极漏侧边缘处电场的峰值。图 9.12 给出了不同场板结构器件的关态击穿特性曲线的仿真结果，可见场板能够提高器件的击穿电压，在所仿真器件中场板长度 $L_{FP} < 1$ μm 时，器件击穿电压随 L_{FP} 迅速增加，$L_{FP} = 1$ μm 的器件的击穿电压为 500 V；$L_{FP} > 1$ μm 后，场板变长对击穿电压的改善作用变弱，器件的击穿电压逐渐趋于饱和。

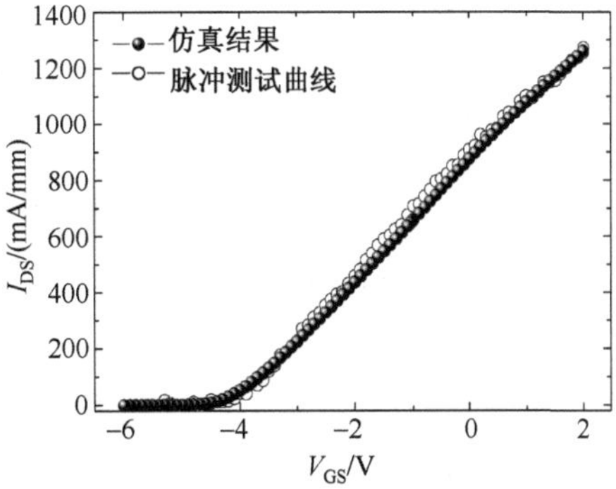

图 9.11　仿真得到的 FP-HEMT 器件转移特性曲线与实验结果的比较

图 9.13 给出了图 9.12(a)中各器件在

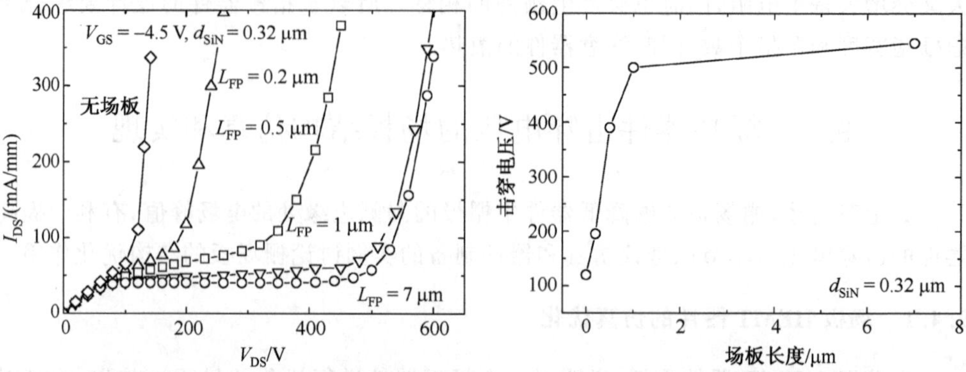

(a) I-V曲线比较，击穿电压定义为饱和漏极电流外推线与碰撞电离时迅速增加的电流部分的交点　　(b) 器件击穿电压与场板长度的关系

图 9.12　不同场板长度(L_{FP})的器件的关态击穿特性

漏源电压 V_{DS} = 500 V时的关态沟道电场随位置的分布情况，无场板器件沟道电场只在栅极漏侧边缘形成了一个超过 GaN 材料的击穿电场的电场峰值，器件已发生击穿；而对于各场板器件，沟道电场均出现了两个电场峰值，分别位于栅极漏侧边缘和场板漏侧边缘，并且两峰随 L_{FP} 增加而逐渐分离，同时栅极边缘的电场峰变弱而场板边缘的电场峰值变强，当场板长度达到 1 μm 时这两处的电场大小近似相等，且均小于 GaN 的击穿电场，因此理论上 1 μm 场板可以看做是最优化的场板结构。

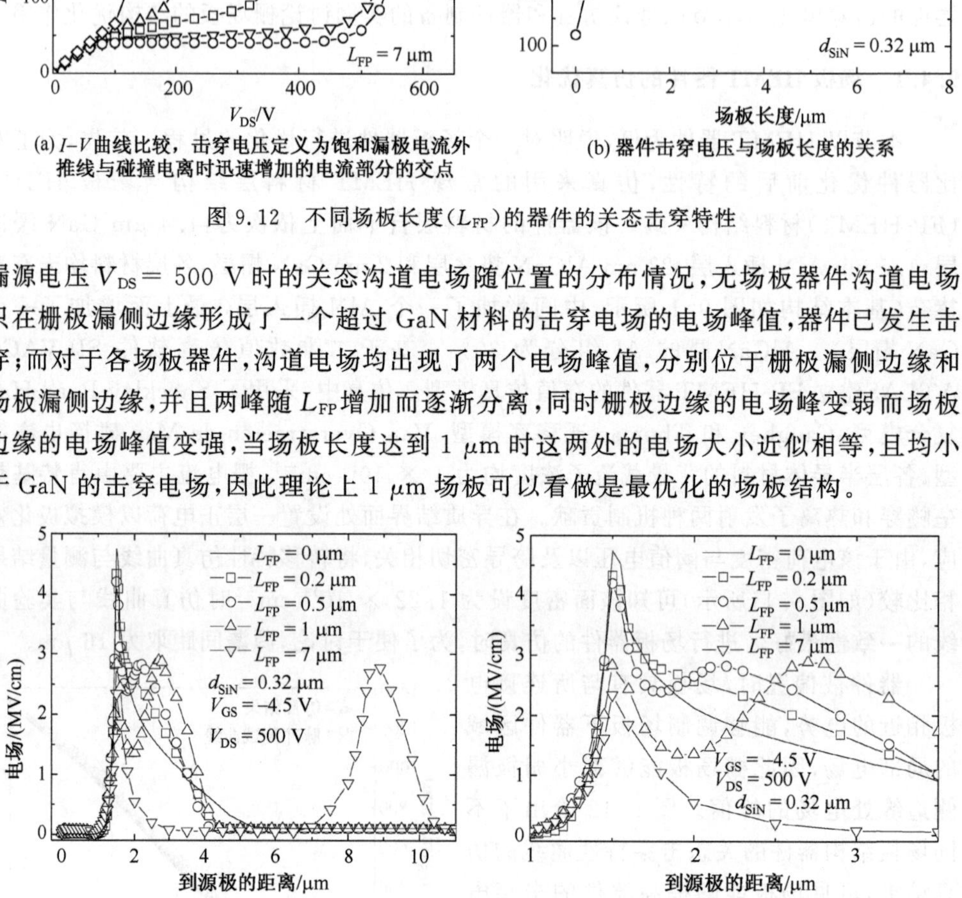

(a) 整体图　　(b) 局部放大图

图 9.13　各器件沟道电场随位置的分布

钝化层厚度对器件击穿特性也有显著影响。图 9.14 给出了器件击穿电压与钝化层厚度的关系(各场板器件采用 1 μm 场板)，随着钝化层厚度的增加，场板器件的击穿电压先逐渐增加，而后又减小。当钝化层厚度为 0.32 μm 时，器件可以获得最大击穿电压。图 9.15 给出了钝化层厚度对器件沟道电场的影响。图中 0.8 μm SiN FP-HEMT 器件的沟道电场分布与无场板器件非常类似，说明此时场板几乎失去了调制沟道电场

的能力，器件早已发生击穿。随着钝化层厚度的减小，器件栅极边缘的电场峰变弱而场板边缘的电场峰变强，说明场板的调制作用逐渐增强。当钝化层厚度增加到 0.32 μm 时，器件栅极边缘和场板边缘处的电场峰值基本相等，此时的场板结构为最优结构。更薄的钝化层则使栅极边缘电场峰更弱而场板边缘电场峰更强，从而降低击穿电压。

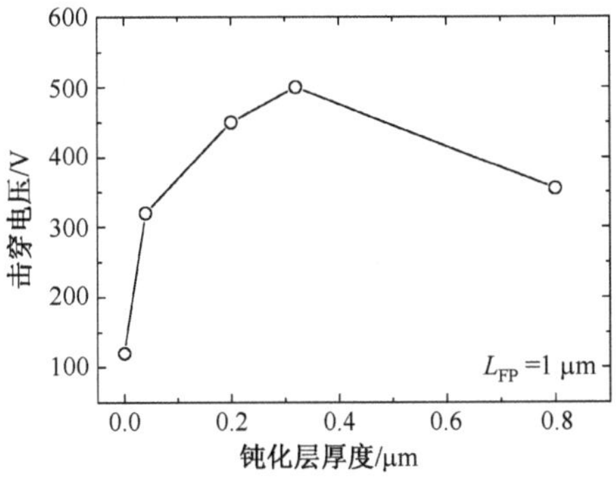

图 9.14　器件击穿电压与钝化层厚度的关系

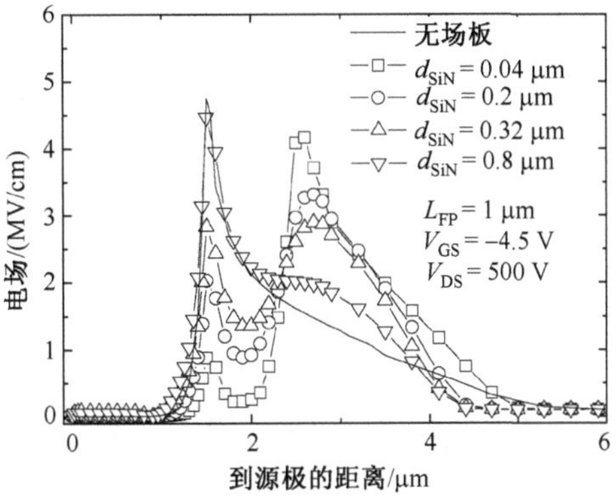

图 9.15　钝化层厚度对器件沟道电场的影响

9.4.2　场板 HEMT 器件的实现

场板 HEMT 器件需要考虑不同场板长度和源漏间距对器件的影响。图 9.16 给出了利用扫描电子显微镜(SEM)获得的器件局部表面俯视图，场板的有效长度为 L_{FP}。

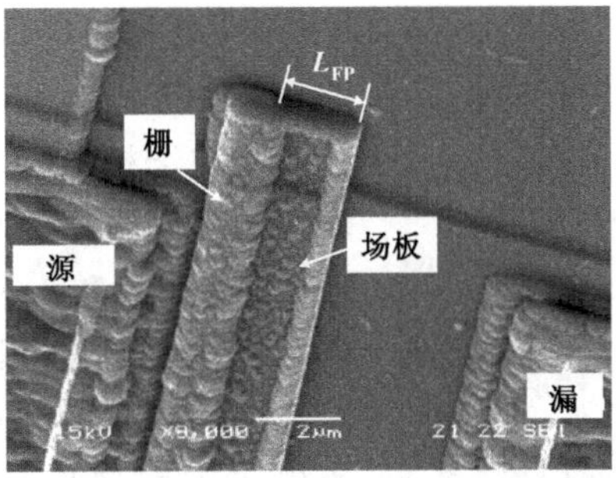

图 9.16　利用扫描电子显微镜(SEM)获得的 FP-HEMT 器件的局部放大图

场板 HEMT 器件的关态击穿特性曲线如图 9.17 所示，增加场板后 HEMT 器件的平均击穿电压大于 120 V。增加栅场板的长度 L_{FP} 能够增加器件的击穿电压，使器件输出功率增加，但场板和沟道间形成了附加电容，会使得器件的频率特性有一定的退化。图 9.18 给出的是场板器件的小信号特性，随着 L_{FP} 的增加，器件的截止频率和最高振荡频率都有所降低。

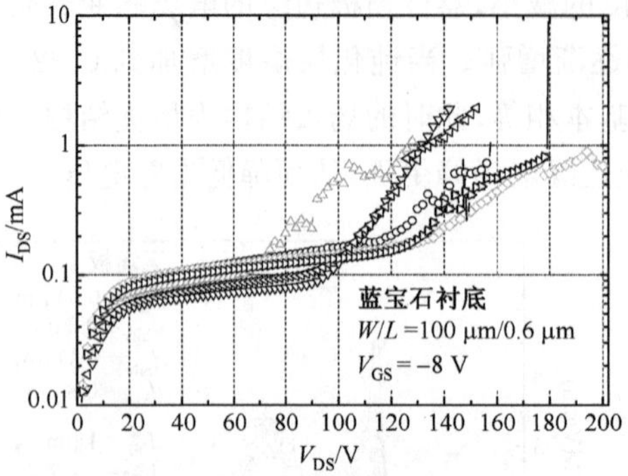

图 9.17　场板 HEMT 器件的关态击穿特性曲线

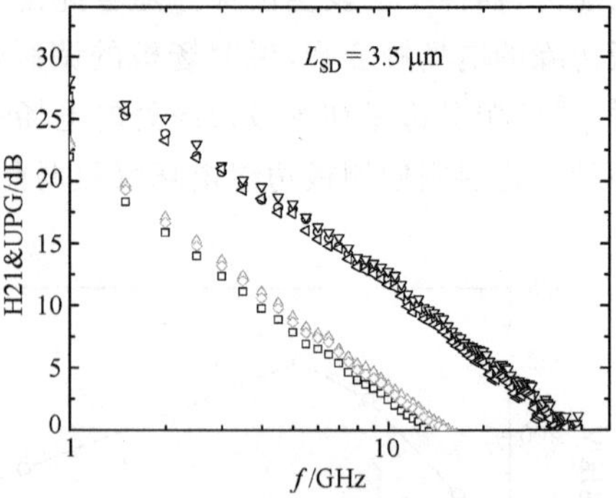

图 9.18　器件小信号特性同器件结构以及栅电压的关系

9.4.3　浮空场板结构的提出、优化和实现

在传统场板 FP-HEMT 器件基础上，借鉴二十世纪六七十年代 Si 平面器件中的场限环思想[9]，我们提出了一种更有利于提高击穿电压的新型场板结构器件——浮空复合场板器件[10,11]。如图 9.19 所示，浮空复合场板结构是由一个传统栅场板或源场板(CFP)结合若干个浮空场板构成，浮空场板不与任何电极连接。相比传统多层场板 FP-HEMT 器件，这类新型浮空场板 FP-HEMT 器件的优势在于通过增加浮空场板个数可以实现器件击穿电压的持续提高，而且制造工艺简单，与传统单层场板 FP-HEMT 器件工艺完全兼容。在图 9.19 中，W 表示场板宽度，L_{FP} 表示传统场板长度，L_{FFP} 表示浮空场板长度，s_n (n = 1、2、3…) 表示相邻两场板之间的间距，d 表示钝化层厚度，h 表示场板厚度，n 表示浮空场板个数。

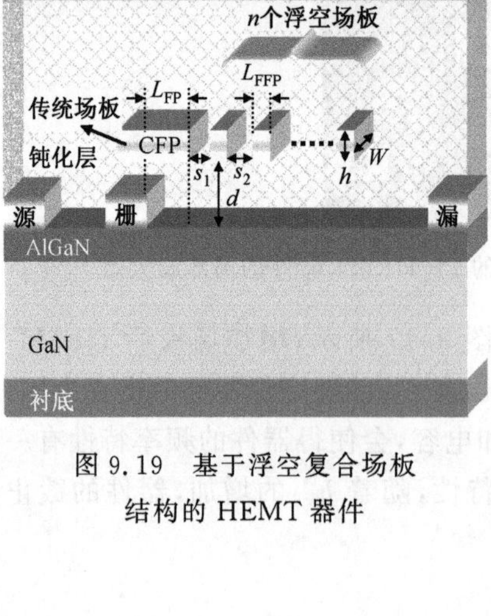

图 9.19　基于浮空复合场板结构的 HEMT 器件

浮空场板结构的优化目标为场板间距、场板厚度和钝化层厚度等参数。本书以具有 1 个传统场板和 1 个浮空场板的器件的场板间距优化为例说明其优化原理。设传统场板与浮空场板具有相同的长度 1 μm。图 9.20 给出了不同场板间距 s 时器件击穿特性比较，随着场板间距的增加，器件击穿电压先增加而后减小，这主要是由传统场板与浮空场板之间的静电感应发生变化所造成的，可借助图 9.21 中的器件沟道电场分布情况进行深入分析。当场板间距非常小时，传统场板与浮空场板之间的静电感应非常强，器件沟

道电场会出现两个主要的电场峰，分别位于栅极边缘和浮空场板漏侧边缘，而传统场板与浮空场板之间会产生一个弱电场峰，此时电场分布非常类似于传统长场板器件，说明浮空场板并没有起到足够的电场调制作用；随着场板间距增加，传统场板与浮空场板之间的静电感应逐渐减弱，浮空场板的调制作用越来越强，因此中间的电场峰逐渐增强；当 $s=0.21\ \mu m$ 时，器件沟道中的 3 个电场峰近似相等，此时浮空场板结构为最优结构，器件可获得最大击穿电压 750 V，这高于等效场板长度（2.21 μm）相同的传统场板器件的最大击穿电压（< 600 V），说明浮空复合场板结构是一种更高效的场板结构。当场板间距大于 0.21 μm 后，中间电场的峰值不断增强，而浮空场板边缘的电场峰不断减弱，可以预见当场板间距无限增加时，传统场板与浮空场板之间的静电感应逐渐消失，最终浮空场板下方和边缘的电场将减小至零，此时器件相当于传统场板器件。

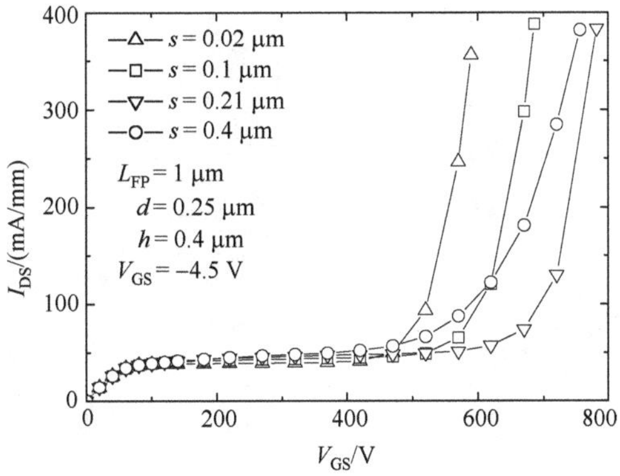

图 9.20　不同场板间距 s 时器件击穿特性比较

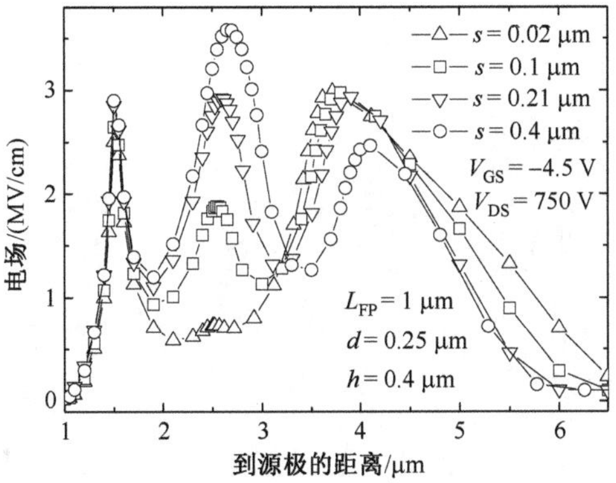

图 9.21　不同场板间距 s 时器件沟道电场分布比较

通过对包含 4 个浮空场板的浮空复合场板器件的理论仿真分析，获得了两方面非常有价值的规律，适用于 $n\ (n \geqslant 1)$ 个浮空场板的器件：

(1) 浮空复合场板器件场板下钝化层的最优厚度一般比没有浮空场板的传统场板器件场板下的钝化层最优厚度略小一些,且该最优厚度不受浮空场板个数的影响。

(2) 各场板最优间距可以通过依次增加浮空场板来获得,具有从栅极到漏极逐渐增大的规律,并且具有一定的相互独立性。

在理论分析的基础上,可以设计浮空复合场板 FP-HEMT 器件结构。我们采用方块电阻为 331 Ω/sq,电子迁移率为 1391 $cm^2/(V \cdot s)$的 GaN 异质结材料(结构与 9.4.1 节相似),其电子面密度为 $1.35 \times 10^{13}\ cm^{-2}$,器件栅长均为 0.6 μm,源漏间距为 7 μm,栅源间距为 0.8 μm,栅宽为 100 μm。图 9.22 给出了我们所研制的一个浮空复合场板器件的照片。图 9.23 给出了图 9.22(b)中虚线部分的扫描电子显微照片(SEM)。

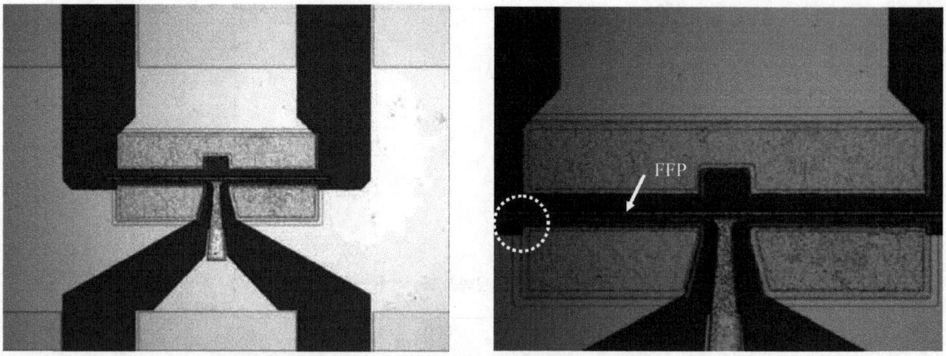

(a) 整体　　(b) 局部放大

图 9.22　一个浮空复合场板器件的照片

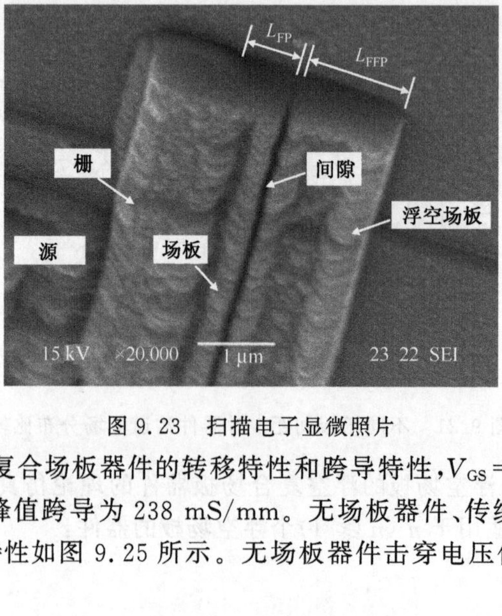

图 9.23　扫描电子显微照片

图 9.24 为浮空复合场板器件的转移特性和跨导特性,V_{GS} = 2 V 时饱和输出电流为 942 mA/mm,峰值跨导为 238 mS/mm。无场板器件、传统场板器件和浮空复合场板器件的击穿特性如图 9.25 所示。无场板器件击穿电压仅为 65 V,场板器件

击穿电压提高到 249 V。当场板间距增加到 200 nm 时，浮空复合场板器件的击穿电压提高到 294 V，说明浮空场板起到了调制沟道电场的作用；间距为 250 nm 的浮空复合场板器件的击穿电压最高，可达 313 V。

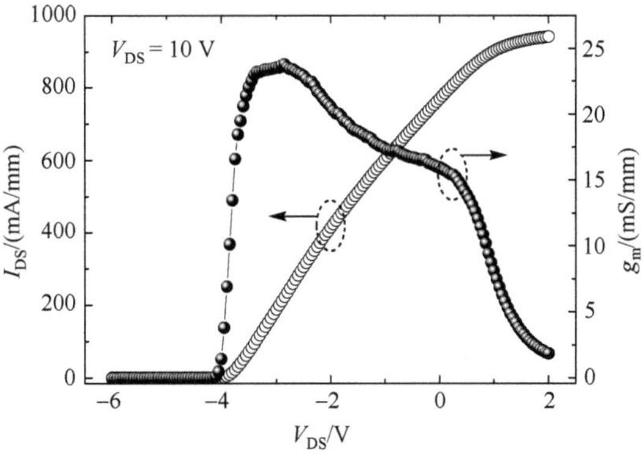

图 9.24　浮空复合场板器件的转移特性和跨导特性

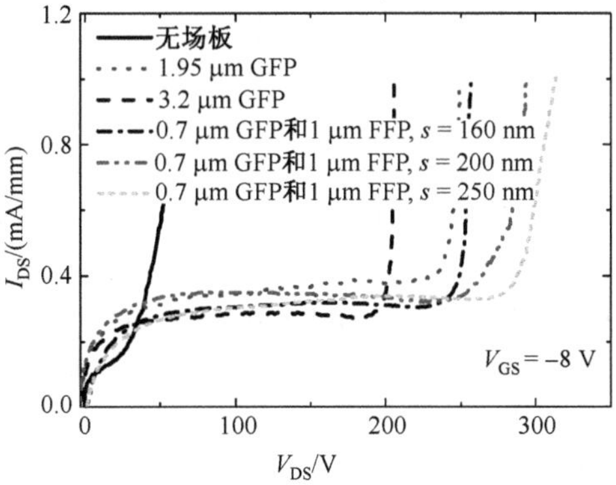

图 9.25　浮空复合场板器件的击穿特性

对图 9.25 中的无场板器件、1.95 μm GFP 器件以及 250 nm 场板间距 FFP 器件进行微波小信号测试，结果如图 9.26 所示。测试时所有器件漏压为 10 V，栅源偏置取峰值跨导处电压。由图 9.26 可见，无场板器件的频率特性最好，f_T为 17.4 GHz，f_{max}为 57 GHz；1.95 μm GFP 器件的 f_T减小到 10.3 GHz，f_{max}减小到 21.8 GHz。而等效场板长度（1.95 μm）完全相同的 FFP 器件的频率特性却有显著改善，其 f_T和 f_{max}分别提高到 13.8 GHz 和 34 GHz，这主要是由于浮空复合场板结构引入的附加电容小于传统场板所致。

通过以上的结果可以看到，浮空复合场板器件的击穿电压高、电流崩塌抑制能力强、频率特性好，且制造工艺简单，因此比较适合大功率微波器件的应用。

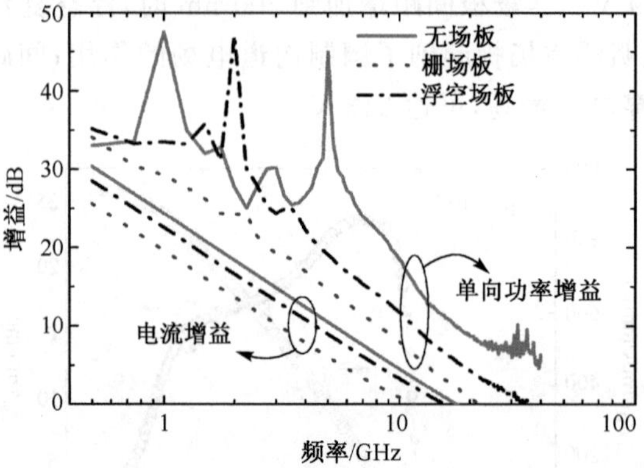

图 9.26 无场板器件和各场板器件的增益与频率的关系，V_{DS} = 10 V

参 考 文 献

[1] DELAGEBEAUDEUF D, LINH N T. METAL-(n) AlGaAs-GaAs two-dimensional electron gas fet[J]. IEEE Transactions on Electron Devices, 1982, ED-29(6): 955-960.

[2] RIDLEY B K. Analytical models for polarization-induced carriers[J]. Semiconductor Science and Technology, 2004, 19(3): 446-450.

[3] ROBLIN P, KANG S C, MORKOC H. Analytic solution of the velocity-saturated MOSFET/MODFET wave equation and its application to the prediction of the microwave characteristics of MODFET's[J]. IEEE Transactions on Electron Devices, 1990, 37(7): 1608-1622.

[4] RUDEN P P. Heterostructure FET model including gate leakage[J]. IEEE Transactions on Electron Devices, 1990, 37(10): 2267-2270.

[5] ALBRECHT J D, RUDEN P P, BINARI S C, et al. AlGaN/GaN heterostructure field-effect transistor model including thermal effects[J]. IEEE Transactions on Electron Devices, 2000, 47(11): 2031-2036.

[6] 张屏英，周佑谟. 晶体管原理[M]. 上海：上海科学技术出版社，1985.

[7] 廖承恩. 微波技术基础[M]. 西安：西安电子科技大学出版社，1994.

[8] WU Y F, SAXLER A, MOORE M, et al. 30-W/mm GaN HEMTs by field plate optimization[J]. IEEE Electron Device Letters, 2004, 25(3): 117-119.

[9] KAO Y C, WOLLEY E D. High-voltage planar p-n junctions[J]. Proceedings of the IEEE, 1967, 55(8): 1409-1414.

[10] 毛维，杨翠，郝跃，等. 凹槽绝缘栅型复合源场板的异质结场效应晶体管：中国，ZL200810232521.4[P]. 2009-04-22.

[11] 毛维，杨翠，郝跃，等. 凹槽绝缘栅型源-漏复合场板高电子迁移率晶体管：中国，ZL200810232530.3[P]. 2009-04-22.

第10章 GaN HEMT器件的制备工艺和性能

GaN HEMT 器件的制备工艺技术大体上与 GaAs 器件相似，主要包括有源区隔离、源漏极欧姆接触制备、栅极肖特基接触制备、器件表面钝化、电极互连等工艺。各单步器件工艺和清洗、光刻等都对器件的性能有影响。器件工艺线需要对各单步工艺进行充分的优化，并形成合理而稳定的全套器件工艺流程，所制备的 HEMT 器件管芯才能够正常地工作，表现出高水平的器件性能。

10.1 表面清洗、光刻和金属剥离

10.1.1 表面清洗

器件工艺开始之前的表面清洗是整个工艺的重要组成部分，它对于在器件表面淀积的金属或介质的黏附性以及最终的器件特性起着重要的作用。尽管有机溶液和酸碱溶液的清洗不能完全保证 GaN 表面达到原子级的清洁程度，但能够有效地去除 GaN 表面氧化层和玷污。

未经清洗的 GaN 表面主要含有无机和有机的污染物以及氧化层。表面有机物的去除主要通过使用醋酸、丙酮和乙醇；表面氧化层和非有机物的清洗主要使用 NH_4OH、$(NH_4)_2S$ 和 NaOH 溶液等。HF 和 HCl 尽管不能完全去除 GaN 表面的氧化物，但 HCl 溶液能够有效去除氧化物并降低氧元素的残余量；HF 溶液能够有效去除碳及碳氢化物引起的玷污。

AlGaN/GaN-HEMT 器件工艺开始之前，通常需要将生长好的异质结材料样品在丙酮(MOS 级)中进行超声(可反复多次)清洗，再放入加热的清洗剥离液中进行处理，最后用去离子水清洗干净并用氮气吹干。另外，在台面刻蚀后，要确保完全清洗刻蚀后的残余物质。在蒸发栅金属之前，可以对样片进行表面处理，能够改善肖特基势垒的理想因子。

10.1.2 光刻与金属剥离

在刻蚀和淀积金属前都要进行光刻，在晶片表面形成刻蚀区域或金属接触区域的图形。光刻后，待刻蚀或同金属接触的半导体材料被显露出来，晶片上其他部分的材料则被光刻胶覆盖和保护。在光刻中需要对曝光时间和显影时间进行优化，曝光过度或曝光不充分都会对光刻的图形产生影响。曝光不充分使得在显影中不能把需

要暴露的半导体材料完全暴露出来,可能使剥离工艺完全失败。曝光时间过长会使光刻图形的轮廓线条参差不齐,尤其在淀积细栅条金属的情况下,会严重影响器件的正常特性。大栅宽的多指栅器件是对光刻工艺水平的一个很好的考验,图 10.1 所示是优化的光刻工艺下多指栅器件刻蚀出的细栅条窗口图形,线条平直性和窗口拐角处的直角都很好。

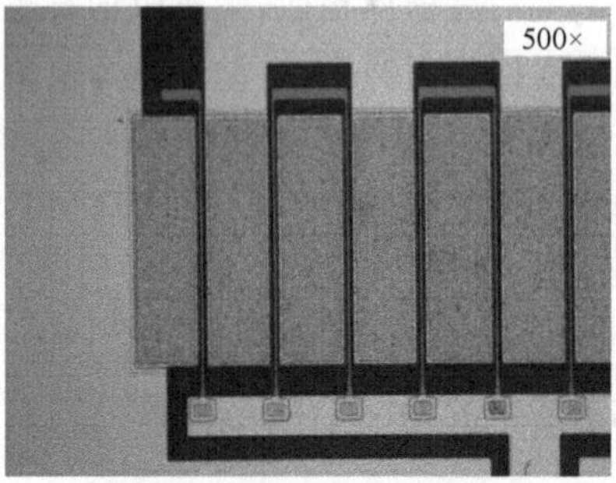

图 10.1　优化的光刻工艺下多指栅器件刻蚀出的细栅条窗口,线条平直性很好

制备金属接触时,在光刻和金属淀积后,去除晶片表面剩余的光刻胶及胶膜上不需要的金属的工艺即为金属剥离工艺。剥离通常以在丙酮中超声的方式实现。理想状态下,剥离之后只有接触区的金属保留下来,形成有用的金属图形结构。在没有充分优化的曝光和显影的实际操作中,需要淀积金属的材料表面往往会残存一层难以观察到的光刻胶薄膜,这层薄膜的存在会影响金属和半导体之间良好的接触。在超声的过程中,一些需要留下来形成接触的金属也会被剥离掉,影响剥离工艺的成品率。在栅条很细的器件中,光刻和金属剥离工艺的综合优化对栅的成品率有很大的影响。

10.2　器件隔离工艺

10.2.1　器件隔离方法

由于大功率器件是由诸多的小栅宽器件并联而成的,通常器件之间需要隔离,目的是阻断单个器件与器件之间载流子的流动,令每个器件都位于隔离区围成的“岛”(称为隔离岛)中。器件隔离通常有两种方法,一种是离子注入形成高阻区实现器件间隔离,另外一种是台面刻蚀实现器件间导电通道的阻断。无论是哪种方法,都要求将各器件的势垒层之间和沟道层之间完全阻断,形成完美的隔离岛区域。

离子注入隔离工艺的优点是能够形成完全平面化的隔离岛,有利于提高 HEMT 器件及其单片微波集成电路工艺的成品率和均匀性。离子注入结合高温退火能够形成补偿型高阻区域实现隔离,主要有两种机理,一种是注入损伤补偿,另一种是化学型补偿[1]。损伤补偿情况下,注入后退火温度升高,注入区电阻首先由于损伤的修复作用上升到一个极大值,随后当更高温度的退火令损伤引起的缺陷密度继续减小而不足以补偿材料时,电阻率则下降。化学补偿情况下,注入后退火温度升高,注入区电阻首先升高，然后在高温下稳定，材料中形成热稳定的补偿深能级。目前能够在氮化物材料中实现注入隔离的离子种类很多，包括 H^+、He^+、B^+、N^+、O^+、F^+、P^+/He^+、Ar^+、Zn^+等。例如 N^+，当注入剂量为 $1\times10^{12}\sim1\times10^{13}$ cm^{-3}时可以有效补偿 p 型和 n 型 GaN。其补偿机制为损伤补偿，注入区电阻随退火温度升高达到最大值，对 n 型和 p 型 GaN 分别在 850 ℃和 950 ℃退火后显著减小。注入引起的缺陷能级对 n 型和 p 型 GaN 分别为 0.83 eV 和 0.90 eV，可实现大于 1×10^9 Ω/sq 的高阻。较轻离子（如 H^+）的注入深度大有利于实现深隔离，但热稳定性比较差；而较重的离子注入后所形成的高阻热稳定性好，但可能引起较大的注入表面损伤，严重的情况下引起材料无定形化、分解形成多孔状等，因此在注入条件如剂量、离子密度和能量以及退火条件等方面需要优化工艺。

台面刻蚀通过在器件之间刻蚀出深度远远大于沟道的沟槽来形成隔离区，最大的优点在于工艺设备成本低，工艺较简单易行，因此在 GaN HEMT 器件中应用广泛。GaN HEMT 的台面刻蚀一般采用干法刻蚀。

10.2.2　常见 GaN 干法刻蚀方法

通常，GaN 材料是化学稳定性很好的化合物，其键能达到 8.92 eV。在室温下，GaN 不溶于水、酸和碱，在热的碱溶液中以非常缓慢的速度溶解，所以用湿法刻蚀很难获得满意的刻蚀速率，可控性较差。干法刻蚀技术具有各向异性、对不同材料选择比差别较大、均匀性与重复性好、易于实现自动连续生产等优点，所以反应离子刻蚀（RIE）、电子回旋共振等离子体（ECR）、感应耦合等离子体（ICP）等多种干法刻蚀方法（如表 10.1 所示）被应用于 GaN 材料的刻蚀中。

表 10.1　几种常见的 GaN 干法刻蚀方法对比

名　称	等离子体密度/cm^{-3}	工作气压/mTorr	优缺点
RIE	$<1\times10^9$	10～200	刻蚀速率可控性强，离化率低，离子沾污较大
ECR	$>1\times10^{11}$	1～5	高电离率，高各向异性，离子能量低
ICP	$>1\times10^{11}$	1～50	廉价，作用面积大，高选择性和方向性

（1）RIE

Adesida 等人首先报道了用 RIE 刻蚀 GaN 材料，获得了大于 500 Å/min 的速率[2]。RIE 是通过射频二极放电产生的高频等离子体对位于射频电极之上的基片进行刻蚀。磁增强反应离子刻蚀（MERIE）方法则能够在不影响刻蚀速率的前提下减小离子能量，从而减小离子损伤，同时提高等离子体浓度。Mouffak 等人[3]报道了采用光辅助的 RIE 刻蚀技术（PA-RIE），该刻蚀技术的刻蚀损伤比 RIE 明显减小。

（2）ECR

Pearton 等人首先报道了用 ECR 刻蚀 GaN 材料，在 150 V 偏置电压下用 Cl_2/

H_2混合气体获得了 700 Å/min 的速率[4]。ECR 等离子体刻蚀在刻蚀速率、选择性、方向性、损伤等方面具有较高的综合指标。

(3)ICP

Shul 等人首先报道了采用感应耦合等离子体(ICP)的刻蚀方法,用 $Cl_2/H_2/Ar$ 气体刻蚀 GaN 材料获得了 6870 Å /min 的速率[5]。ICP 系统具有两个独立的 13.56 MHz 射频功率源,其中一个在反应室顶部产生等离子体,另一个连接到反应室外的电感线圈上,提供了一个偏置电压(自偏压)给等离子体提供一定的能量,达到垂直作用于基片的目的。

(4)IBE、LE^4

利用具有一定能量的离子束轰击基片表面进行刻蚀称为离子束刻蚀(IBE)。IBE 刻蚀的方向性好,各向异性强,它的缺点是纯物理过程导致的刻蚀选择性差及较低的刻蚀速率。反应离子束刻蚀(RIBE)技术以不同的反应气体代替了惰性气体,从而提高了刻蚀速度和选择性。低能量电子增强刻蚀(LE^4)是利用较低能量(< 15 eV)的电子与刻蚀材料表面发生作用,造成的刻蚀损伤较小。

10.2.3 等离子体刻蚀的机理和评估

等离子体刻蚀包括两个部分:离子物理轰击和化学反应。离子物理轰击是等离子体中被加速的高能离子对材料进行轰击从而去除材料表面的部分,强度和衬底偏压有关。物理轰击有利于刻蚀的各向异性,但会对表面造成损伤,形成粗糙的表面、悬挂键、缺陷等,同时降低刻蚀选择比。等离子体还会与材料表面发生化学反应,生成可挥发的刻蚀产物从而去除材料表面的部分。在较低的离子能量下,化学反应不仅向下而且向两侧腐蚀,是各向同性的刻蚀,这对器件加工不利,但是也减弱了离子轰击作用,从而减小刻蚀损伤。理想的刻蚀过程是两种刻蚀机制很好地结合,这样才能达到刻蚀速率和形貌的优化。

等离子体刻蚀 GaN 材料通常用 Cl_2、BCl_3、$SiCl_4$、I_2、Br_2、CH_4、SF_6 等作为气体源,与 Ar、H_2、N_2 等气体混合作为刻蚀气体。各种刻蚀气体的成分和组分的不同组合能获得不同的刻蚀速率和不同的选择比。刻蚀速率、刻蚀形貌与刻蚀产物的挥发性密切相关,表 10.2 给出了常见 GaN 刻蚀反应产物的沸点。

表 10.2 不同气体刻蚀 GaN 材料的反应产物的沸点

刻蚀产物	$GaCl_3$	GaI_3	$GaBr_3$	$Ga(CH_3)_3$	GaF_3	NH_3
沸点/℃	201	345	279	55.7	1000	−33

对于含 Ga 和含 Al 的材料,Cl 基等离子体能获得很好的刻蚀效果。使用 CH_3/H_2 也能刻蚀含 Ga 的材料,其刻蚀产物是 $Ga(CH_3)_3$,相比 $CaCl_3$ 它有更低的熔点,挥发性较好,但是刻蚀速率较低。这说明刻蚀过程是一个很复杂的过程,反应产物的形

成、淀积以及气相动力学等都能影响刻蚀速率。对于含 In 的氮化物材料，由于 $InCl_3$ 的低挥发性，只有在温度提升到 130 ℃以上，Cl 基等离子体刻蚀才能获得较为满意的刻蚀效果；而使用 CH_3/H_2 基等离子体则刻蚀效果很好，因为刻蚀产物 $In(CH_3)_3$ 有很好的挥发性。

刻蚀工艺的衡量指标通常包括刻蚀速率、刻蚀方向性、选择比和刻蚀损伤等。刻蚀方向的各向异性被定义为垂直刻蚀速率与水平刻蚀速率之比。选择比是指两种不同材料的刻蚀速率之比，用显微镜或表面形貌分析仪来分析两种材料的刻蚀速率关系可以得出选择比。在器件有多层材料组成的结构中，需要刻蚀在器件某一层停止时，刻蚀的选择比就变得非常重要。刻蚀损伤主要包括电学特性损伤和物理损伤。电学特性损伤可以用刻蚀前后的材料电导率来衡量，槽栅刻蚀损伤可以用肖特基接触的泄漏电流衡量。物理损伤通常以材料表面的粗糙度变化来衡量。图 10.2 给出了 ICP 对采用 MOCVD 方法在蓝宝石衬底上生长的 GaN 和 $Al_{0.27}Ga_{0.73}N$ 材料的刻蚀速率和选择比随 ICP 自偏压变化的关系曲线[6]，刻蚀条件为 Cl_2 20 sccm，Ar 10 sccm，ICP 功率为 600 W。在 AlGaN 的 Al 组分增加时，GaN/AlGaN 选择比会增大，AlGaN 刻蚀速率会减小。由于刻蚀条件的优化与刻蚀的方法、设备类型紧密相关，这里不作详细介绍。图 10.3 给出了 ICP 刻蚀 GaN 材料形成台面的俯视图，可见边缘陡直、表面光滑，满足器件的工艺要求。

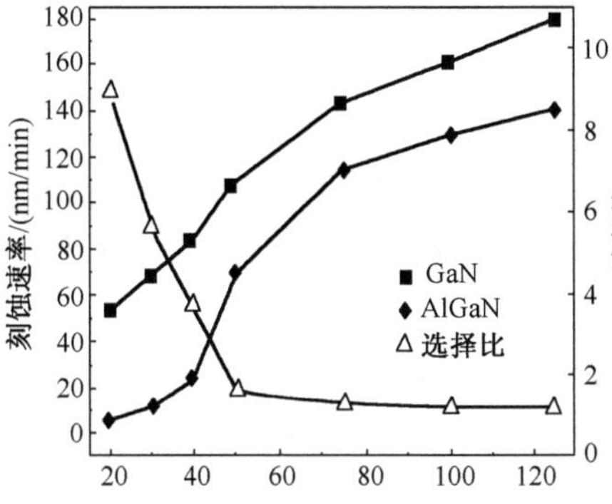

图 10.2　GaN 和 AlGaN 的刻蚀速率随 ICP 自偏压的变化

图 10.3　光学显微镜观察刻蚀后台面边缘的图像

10.3　肖特基金属半导体接触

GaN HEMT 器件的源栅漏电极通常采用金属电极，其中栅极要形成有整流特性的肖特基接触，源极和漏极要形成欧姆接触。淀积金属电极的方法主要有真空蒸发、磁控溅射等。肖特基栅的质量好坏是 AlGaN/GaN HEMT 特性的决定性因素之一，栅漏电是低频噪声的主要来源，栅反向击穿电压决定着器件的工作电压和功率容限。

对于 AlGaN、GaN 这类宽禁带半导体，大量实验表明其金-半接触的肖特基势垒高度主要取决于金属的功函数和半导体的亲和能之差，而不像 GaAs 和 InP 等半导体主要取决于金-半接触表面的费米能级钉扎效应。功函数高的金属如 Pt(5.65 eV)、Ir(5.46 eV)、Ni(5.15 eV)、Pd(5.12 eV)、Au(5.1 eV)都常用做肖特基栅，其中 Ir 和 Ni 与 AlGaN 和 GaN 材料的黏附性最好；而 Ni 较为廉价，因此在器件制造时通常采用 Ni 作为栅金属的底层金属，以确保在栅金属剥离等工艺中栅极不会脱落。为了减小栅串联电阻从而提高器件的频率特性并减小噪声系数，通常要在 Ni 上再淀积 Au 作为第二层金属以增强肖特基栅的导电性。Ni/Au 金属体系是目前 AlGaN/GaN HEMT 肖特基栅最常用的金属。

为了对肖特基接触的性能和电流输运机理作出正确的判断，首先应了解肖特基接触特性参数的提取方法。

10.3.1 肖特基结特性参数的提取方法

GaN 或 AlGaN 单外延层上的肖特基势垒高度可以用 *I-V* 法和 *C-V* 法来提取。利用 *I-V* 测试评估肖特基接触特性通常以热离子发射模型分析：

$$I = I_S\left[\exp\left(\frac{eV - IR_S}{nk_B T}\right) - 1\right],$$

$$I_S = AA^{**}T^2\exp\left(-\frac{e\phi_b}{k_B T}\right) \tag{10.1}$$

式中，e 为基本电荷电量，R_S 为二极管串联电阻，n 为理想因子，A 为肖特基结面积，A^{**} 为 Richardson 常数，$e\phi_b$ 为有效势垒高度，k_B 为玻尔兹曼常量，T 为绝对温度，V 为外加电压。

当 $V > 3k_B T$ 时，同时不考虑高电压时 R_S 对电流特性的影响，方程可以简化为

$$I = I_S\left[\exp\left(\frac{eV}{nk_B T}\right)\right] \tag{10.2}$$

两边取对数得到

$$\log I = \log I_S + \frac{1}{\ln 10} \cdot \frac{eV}{nk_B T} \tag{10.3}$$

根据式(10.3)，将测得的 *I-V* 特性画出 $\log I$ 与 V 的关系曲线，对其进行线性拟合，可以得到理想因子 n 和饱和电流 I_S；根据式(10.1)中 I_S 的表达式，$\log(I_S/T^2) \sim (C'/T)$ 曲线[Richardson 曲线，其中 C' 为常数，$\log(I_S/T^2)$ 也可取 $\ln(I_S/T^2)$]理论上应为直线，由其斜率可以计算出肖特基势垒高度。通常当理想因子 $n \leqslant 1.2$ 时，热离子发射模型是电流输运的主要机制，当其他机制如隧穿比较明显时 n 会显著增大。

利用 *C-V* 测试评估肖特基接触特性可提取肖特基势垒高度和掺杂浓度 N_D，其

关系式如下：

$$\frac{1}{C^2} = \frac{2}{A^2 e\varepsilon_S N_D}\left(\phi_b - V_n - V - \frac{k_B T}{e}\right) \tag{10.4}$$

式中，ε_S为材料的介电常数，V_n为平带条件下导带底与费米能级的能量间距对应的电压：

$$V_n = \frac{k_B T}{e}\ln\frac{N_C}{N_D} \tag{10.5}$$

因此 $1/C^2$ 与电压 V 具有线性关系，设该直线的斜率为 K_C，其延长线在电压轴的截距为 V_{int}，则有

$$N_D = \frac{2}{A^2 e\varepsilon_S}\cdot\frac{1}{K_C},\quad \phi_b = |V_{int}| + \frac{k_B T}{e}\ln\frac{N_C}{N_D} + \frac{k_B T}{e} \tag{10.6}$$

10.3.2　GaN 和 AlGaN/GaN 异质结上肖特基结的特性评估

由于材料样品的质量和生长条件、表面状态、肖特基接触工艺的差异，GaN 肖特基接触电流输运可能有多种机理。Zhang 等人认为近界面处的电子陷阱能级辅助发射是室温下漏电的主要机制[7]。Sawada 等人利用表面缺陷模型（surface patch model）来解释泄漏电流过大的原因[8]，他们认为在表面缺陷处肖特基势垒高度下降 0.4 eV，从而引起泄漏电流的显著增大。也有若干分析报道采用 TSB 模型（thin surface barrier model）来解释电流输运。TSB 模型假定 GaN 表面存在着高的缺陷态密度，使得肖特基势垒宽度变薄；GaN 上的肖特基电流输运机制包括热离子发射、热离子场发射和场发射 3 种，随着工作温度的不同以及肖特基二极管制作材料的差异，其中一种或者两种将会起到主要的作用[9]。

我们用 300～550 K 的变温 *I-V*（*I-V-T*）和变温 *C-V*（*C-V-T*）实验测量了 n 型 GaN 上制作的肖特基二极管的特性，以 TBS 模型给出了肖特基特性的分析[10]。图 10.4 所示为 *I-V-T* 曲线及其 Richardson 曲线。随着温度的升高，Richardson 曲线的斜率绝对值变大，表明电子的激活能增大。然而即使在高温部分（400～550 K），由曲线拟合出的电子的激活能也只有 0.26 eV，说明反向电流的输运在室温下主要是场发射（隧穿电流）。在高温下材料表面位于导带下 0.26 eV 的电子陷阱能级能够辅助电子进行隧穿，热离子场发射占优势[11,12]。

图 10.5 所示为肖特基接触的 *C-V-T* 特性，图 10.6 为 *I-V-T* 和 *C-V-T* 两种不同的测量方法提取的势垒高度随温度的变化关系。从图 10.6 中可以看 *C-V* 法提取的势垒高度在低温时要高于 *I-V* 法提取的势垒高度，而高温部分 *C-V* 提取的势垒高度反而小于 *I-V* 法提取的势垒高度。这是由于高温下正向电流中的场发射分量的影响下降，使得 *I-V* 曲线提取的势垒高度升高；而高温下电子被陷阱能级捕获/释放过程造成的附加电容使得 *C-V* 法提取的势垒高度有所下降。高温下 *I-V* 提取的势垒高度与低温下 *C-V* 提取的势垒高度非常接近，都为 1.1 eV 左右，与 Ni 的功函数

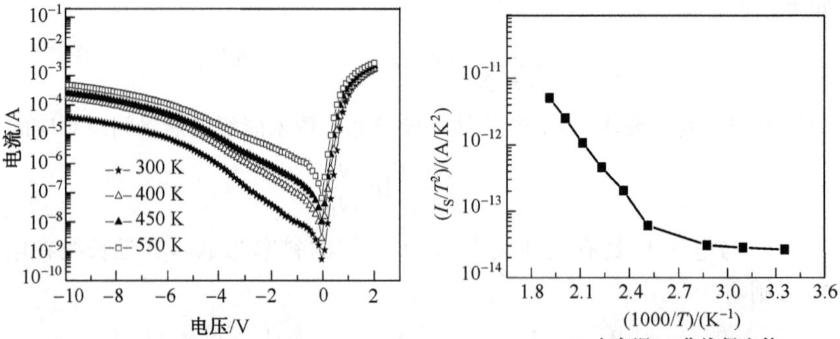

(a) 变温 *I-V* 曲线　　(b) 由变温 *I-V* 曲线得出的 Richardson 曲线，*T* 为温度

图 10.4　Ni/Au 肖特基二极管的 *I-V-T* 特性

(5.15 eV)计算出的势垒高度一致，表明这两种情况下提取的势垒高度比较接近真实值，这个现象与 Sawada 等人在文献[8]中报道的结果一致。

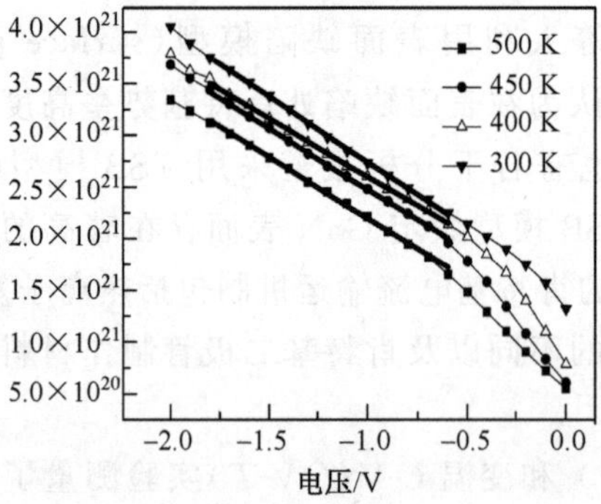

图 10.5　肖特基二极管的 *C-V-T* 特性

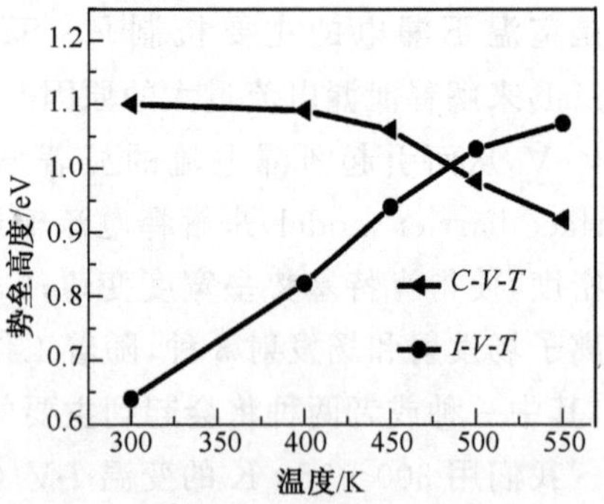

图 10.6　*I-V-T* 与 *C-V-T* 提取势垒高度随温度的变化

总之，GaN 上肖特基接触的电流输运机制主要遵循热离子发射模型，隧道电流和表面缺陷辅助隧穿效应也有贡献；真实肖特基接触势垒高度宜采用高温 *I-V* 或者室温 *C-V* 测试分析的方法得到。

由于 AlGaN/GaN 异质结界面势垒和 2DEG 的存在，使得 AlGaN/GaN 异质结上肖特基二极管等效结构很复杂，不像体材料那样仅有金-半接触界面势垒，所以在 AlGaN/GaN 异质结上制备的肖特基接触的势垒高度和理想因子难以采用 *C-V* 或 *I-V* 测量结果进行定量分析。然而，AlGaN/GaN 异质结的正向 *I-V* 特性仍然可用于粗略地估计势垒高度和电流输运机制，log*I-V* 关系曲线在对数坐标 *Y* 轴的截距能定性地反映肖特基势垒的情况，截距越小说明除热离子发射外的泄漏电流也越小。图 10.7给出了 AlGaN/GaN 肖特基正向 log*I-V* 特性，可以看出，在未掺杂 AlGaN/GaN 异质结上制作的肖特基正向特性有较小的电流轴正向截距，而且正向电流上升速度较快。在 Si-AlGaN/GaN 中可能存在隧穿电流或陷阱辅助隧穿电流，导致电流轴截距显著增大。

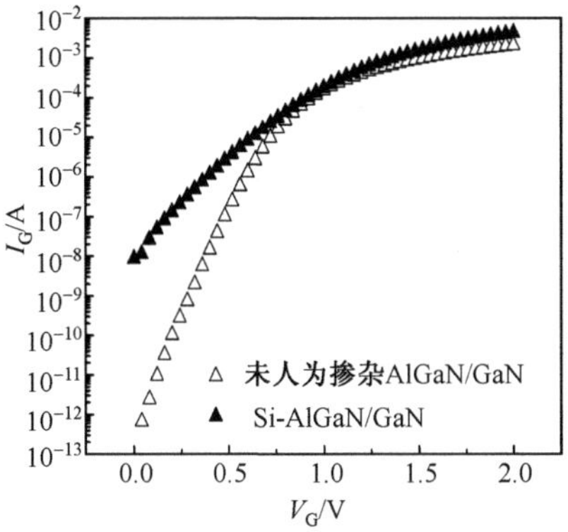

图 10.7　AlGaN/GaN 肖特基正向特性

10.3.3　不同溶液预处理对肖特基结特性的影响分析

为了保证肖特基金属淀积在清洁无污染的半导体材料表面上，形成紧密的金-半接触，可以在金属淀积前用一些溶液对材料作表面预处理。不同溶液对 AlGaN/GaN 异质结材料表面处理后，肖特基接触的 *I-V* 特性如图 10.8 所示，可见 HCl 和 HF 溶液处理后的肖特基特性较好。利用扫描电镜对用 HCl 溶液清洗前后的 AlGaN/GaN 表面进行元素分析发现，经过 HCl 溶液清洗过的材料表面的氧元素含量从清洗前的 8.14%降低到清洗后的 0。清洗后的材料表面不可能完全没有氧化物，很可能是氧化物非常少，低于仪器的探测下限。因此，HCl 溶液能够去除 AlGaN/GaN 表面的 Al_2O_3、Ga_2O_3 等氧化物。HF 溶液也具有类似的作用。采用 KOH 和 $(NH_4)_2SO_4$ 溶液进行表面处理的效果则不理想，可能是由于材料在碱性溶液中被腐蚀，放大了缺陷对肖特基的不利影响。

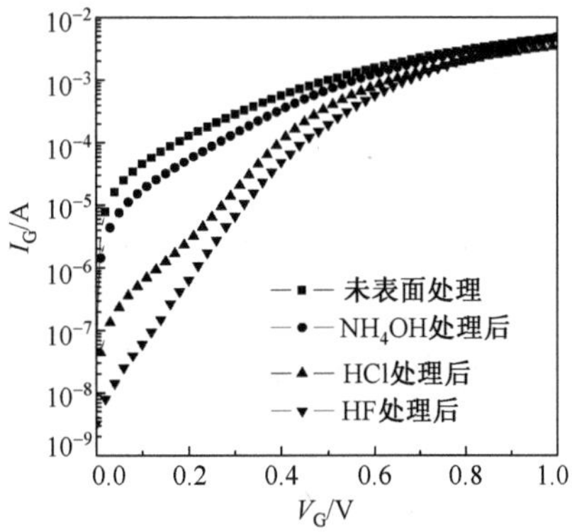

图 10.8　不同溶液表面处理肖特基接触的 *I-V* 特性

10.4　欧姆接触

欧姆接触主要形成 HEMT 器件源极和漏极的电极，其性能的优劣将直接影响器件的输出源漏电流和膝点电压。目前大多数 n-GaN 基欧姆接触包含 4 层金属，最常见的情况为Ti/Al/Ni/Au(自底向上),在4层金属淀积后需要快速热退火(RTA)工艺来形成欧姆特性。结构如此复杂的金属接触中,各层金属都有其特定的作用,金属接触整体的欧姆特性的评价和优化也很有意义。

10.4.1 GaN与AlGaN/GaN的欧姆接触的设计原则

室温下n-GaN电子亲和势χ为4.11 eV。如表10.3所示,在金属材料中,Ti和Al是功函数较低,适合与GaN形成欧姆接触的金属。但是,只用Ti或Al的单层金属或Ti/Al双层金属的n-GaN欧姆接触在高功率、高温、高压器件应用中并不可靠。它们容易在高温过程中被氧化,Al氧化后形成的Al_2O_3在Al层上形成帽层引起高阻,Al也易于在退火过程中起球。Al的熔点较低(660 ℃),这也使得单层Al接触以及Ti/Al双层接触的热稳定性较差。因此,GaN及AlGaN/GaN上的欧姆接触需要多层金属来形成,其性能要求包括低的接触电阻、平坦的表面以及良好的热稳定性。

表10.3 不同金属的功函数、熔点及电阻率

金　属	功函数/eV	熔点/℃	电阻率/(Ω·cm)
Ga	3.96	29.76	2.7×10^{-5}
Al	4.25	660	2.65×10^{-6}
Ti	3.95	1668	4.2×10^{-6}
Ni	4.5	1453	6.84×10^{-6}
Au	4.3	1063	2.35×10^{-6}
Ta	4.25	3017	1.31×10^{-5}
Pd	5.12	1552	1.08×10^{-6}
TiN	3.74	—	1×10^{-6}
TaN、ZrN、VN、NbN	>4	—	2.25×10^{-6}

以多层金属形成好的欧姆接触,要求最接近n-GaN底层的金属必须要有小的功函数,能够和GaN发生固相反应形成低电阻的金属化或半金属化化合物,该化合物应该在化学以及热力学上十分稳定,并提供一个阻拦层使得那些比它功函数大的上方金属难以扩散到n-GaN表面。该阻拦层可称为势垒层。通常在n-GaN欧姆接触中选择Ti作为势垒层金属。Ti是一种非常高活性且难熔的金属,十分容易与退火过程中由n-GaN外扩散的N原子发生固相化学反应,形成半金属TiN;同时GaN中留下了高密度氮空位V_N,起浅施主的作用,非常有利于形成欧姆接触。

紧邻势垒层的上一层金属可称为覆盖层,其作用是作为催化剂促进氮原子与势垒层金属的固相化学反应,另外它应能够与势垒层金属形成功函数低而致密的合金。金属Al是很好的覆盖层金属,因为它不会产生高功函数或宽带隙合金材料。势垒层金属和覆盖层金属通常都容易被氧化,为了避免势垒层和覆盖层金属在接触表面形成绝缘的氧化物/氢氧化物,通常需要在覆盖层上再加一层或多层起保护作用的帽层金属。帽层可以采用化学性质稳定的 Au，但 Au 和 Al 很容易发生互扩散到达 GaN 材料表面，不利于形成良好的欧姆接触。因此通常在 Al 和 Au 之间加入 Ni 作为隔离层，防止 Au 向 GaN 表面扩散。隔离层的选择还有 Ti、Cr、Pt、Pd、Mo 等金属，而 Ti/Al/Ni/Au 是目前 GaN 基材料欧姆接触常用的金属体系。

多层金属和 n-GaN 形成的接触系统并不能自动形成欧姆接触，需要采用 RTA 工艺，一方面使得势垒层金属转变为低电阻氮化物，另一方面使得金属间互相扩散，发生固相界面反应形成一系列低电阻、低功函数且热稳定的金属间合金。RTA 工艺后，接触系统层结构的实际组成取决于各金属层的厚度以及 RTA 工艺的时间和温度。因此，这些参数也是 GaN 及 AlGaN/GaN 上的欧姆接触性能优化的对象。

10.4.2　欧姆接触性能的测试方法——传输线模型

欧姆接触性能通常以比接触电阻率 ρ_C 来衡量，其测量方法主要是传输线模型（TLM）。该测量方法需要制备特定的测试图形，可同时测得材料的方块电阻。

通过刻蚀在材料表面形成台面，在台面上制作呈线形排列的一系列长为 W_C、宽为 d 的矩形金属电极，每两个相邻的电极之间都对应有一个不同的间距，如图 10.9 所示。在 TLM 测试中，假设金属电极的方块电阻与半导体材料的方块电阻相比可以忽略。每两个电极之间的总电阻 R_T 由两部分组成，可以表示为

$$R_T = 2R_C + l\frac{R_{SH}}{W_C} \tag{10.7}$$

式中，R_C 为电极的接触电阻，等式右边第二项为电极之间材料的体电阻，其中 R_{SH} 为材料的方块电阻，l 为相邻两电极的间距。一般假定接触下方材料的方块电阻 R_{SHC} 与接触之间材料的方块电阻 R_{SH} 的量值相等，即 $R_{SHC} = R_{SH}$。通过有关 TLM 理论的计算，若定义传输长度 $L_T = \sqrt{\rho_C/R_{SH}}$，可得

$$R_C = \frac{R_{SH} \cdot L_T}{W_C} \cdot \coth\left(\frac{d}{L_T}\right) \tag{10.8}$$

当 $d \gg L_T$ 时，$\coth(d/L_T) \to 1$，则有

$$R_T = \frac{2R_{SH} \cdot L_T}{W_C} + \frac{R_{SH}}{W_C} \cdot l \tag{10.9}$$

如图 10.9(b)所示，分别测量不同间距处相邻两电极之间的总电阻 R_T，绘制 R_T 与 l 的关系图，图中直线的斜率为 R_{SH}/W_C，直线与 R 轴的截距为 $2R_C$，用 L_x 表示直线与 l 轴截距的绝对值，则有 $L_x = 2L_T$。由直线的斜率可以得到材料的方块电阻 R_{SH}，由传输长度定义可以求出比接触电阻率 ρ_C：

$$\rho_C = R_{SH}L_T^2 \tag{10.10}$$

TLM 方法确定的比接触电阻率常用单位为 $\Omega\cdot cm^2$。当比接触电阻率接近或低于 $1\times10^{-7}\ \Omega\cdot cm^2$时，TLM 方法就不够准确。

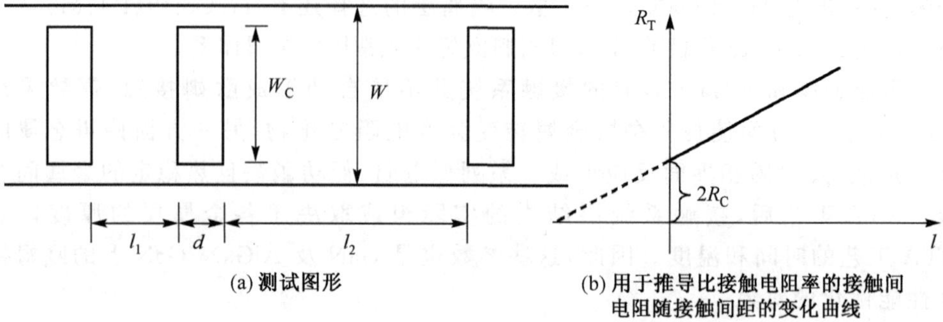

图 10.9　欧姆接触的 TLM 测试方法

10.4.3　欧姆接触性能的优化

n-GaN 上以至少 4 层金属形成的欧姆接触需要优化各金属层的厚度以及 RTA 工艺的时间和温度来获得低阻欧姆特性。以 Ti/Al/Ni/Au 接触为例，可采取如下优化的策略：首先给各层金属的厚度和 RTA 工艺条件一个初始设定，然后通过改变覆盖层 Al 的厚度来分析不同厚度比例的 Ti/Al 对欧姆接触的影响，确定优化的 Ti/Al 厚度比例，如图 10.10 所示；保持 Ti/Al 厚度比例不变，继续分析 Ti/Al 厚度变化对欧姆接触的影响，确定优化的 Ti/Al 厚度，如图 10.11 所示；在 Ti/Al 层优化后，再优化隔离层 Ni 的厚度等，直到获得 4 层金属的优化厚度。在此基础上，再优化 RTA 工艺的退火温度(如图 10.12 所示)，退火时间，退火过程中的升温、降温速率以及退火气氛等条件，获得接触电阻最低的欧姆接触。

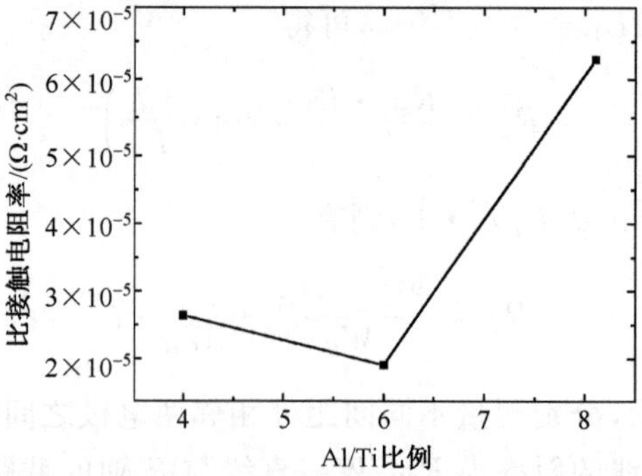

图 10.10　Ti 和 Al 的厚度比例对欧姆接触的比接触电阻 ρ_c 的影响

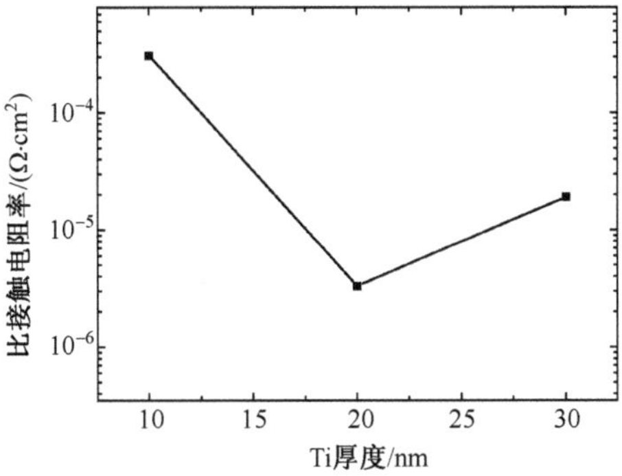

图 10.11　Ti/Al 厚度比保持 1/6，Ti/Al 双层的厚度变化对欧姆接触的影响

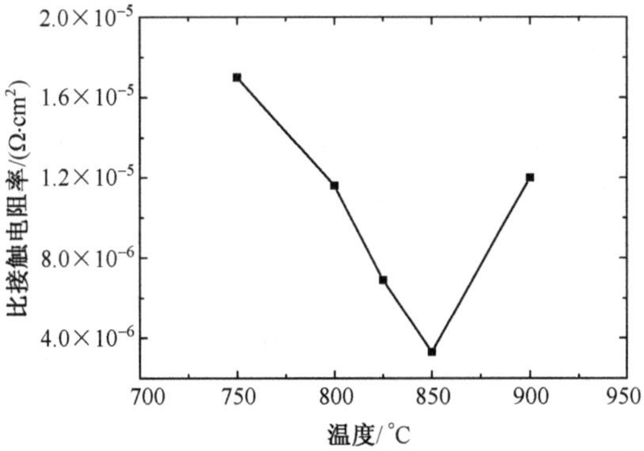

图 10.12　比接触电阻率随 RTA 退火温度的变化关系

与肖特基接触工艺类似，多层金属淀积之前对 n-GaN 的表面处理对于制造低阻接触十分重要，一方面去除材料表面可能引起高阻的氧化物等，另一方面令表面粗化来增大接触面积，易于金属与 GaN 表面的黏附。可采用 HCl 进行表面预处理，再完成金属淀积和 RTA 工艺。图 10.13 为高倍数显微镜下观察到的欧姆接触图形退火

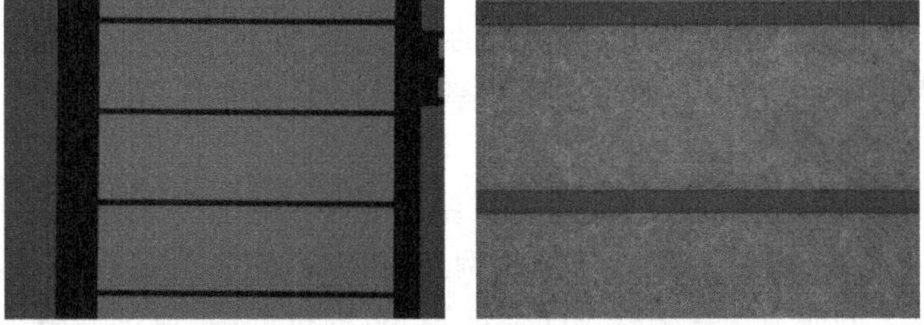

(a) 退火前　(b) 退火后

图 10.13　欧姆接触退火前后的表面形貌

前后的金属表面形貌。可以看到，欧姆接触剥离金属层没有粘连，电极的边缘完整；退火后电极的边缘光滑无毛刺，没有金属 Al 的侧流。

最后，欧姆接触的热稳定性可通过再次 RTA 后观察其 *I-V* 特性和表面形貌的变化来判断。由以上优化方法，可以获得表面形貌好、热稳定的低阻欧姆接触的制备工艺。

10.5 半导体器件的表面钝化

AlGaN/GaN HEMT 异质结材料表面存在晶体缺陷引起的表面态，这些表面态的存在会使器件在高频大功率应用时产生电流崩塌现象，令器件输出功率大打折扣。表面钝化措施能有效地抑制电流崩塌现象，生长钝化层还能削弱环境气氛对器件电特性的影响。

钝化层介质膜的选择原则是：与半导体黏附性好；热膨胀系数与半导体相近；绝缘性能好；介电常数和高频损耗小；介电击穿强度高；钝化作用明显；易于光刻和刻蚀。

常用于 AlGaN/GaN HEMT 表面钝化的材料有 SiN_x、SiO_2 等。常用的钝化方法是采用等离子体增强化学气相淀积(PECVD)的方法淀积介质。PECVD 法是一种兼备物理气相淀积和化学气相淀积特性的近代先进制膜方法。PECVD 设备在工作状态时，加在电极板上的射频电场使反应室气体发生辉光放电，在放电区域产生大量的电子。这些电子在电场的作用下获得充足的能量，与气体分子相碰撞，使气体分子活化，形成包含大量正、负离子的等离子态。它们吸附在衬底上，并发生化学反应生成介质膜，副产物从衬底上解吸，随主气流由真空泵抽走。这种工作原理使得许多高温下才能进行的反应在较低温度下实现。与热反应相比，它能以较高的淀积速率获得均匀组分和特性的介质膜。钝化工艺合格与否可以用钝化膜的漏电特性、刻蚀速率、表面形貌、片内均匀性以及钝化前后器件的击穿电压等来评估。

由于 AlGaN/GaN 异质结材料主要靠极化电场感应出二维电子气，这种特性使得 AlGaN 表面和 AlGaN/GaN 界面处的电荷损伤对沟道电荷都会有较大的影响。在 HEMT 器件钝化过程中，PECVD 功率过高会损伤器件表面，导致器件的电流降低，但过低的 PECVD 功率会降低所生长的 Si_3N_4 薄膜的致密性，从而会降低器件的击穿电压。为此，在工艺中可先采用低功率生长一层较薄的 Si_3N_4 钝化层，随后增加功率，生长足够厚度的 Si_3N_4。

表面 Si_3N_4 材料的应力同样会对异质结材料中的 2DEG 密度产生明显的影响，因此，在钝化工艺中，需要对反应气体比例进行优化，使得所淀积的 Si_3N_4 不会对材料表面产生较大的应力。在 PECVD 生长 Si_3N_4 的过程中，通过调整 He 和 N_2 的比例，可以改变 Si_3N_4 的应力特性，如图 10.14 所示[13]。

同时，随着 He 在反应中的比例增加，Si_3N_4 的生长速度会降低，但折射率变化不

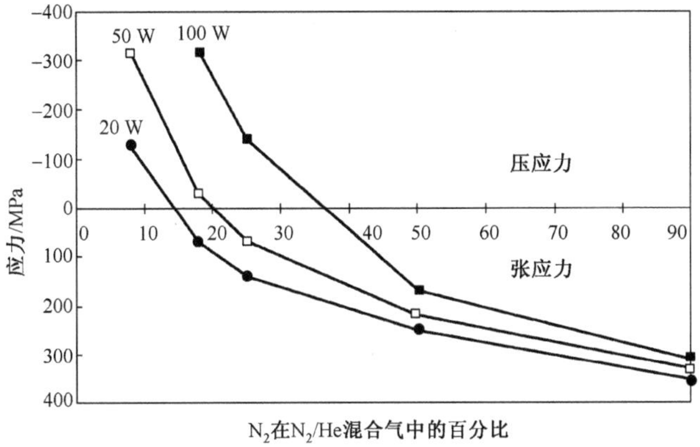

图 10.14　N_2和 He 在不同比例下 PECVD 制备的 SiN 薄膜的应力特性[13]

大，也就是说，生成的钝化膜材料仍是 Si_3N_4 材料，但致密程度有变化。通常生长速度越慢，得到的材料越致密，漏电越小，但致密的材料应力较大，因此在应力和漏电上需要进行折中优化，如图 10.15 所示。

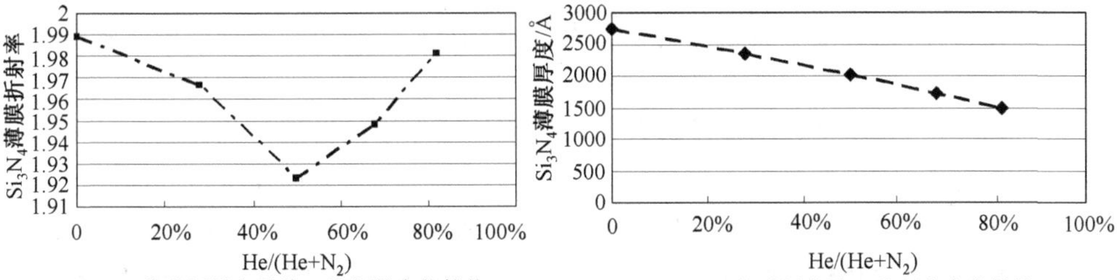

(a) Si_3N_4薄膜折射率随着He比例的变化趋势　　(b) Si_3N_4薄膜厚度随He比例的变化趋势

图 10.15　Si_3N_4 薄膜的折射率和厚度随 He 比例的变化趋势

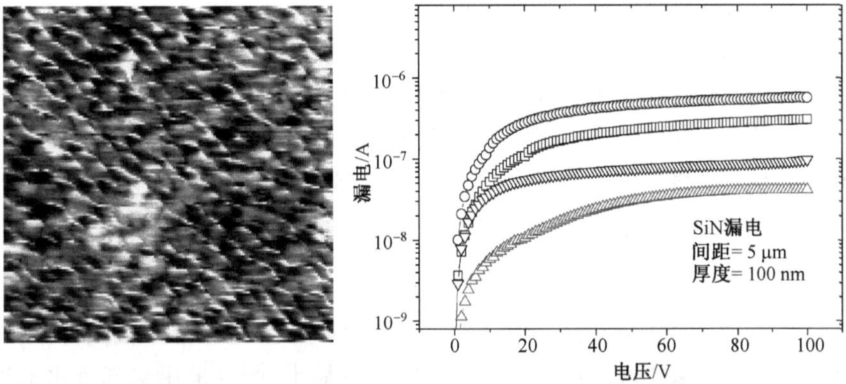

(a) 表面形貌　　(b) 漏电特性

图 10.16　Si_3N_4介质的 8 μm×8 μm AFM 表面形貌和漏电特性

如图 10.16 所示，通过 AFM 显微形貌可以看出钝化后的表面平整均匀。对厚度为 100 nm 的 SiN 钝化层进行漏电测试，电压在 100 V 时，间距为 5 μm、电极宽度为 100 μm 的钝化层材料漏电小于 1 μA，满足器件的应用需求。

10.6　器件互连线电镀和空气桥

10.6.1　电镀

由于 HEMT 器件主要应用于微波大功率方面，器件电极顶层金属大都采用导电性好、化学稳定性高、电迁移较小且易于键合引线(wire bonding)的 Au。一般 Au 电极的厚度要达到 1 μm 以上，这样有利于减小金属的薄层电阻，提高器件的微波特性。若采用真空蒸发技术制作较厚的 Au 电极，所浪费的金属较多，而且真空蒸发的速度较慢，不适合淀积过厚的金属。因此通常先真空蒸发较薄的 Au 层做电极底层，然后采用电镀的方法来制作加厚电极。

电镀效果可从以下几个方面评价：

(1)密着性，指镀层与基材之间的结合力，密着性不佳则镀层会有脱离现象；

(2)致密性，指镀层金属自身的结合力，晶粒细小、无杂质则有很好的致密性；

(3)连续性，指镀层有否孔隙；

(4)均一性，是指电镀浴能使镀件表面沉积均匀厚度的镀层的能力；

(5)美观性，镀件要具有美感，必须无斑点和气胀缺陷，表面需保持光泽、光滑；

(6)应力，镀层形成过程会残留应力，应力太大会引起镀层裂开或剥离；

(7)物理、化学和机械特性，如硬度、延性、强度、导电性、传热性、反射性、耐腐蚀性、颜色等。

电镀金属的质量对器件的影响很大，尤其与器件长期使用的可靠性和稳定性关系很大。而电镀质量主要与电镀速率相关。图 10.17 是电镀速率不同的电镀层表面的 10000 倍 SEM 照片。可以看出，A 片的 Au 呈现比较粗糙的球状颗粒，且颗粒大小相差很大，不均匀；B 片和 C 片的 Au 颗粒呈现长条小面包状，且 B 片的颗粒相对较大一点；D 片的 Au 颗粒也呈现出小圆球颗粒，但是其颗粒均匀、细小。在 400 倍显微镜中观察 4 片材料的电镀表面的形貌，发现 4 个片子都呈金黄色，且依次变亮，这表明 D 片的电镀金属表面质量最好，其电镀速率最佳。

10.6.2　空气桥

在多指栅 GaN HEMT 器件中，各单指栅器件单元要联系在一起形成大尺寸器件可以采用空气桥来实现。由于空气的介电常数最小，所以采用空气桥比采用介质桥能大大减小寄生电容的产生，但是制作的难度有所增大。图 10.18 为空气桥结构的俯视图。

(a) A片

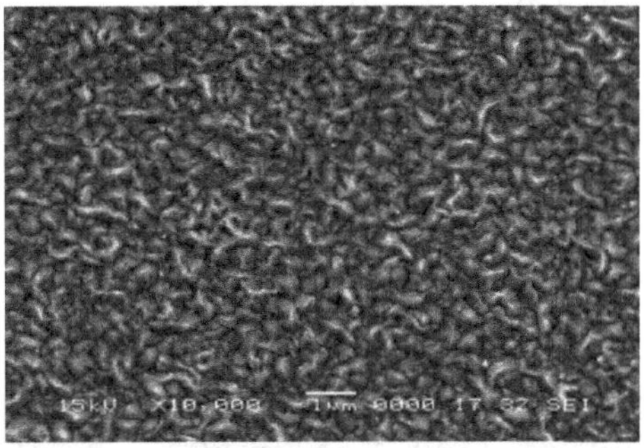

(b) B片

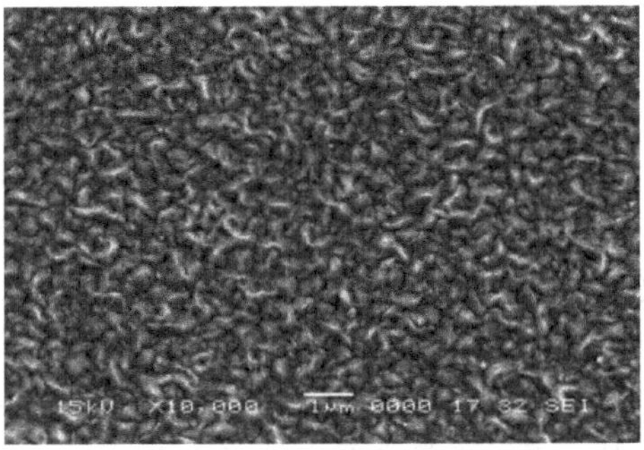

(c) C片

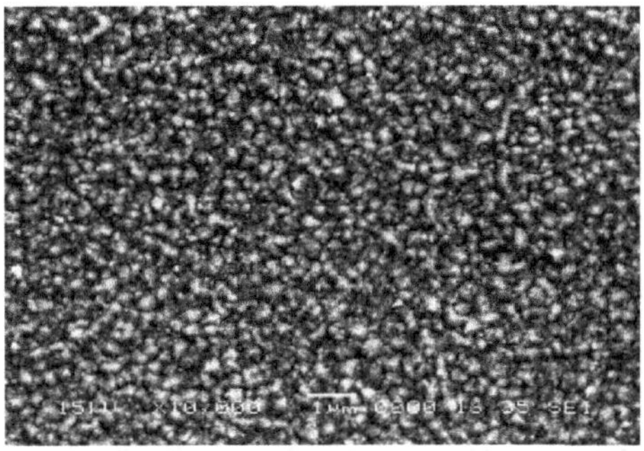

(d) D片

图 10.17　电镀速率不同的电镀层表面 Au 颗粒的 SEM 对比图

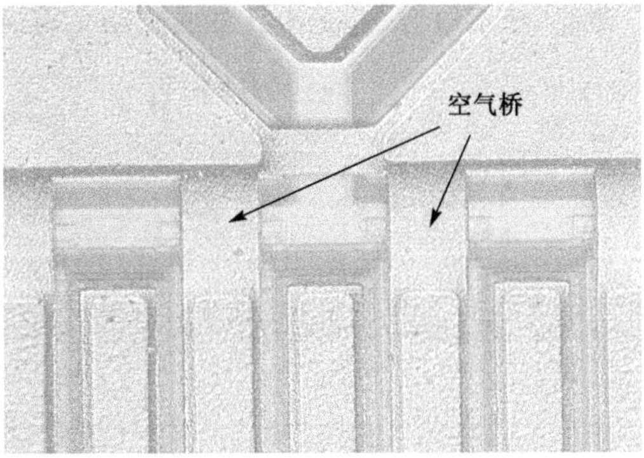

图 10.18　HEMT 空气桥结构的俯视图

空气桥的制作要经过两次光刻及电镀来完成，如图 10.19 所示。首先对支撑桥的光刻胶进行光刻，露出需要连接的金属电极（即桥墩）。接着在整个材料上蒸发较薄的 Ti/Au 做电镀导电层。然后进行第二次光刻，确定需要电镀加厚的区域。电镀金 2 μm 左右形成桥面，接着去除电镀掩膜光刻胶，腐蚀掉电镀金属导电层，再去除桥的支撑光刻胶。对于支撑光刻胶要求具有一定厚度才能保证桥的高度，从而减小寄生电容，但是桥高度较大就会使桥面金属爬坡时更容易断裂，所以为了保证空气桥的高度和强度，必须要确保桥底支撑光刻胶能够形成弧形形貌。高强度空气桥的制备宜选用两种热收缩系数差别较大的光刻胶作为空气桥制备中的牺牲层，通过优化两种胶的比例、总厚度、烘烤温度等来优化弧形形貌，并减小空气桥引入的电容。

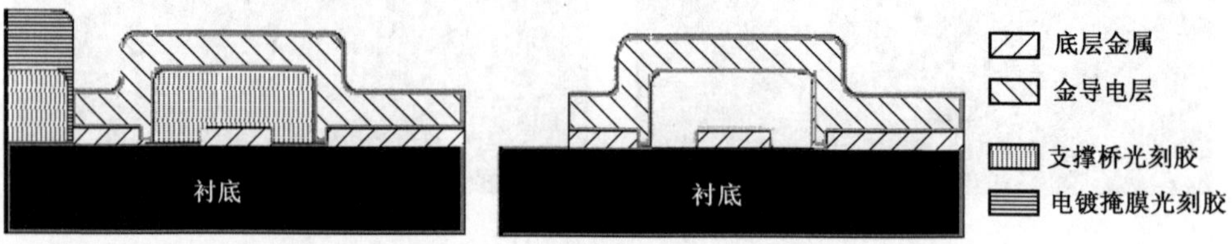

图 10.19　空气桥制作的剖面示意图

另外，多指栅 GaN HEMT 器件互连在近年来采用较多的一种新工艺为源极通孔技术，即在晶片上每个单元的源极处沿与晶片表面垂直的方向打通孔，在减薄衬底的背面（包括衬底表面和通孔）淀积金属（可采用溅射、电镀等工艺实现）形成整体金属连接。源极通孔技术替代源极空气桥互连，能够大大减小源极的互联电阻以及由引线和键合点引起的寄生电感，提高器件的增益和功率附加效率。从电路布局的角度看，这种结构能有效减小器件的面积，提高封装的密度。由于大尺寸 GaN 功率 HEMT 一般在 SiC 衬底上制备，而 SiC 衬底的减薄和背孔刻蚀等工艺的技术难度较大，因此该技术只是在近年来实现了突破，目前已成为 GaN HEMT 单片微波集成电路代工工艺线的标准工艺。图 10.20 为 GaN HEMT 器件互连中采用的源极通孔技术（MIM 电容指金属-绝缘-金属电容，这是微波集成电路必需的无源元件）[14]。

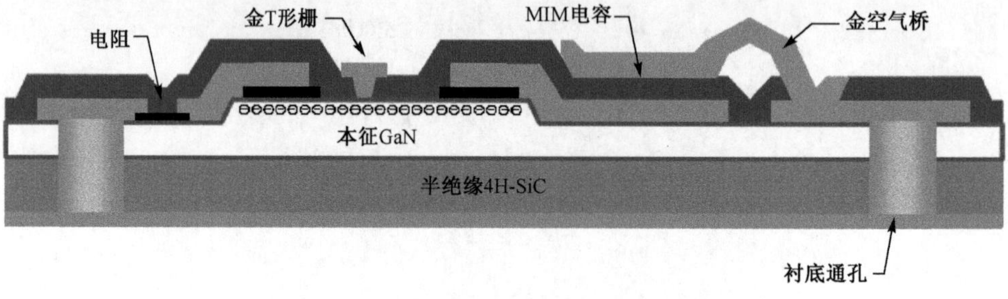

图 10.20　GaN HEMT 器件互连中采用的源极通孔技术[14]

10.7　GaN HEMT 器件的工艺流程

以上各单步工艺的优化最终将形成一整套 GaN HEMT 器件加工的工艺流程。图 10.21 给出了一例可行的工艺流程，主要步骤如下。

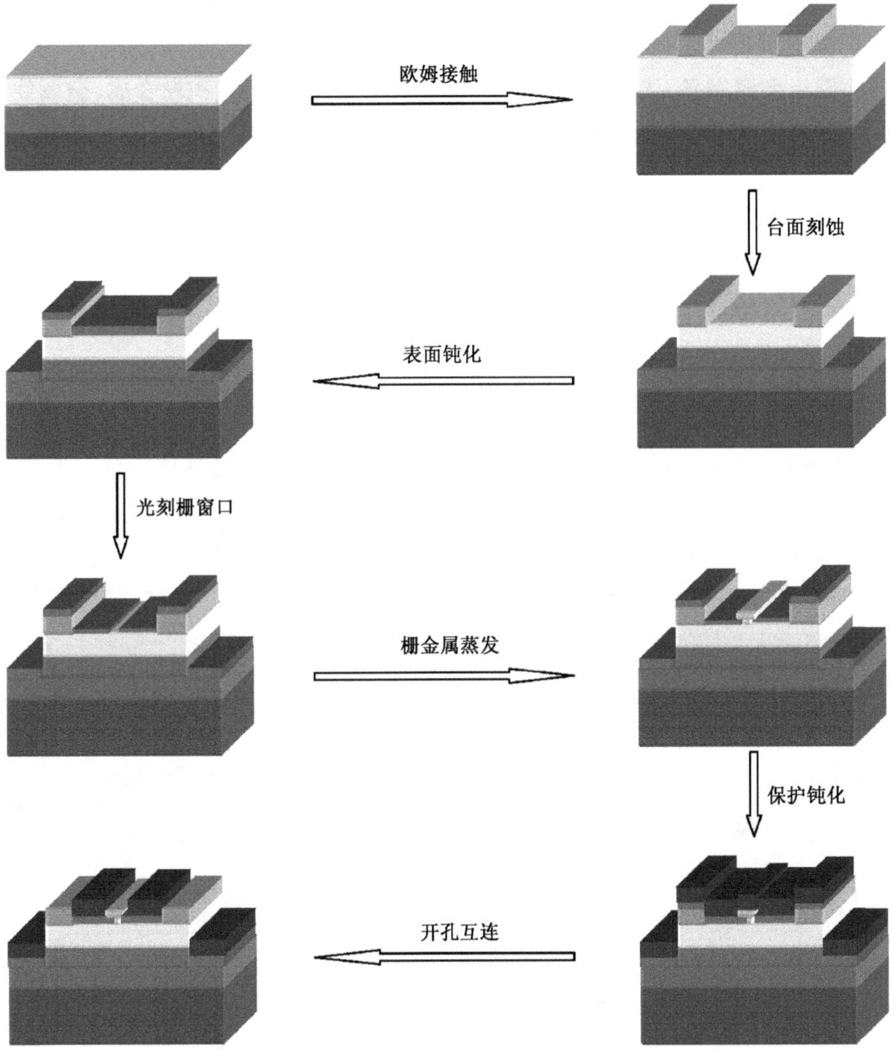

图 10.21　HEMT 制备工艺流程示意图

(1)圆片清洗:去除样品表面的油脂以及氧化物等。

(2)欧姆接触:金属淀积和快速热退火;欧姆接触金属剥离后应没有金属粘连,图形边沿整齐,退火后金属没有侧流,颗粒分布均匀;以 TLM 测试得到欧姆接触电阻和材料方块电阻,欧姆接触电阻应保持在 1 Ω · mm 以下。

(3)台面隔离:光刻后采用 ICP 或 RIE 设备刻蚀台面,刻蚀深度大于 100 nm,保证沟道被完全刻断;台面应边缘整齐、侧壁陡直,测试台面间漏电,偏压 50 V 时的台面漏电应不高于 100 nA/mm。

(4)Si_3N_4钝化层淀积:PECVD 法淀积 Si_3N_4钝化层,钝化后采用椭偏仪对陪片

Si_3N_4 的厚度及折射率进行监测，确保 Si_3N_4 的厚度及折射率在设定的范围内；对 Si_3N_4 的漏电进行监测，确保其满足器件需求。

(5)栅极金属制备：光刻后对栅区域进行表面处理，然后淀积栅金属；金属线条应整齐，没有粘连及脱落；测量圆片上的肖特基 C-V 圆环测试图形的正反向电流来评估器件的肖特基特性。

(6)保护层 Si_3N_4 钝化：介质淀积和评价方法与第(4)步相同。

(7)互连：保护层开孔刻蚀到露出电极接触金属，淀积或电镀互连金属，大栅宽器件制备空气桥，完成器件工艺流程。

10.8 GaN HEMT 器件的性能与分析

以具体的 HEMT 器件为例，本节给出了器件性能分析的具体方法。我们基于 SiC 衬底圆片采用步进式光刻机完成整片管芯制备，获得栅宽为 1.25 mm 的多指栅器件，其键合封装后的照片如图 10.22 所示。器件的栅长为 0.6 μm，源漏间距为 4 μm。通过测试，器件中的栅条完整，漏电较小，能够作为功率器件进行电路调试。

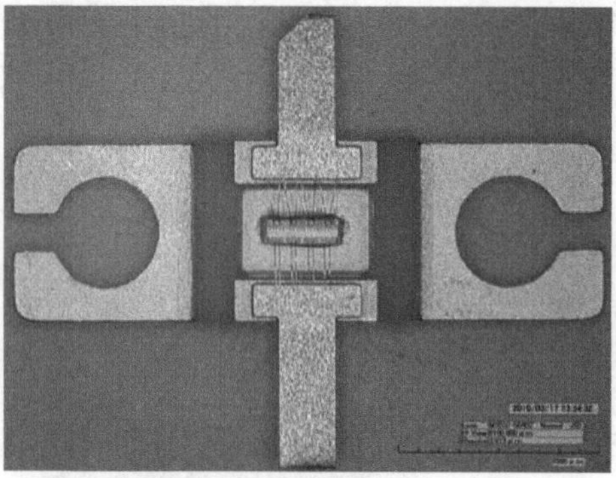

(a) 全貌图

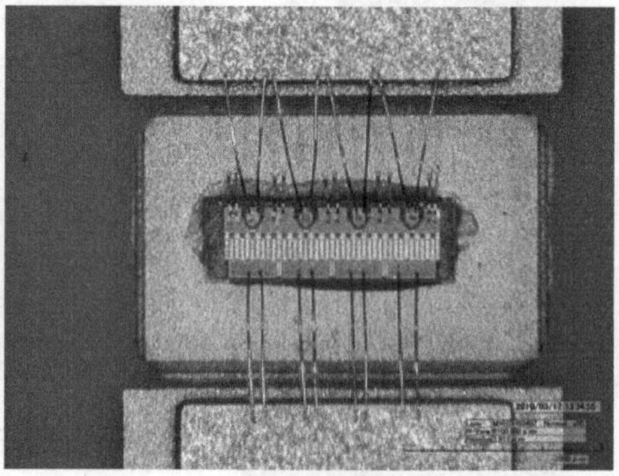

(b) 管芯放大图

图 10.22 栅宽为 1.25 mm 的多指栅器件键合封装后的照片

10.8.1 器件的直流性能

对栅宽为 50 μm 的单指栅小器件的直流特性包括输出和转移特性进行了测量，测量仪器为 Agilent B1500A 半导体参数分析仪，测量结果如图 10.23 所示。

可以看出，器件的最大饱和电流约为 1160 mA/mm，在最大电流处器件的膝点电压约为 6 V。由于采用 SiC 衬底，器件的自热效应较小。阈值电压约为 −3 V，器件最大跨导为 388 mS/mm，器件的关态漏电为 1×10^{-4} mA/mm。

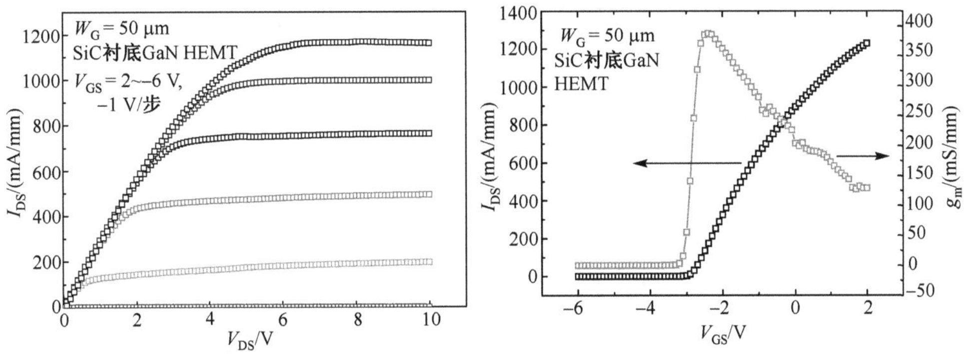

图 10.23　小栅宽器件的输出和转移特性曲线

10.8.2　器件的小信号特性

采用 Agilent 8363B 矢量网络分析仪对栅长为 0.6 μm 的小器件进行小信号测量，测量结果如图 10.24 所示。可以看出，器件的截止频率为 19.6 GHz，最大振荡频率为 40 GHz。

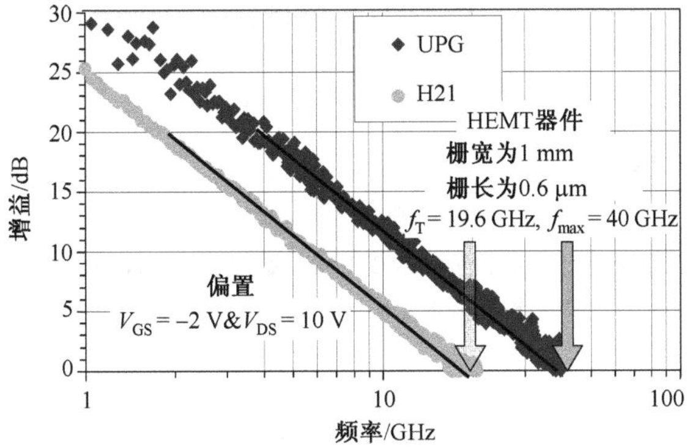

图 10.24　栅长为 0.6 μm 的 GaN HEMT 器件的小信号测量

10.8.3　器件的微波功率性能

对图 10.22 所示的栅宽为 1.25 mm 的多指栅器件在 4 GHz 频率下进行功率测量，测量结果如图 10.25 和图 10.26 所示。在 V_{DS} = 28 V、V_{GS} = −2.51 V 的偏置下，输出最大功率密度为 5.20 W/mm，3 dB 压缩点增益为 14.10 dB，PAE = 58.60%。在 V_{DS} = 48 V、V_{GS} = −2.5 V 的偏置下，最大输出功率密度为 9.57 W/mm，3 dB 压缩点增益为 15.78 dB，PAE = 49.88%。

在 1.25 mm 的栅宽下，实现了 4 GHz 功率密度近 10 W/mm，PAE 约为 50% 的 GaN HEMT 器件，说明整套器件工艺是可行的。

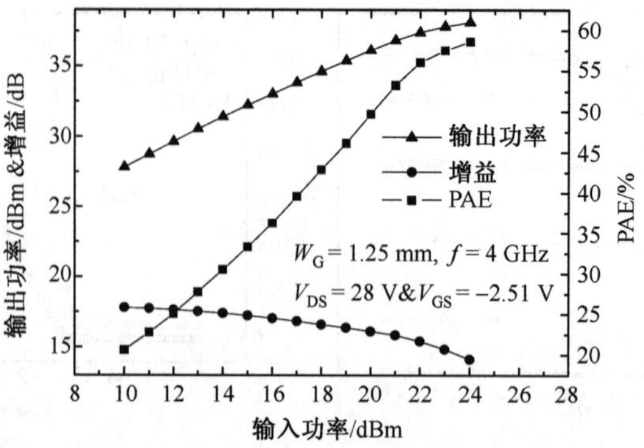

图 10.25　栅宽为 1.25 mm 的 GaN HEMT 器件在 4 GHz 频率下的功率特性，偏置条件为 V_{DS}= 28 V，V_{GS}= −2.51 V

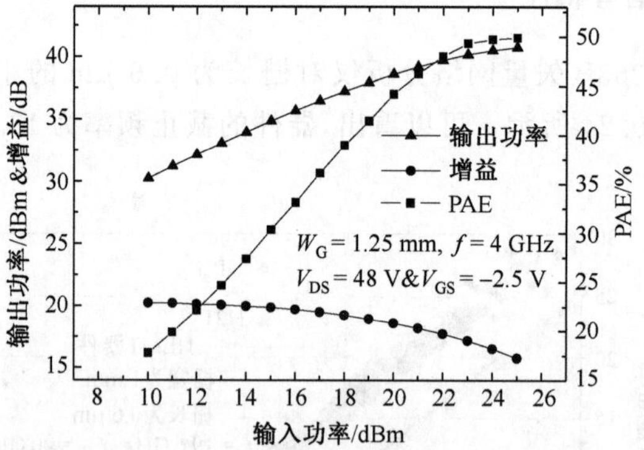

图 10.26　栅宽为 1.25 mm 的 GaN HEMT 器件在 4 GHz 频率下的功率特性，偏置条件为 V_{DS}= 48 V，V_{GS}= −2.5 V

参 考 文 献

[1] PEARTON S J，ZOLPER J C，SHUL R J，et al. GaN：processing，defects，and devices[J]. Journal of Applied Physics，1999，86(1)：1-78.

[2] ADESIDA I，MAHAJAN A，ANDIDEH E，et al. Reactive ion etching of gallium nitride in silicon tetrachloride plasmas[J]. Applied Physics Letters，1993，63(20)：2777-2779.

[3] MOUFFAK Z，MEDELCI-DJEZZAR N，BONEY C，et al. Effect of photo-assisted RIE damage on GaN[J]. MRS Internet Journal of Nitride Semiconductor Research，2003，8.

[4] PEARTON S J，ABERNATHY C R，REN F，et al. Dry and wet etching characteristics of InN，AlN，and GaN deposited by electron cyclotron resonance metalorganic molecular beam epitaxy[J]. Journal of Vacuum Science & Technology A：Vacuum，Surfaces，and Films，1993，11(4 pt 2)：1772-1775.

[5] SHUL R J, MCCLELLAN G B, CASALNUOVO S A, et al. Inductively coupled plasma etching of GaN[J]. Applied Physics Letters, 1996, 69(8): 1119-1121.

[6] WANG C, HAO Y, FENG Q, et al. New development in dry etching of GaN[J]. Semiconductor Technology, 2006, 31(6): 409-413.

[7] ZHANG H, MILLER E J, YU E T. Analysis of leakage current mechanisms in Schottky contacts to GaN and $Al_{0.25}Ga_{0.75}N$/GaN grown by molecular-beam epitaxy[J]. Journal of Applied Physics, 2006, 99(2): 023703-023706.

[8] SAWADA T, IZUMI Y, KIMURA N, et al. Properties of GaN and AlGaN Schottky contacts revealed from *I-V-T* and *C-V-T* measurements[J]. Applied Surface Science, 2003, 216 (1-4): 192-197.

[9] BENAMARA Z, AKKAL B, TALBI A, et al. Electrical transport characteristics of Au/n-GaN Schottky diodes[J]. Materials Science and Engineering C, 2006, 26(2-3): 519-522.

[10] LIU J, HAO Y, FENG Q, et al. Characterization of Ni/Au GaN Schottky contact base on *I-V-T* and *C-V-T* measurements[J]. Wuli Xuebao/Acta Physica Sinica, 2007, 56(6): 3483-3487.

[11] MENOZZI R. Off-state breakdown of GaAs PHEMTs: review and new data[J]. IEEE Transactions on Device and Materials Reliability, 2004, 4(1): 54-62.

[12] HASEGAWA H, INAGAKI T, OOTOMO S, et al. Mechanisms of current collapse and gate leakage currents in AiGaN/GaN heterostructure field effect transistors [C]. American Institute of Physics Inc., 2003.

[13] CAI Y, ZHOU Y, CHEN K J, et al. High-performance enhancement-mode AlGaN/GaN HEMTs using fluoride-based plasma treatment[J]. IEEE Electron Device Letters, 2005, 26(7): 435-437.

[14] CREE I. GaN MMIC Foundry Services[EB/OL]. 2010[2012-10-12]. http://www.cree.com/~/media/Files/Cree/RF/Sales%20Sheets/Cree_Foundry_Brochure.pdf.

第 11 章　GaN HEMT 器件的电热退化与可靠性

GaN HEMT 主要应用于微波毫米波功率器件和大功率电力电子器件，工作时会受到强电场和大电流的反复冲击，较高的结温和高温应用时的工作环境也会对器件性能有影响。因此，GaN HEMT 器件在电应力和高温下的退化机理是非常重要的问题。GaN HEMT 器件中，电应力下的退化有可逆和不可逆之分，可逆的退化一般归结为电流崩塌现象，但不可逆的退化与电流崩塌现象有可能在同一电应力或热应力测试中先后出现，或同时出现。

11.1　GaN HEMT 器件的电流崩塌

在 GaN HEMT 器件可靠性研究的早期，一个严重限制 GaN HEMT 性能的问题是电流崩塌现象(current collapse 或 current slump)。这种现象最初得名于器件在直流(DC)性能测量时，经过较高电压冲击后，饱和电流密度与最大跨导减小、膝点电压和导通电阻上升的观察结果[1]。但最重要的危害在于使得器件在高频大信号驱动下的输出电流幅度与直流特性相比剧烈下降，导致输出功率密度和功率附加效率减小，称为射频分散(RF dispersion)[2]。如图 11.1 和图 11.2 所示。电流崩塌之后，器件仍能稳定工作，但是性能明显下降。

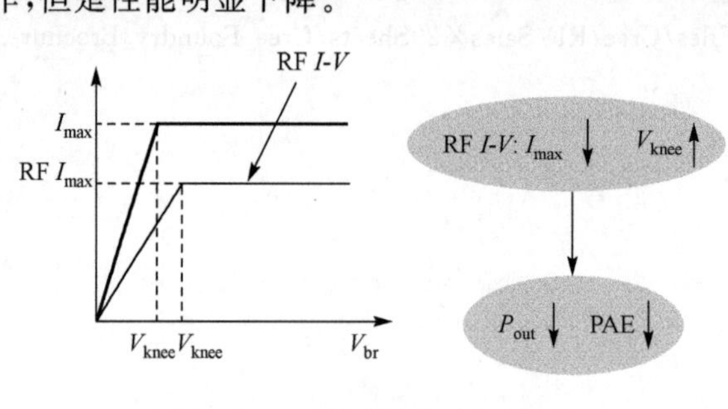

图 11.1　电流崩塌现象示意图

与电流崩塌相关的器件性能不稳定性有多种表现形式，如 AC 小信号特性中，器件跨导/漏极电导在不同频率下出现分散现象[3]。对器件施加高漏压或强反偏栅压应力，则应力中漏极电流(若沟道开启)不断下降，形成随时间变化的慢瞬态，应力后器件的 DC 和 RF 性能大幅退化[4]。以脉冲信号作电压扫描测量器

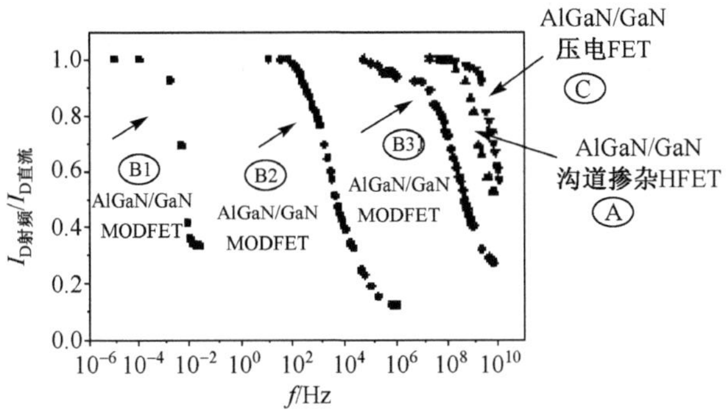

图 11.2　各种 GaN HEMT 中的大信号电流射频分散现象[2]

件的 I-V 特性(脉冲信号可加在漏极或栅极,另外两个电极保持恒定电压),脉冲的两个电平分别为保持不变的设定电压和保持不断扫描状态的待测电压 V_a,则电流崩塌使得漏极电流响应小于直流测量时 V_a 对应的电流值[5]。根据示波器显示出的脉冲信号中的响应电流瞬态,这种现象是由沟道不能迅速开启造成的,因此被称为漏延迟(drain lag,漏极加脉冲引起)或栅延迟(gate lag,栅极加脉冲引起)现象[6]。

经过大量的实验分析发现,电流崩塌是一种可逆的现象,光照能加快电流崩塌的恢复。因此,电流崩塌本质上是材料中陷阱的作用,虚栅模型(如图 11.3 所示)对于其物理机制给出了较成功的解释。简单地讲,陷阱能俘获电子,一方面令沟道电子减少,另一方面令能带抬高引起对沟道层的进一步耗尽,从而形成对沟道电流具有控制作用的"虚栅"[7]。由于这些表面态的充放电需要时间,在直流或应力条件下会造成瞬态,在 RF 条件下电流的变化赶不上 RF 信号的频率,使器件输出功率密度和功率附加效率减小,形成崩塌。可以起虚栅作用的陷阱不一定是表面态,还可以是势垒层深能级或缓冲层陷阱等。由于电流崩塌与器件表面状态的强相关性[8],表面陷阱被认为是虚栅模型最可能的一种情况。

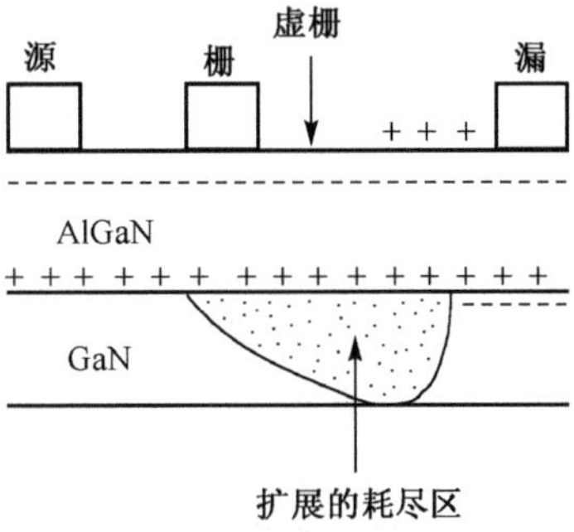

图 11.3　虚栅模型原理简图[7]

在提高材料质量的基础上,GaN HEMT 器件可通过表面钝化和加场板等措施有效地抑制电流崩塌现象。对器件样品表征其电流崩塌的一种较普遍的测量方法是脉冲 I-V 测试。除了在单电极加脉冲信号扫描以外,若在栅极和漏极加同步扫描脉冲,则测量方式与微波大信号工作状态类似,能够更准确地预估器件的射频分散情况。

11.2 GaN HEMT 器件电退化的 3 种机理模型

电流崩塌是一种可逆的现象，而 GaN HEMT 在长时间大信号工作后还会发生器件特性的不可逆退化，如源漏电流和跨导减小，阈值电压发生漂移，栅极泄漏电流增大等，引起器件失效。为了分析器件工作下的退化机制，主要的手段是对器件施加电应力，分析应力后器件的退化特性。大量研究表明，GaN HEMT 器件失效主要与器件大信号工作状态的强电场有关，失效机理主要有热电子注入、逆压电效应和栅极电子注入等模型。

11.2.1 热电子注入

该模型提出，在器件的开态、关态或射频工作应力下，沟道中的电子被强电场加速成为高能热电子，有可能发生实空间转移，溢出到沟道量子阱以外，被表面陷阱或缓冲层陷阱俘获，从而使沟道电子密度降低，引起漏电流和跨导下降。这种高能热电子还能与晶格碰撞产生新的缺陷，使器件退化加剧。图 11.4 为热电子注入模型的示意图。

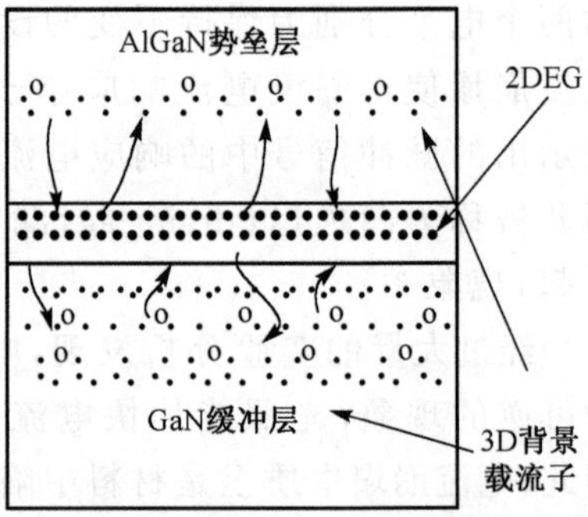

图 11.4 热电子注入示意图

11.2.2 栅极电子注入

在电流崩塌的研究中，关于陷阱如何俘获电子的一种颇有影响力的看法是栅电流向 AlGaN 势垒层表面注入电子，增加了表面负电荷，使虚栅充电，降低了沟道电子气密度，引起电流崩塌。Trew 等人[9]提出在栅电极靠近漏极方向的边缘上存在一个强电场峰，栅电极上的电子可以通过该电场峰隧穿注入势垒层表面，然后经由表面陷阱间的跳跃电导产生栅-漏间的泄漏电流，如图 11.5 所示。栅电流使表面陷阱充电，抬高势垒层的势垒，降低了其下面的沟道电子气密度，引起源漏电流和跨导下降。栅极电子注入一方面在长期作用下有可能造成器件的肖特基栅不可逆退化，另一方面可能在器件由于热电子注入或逆压电效应引起不可逆退化的过程中具有辅助性的作用。

11.2.3 逆压电效应

AlGaN/GaN 异质结构中存在较强的晶格应变和压电效应，即由于晶格应力的存在，导致晶体中产生电场。反过来晶体受到电场作用时，也会产生晶格应力，这就是逆压电效应。AlGaN/GaN 器件的逆压电退化模型就是基于这种效应。在早期的

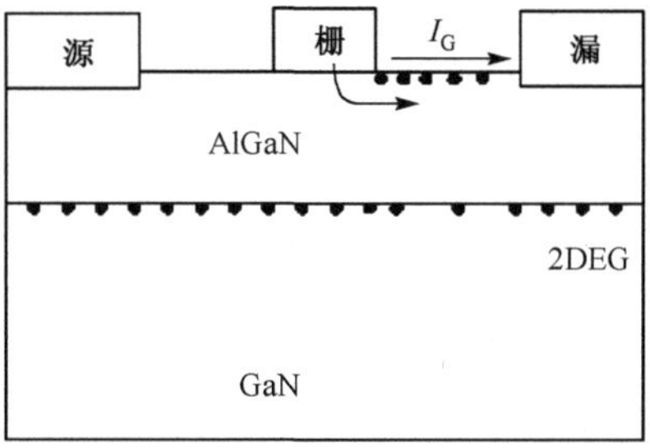

图 11.5　栅极电子注入示意图

电流崩塌研究中，Simin 等人[10]就提出在强射频交变电压下，逆压电效应会使 AlGaN 势垒层产生新的应变而调制沟道中的电子气密度，引起电流崩塌。但是，定量分析表明，逆压电效应产生的应变不够大，难以解释观察到的电流崩塌现象。Joh 等人[11]从 GaN HEMT 实验研究中发现，器件性能退化主要取决于器件中的电场而不是电流，认为 AlGaN 势垒层中的强电场通过逆压电效应使势垒层晶格膨胀，引起晶格弛豫而产生新的晶格缺陷，构成电子陷阱。

图 11.6 为逆压电效应退化模型的示意图。在栅靠近漏极的边缘有一个强电场，在这个强电场的作用下，晶格由于逆压电效应而受到拉伸，最终晶格结构被破坏产生晶格缺陷。图 11.7 是器件在经历长时间强电场作用后的 TEM 图，可以看到在长时间栅漏应力作用后，材料因为逆压电效应受到应力作用，晶格被拉伸直至断裂，在栅下靠近漏极一侧出现了小裂缝[12]。

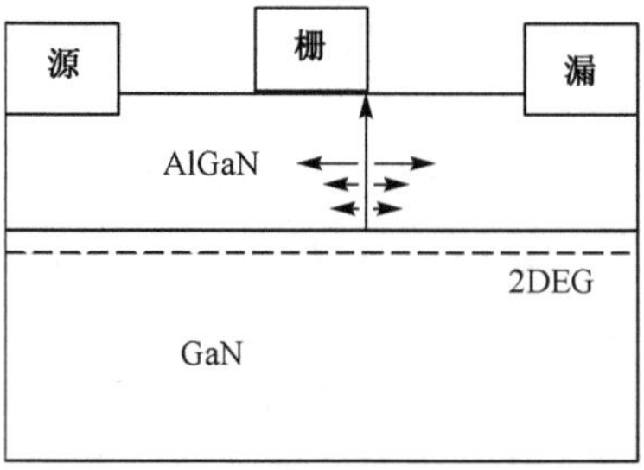

图 11.6　逆压电效应示意图

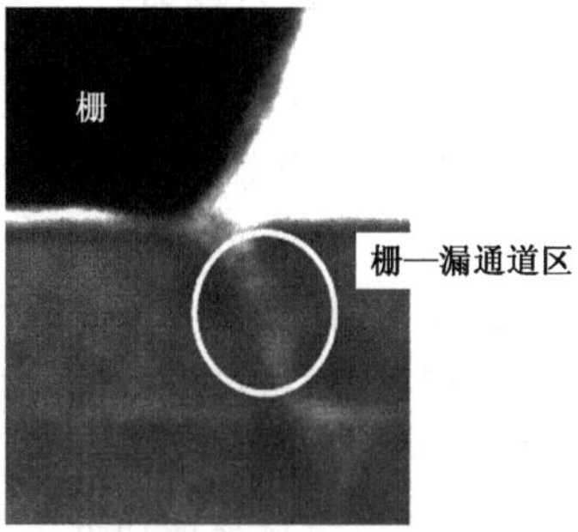

图 11.7　器件在经历强电场作用后，栅的漏侧边缘的 TEM 图[12]

采用以上 3 种退化模型可以解释器件的退化现象，但难以只用其中任何一种解释所有的退化现象。例如，在关态应力作用时，栅压小于阈值电压，沟道电子被耗尽，但长时间漏源电压作用下器件仍然出现退化现象。这难以只用热电子注入来解释。Valizadeh 等人[13]详细分析了不同 Al 组分 AlGaN 势垒层的 AlGaN/GaN HEMT 的性能退化，发现除了阈值电压变化外，其他性能均不随 Al 组分改变，这难以用逆压电效应来解释。因为改变 Al 组分比就改变了 AlGaN 的晶格常数,AlGaN 势垒层所受到的晶格应力也随之改变,对逆压电效应的承受能力是不同的,在纯逆压电效应作用下器件的退化量应该随 Al 组分变化。大量实验表明,AlGaN/GaN HEMT 的性能退化依赖于器件的异质结构、偏置电压以及场板、槽栅等条件,只用栅极电子注入,也难以解释那么多的实验现象。

实际上,由于器件工艺结构以及应力条件的不同,具体的退化模型也存在明显的差异,只有将各种因素对器件电退化的作用加以区分,才能更深刻地理解电退化的内在机理,从设计和工艺等其他方面提出抑制退化的方法。

11.3 GaN HEMT 的电应力退化(一)

为了对以上 3 种退化模型进行区分,我们对器件工作状态的电压偏置情况进行了分解,让器件长时间处于特定的电压偏置下,这样使每种退化机制单独作用,从而达到独立分析的目的,继而找到有效的抑制方法。实验所用器件的材料结构为蓝宝石衬底上的 AlGaN/GaN 异质结构材料,首先生长低温 AlN 成核层,接着升温生长 1.6 μm 未掺杂 GaN 缓冲层和 21 nm 厚 AlGaN 势垒层。AlGaN 势垒层由 5 nm 未掺杂 AlGaN 层、10 nm Si 掺杂(Si 掺杂浓度约为 $2\times10^{18}\ cm^{-3}$)AlGaN 层和 6 nm 未掺杂 AlGaN 层组成。AlGaN 势垒层的 Al 组分为 30%。HEMT 器件的栅长为 1 μm,栅宽为 100 μm,源漏间距为 4 μm,栅极处于源漏间正中央。

11.3.1 沟道热电子注入应力

为了能够相对独立地分析沟道热电子注入引起器件退化的具体作用机制,我们对器件进行了栅悬空状态的漏源电应力实验,即栅极悬空,只在漏源两极间施加一个恒定持久的电压($V_{DS}=20$ V),此时不存在栅极电子注入对器件的影响,只有沟道热电子的影响。应力时间为 3×10^4 s。应力前后器件的输出特性、转移特性、关态漏电特性和肖特基栅(栅漏二极管)特性如图 11.8 所示。

根据图 11.8,可以得出如下退化规律:应力后,器件最严重的退化现象是沟道无法夹断,关态漏极电流显著增加近 3 个数量级;其次,应力后器件饱和电流与最大跨导下降超过 50%;同时,应力后器件肖特基反向泄漏电流增大了 1 个数量级,正向电流也大幅上升。分析认为,肖特基栅的正反向电流都显著增加,说明热电子注入 AlGaN 层对肖特基栅造成一定程度的损伤,并注入陷阱通过陷阱辅助隧穿作用增大栅的泄漏电流,因此栅控能力显著下降;沟道热电子的实空间转移导致 2DEG 密度下降,同时热电子注入 GaN 缓冲层一方面令迁移率较低的体电子数量增加,另一方面可能被材料中的深能级或浅能级陷阱俘获/释放形成漏电,还有可能引起晶格损伤令 2DEG 迁移率退化,因此形成了以上退化现象。

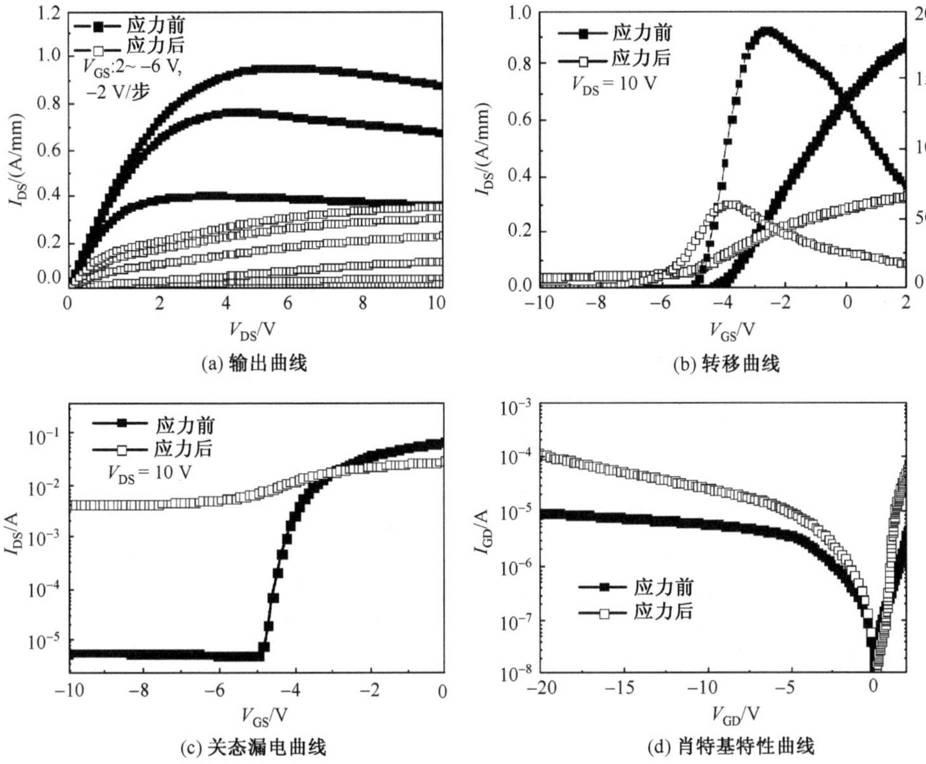

图 11.8　器件应力前后的 *I-V* 特性曲线

11.3.2　栅极电子注入应力

为了能够独立地分析栅极电子注入引起的器件退化的具体机制，我们延用热电子注入应力实验的思想，对器件进行了源悬空状态的栅漏电应力实验，即将源极悬空，只在漏栅两极间施加一个恒定持久的电压。此时沟道中没有电流，不存在热电子效应，可以只考虑栅电子对器件的影响。应力条件为源悬空，栅漏之间施加电压应力(V_{GD}= −20 V)，应力时间为 3×10^4 s。应力前后器件的输出特性、转移特性、关态漏电特性和肖特基栅(栅漏二极管)特性如图 11.9 所示。

根据图 11.9，可以得出如下退化规律：应力后，器件肖特基反向泄漏电流增大近一倍，正向电流略有上升；其次，应力后最大跨导变化超过 15%，关态漏极电流增大 20%，阈值电压基本不变；同时，应力后器件饱和电流下降 9%。分析认为，肖特基栅强反偏电场令栅极电子隧穿注入势垒层表面陷阱，然后经由表面陷阱间的跳跃电导产生栅漏间的泄漏电流，继而导致关态漏极电流的增大。由于栅极电子注入并没有对栅下方的 2DEG 浓度造成影响，所以应力前后阈值电压并没有明显变化。栅外表面陷阱被充电，降低了其下面的沟道电子密度，从而使输出电流和跨导减小。

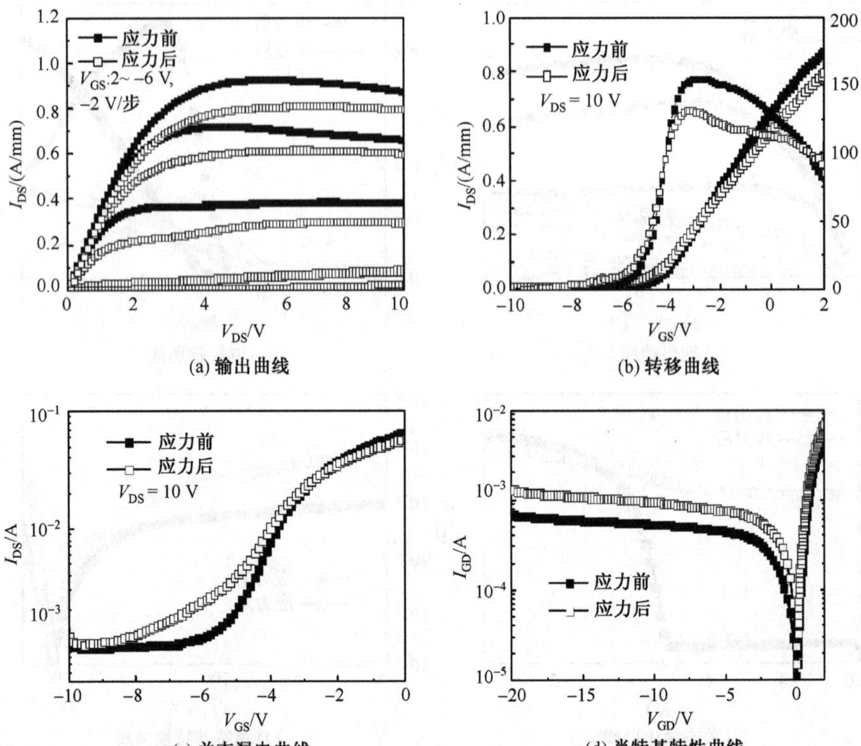

(a) 输出曲线　(b) 转移曲线
(c) 关态漏电曲线　(d) 肖特基特性曲线

图 11.9　器件应力前后的 *I-V* 特性曲线

11.3.3　V_{DS}为零的栅压阶梯式应力

采用两类器件，分别为有 2 nm GaN 帽层和没有 GaN 帽层的 AlGaN/GaN HEMT。施加短时间阶梯式应力：漏极电压和源极电压为 0 V，栅极电压从 0 V 以 −2 V的步长递增至 −40 V，每步持续应力 2 min。采用短时间应力是为了避免长时间应力下栅电子注入的影响，采用阶梯式应力是因为逆压电效应存在一个关键电压值[14]，只有电压达到这个值后，也就是材料中电场超过一定大小后，才能引起晶格弛豫而产生缺陷，致使器件退化。在电场渐进模式下，观察器件的 *I-V* 特性退化情况，有可能找到这个关键电压点。*I-V* 特性中，特别关注 I_{Dmax}（I_D@ V_{DS} = 5 V，V_{GS} = 2 V）和 I_{Goff}（I_G@ V_{DS} = 0 V，V_{GS} = −10 V）随应力增加的变化。实验结果如图 11.10所示，其中 I_{Dmax0} 为 I_{Dmax} 的初值。

根据图 11.10，可以得出如下退化规律：无 GaN 帽层的 AlGaN/GaN HEMT 在栅极电压 V_{GS}朝负方向增至 −24 V 时发生明显退化：I_{Dmax}减小近 12%，I_{Goff} 增大近两个数量级；有 GaN 帽层的 AlGaN/GaN HEMT 在 V_{GS}达到 −26 V 处 I_{Goff}逐渐增大，

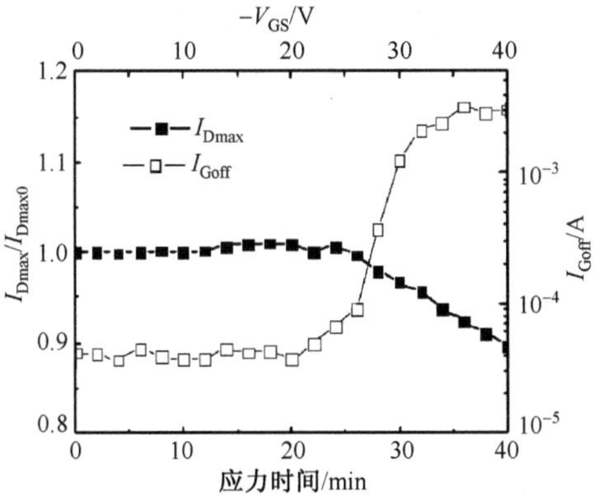

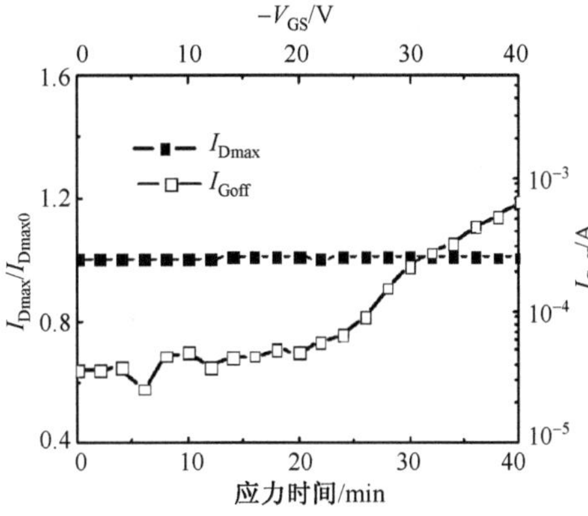

图 11.10　器件参数 I_{Dmax}、I_{Goff}在应力下的变化情况，注意随应力时间延长 V_{GS}朝负方向增大

I_{Dmax}没有明显变化。无 GaN 帽层的 AlGaN/GaN HEMT 的退化现象与逆压电效应的表现是一致的，而有 GaN 帽层的 AlGaN/GaN HEMT 的 I_{Dmax}基本不变，由此可见，GaN 帽层对逆压电效应有良好的抑制作用。

由于 GaN 面内晶格常数大于 AlGaN 面内晶格常数，生长在 GaN 上的 AlGaN 势垒层受到 GaN 的张应力。GaN 帽层有助于维持这种应力，防止 AlGaN 应变弛豫的发生。在本书 5.6.3 节关于帽层对 AlGaN/GaN 异质结材料性质的影响的讨论中，根据异质结材料的(105)面倒易空间图谱估计出无 GaN 帽层的异质结中 AlGaN 弛豫度 R 为 6.5%，有 GaN 帽层的异质结中 AlGaN 的弛豫度 R 为 0，从实验上证明了 GaN 帽层能够有效地抑制 AlGaN 弛豫，这也是 GaN 帽层能够抑制逆压电效应的原因。

11.4　GaN HEMT 的电应力退化(二)

在器件实际工作状态下，三端都有偏置电压。因此有必要采用三端偏置的电应力条件分析 GaN HEMT 器件的退化情况。实验选用的 HEMT 器件材料为有 2 nm GaN 帽层的 AlGaN/GaN 异质结，HEMT 器件栅的宽长比 $W/L=25\ \mu m / 1\ \mu m$，源漏间距为 4 μm，器件未钝化。

11.4.1　源漏高压开态应力

对 HEMT 器件施加三端源漏高压开态应力($V_{GS}=0$ V，$V_{DS}=20$ V)1×10^4 s，应力前后的器件特性如图 11.11[15]所示。最大饱和输出电流 I_{Dsat}下降了 30.9%，相应的跨导峰值 g_{mmax}下降了 18.4%，阈值电压 V_{TH}正向漂移了 9.3%。此外，开态应力下低栅压和高栅压下的跨导 g_m都发生了显著衰减。

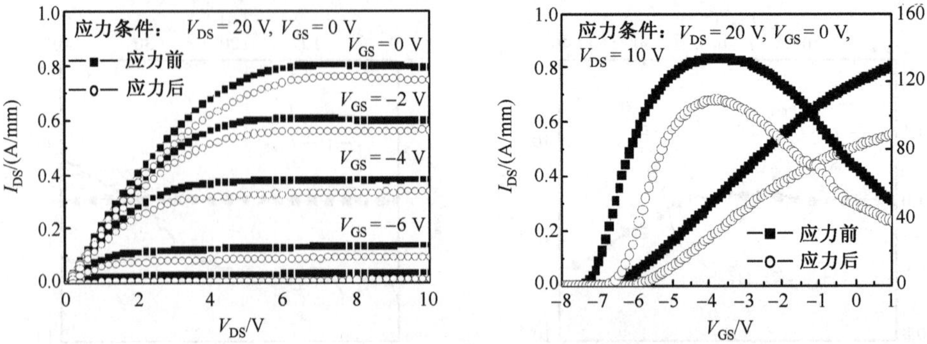

图 11.11　开态应力前后 HEMT 器件源漏电流的变化

图 11.12 给出了主要器件参数退化量随应力时间的变化，其中最大饱和电流密度 I_{Dsat} 的变化量与应力时间在双对数坐标下符合线性规律，即满足幂律（power-law）模型[16]：

$$I_{Dsat}\% = C_1 \times t_{stress}^{\beta_1} \tag{11.1}$$

式中，C_1 和 β_1 为常数。

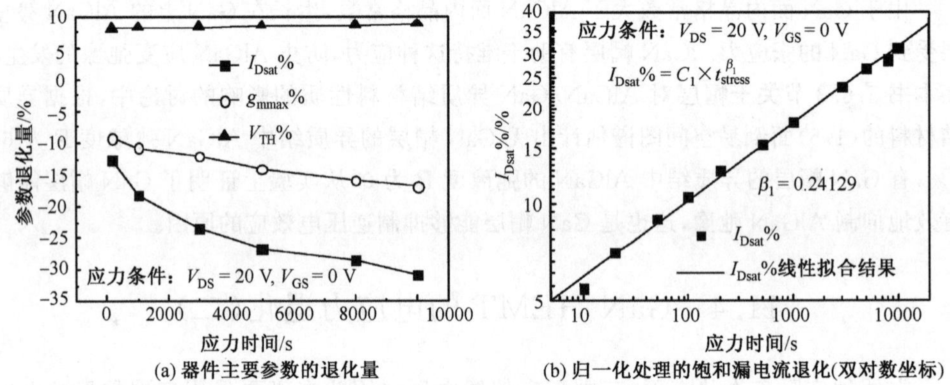

图 11.12　开态应力下 HEMT 器件主要参数的退化

在开态应力条件下，对器件施加固定的栅压应力（$V_{Gstress}$ = 0 V），采取不同的漏压应力 $V_{Dstress}$ 来分析横向电场对高场退化的影响。图 11.13 给出了在双对数坐标下的器件饱和漏电流 I_{Dsat} 随漏电压应力 $V_{Dstress}$（固定 $V_{Gstress}$ = 0 V）的漂移情况，可看出器件 I_{Dsat} 漂移率跟 $V_{Dstress}$ 近似成线性关系，即满足幂律模型：

$$I_{Dsat}\% = C \times V_{Dstress}^{\beta} \tag{11.2}$$

式中，C 和 β 为常数。

图 11.11 所示器件的 I_{Dsat} 退化量与应力时间和漏极应力电压分别满足幂律模型，这说明在源漏高压开态应力的条件下，主要的退化机制是热电子注入机制。另

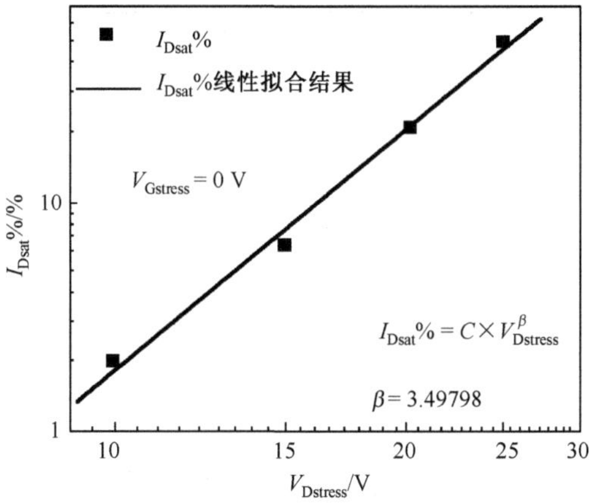

图 11.13　HEMT 饱和漏电流 I_{Dsat} 漂移百分比与漏压应力 $V_{Dstress}$ 的关系

外，还对比了三端源漏高压开态应力(V_{GS}= 0 V，V_{DS}= 20 V)分别在室温和 100 ℃下施加1×10^4 s引起的器件性能退化(这里没有给出)，发现高温应力下器件的退化相对较小，这也和高温抑制了沟道热电子的产生有关。

11.4.2　栅漏高压应力——关态和开态

对类似 HEMT 器件施加三端栅漏高压关态应力(V_{GS}= −10 V，V_{DS}= 20 V) 1×10^4 s，应力前后的器件特性如图 11.14 所示。可以看出，应力后漏极电流降低，而且栅压越高电流变化越明显，主要变化集中在漏电流饱和之前；V_{TH}几乎没有变化。应力后器件的 I_{Dsat}下降了 16.2%，g_{mmax}下降了 16.9%，几乎跟源漏高压开态应力下的退化一样大，但低栅压下 g_m退化不大。图 11.15 给出了主要器件参数退化量随应力时间的变化，其中 I_{Dsat}的变化量与应力时间也符合幂律模型。

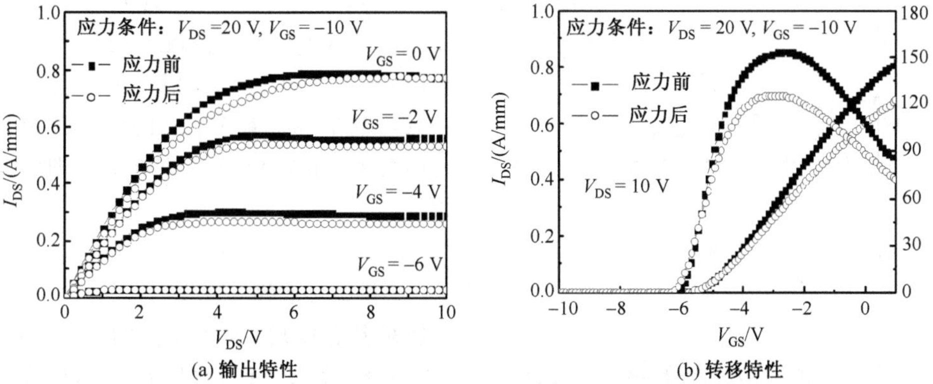

图 11.14　关态应力下 HEMT 器件性能的退化

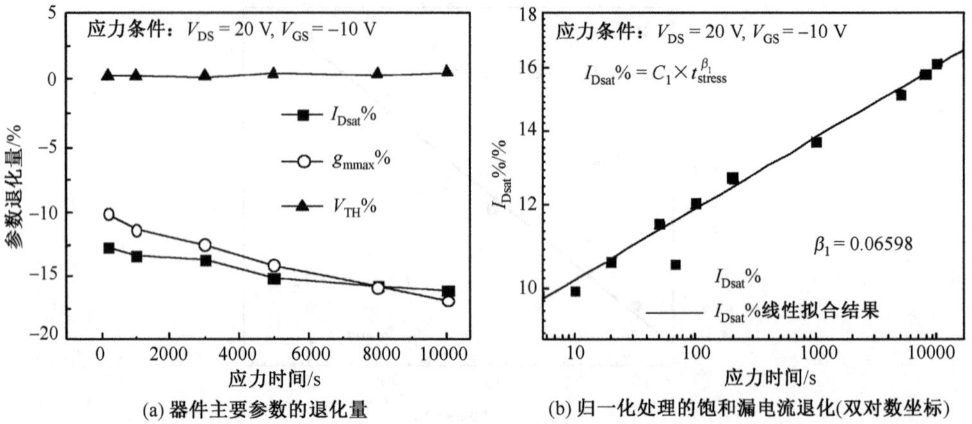

图 11.15　关态应力下 HEMT 器件主要参数的退化

对器件施加固定的漏压应力($V_{Dstress}=20$ V)，采取不同的栅压应力 $V_{Gstress}$，从关态($V_{Gstress}=-10$ V)到强开态($V_{Gstress}=2$ V)，来分析纵向电场对高场退化的影响。图 11.16 给出了在线性坐标下器件饱和漏电流 I_{Dsat} 随 $V_{Gstress}$（固定 $V_{Dstress}=20$ V)的漂移情况。可以看出与图 11.13 不同，I_{Dsat} 的漂移率随着 $V_{Gstress}$ 的增大先减小后增加，其转折点在 V_{TH} 附近。需要提及的是，这与 Meneghesso 等人[17]的结论并不一致。他们发现保持 V_{DS} 为常数，变化 V_{GS} 做应力测试时，GaN HEMT 的电致发光(EL)强度呈现钟形变化，在半开态即 V_{TH} 附近时，器件退化最显著。但是这里的实验结果却是在 V_{TH} 附近时退化最小。

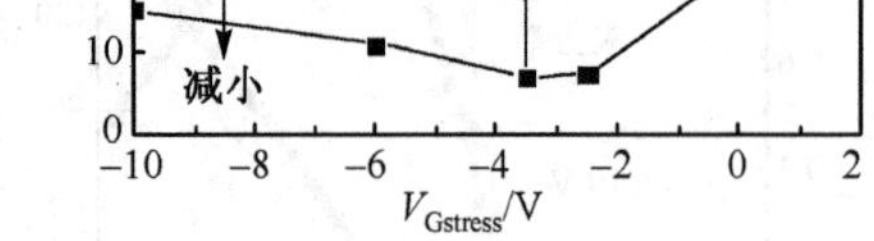

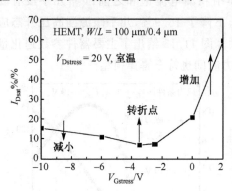

图 11.16　HEMT 饱和漏电流 I_{Dsat} 漂移率与栅压应力 $V_{Gstress}$ 的关系

图 11.17(a)、(b)中分别给出了关态情况下在双对数坐标下 I_{Dsat} 随 $V_{Gstress}$ 的漂移情况(其中对 $V_{Gstress}$ 取绝对值)，和开态情况下在单对数坐标下的 I_{Dsat} 随 $V_{Gstress}$（固定 $V_{Dstress}=20$ V)的漂移情况。可以看出在关态(小于 V_{TH} 的 $V_{Gstress}$)情况下，I_{Dsat} 漂移率在双对数坐标下跟 $V_{Gstress}$ 的绝对值近似成线性关系[如图 11.17(a)所示]，即满足幂律模型：

$$I_{Dsat}\%=C\times|V_{Gstress}|^{\beta}\qquad(11.3)$$

式中，C 和 β 为常数。

但是开态以后(大于 V_{TH} 的 $V_{Gstress}$)的 I_{Dsat} 漂移率在单对数坐标下跟 $V_{Gstress}$ 近似成线性关系[如图 11.17(b)所示]，即满足指数模型：

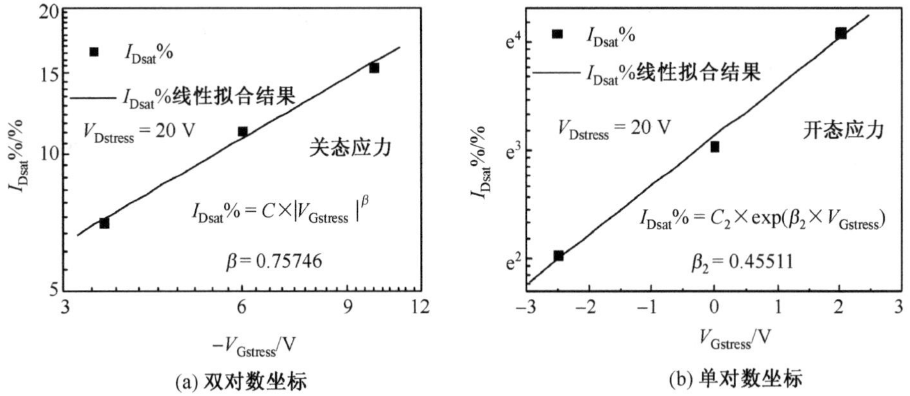

图 11.17　HEMT 饱和漏电流 I_{Dsat} 漂移百分比与栅压应力 $V_{Gstress}$ 的关系

(a)中曲线为双对数坐标下 I_{Dsat} 漂移率随关态 $V_{Gstress}$ 绝对值的变化；(b)中曲线为单对数坐标下 I_{Dsat} 漂移率随开态 $V_{Gstress}$ 的变化

$$I_{Dsat}\% = C_2 \times \exp(\beta_2 \times V_{Gstress}) \tag{11.4}$$

式中，C_2 和 β_2 为常数。

在栅漏高压关态和开态应力时，器件参数漂移率与 $V_{Gstress}$ 满足不同的模型，这也说明开态和关态范围内分别存在不同的退化机制。关态应力下器件的退化规律（如图 11.14 所示）与图 11.9(a)和(b)相似，器件的 I_{Dsat} 退化量与应力时间和栅极应力电压绝对值分别满足幂律模型，这说明在栅漏高压关态应力下，主要的退化机制是栅电子注入机制。如前所述，开态应力下主要是沟道热电子起作用。栅漏间的纵向电场对沟道热电子向势垒层和栅注入起阻挡作用，开态应力时，随着栅电压的增加，这种阻挡电场减弱，所以退化程度增加。

11.4.3　脉冲应力

脉冲工作状态下，器件在开态和关态两种状态间反复转换，因此器件的性能退化更复杂。图 11.18 给出了栅脉冲应力下的实验结果，栅压为周期脉冲，其电平值为(−10 V,0 V)，漏电压为 20 V，应力时间为 1×10^4 s[18]。脉冲应力后漏电流降低，主要变化集中在漏极电流饱和之前，这体现了栅极电子注入的特点。脉冲应力后 I_{Dsat} 下降了 30%，相应的 g_{mmax} 下降了 19.2%，V_{TH} 正向漂移了 10.2%，而且低栅压和高栅压 g_m 退化都很明显，这体现了热电子注入的特点。图 11.19 给出了主要器件参数退化量随应力时间的变化，其中 I_{Dsat} 的变化量与应力时间也符合幂律模型，其幂指数 β 更接近开态应力的情况。

脉冲应力下器件中既有横向的强电场也有纵向的强电场，以上器件性能的退化表现兼有热电子注入和栅极电子注入的特点，其中热电子注入的表现更明显，因此在

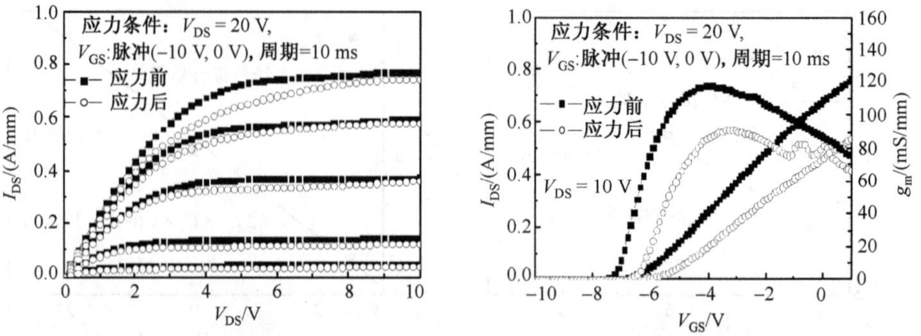

(a) 输出特性　　　　　　　　　　　　(b) 转移特性

图 11.18　脉冲应力下 HEMT 器件性能的退化

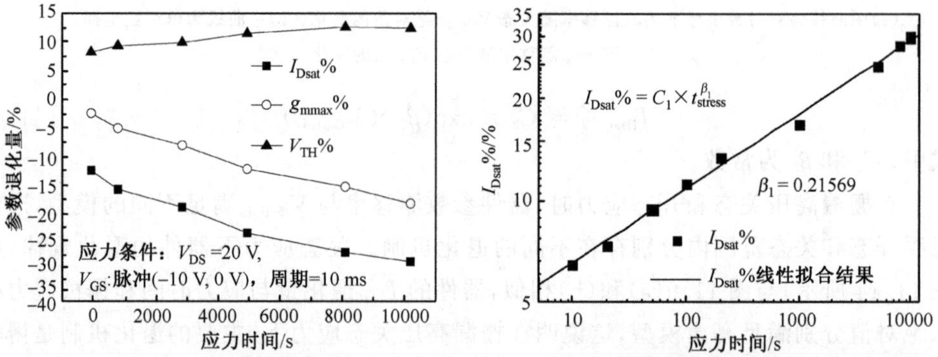

(a) 器件主要参数的退化量　　　　　　(b) 归一化处理的饱和漏电流退化(双对数坐标)

图 11.19　脉冲应力下 HEMT 器件主要参数的退化

和微波大信号工作状态较接近的脉冲应力下，器件的退化机制有可能是一种沟道热电子与栅电子触发产生缺陷陷阱的耦合模型。由于逆压电效应退化具有触发退化的电场关键值，若本节所分析的器件施加的电应力在器件中引起足够强的电场，也可能出现逆压电效应带来的新的退化表现。

11.4.4　改善 HEMT 器件电应力退化效应的措施

GaN HEMT 器件的电应力退化与初始材料质量、异质结构、器件工艺等都有很大关系。结合目前国际上已有的实验结果，大体上可以把目前器件工作的长期可靠性问题用图 11.20 来描述，可以看出器件可靠性退化机制与应力偏置和温度都有很大关系。GaN HEMT 器件的退化可分为早期退化和长期退化。碍于实验样品和实验条件的限制，本节所讨论的器件退化处于早期退化阶段。

一般来说，HEMT 器件早期退化主要以电子陷阱的影响为主，可以通过提高材料质量与钝化工艺来改善其可靠性；但是长期退化则与逆压电效应退化息息相关，这

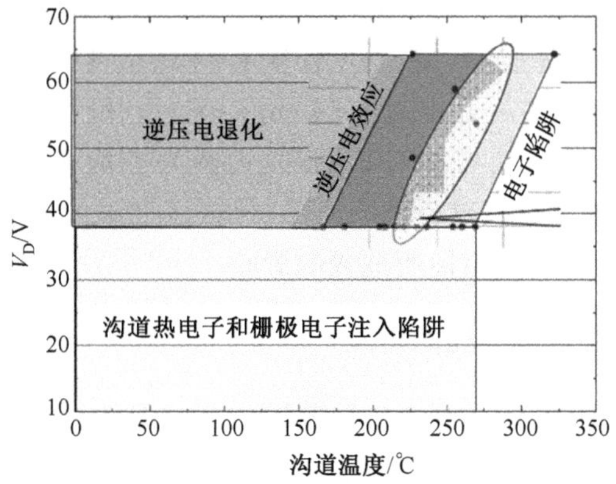

图 11.20　HEMT 器件可靠性存在的主要问题

主要可以通过材料结构和器件结构优化来改善。不管是早期退化还是长期退化，大体上可以从以下几方面来改善器件的可靠性：

(1) 改进材料生长工艺，降低位错密度和缓冲层的背景杂质浓度，提高材料质量。热电子触发缺陷的过程依赖于材料质量。高密度位错不仅增大了栅极的泄漏电流，而且热电子也容易在位错附近衍生新的缺陷中心。此外，金属离子还可能通过位错扩散。

(2) 优化选择肖特基势垒金属，改进势垒层表面处理和金属淀积工艺，提高势垒高度，降低泄漏电流。

(3) 改进势垒层表面处理和介质钝化工艺，制作清洁、低缺陷密度的势垒表面和低界面态密度的优质钝化膜或者介质膜。选取合适的介质，制作金属-绝缘体-半导体高电子迁移率晶体管，降低射频工作中大正向栅电流引起的性能退化。

(4) 利用极化工程和能带工程，优化设计势垒结构，强化沟道量子阱的量子限制，降低沟道中的强场峰和热电子的能量，防止热电子溢出沟道量子阱被表面陷阱俘获。

11.5　GaN HEMT 的变温特性

AlGaN/GaN HEMT 的优势之一就是高温环境应用，因此，对于器件特性随温度的变化规律的分析十分必要。

HEMT 器件样品的材料结构为蓝宝石衬底上 MOCVD 生长的 AlGaN/GaN 异质结，首先生长约几十 nm 厚的低温 AlN 缓冲层、接着升温生长 1.5 μm 未掺杂 GaN 缓冲层、1.5 nm 的 AlN 插入层、约 25 nm 的 AlGaN 势垒层(Al 组分为 30%)，最后生长 1.5 nm 的 GaN 帽层。HEMT 器件肖特基接触为 Ni/Au/Ni 多层金属，结构为

T 形或 Γ 形栅。肖特基栅长为 0.5 μm，栅宽为 100 μm，源漏间距约为 4 μm。钝化采用 SiN。霍尔效应测量显示，室温下蓝宝石衬底上生长的材料的二维电子气(2DEG)迁移率 μ 和面密度 n_S 分别为 1159 $cm^2/(V \cdot s)$ 和 $1.2 \times 10^{13}\ cm^{-2}$。在同一圆片材料上制作了 TLM 和肖特基 *C-V* 圆环(内圆为肖特基接触，外环为欧姆接触)测试结构并规则地分布于 HEMT 器件周围，保证了测试结构与器件随温度变化的一致性，并减小了材料的不均匀性所造成的影响。

11.5.1 温度对肖特基接触性能的影响

采用热板加热器件，在室温到 200 ℃范围内测试器件的栅漏二极管正反向特性。测试时源端、漏端接地，栅电压扫描范围为 −20～2 V，测量结果如图 11.21 所示。可以看到，栅的正反向电流都随着温度升高而增大。200 ℃时 −20 V 偏压下反向漏电与室温相比增大了一个数量级。分析认为，正向电流的增大是由于随温度的升高，载流子翻越势垒的能力提高。在 20～200 ℃的温度内，AlGaN/GaN 异质结材料肖特基反向漏电的主导机制可能是与螺位错漏电相关的陷阱辅助隧穿机制[19]。

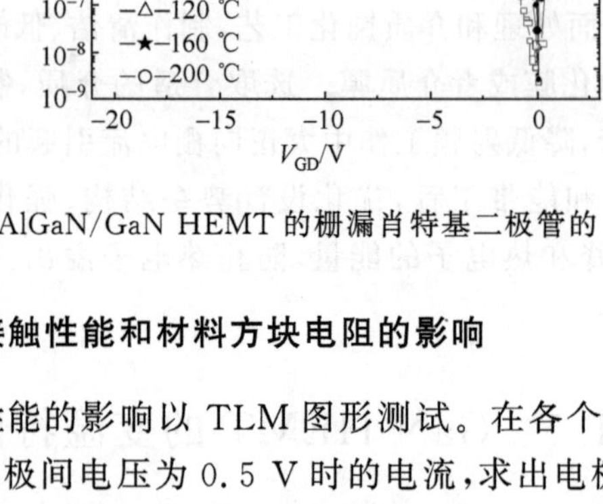

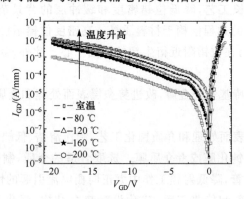

图 11.21 AlGaN/GaN HEMT 的栅漏肖特基二极管的 *I-V-T* 特性

11.5.2 温度对欧姆接触性能和材料方块电阻的影响

温度对欧姆接触性能的影响以 TLM 图形测试。在各个温度点下，测量不同间距的两个相邻 TLM 电极间电压为 0.5 V 时的电流，求出电极间电阻随电极间距的变化曲线如图 11.22 所示，可以看到曲线的斜率随温度的升高而增大。

图 11.23 为变温 TLM 测试后计算得到的材料方块电阻和比接触电阻率随温度的变化规律。材料方块电阻随温度的上升近似线性地增大，在 20 ℃时方块电阻为 442 Ω/sq，而 200 ℃时增大到 1058 Ω/sq。方块电阻与二维电子气的密度和迁移率成反比，方块电阻增大说明二维电子气的性质发生了退化。比接触电阻率几乎未发生变化，说明所涉及温度范围的欧姆接触性能比较稳定。

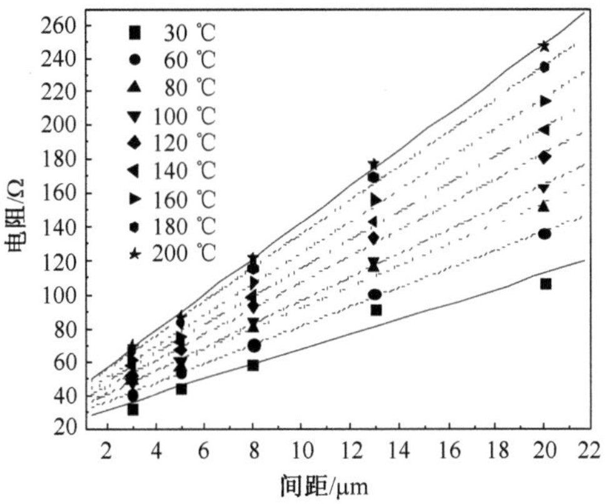

图 11.22　不同温度下两相邻金属电极之间的总电阻与对应间距的函数关系

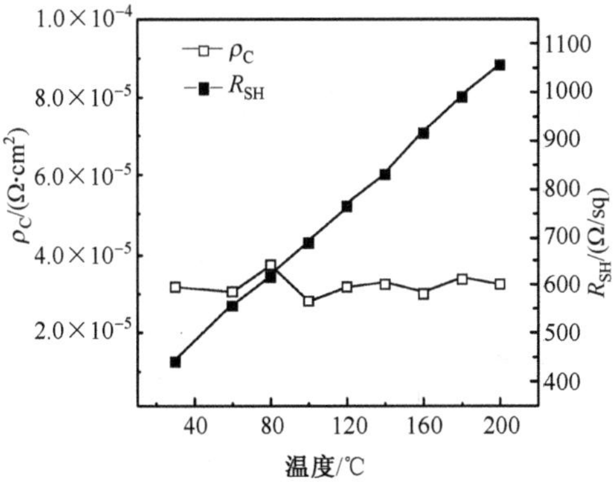

图 11.23　比接触电阻和方块电阻随温度的变化关系

11.5.3　温度对 AlGaN/GaN HEMT 器件特性的影响

所测试的 HEMT 器件在 $V_{GS}=2$ V 时的最大饱和电流为 754 mA/mm，在 $V_{DS}=10$ V 时的最大跨导为 223 mS/mm，具有良好的性能。选取如下温度点：20 ℃、60 ℃、80 ℃、100 ℃、120 ℃、140 ℃、160 ℃、180 ℃和 200 ℃，来测试器件在不同温度下的直流特性。

图 11.24 给出了不同温度下器件的转移特性，阈值电压随温度上升而有微小的正方向移动。如图 11.25 所示，器件最大饱和电流与最大跨导都随温度的升高而下降。在 200 ℃条件下，$V_{GS}=2$ V 时器件的最大饱和电流下降了 23.7％，$V_{DS}=10$ V 时最大跨导下降了 31.5％。

TLM 结果说明，升温时材料中的二维电子气性质发生退化，这与升温时 AlGaN/GaN HEMT 器件特性的退化是一致的，而其退化机理需要借助于对肖特基圆环测量变温 C-V 载流子剖面图来分析。

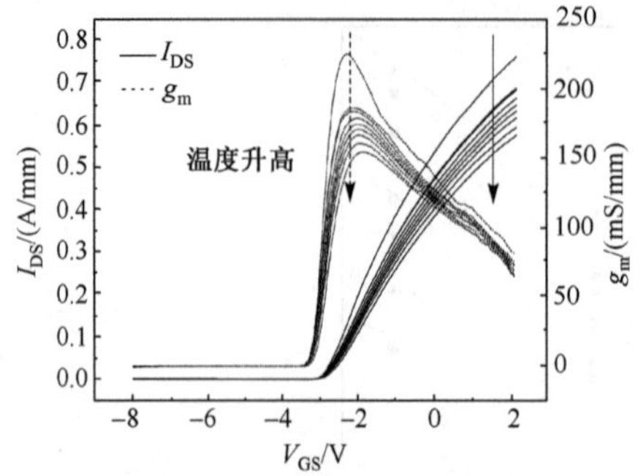

图 11.24　不同温度下的 AlGaN/GaN HEMT 器件转移特性

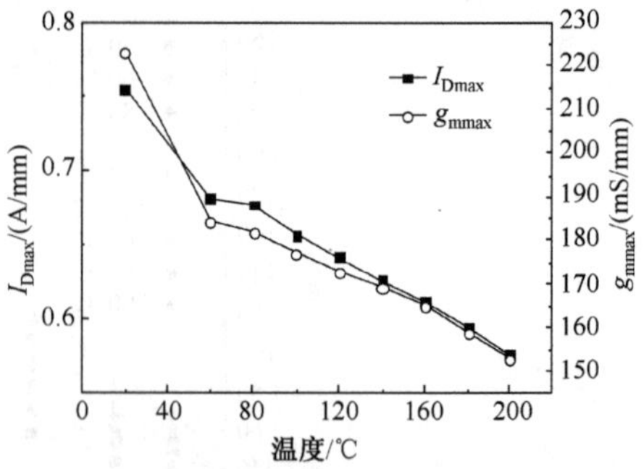

图 11.25　器件饱和电流与最大跨导随温度的变化

图 11.26 所示为肖特基 *C-V* 测量得到的不同温度下电容与电压的关系曲线，计算得到的不同温度下 *C-V* 载流子剖面图如图 11.27 所示，温度升高后 2DEG 的分布峰值向 GaN 缓冲层方向有微小的移动，同时峰值浓度下降，分布展宽，这说明升温令二维电子气的限域性下降，同时 AlGaN 层中的电子浓度上升。

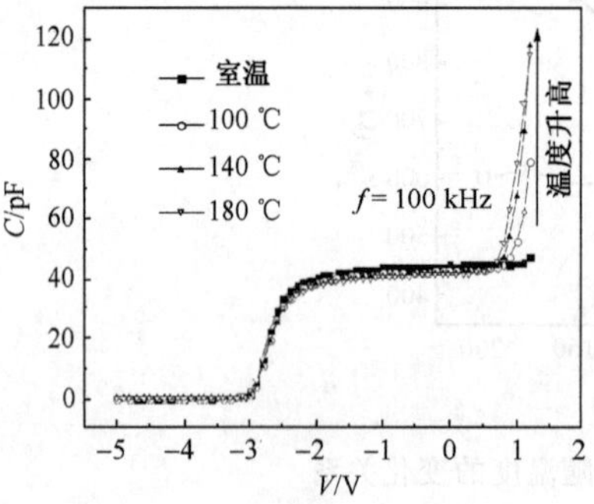

图 11.26　电容随偏压变化曲线在不同温度下的对比

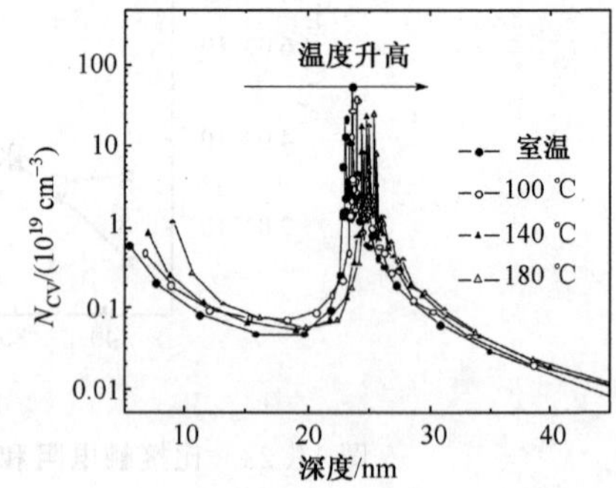

图 11.27　不同温度下载流子浓度分布的变化

对 *C-V* 载流子浓度剖面图进行积分可得载流子面密度，再与 TLM 提取的方阻结合可求得迁移率，两者随温度的变化如图 11.28 所示。可以看出，随着温度的增加，载流子面密度并未明显变化，考虑到 AlGaN 层中的电子浓度上升，可知二维电子气的总量有微弱下降，这解释了阈值电压的正向微弱移动。载流子密度变化小而材料方阻随温度升高显著增大，这是由于升温时晶格振动散射加强，载流子迁移率发生了明显的退化。在 HEMT 器件中，饱和电流主要受迁移率和 2DEG 密度的影响，跨导除了与栅控能力等有关，也和迁移率成正比，因此迁移率随温度的升高而下降，是饱和电流与跨导随温度升高而下降的主要原因。

在图 11.24 器件的转移特性曲线中，200 ℃下关态源漏泄漏电流比室温下增大了一个数量级，可能由异质结材料 GaN 缓冲层漏电随温度升高或栅泄漏电流随温度增大而引起。升温时相邻有源区台面之间加 50 V 电压测得的泄漏电流会增大，但在 200 ℃时的泄漏电流密度也仅为 34 μA/mm。同时对比沟道泄漏电流和栅泄漏电流的量级，如图 11.29 所示，可见两者随温度的变化规律一致，因此沟道夹断后的源漏间泄漏电流主要是由栅泄漏电流增大而引起。

总而言之，结合了变温肖特基 C-V 测量和变温 TLM 测量，对蓝宝石衬底上的 AlGaN/GaN HEMT 在不同温度下直流特性的退化规律作了分析，发现器件的饱和电流与跨导升温时的退化主要由二维电子气的输运特性退化造成，关态沟道泄漏电流随温度的变化主要由栅泄漏电流引起，GaN 缓冲层漏电的作用是次要的。

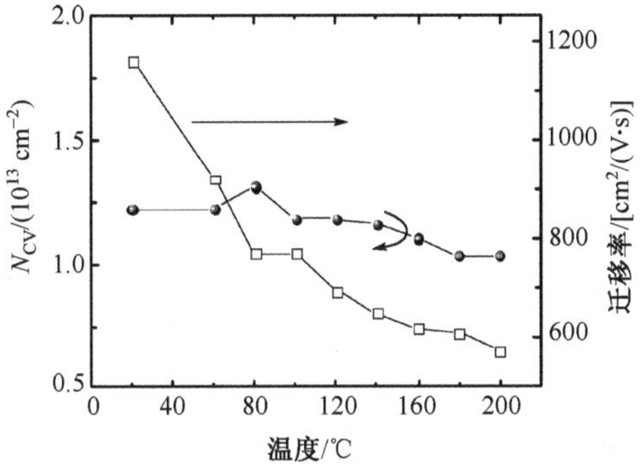

图 11.28　异质结 C-V 载流子面密度和迁移率随温度的变化

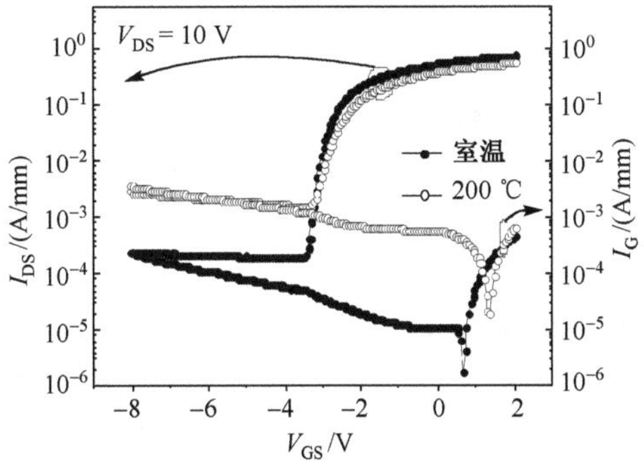

图 11.29　室温和 200 ℃下沟道泄漏电流与栅泄漏电流的关系

11.6　GaN HEMT 的高温存储特性

任何一种器件要工作在高温条件下，不仅要求器件在高温下的性能能够满足要求，还要考察长期高温环境是否会使器件性能发生不可逆的退化。也就是说，高温环境对器件是一种热应力，热存储可能影响器件的可靠性。本节为此测量分析了 GaN HEMT 器件在热应力下退化的现象和机理。

器件样品的材料为 SiC 衬底上的 AlGaN/GaN 异质结，外延材料和器件结构与本书 11.5 节相同。由于热存储可能造成 HEMT 器件的不可逆性能变化，测量不同热存储时间的影响时为了避免整个圆片同时加热，将圆片进行了减薄及划片处理，每个不同热存储时间长度的实验均采用不同的器件进行，以保证实验的准确性。测量方式为先在室温下测试器件的初始特性，然后将器件在 200 ℃下热存储一段时间，之后将器件冷却至室温，再测试其特性。

图 11.30 为热存储 300 h 前后器件输出特性的对比。测试时，栅压偏置为 0 V 和 −2 V，漏端电压从 0 扫描到 10 V。可以看出，在存储后，器件的线性区没有变化，但膝点电压降低，饱和区电流明显下降。图 11.31 显示了器件 $V_{GS}=0$ V，$V_{DS}=6$ V 时饱和漏极电流的归一化退化量（热存储前后漏极电流的减小量与器件存储前的漏极电流之比）与热存储时间的关系。可以看出，随着存储时间的增加，漏极电流退化加剧，在热存储 300 h 后，器件的漏电流下降了 9.05%。图 11.32 为热存储 300 h 前后器件转移特性的变化，器件的跨导在热存储后由 245 mS/mm 下降为 232 mS/mm，下降了 5.3%。另外，器件的阈值电压有小的正向漂移。

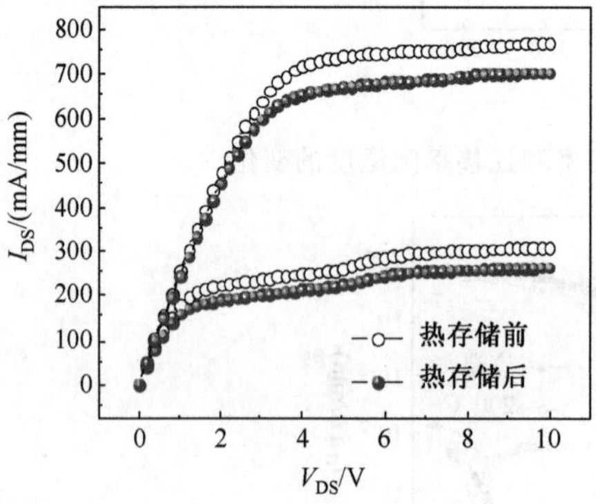

图 11.30 热存储前后 AlGaN/GaN HEMT 器件的输出特性

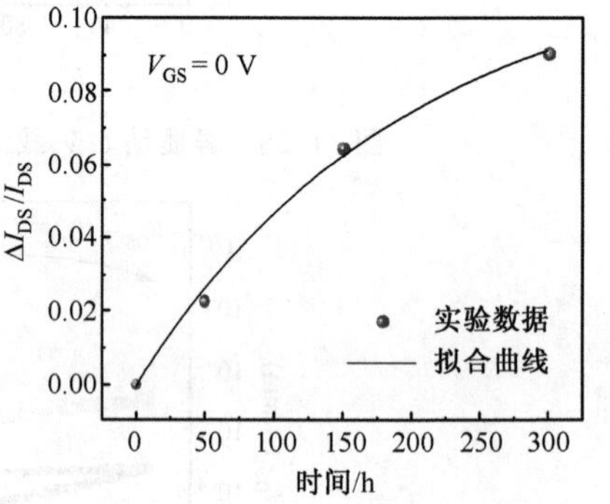

图 11.31 器件栅压为 0 时的饱和漏电流退化与热存储时间的关系，实线为最小二乘法拟合曲线

对热存储前后的 TLM 结构和器件栅电流以及肖特基圆环 C-V 进行分析表明，欧姆接触基本不变，材料方阻略增加，但最重要的是肖特基栅特性的变化。图 11.33 给出了热存储前后，器件在漏源偏置为 0 V下的栅电流电压（I-V）曲线。虽然 50 h、150 h 和 300 h 3 个不同热存储时间的特性分别在 3 个器件上测量，但在热存储前这些器件的栅电流数据彼此非常接近，说明器件特性的一致性很好，其退化具有共同的规律。随着热存储时间的加长，栅反向泄漏电流和正向电流都增大，300 h 热存储后的栅泄漏电流增大了两个数量级，达到了 8 mA/mm，表明热存储后器件的肖特基特性发生了非常严重的退化。

图 11.34 为热存储 300 h 前后所测得的肖特基圆环的电容电压（C-V）曲线。热

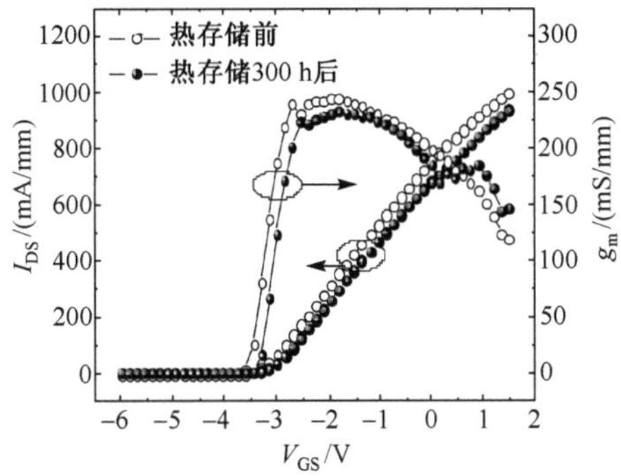

图 11.32　热存储前后 AlGaN/GaN HEMT 器件转移特性

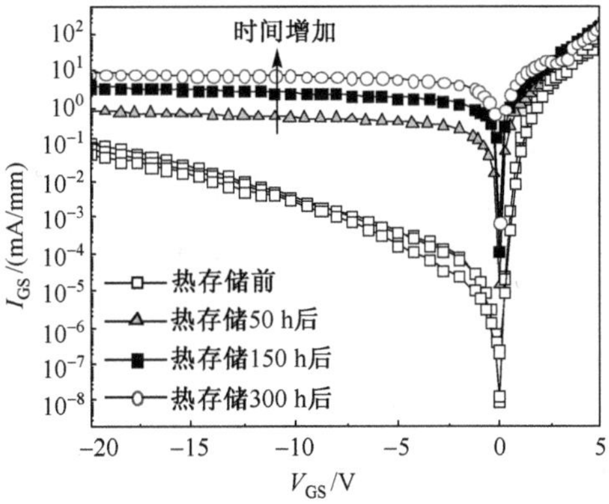

图 11.33　热存储前后 AlGaN/GaN HEMT 器件肖特基栅的 I-V 特性

存储后，二维电子气耗尽区域的电容有明显的升高，意味着该电容对应的材料深度 d 明显减小。此外，C-V 曲线的正漂移也与图 11.32 器件阈值电压正漂移的现象相符。图 11.35 为热存储前后 C-V 载流子剖面图。从图 11.35 中可以看出，热存储后，器件的二维电子气峰值没有明显降低，但其峰值位置向异质结表面方向发生了明显的移动(约 5 nm)。另外，图 11.34 中没有给出但需要说明的是，电容在正栅压下并未出现如图 11.26 所示的显著上升，而是在较小的正栅压下从平台状直接开始下降(同时栅电流开始显著增大)，因此图 11.35 中无法给出在热存储后 AlGaN 层的 C-V 载流子分布数据。这说明栅的正向导通电压向负方向移动，同样栅压下器件的肖特基正向电流增大，与图 11.33 的趋势一致。

图 11.36 是器件在 300 h 热存储前后的动态栅漏双脉冲 I-V 电流崩塌曲线，实验所用器件均经过了表面钝化处理。可以看出，在热存储 300 h 后，器件的电流崩塌现象在所有的栅压下都显著变弱。

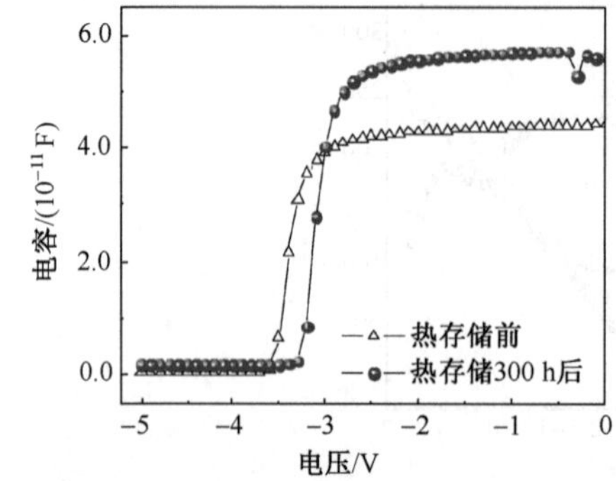

图 11.34　热存储 300 h 前后肖特基圆环的 *C-V* 曲线

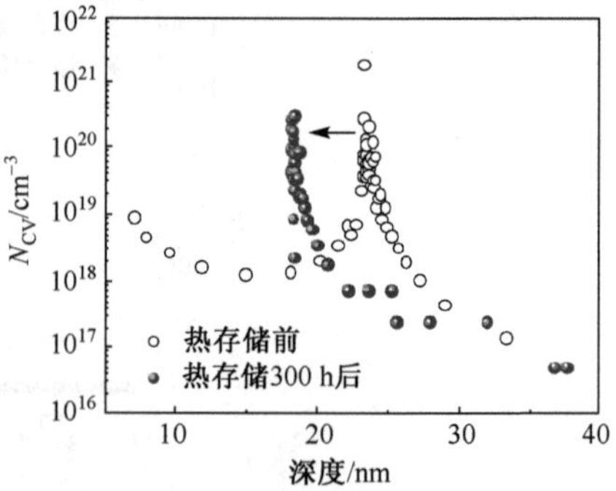

图 11.35　热存储对 *C-V* 载流子剖面图的影响

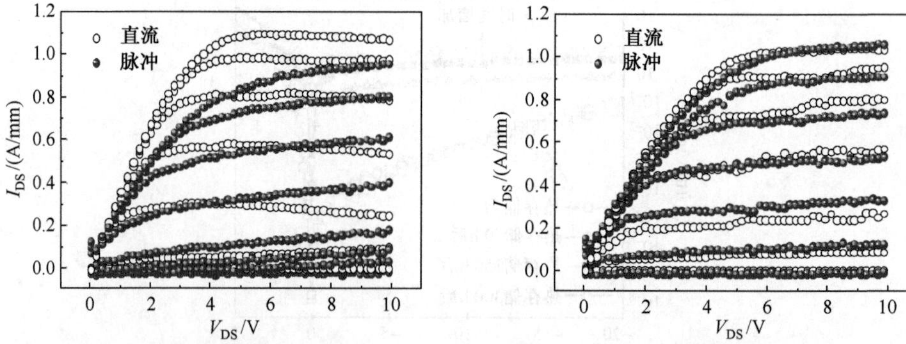

(a) 热存储前　　　　　　　　　　(b) 热存储300 h后

图 11.36　器件动态双脉冲 *I-V* 电流崩塌曲线，脉冲静态工作点为 $V_{GS}=0$ V，$V_{DS}=20$ V，脉冲信号的周期为 1 ms，脉冲宽度为 500 ns

总结以上实验现象可知，器件性能随热存储时间的延长呈单一趋势的变化。由于 AlGaN 和 GaN 的宽禁带性质，类似低温退火的 200 ℃热存储并不会使异质结材料本身出现变化，但会改变肖特基金-半界面以及钝化层-半导体界面的状态。

热存储后，栅下二维电子气峰值向异质结表面方向移动，或者说表观 AlGaN 势垒层减薄。通常，外延材料表面不论是 AlGaN 还是 GaN，都容易形成天然的氧化层，并有其他杂质如 C 的玷污，即便是表面用酸清洗后去除了部分氧化层获得较清洁的表面，仍有可能由于工艺加工中材料表面继续被氧化，使得肖特基栅制备完成后，栅金属和半导体之间有几个 nm 的界面层含有高浓度的氧。根据 Singhal S 等人的报道[20]，热退火会消耗掉肖特基栅下的富含氧的类似介质的界面层。热存储时间的延长(50 h 以上)也可能有同样的作用，即把界面层消耗殆尽，这样则金属 Ni 和半导体材料形成了更紧密的接触，因此在 *C-V* 载流子剖面图中，二维电子气峰值向材料表面移动了几个 nm，器件的阈值电压也正向移动。这原本可以令跨导上升，但栅的正反向电流都增加说明肖特基的特性发生了显著的退化，这可能是材料中能够引起漏电的贯穿螺位错较多，Ni 与半导体材料紧密接触后位错漏电更加显著的缘故。肖特基栅特性的退化使得栅控能力下降，因此饱和电流与跨导都下降。

在钝化层下方，热存储前 SiN 钝化介质膜也只是淀积在氮化物半导体表面，在原子级微观层面所形成的介质-半导体接触可能并不紧密。热存储使得钝化层和半导体接触更好，有利于减少界面陷阱态，因此热存储使得器件的电流崩塌变弱。

综上所述，200 ℃热存储 50 h 以上能够令器件性能发生不可逆的变化，饱和电流、最大跨导的退化以及阈值电压的正向移动主要是由肖特基栅的性能变化造成的，可能的机理是热存储消耗了肖特基金-半界面层。电流崩塌在热存储后通常变弱，可能是热存储使得钝化层和半导体接触更好，减少了界面陷阱态的缘故。

参考文献

[1] KHAN M A, SHUR M S, CHEN Q C, et al. Current/voltage characteristic collapse in AlGaN/GaN heterostructure insulated gate field effect transistors at high drain bias[J]. Electronics Letters, 1994, 30(25): 2175-2176.

[2] DAUMILLER I, THERON D, GAQUIERE C, et al. Current instabilities in GaN-based devices[J]. IEEE Electron Device Letters, 2001, 22(2): 62-64.

[3] STOKLAS R, GREGUSOVA D, NOVAK J, et al. Investigation of trapping effects in AlGaN/GaN/Si field-effect transistors by frequency dependent capacitance and conductance analysis[J]. Applied Physics Letters, 2008, 93(12): 124103(3 pp.).

[4] KOLEY G, TILAK V, EASTMAN L F, et al. Slow transients observed in AlGaN/GaN HFETs: effects of SiN_x passivation and UV illumination[J]. IEEE Transactions on Electron Devices, 2003, 50(4): 886-893.

[5] AUGAUDY S, QUERE R, TEYSSIER J P, et al. Pulse characterization of trapping and thermal effects of microwave GaN power FETs[C]. 2001 IEEE MTT-S International Microwave Symposium Digest, May 20-25, 2001. Piscataway NJ, USA: IEEE, 2001.

[6] TIRADO J M, SANCHEZ-ROJAS J L, IZPURA J I. Trapping effects in the transient response of AlGaN/GaN HEMT devices[J]. IEEE Transactions on Electron Devices, 2007, 54(3): 410-417.

[7] VETURY R, ZHANG N Q, KELLER S, et al. The impact of surface states on the DC and RF characteristics of AlGaN/GaN HFETs[J]. IEEE Transactions on Electron Devices, 2001, 48(3): 560-566.

[8] KAMIYA S, IWAMI M, TSUCHIYA T, et al. Kelvin probe force microscopy study of surface potential transients in cleaved AlGaN/GaN high electron mobility transistors[J]. Applied Physics Letters, 2007, 90(21): 213511(3 pp.).

[9] TREW R J, LIU Y, KUANG W W, et al. The physics of reliability for high voltage AlGaN/

GaN HFET's[C]. 2006 IEEE Compound Semiconductor Integrated Circuit Symposium, November 12-15, 2006. Piscataway NJ, USA: IEEE, 2006.

[10] SIMIN G, KOUDYMOV A, TARAKJI A, et al. Induced strain mechanism of current collapse in AlGaN/GaN heterostructure field-effect transistors[J]. Applied Physics Letters, 2001, 79(16): 2651-2653.

[11] JUNGWOO J, DEL ALAMO J A. Mechanisms for electrical degradation of GaN high-electron mobility transistors[C]. 2006 International Electron Devices Meeting, IEDM, December 10-13, 2006. San Francisco CA, USA: Institute of Electrical and Electronics Engineers Inc., 2006.

[12] CHOWDHURY U, JIMENEZ J L, LEE C, et al. TEM observation of crack- and pit-shaped defects in electrically degraded GaN HEMTs[J]. IEEE Electron Device Letters, 2008, 29(10): 1098-1100.

[13] VALIZADEH P, PAVLIDIS D. Investigation of the impact of Al mole-fraction on the consequences of RF stress on $Al_xGa_{1-x}N$/GaN MODFETs[J]. IEEE Transactions on Electron Devices, 2005, 52(9): 1933-1939.

[14] JOH J, XIA L, DEL ALAMO J A. Gate current degradation mechanisms of GaN high electron mobility transistors[C]. 2007 IEEE International Electron Devices Meeting, December 10-12, 2007. Washington DC, USA: Institute of Electrical and Electronics Engineers Inc., 2007.

[15] GU W P, HAO Y, ZHANG J C, et al. High-electric-field-stress-induced degradation of SiN passivated AlGaN/GaN high electron mobility transistors[J]. Chinese Physics B, 2009, 18(4): 1601-1608.

[16] CAO Y R, MA X H, HAO Y, et al. Study on the recovery of NBTI of ultra-deep sub-micro MOSFETs[J]. Chinese Physics, 2007, 16(4): 1140-1144.

[17] MENEGHESSO G, VERZELLESI G, DANESIN F, et al. Reliability of GaN high-electron-mobility transistors: State of the art and perspectives[J]. IEEE Transactions on Device and Materials Reliability, 2008, 8(2): 332-343.

[18] GU W P, HAO Y, ZHANG J C, et al. Degradation under high-field stress and gate stress of AlGaN/GaN HEMTs[J]. Acta Physica Sinica, 2009, 58(1): 511-517.

[19] ZHANG H, MILLER E J, YU E T. Analysis of leakage current mechanisms in Schottky contacts to GaN and $Al_{0.25}Ga_{0.75}N$/GaN grown by molecular-beam epitaxy[J]. Journal of Applied Physics, 2006, 99(2): 023703-023706.

[20] SINGHAL S, ROBERTS J C, RAJAGOPAL P, et al. GaN-on-Si failure mechanisms and reliability improvements[C]. 2006 IEEE International Reliability Physics Symposium proceedings. March 26-30, 2006. Piscataway NJ, USA: IEEE, 2006.

第 12 章　GaN 增强型 HEMT 器件和集成电路

GaN HEMT 器件由于其宽禁带特性，具有良好的高温特性和抗辐照特性，在恶劣环境下的 GaN 基集成电路中具有很好的应用前景。但是由于 GaN 中空穴和电子的迁移率差异很大，无论器件平面结构还是器件工作速度，以类似 CMOS 的方式制备互补对称 GaN 场效应管电路单元都还难以实现。一个可行的方法是研制需要加正栅压才能开启沟道的 n 型 GaN 增强型 HEMT(E-HEMT)器件，通常又称为常关(normally off)器件。利用栅压的高低电平控制增强型器件的导通和关断，可实现 GaN 大功率开关器件和电路，以及增强/耗尽(E/D)模式的数字集成电路。

通常 AlGaN/GaN 异质结在材料制备完成时，已经形成高密度的二维电子气导电沟道，这样的材料制备的 GaN HEMT 器件都是耗尽型器件(D-HEMT)，在栅极加负偏压时器件才能处于关断状态，是一种常开(normally on)器件。为了实现与耗尽型器件完全兼容的增强型器件，需要采用一些特殊的结构或特殊的工艺来实现，主要有薄势垒层、槽栅(可结合 MIS 结构)、栅下 pn 结、栅下区域氟等离子体注入等方法。

本章首先简要介绍 GaN 增强型器件的实现方法，然后介绍利用氟等离子体注入实现 GaN 基增强型器件的制备工艺、器件结构优化、器件性能和可靠性评估，以及增强/耗尽型数字电路单元。

12.1　GaN 增强型 HEMT 器件

E-HEMT 器件主要是在 D-HEMT 器件基础上通过降低沟道 2DEG 密度，使得在栅压零偏置情况下沟道的 2DEG 密度小到可忽略，从而实现增强型特性。在 AlGaN/GaN HEMT 器件中，根据式(9.1)～式(9.6)，2DEG 密度与 AlGaN 势垒层的 Al 组分(主要影响 AlGaN/GaN 界面的极化电荷 σ_{pol}、导带带阶 ΔE_C 和 AlGaN 表面的肖特基势垒高度 $e\phi_b$)、厚度、应力状态、杂质状态密切相关，要改变 2DEG 密度应该从势垒层入手。

减小 AlGaN 势垒层的 Al 组分和厚度就能够减小 2DEG 密度，因此采用薄势垒层 AlGaN/GaN HEMT 是实现增强型特性的一种途径。第一只增强型器件就是 Khan 等人采用薄势垒结构实现的[1]，其势垒层为 10 nm $Al_{0.1}Ga_{0.9}N$，如图 12.1 所示，E_F为费米能级。单纯减小势垒层厚度实现增强型的方法的优点在于没有因为对栅下区域进行刻蚀引起的工艺损伤，因而肖特基特性较好，栅泄漏电流较低，可以实现优良的高频特性[2]；这种方法的不足是由于整体削减势垒层的厚度，整个沟道区域的 2DEG 浓度较低，器件的饱和电流较小。

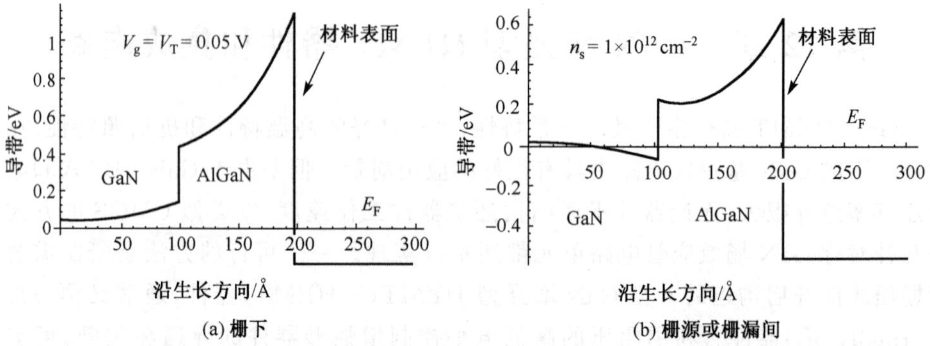

图 12.1　薄势垒层 AlGaN/GaN 增强型 HEMT[1]沿材料生长方向的能带图，肖特基栅的耗尽作用令栅下沟道关闭

为了增加 E-HEMT 的电流密度，在器件工艺中利用槽栅是比较简单的手段。将栅下 AlGaN 势垒层刻蚀掉一部分，当势垒层薄到一定程度时，栅下 2DEG 密度将减小到可以忽略的程度；而栅源、栅漏等区域不受刻蚀影响，这些区域的 2DEG 密度维持原有水平。这样的器件饱和电流及跨导会比薄势垒结构 E-HEMT 有所提高。例如，采用未掺杂的 AlGaN 势垒层(23 nm 厚)刻蚀掉 15 nm 形成的槽栅结构研制 E-HEMT，得到栅长 1 μm 的器件阈值电压为 0.47 V，饱和电流为 455 mA/mm，最大跨导为 310 mS/mm[3]。

槽栅结构的 E-HEMT 器件也有弱点，主要是 AlGaN 势垒层的厚度以及槽栅刻蚀深度的准确控制比较难，因此工艺重复性差，阈值电压的可控性较差；另外，刻蚀损伤大，导致栅漏电较大。为了解决栅漏电问题，学术界提出了用槽栅结合金属-介质-半导体(MIS)栅结构实现增强型器件。为了削弱槽栅深度可控性差的影响，通常在器件的结构上要做一些特殊的设计。一类重要的 GaN 槽栅 MIS 增强型器件结构为 MIS 沟道 HEMT 器件(类似的器件结构也有混合 MIS-HFET、集成双栅 AlGaN/GaN 增强型器件等名称)，其基本特征是将槽栅刻蚀到 GaN 沟道层，以金属-介质-半导体结构形成增强型 MISFET 特性；同时栅金属在栅长方向比槽栅更宽，在介质上延伸到槽栅外的 AlGaN/GaN 异质结上方，形成与增强型 MISFET 集成在一起的耗尽型 HEMT(即所谓的集成双栅原理)，用来增大器件电流。Lu 等人报道了 Si 衬底上的集成双栅增强型器件(如图 12.2 所示)，实现了阈值电压为 2.9 V，饱和电流为 434 mA/mm，击穿电压为 634 V 的器件特性[4]。Ikeda 等人报道了阈值电压为 2 V，击穿电压为 1.7 kV(栅漏距离为 18 μm)，比导通电阻为 11.9 mΩ · cm^2 的混合 MIS-HFET 器件特性[5]。槽栅 MIS 增强型器件的另一个思路是利用极化工程。Ota 等人在 Si 衬底上采用压电中和技术(PNT)结构研制出槽栅 MIS-HEMT，也实现了阈值电压为 1.5 V，饱和电流为 240 mA/mm，击穿电压大于 1000 V 的增强型器件[6]。如图 12.3 所示，势垒层中的压电中和层与 GaN 沟道下方的背势垒层是 Al 组分相同的 AlGaN，其间各层的极化电荷可彼此抵消，因此压电中和层的导带为水平状态。这样，只要槽栅底部达到压电中和层内，器件的阈值电压就保持不变，有利于提高器件阈值电压的片内一致性。总而言之，槽栅 MIS-HEMT 增强型器件的栅泄漏电流较低，阈值电压较高，击穿电压也较高，能够获得较大的饱和电流，器件的可靠性也已得到实验的验证，在高压开关中有较好的应用潜力。

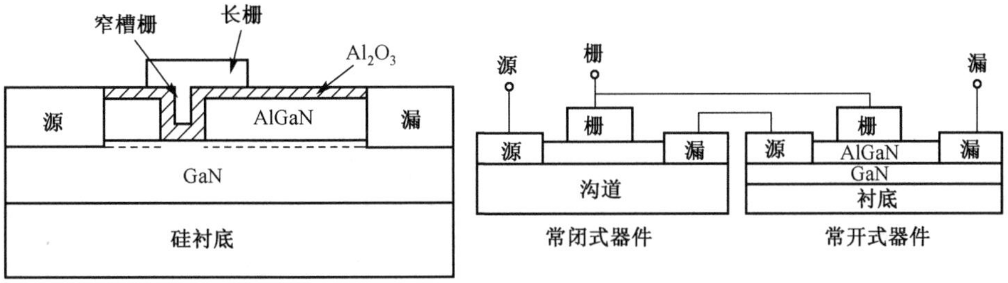

(a) 器件结构剖面图　(b) 器件的等效电路连接，即一个耗尽型AlGaN/GaN HEMT和一个增强型MISFET的连接

图 12.2　集成双栅 GaN 增强型 MIS 器件[4]

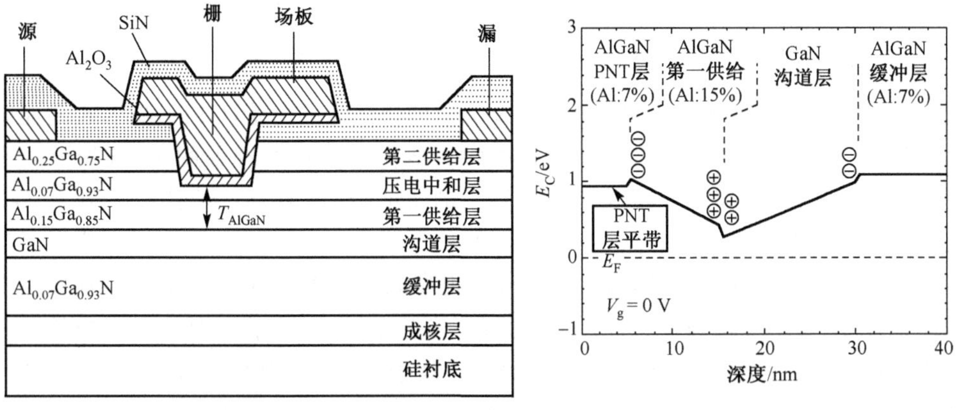

(a) 器件结构　(b) 栅下沿材料生长方向的能带图

图 12.3　压电中和技术(PNT)结构的 GaN 增强型槽栅 MIS-HEMT[6]

栅下区域注入氟离子(F^-)(氟等离子体注入)是成功获得 GaN HEMT 增强型特性的手段之一。F^- 离子具有很强的负电性，可提高肖特基栅的有效势垒高度，耗尽栅下的二维电子气，如图 12.4 所示。陈敬等人采用氟等离子体注入的方式实现了增强型器件，其阈值电压为 0.9 V，最大饱和电流为 350 mA/mm，最大跨导为 180 mS/mm。这是首次实现 GaN HEMT 真正意义上的增强型特性(阈值电压为

正，且 $V_{GS}=0$ V 时跨导为 0)[7]。F^- 离子注入工艺容易实现，且可重复性高，通过改变氟等离子体注入条件可调控器件的阈值电压。另外，F^- 离子注入损伤小，栅漏电较小。利用 F^- 离子注入已实现 GaN HEMT 反相器单元电路[8]，击穿电压达 1400 V 的 E-HEMT(结合集成斜场板技术)[9]，最大输出电流达 1.2 A/mm、f_T 及 f_{max} 分别为 85 GHz 和 150 GHz[10] 的高频 E-HEMT(结合槽栅)。Feng 等人报道了氟等离子体注入 E-HEMT 的射频功率特性，在 18 GHz 频率下，最大输出功率密度为 3.65 W/mm，增益为 11.6 dB，功率附加效率为 42%[11]。然而，用氟等离子体注入实现高阈值电压(大于 3 V)的 GaN 增强型器件相对较困难，并且注入的 F^- 离子稳定性不够好，对器件的高压和高温可靠性有影响。

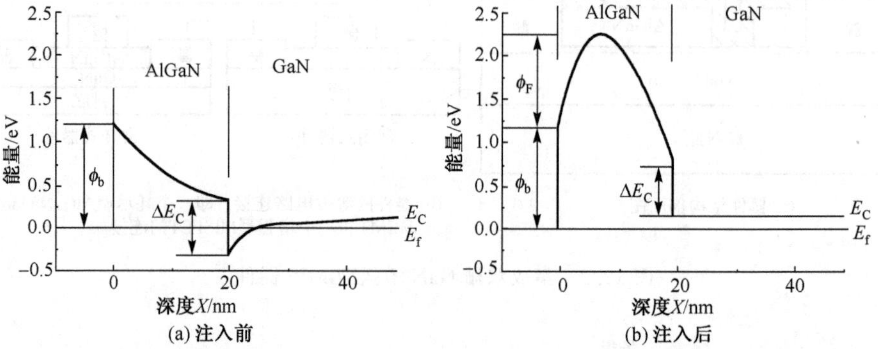

图 12.4 F^- 离子注入前后 AlGaN/GaN HEMT 栅下沿材料生长方向的能带图

另外，p 型 GaN 栅 HEMT 器件以及类似的栅注入晶体管(GIT)结构，也是实现大功率增强型器件的重要结构。GIT 器件的结构和工作原理如图 12.5 所示。在 HEMT 器件的栅下和原 n 型或未人为掺杂的 AlGaN 势垒层之间引入 p 型 AlGaN 材料，栅金属和 p 型 AlGaN 形成欧姆接触，就形成了 GIT 结构。一方面，势垒层形成具有内建电压 V_F 的 pn 结，由于 p 型掺杂提高能带的作用，在栅压为 0 时使栅下沟道电子耗尽，实现了增强型特性。另一方面，当栅压低于 V_F 时，器件以场效应管原理工作(器件的阈值电压 V_T 低于 V_F)，而当栅压高于 V_F 时，将使空穴从 p 型 AlGaN 注入沟道，同时沟道电子向栅的注入则被 AlGaN/GaN 界面势垒抑制。注入的空穴将从源极吸引等量的电子以保持沟道的电中性，这些电子在漏极电压的作用下不断以高迁移率到达漏极，而空穴由于迁移率比沟道电子低约两个数量级，基本位于栅下沟道区域。这一动态过程形成了一种电导调制作用，能够明显增加漏极电流而保持较小的栅电流[12]。GIT 器件结构已实现了阈值电压为 1 V，最大饱和电流为 200 mA/mm，击穿电压为 800 V，比导通电阻为 2.6 mΩ·cm^2 的器件特性[13]。

将 GIT 结构中的 p 型材料换为 GaN，即 p 型 GaN 栅 HEMT 器件，其栅金属与 p 型 GaN 可形成欧姆接触或肖特基接触。p 型 GaN 栅能够实现更有效的 p 型掺杂，其应用更广泛，并且可以通过异质结势垒层和缓冲层的优化同时实现较高的阈值电压、饱和电流、击穿电压和较小的比导通电阻。德国斐迪南-布劳恩研究所（FBH）提出将 p 型 GaN 栅 HEMT 器件的沟道下方换为厚的 AlGaN 背势垒层[14]（如图 12.6 所示）或几十 nm 的 AlGaN 和几个 μm 的 C 掺杂高阻 GaN 组成的复合缓冲层[15]，这样 GaN 沟道与 AlGaN 背势垒层之间的负极化电荷具有虚拟 p 型掺杂的作用，有助于帮助 p 型栅进一步提高沟道层能带，从而实现高阈值电压。同时，沟道上方 AlGaN 势垒层可适当提高 Al 组分，在栅外沟道区域获得较高的 2DEG 密度，从而获得较大的饱和电流和较低的导通电阻。该研究所已报道了 SiC 衬底上阈值电压为 1.1 V，击穿电压为 1000 V，比导通电阻为 0.62 mΩ · cm² 的 p 型 GaN 栅 HEMT 器件的特性，Baliga 优值（击穿电压的平方和比导通电阻的比值）高达1613 MV²/(Ω · cm²)[15]。

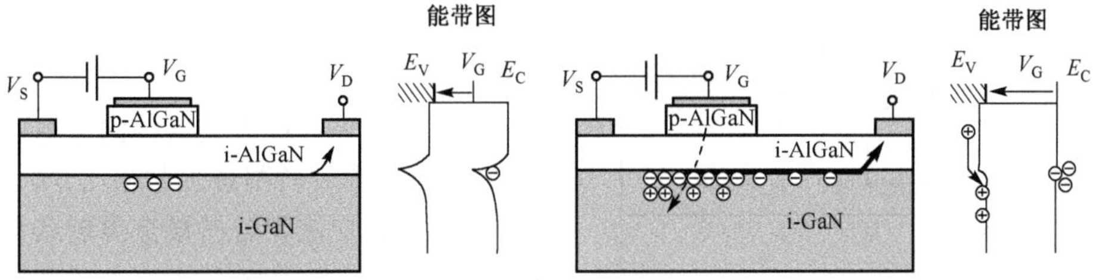

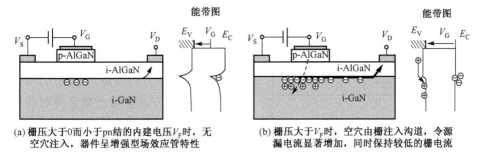

(a) 栅压大于0而小于pn结的内建电压V_F时，无空穴注入，器件呈增强型场效应管特性

(b) 栅压大于V_F时，空穴由栅注入沟道，令源漏电流显著增加，同时保持较低的栅电流

图 12.5　GIT 器件在不同栅压下的工作原理[12]

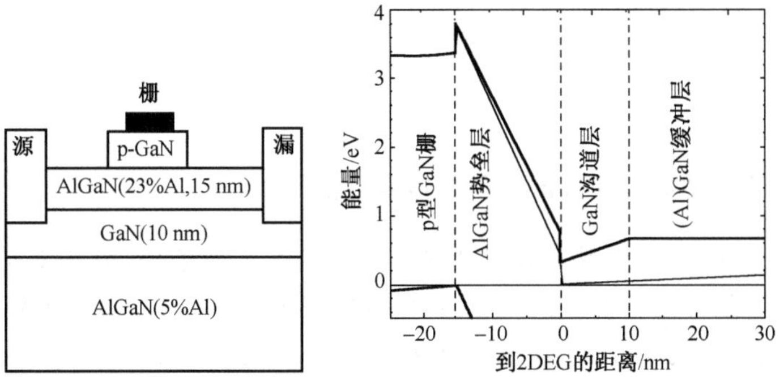

(a) 器件剖面结构

(b) 栅下沿材料生长方向的能带图[14]

图 12.6　p 型 GaN 栅 HEMT 器件

将 GaN 缓冲层换为 AlGaN 背势垒层有利于夹断栅下沟道、提高阈值电压；AlGaN 顶势垒层的 Al 组分较高，使栅外沟道获得较高的 2DEG 密度与饱和电流

12.2　氟等离子体注入增强型器件的工艺与特性

12.2.1　增强型器件的结构和工艺

采用氟等离子体注入工艺的 GaN E-HEMT 器件如图 12.7 所示，采用了 T 形栅结构，使得栅金属完全覆盖氟等离子注入区，避免套刻出现偏差时的无栅控现象；同时，T 形栅结构可分散栅边缘电场，提高器件的击穿电压。下面给出一个具体的器件和工艺，讨论栅长 L_G 为 0.5 μm，栅宽 W 为 100 μm，源漏间距 L_{DS} 为 5 μm，栅源间距 L_{GS} 为 0.7 μm 的 GaN 增强型器件的实现。

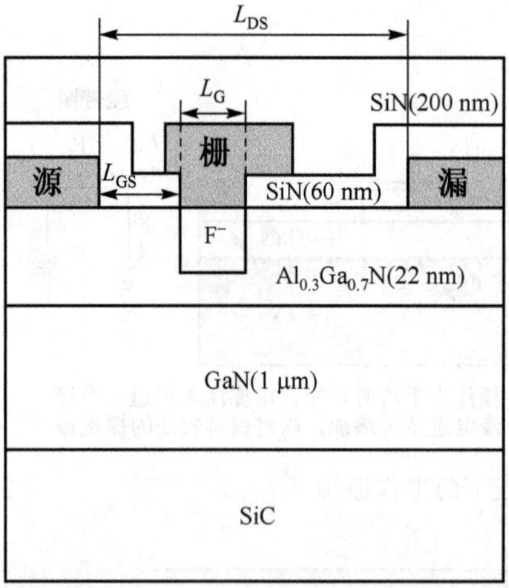

图 12.7　氟等离子体注入增强型结构

由于氟等离子体注入不需要过高的能量，因此可以采用等离子刻蚀机，通入 CF_4 气体，通过调节射频功率来调节氟等离子体注入的能量。

氟等离子体处理增强型器件的制备工艺与常规 HEMT 器件的制备工艺相比，唯一的不同点是在钝化层淀积与栅极金属制备两步工艺之间，加入了氟等离子体注入工艺。这一工艺过程首先用 CF_4 刻蚀掉栅下 Si_3N_4 介质，然后继续对暴露出的 AlGaN 表面以 CF_4 进行氟等离子体注入。这样，一方面可以实现向 AlGaN 注入 F^- 离子，另一方面对 AlGaN 层也有轻微的刻蚀作用，会形成较浅的槽栅结构。

12.2.2　增强型器件的直流、击穿和小信号性能

为了比较不同注入剂量对器件的影响，选取了 4 种条件，分别对应为样品 1：F 不注入（耗尽型器件）；样品 2：F 注入（射频功率为 55 W，注入时间为 150 s）；样品 3：F注入（射频功率为 150 W，注入时间为 150 s）；样品 4：F 注入（射频功率为250 W，注入时间为 150 s）。4 种样品被均匀地分布在圆片上，分布如图 12.8 所示。

图 12.9 所示为在同样的直流偏置条件下 4 种器件的输出特性结果。可以看出，随着氟等离子体注入射频功率的增加，器件的源漏电流减小。可见，氟等离子体注入在 AlGaN 层注入了带负电的 F^- 离子，对沟道电子产生了耗尽作用，这是实现增强型器件所需要的。

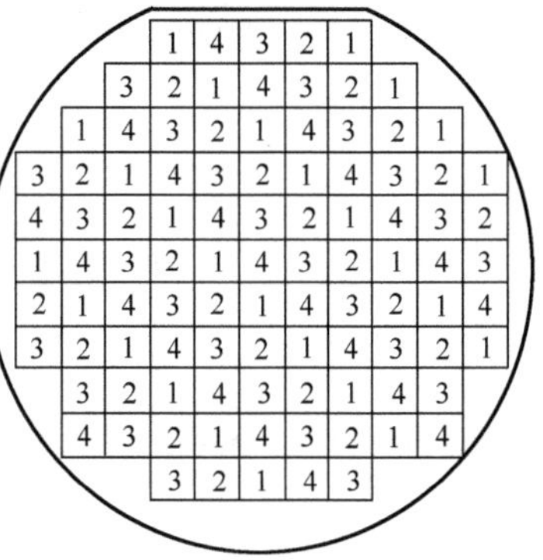

图 12.8　圆片上 4 个场区的分布图

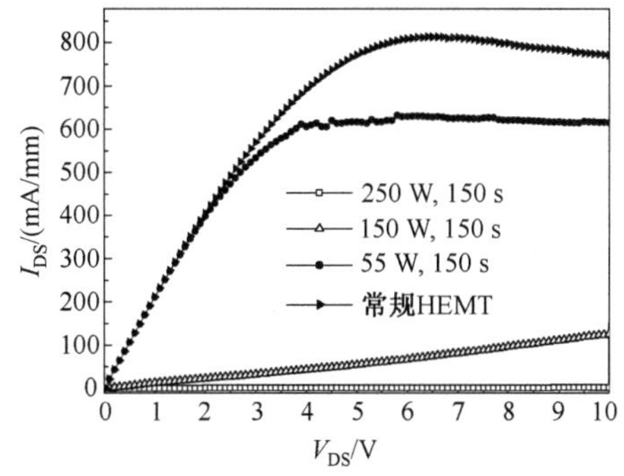

图 12.9　氟等离子体注入后器件的源漏电流

图 12.10 所示为不同条件下氟等离子体注入器件的转移曲线[16]。可见氟等离子体注入功率越大(相同注入时间下)，器件阈值电压越高。图 12.11 给出了阈值电压为－3.1 V的常规 D-HEMT[如图 12.11(a)所示]和氟等离子体注入样品 3 得到的阈值电压为 0.57 V 的 E-HEMT[如图 12.11(b)所示]的输出特性。转移特性和输出特性都说明，随着氟等离子体注入功率的增加，注入的 F^- 离子浓度增加，F^- 离子对沟道 2DEG 耗尽作用增强。对器件的关态击穿特性进行测试(在栅极施加－8 V 电压)，则样品 1(常规 HEMT 器件)、样品 2 和样品 3 的击穿电压均为 190 V 左右，可见氟等离子体注入对器件的击穿电压没有影响。值得注意的是，氟等离子体注入也会使器件的跨导稍有降低，如图 12.10(b)所示。另外，交流小信号特性测试显示，氟等离子体注入后，器件的特征频率 f_T 和最大振荡频率 f_{max} 有所减小(如图 12.12 所示)，减小量也随氟等离子体注入功率的增加而增加。当氟等离子体注入功率进一步增大(样品 4)，器件最大饱和电流密度只有几个 mA/mm，最大跨导只有 2.5 mS/mm(如图 12.10 所示)，说明氟等离子体注入功率过大时器件的沟道会被破坏，不能正常工作。因此，150 W、150 s 的氟等离子体注入条件是较合适的，既能使器件增强，又能对器件的跨导及电流影响不大。

12.2.3　氟等离子体注入器件的栅漏二极管分析

对不同氟等离子体注入器件的栅漏二极管测量 *I-V* 特性，结果如图 12.13(a)所示，说明氟等离子体注入后，器件反向栅漏电减小，且氟等离子体注入功率越高，器件反向栅漏电越小。根据图 12.13，氟等离子体注入后器件的肖特基正向电流变化量很小，氟等离子体注入前后器件的肖特基势垒高度基本不变。采用 X 射线光电子能谱(XPS)对未经过氟等离子体注入和经过氟等离子体注入的材料进行对比分析，如图 12.13(b)所示，可见氟等离子体注入后，AlGaN 表面除了氟 F1s 的含量增加外，氧 O1s 的含量也明显增多，这主要是由于在氟等离子体注入过程中，清洗气体氧气

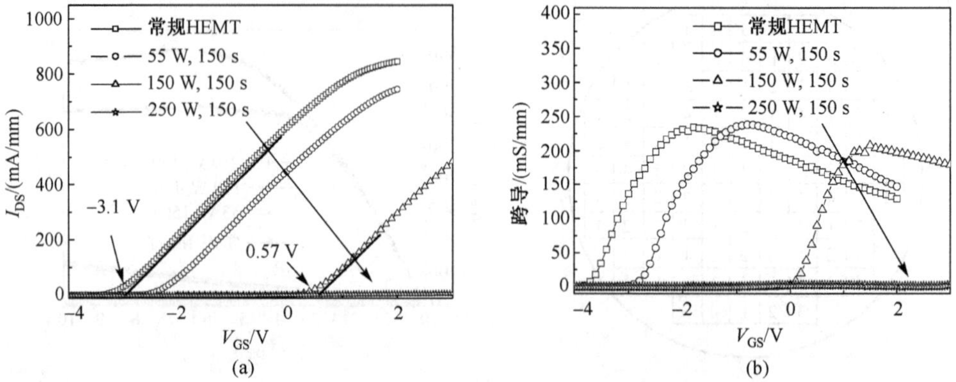

图 12.10 不同条件氟等离子体注入器件的转移曲线对比

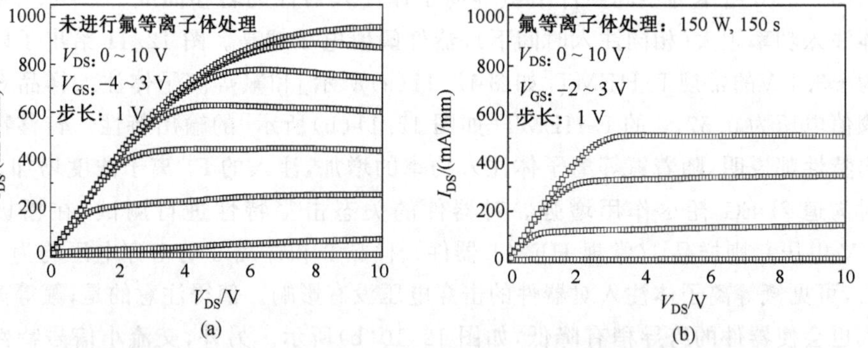

图 12.11 不同条件氟等离子体注入 HEMT 器件的输出特性曲线

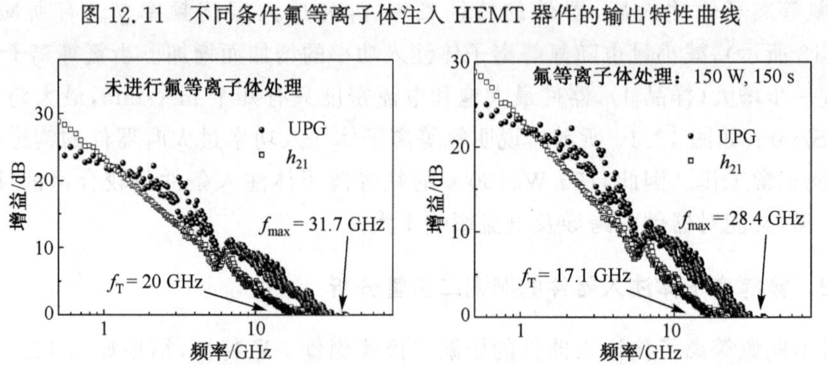

(a) 常规耗尽型器件 (b) 150 W 氟等离子体注入增强型器件

图 12.12 不同条件氟等离子体注入器件的小信号特性

对材料表面具有氧化作用，在材料表面形成了一层氧化物，减小了材料表面态。这使得在陷阱辅助隧穿中起作用的陷阱减少，器件反向栅漏电降低。

为了对比常规器件和氟等离子体注入增强型器件的陷阱效应，对常规耗尽型器

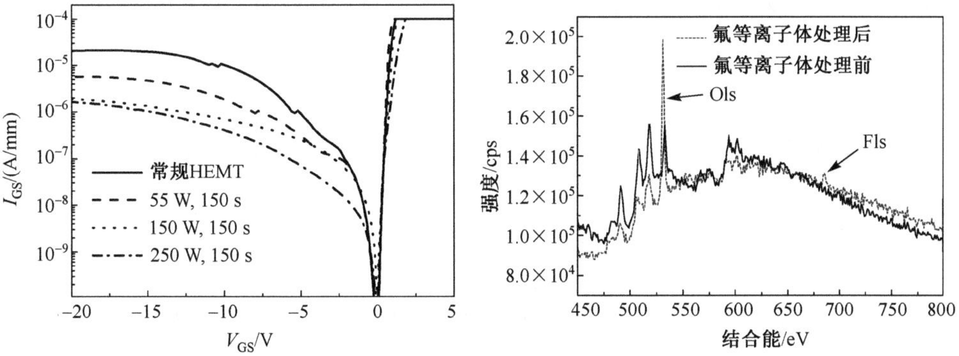

(a) 栅电流对比曲线 (b) X射线光电子能谱

图 12.13 不同条件氟等离子体注入器件的栅电流对比曲线和氟等离子体注入前后 AlGaN 表层的 X 射线光电子能谱(XPS)

件及氟等离子体注入增强型器件进行电导-频率测试[17]，测试电压在阈值电压附近选取。测试结果如图 12.14 所示，耗尽型器件的测试结果显示出一个峰值，且峰值在频率较低处；而增强型器件的测试结果显示出两个峰值，分别位于频率较高和较低处。可见，耗尽型器件中存在一种慢态陷阱，而增强型器件中存在两种陷阱，根据其时间常数的差异可称为快态陷阱和慢态陷阱。

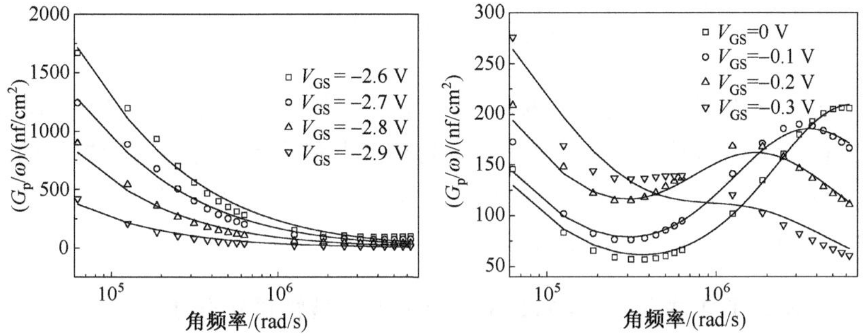

(a) 耗尽型HEMT (b) 增强型HEMT

图 12.14 AlGaN/GaN 常规耗尽型 HEMT 和氟等离子体注入增强型 HEMT 的电导和频率的关系曲线(无符号实线为拟合曲线)

在陷阱能级连续的前提下，等效平行电容 C_P、电导 G_p 与频率的关系式为[18]

$$C_p = C_b + \frac{eD_T}{\omega\tau_T \tan(\omega\tau_T)} \tag{12.1}$$

$$\frac{G_p}{\omega} = \frac{eD_T}{2\omega\tau_T}\ln[1 + (\omega\tau_T)^2] \tag{12.2}$$

式中，e 为基本电荷电量，D_T 为陷阱密度，τ_T 为陷阱时间常数，C_b 为势垒电容，ω 为角

频率。有两种陷阱[快态和慢态物理量下标分别为(f)和(s)]时,式(12.2)变形为

$$\frac{G_p}{\omega} = \frac{eD_{T(f)}}{2\omega\tau_{T(f)}}\ln\{1+[\omega\tau_{T(f)}]^2\} + \frac{eD_{T(s)}}{2\omega\tau_{T(s)}}\ln\{1+[\omega\tau_{T(s)}]^2\} \tag{12.3}$$

通过对实验测得的 $G_p(\omega)$ 数据拟合[耗尽型器件采用式(12.2)拟合,增强型器件采用式(12.3)拟合],可以提取出陷阱密度 D_T 和陷阱时间常数 τ_T 的值。对于增强型器件,慢态陷阱浓度和时间常数分别为 $D_{T(s)}=(2\sim6)\times10^{12}\,cm^{-2}/eV$ 和 $\tau_{T(s)}=0.5\sim6$ ms;而快态陷阱浓度和时间常数分别为 $D_{T(f)}=(1\sim3)\times10^{12}\,cm^{-2}/eV$ 和 $\tau_{T(f)}=0.2\sim2\ \mu s$。耗尽型器件中只存在慢态陷阱,其陷阱浓度和时间常数分别为 $D_{T(s)}=(1\sim5)\times10^{13}\,cm^{-2}/eV$ 和 $\tau_{T(s)}=0.5\sim6$ ms。

从上述拟合结果可以得出,增强型器件的慢态陷阱密度比耗尽型器件的慢态陷阱密度减小了一个数量级,可见氟等离子体注入减小了器件的慢态陷阱。这种陷阱的时间常数和文献[18]中报道的表面陷阱时间常数一致,同时由于表面陷阱辅助隧穿是反向栅漏电的主要机制,而器件在氟等离子体注入后肖特基反向漏电明显减小(如图 12.13 所示),所以这种慢态陷阱应该是参与肖特基栅隧穿漏电的表面态陷阱。氟等离子注入后,器件中产生了一种新的快态陷阱,这种陷阱可能是氟等离子体注入的刻蚀损伤所导致的,并和氟等离子体注入后器件跨导降低有关。

12.3 氟等离子体注入 E-HEMT 的可靠性评估

本节主要从电应力和热应力的角度对 GaN 基氟等离子体注入 E-HEMT 的可靠性进行分析。通过对器件施加开态应力、关态应力和阶梯应力来衡量器件的稳定性,对器件进行失效分析;对器件进行热存储及不同温度的退火实验以检验器件的高温特性,并观察退火对器件可靠性的作用。

12.3.1 氟等离子体注入 E-HEMT 在电应力下的特性退化分析

选取 12.2 节中的前 3 种样品分析其特性的退化。考虑到阈值电压的差异,选取的开态应力漏极偏置均为 $V_{DS}=20$ V,栅极偏置使得器件的输出电流均为 300 mA/mm。应力时间为 5000 s,在应力过程中选取 11 个采样点监测器件特性,监测时间分别为 10 s、20 s、50 s、100 s、200 s、500 s、1000 s、2000 s、3000 s、5000 s。

图 12.15 显示了不同器件开态应力后转移特性的退化情况。可以看出,在开态应力后常规耗尽型器件样品 1 的特性没有退化,器件较为稳定;而氟等离子体注入器件阈值电压向负方向有一定的漂移,最大饱和电流与最大跨导增加,样品 2 变化显著,而样品 3 变化较小。根据应力中器件特性参数退化的行为,我们分析认为器件的退化机理应该是 F^- 离子在电应力的作用下有所漂移,离开了栅下区域,使得器件阈

值电压减小，最大跨导与饱和电流增加。相比之下，150 W、150 s 注入 F^- 离子的样品 3 的性能更加稳定。

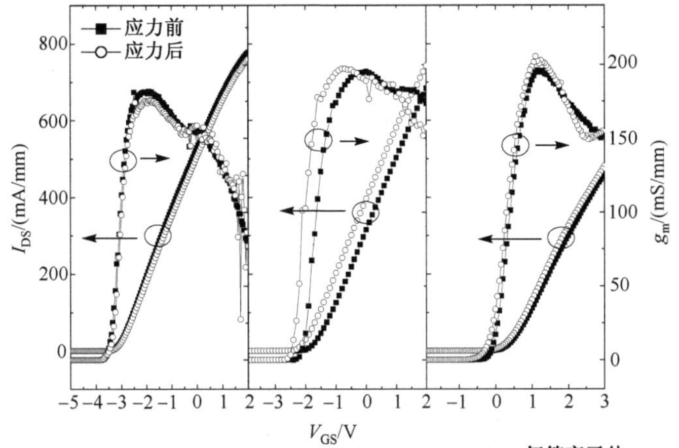

(a) 常规耗尽型器件　(b) 55 W 氟等离子体注入耗尽型器件　(c) 150 W 氟等离子体注入增强型器件

图 12.15　开态应力后器件的退化情况

关态应力仍取漏极偏置均为 V_{DS} = 20 V，栅偏置点均比阈值电压低 2 V，以保证不同器件在应力条件下的栅下电场基本一致。应力时间为 5000 s。图 12.16 显示了不同器件关态应力后转移特性的退化情况。可以看出，常规耗尽型器件退化较小，而氟等离子体注入器件的阈值电压往负方向漂移，且漂移量比开态应力下阈值电压的漂移量有所增大。

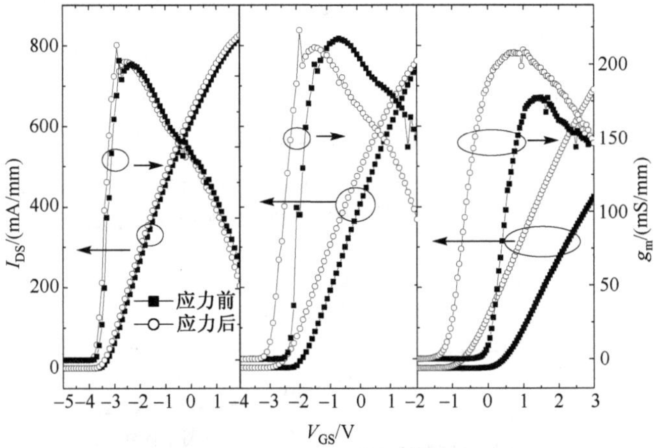

(a) 常规耗尽型器件　(b) 55 W 氟等离子体注入耗尽型器件　(c) 150 W 氟等离子体注入增强型器件

图 12.16　关态应力后器件转移特性退化情况

图 12.17(a)显示了样品 3 在关态应力过程中器件阈值电压的退化情况，说明 F^- 离子在关态应力下比在开态应力下更不稳定。开态应力主要是热电子的作用，而关态应力主要是高电场的作用。F^- 离子在高电场的作用下，沿着电场线的反方向漂移，而电场线是从源漏汇集到栅，所以 F^- 离子的漂移方向是向四周扩散。栅下 F^- 离子浓度降低，令器件的阈值电压负向漂移，跨导增加。值得注意的是，当 10000 s 应力后，器件退化变缓。当再增加时间，如图 12.17(b)所示，器件阈值电压在前 30 h 退化比较明显，30 h 后基本不变。可见，F^- 离子在关态高电场应力作用下发生漂移，并在一定时间内达到稳定，不再移动，器件保持稳定，阈值电压不再退化。

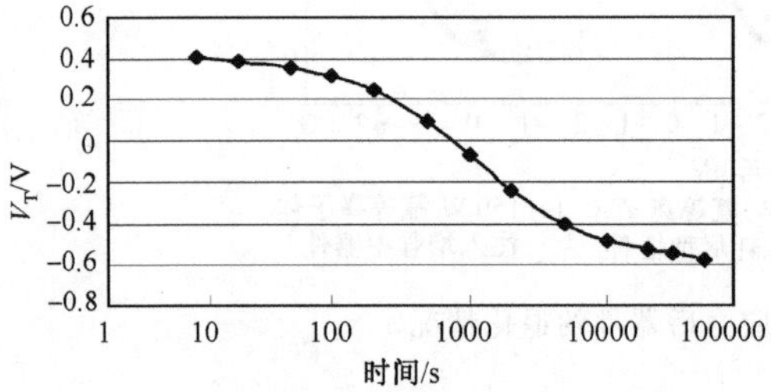

(a) 器件阈值电压的退化情况

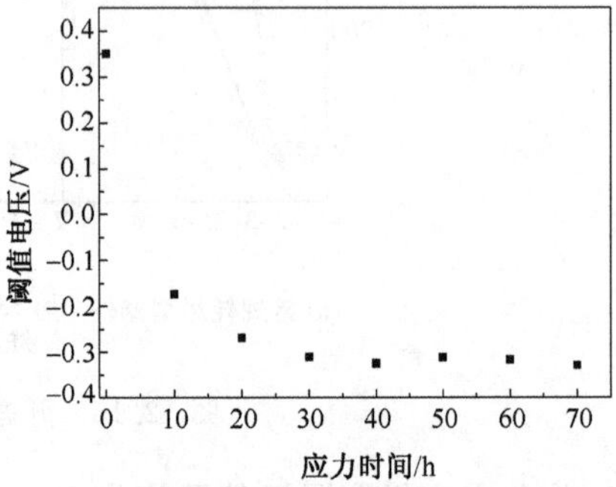

(b) 长时间关态应力下阈值电压的退化情况

图 12.17 关态应力下 150 W 注入增强型器件的退化情况

还有一个现象如图 12.18 所示，注入功率为 55 W 的器件的阈值电压的退化速度明显大于注入功率为 150 W 的器件。可能的原因是氟等离子体注入功率越大，F^- 离子获得的能量越大，注入后所处的状态越稳定。为了进一步分析氟等离子体注入功率对栅电流的影响，对不同功率氟等离子体注入的 AlGaN/GaN 肖特基栅漏二极管施加栅阶梯应力，并监测应力中的栅反向漏电。结果如图 12.19 所示，150 W 注入功率的器件的漏电退化最小，进一步的机理还需要深入研究。

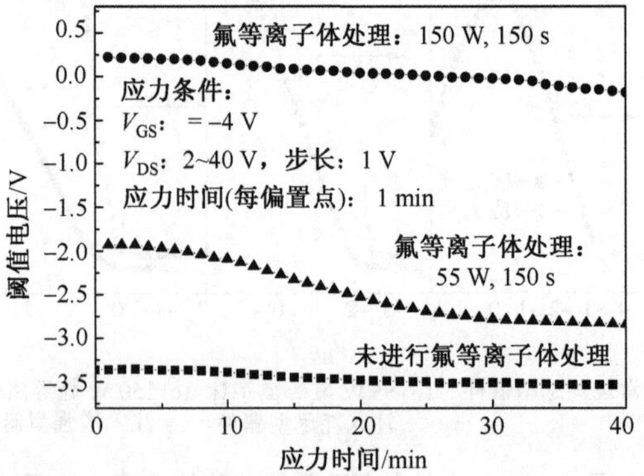

图 12.18 漏极阶梯应力下不同功率氟等离子体注入器件的阈值电压退化情况

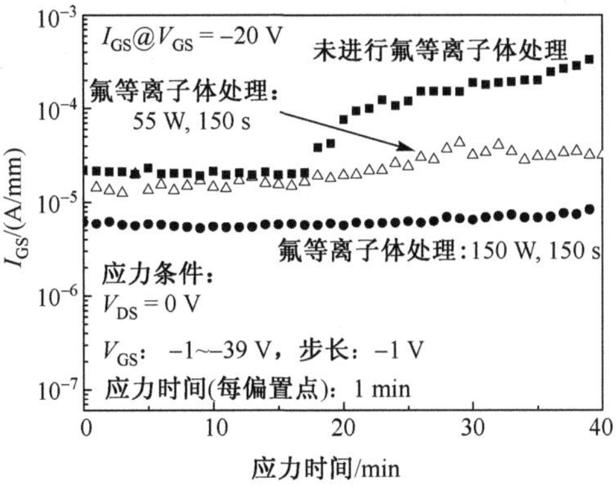

图 12.19 不同功率氟等离子体注入器件在栅阶梯应力下的栅漏二极管栅电流退化情况

12.3.2 氟等离子体注入 E-HEMT 在高温下的特性退化分析

高温可靠性是 GaN 宽禁带电子器件的一个重要指标。将性能最佳的样品 3 置于高温环境中,热存储前后的器件特性测量结果如图 12.20 所示。200 ℃热存储 100 h 后,器件阈值电压保持不变,最大跨导、最大饱和电流几乎没变化。可见在200 ℃的

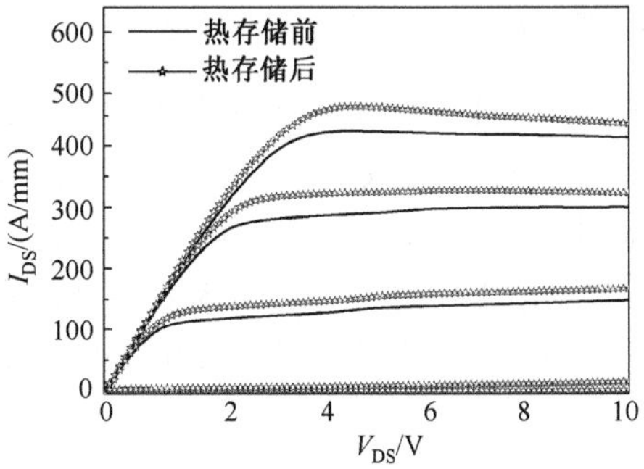

(a) 器件输出特性的退化情况

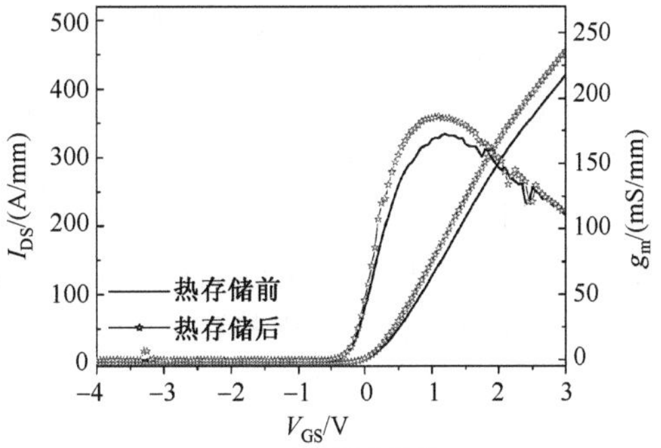

(b) 器件转移特性

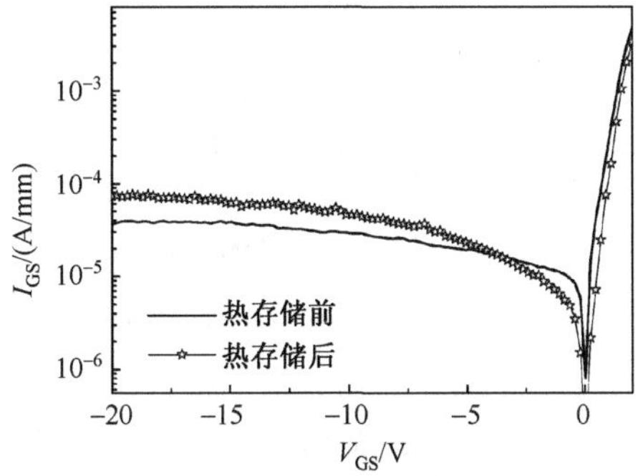

(c) 器件栅电流退化情况

图 12.20 200 ℃热存储 100 h 后的器件退化情况

温度下，器件中的 F⁻ 离子较稳定，没有发生漂移。

氟等离子体注入增强型器件在更高温度下的可靠性利用退火实验进行考察。退火在氮气氛中进行，退火温度分别为 300 ℃、400 ℃、500 ℃，时间为 2 min。

图 12.21 显示了 300 ℃退火 2 min 后器件的退化情况。退火后，器件阈值电压负向漂移，最大跨导增加。退火温度升高到 400 ℃和 500 ℃，则退火后器件的阈值电压负漂和最大跨导增加量更大。可见，高温退火后，器件中的 F⁻ 离子获得能量并发生扩散，部分 F⁻ 离子离开栅区域，进入到栅漏或栅源有源区，器件阈值电压降低。

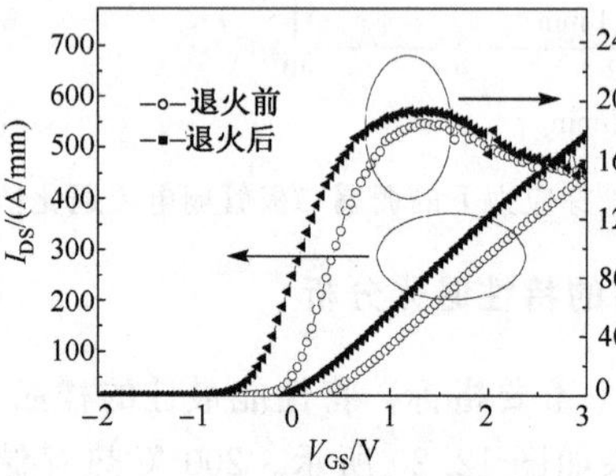

(a) 退火后器件转移特性的退化情况

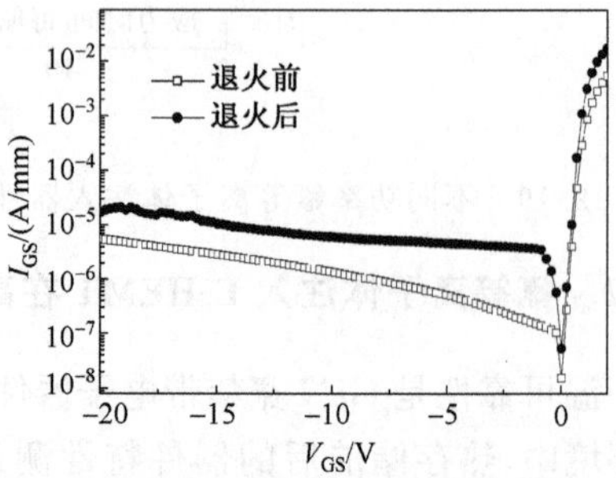

(b) 退火后器件栅电流特性的退化情况

图 12.21　300 ℃退火后氟等离子体注入增强型器件的直流特性退化情况

为了进一步考察快速热退火对器件的影响，对不同温度退火后的器件进行可靠性表征。对器件施加栅阶梯应力，并监测应力中器件的阈值电压退化情况，如图 12.22所示。可见 300 ℃ 2 min 退火后的器件在栅阶梯应力下阈值电压负向漂移，退火的能量不足以固化器件中不稳定的 F⁻ 离子。400 ℃ 2 min 退火后的器件在栅阶梯应力下阈值电压保持稳定，因此 400 ℃ 2 min 快速热退火对器件中不稳定的 F⁻ 离子具有较好的固化作用。

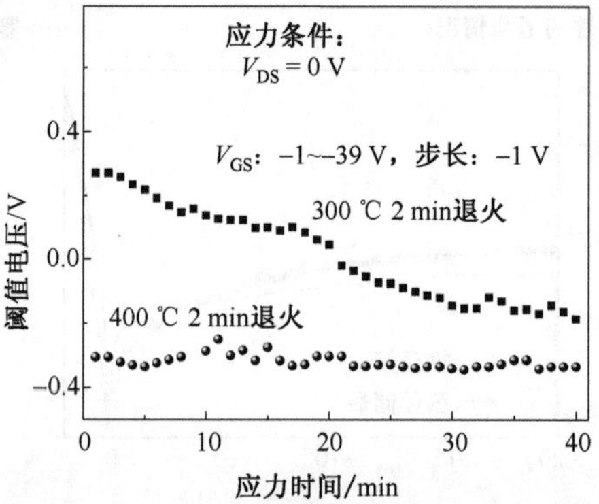

图 12.22　不同温度退火后的器件阈值电压在栅阶梯应力下的退化情况

对 400 ℃ 2 min 退火后的器件进行二次退火，发现二次退火后器件特性几乎不退化(如图 12.23 所示)，也说明第一次快速热退火使器件中不稳定的 F^- 离子扩散并被固化，器件在退火后具备了较好的热稳定性。

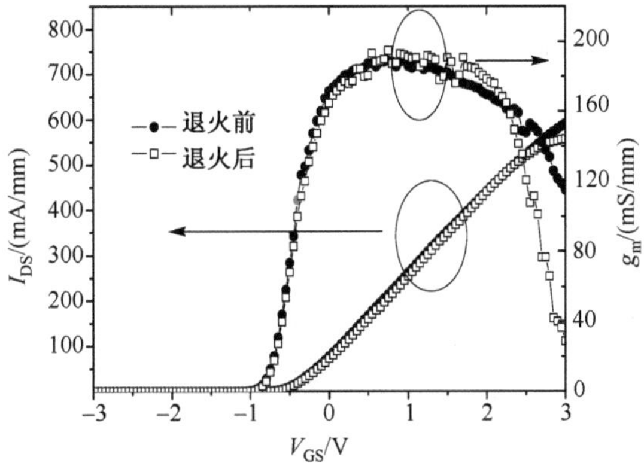

图 12.23　氟等离子体增强型器件二次退火器件的退化情况

12.4　氟等离子体注入 E-HEMT 器件的结构优化

本节讨论将 AlGaN 势垒层减薄以后的增强型器件的特性。如果在薄的 AlGaN 势垒层的 AlGaN/GaN 异质结材料上生长 Si_3N_4 钝化层，其沟道载流子浓度会明显增加，这是由于 Si_3N_4 一方面会提供 AlGaN 层部分应力，增强 AlGaN 压电极化，提高二维电子气密度；另一方面，Si_3N_4 介质会改变 AlGaN 势垒层表面势，增加二维电子气密度。二维电子气密度的增加会使栅源和栅漏之间的电阻减小，而栅下的薄势垒可以获得高性能的增强型器件。

我们采用 GaN/AlGaN/AlN/GaN 异质结制备常规耗尽型器件和氟等离子体注入增强型器件。GaN/AlGaN/AlN 复合势垒层总厚度与前面介绍的 22 nm 厚的 AlGaN 势垒层相比有所减薄，利用材料生长工艺控制为 16 nm 和 8 nm，其中 GaN 帽层厚度保持为 1.5 nm，AlN 界面插入层的厚度保持为 1.2 nm。Si_3N_4 钝化层厚度均为 60 nm。

12.4.1　薄势垒层常规 HEMT 器件

3 种势垒层厚度的常规 HEMT 器件的转移特性和栅漏二极管的 *I-V* 特性如图 12.24所示。根据图 12.24(a)，器件的阈值电压随着势垒层厚度减薄而增大，由 22 nm 厚势垒器件的－2.8 V，增大到 16 nm 薄势垒器件的－0.7 V，在 8 nm 薄势垒器件中则增大到 0.2 V，不需要氟等离子体注入就实现了器件的增强型特性。

薄势垒层器件的最大饱和电流密度与 22 nm 厚势垒器件相当,最大跨导显著增加,这是因为栅下势垒层减薄使得栅的耗尽作用和对沟道电子的控制作用增强,因此阈值电压正偏,跨导增大;同时,栅外区域由于 Si_3N_4 钝化层的作用,薄势垒器件沟道载流子浓度和厚势垒器件沟道载流子浓度相当,所以薄势垒器件保持了和常规器件相当的最大饱和电流。如图 12.24(b)所示,随着势垒层厚度的减薄,栅漏二极管的正反向栅电流都变大。这主要是由于势垒层变薄,电子隧穿宽度变窄,电子隧穿的概率增加,所以由电子隧穿引起的栅电流增加。

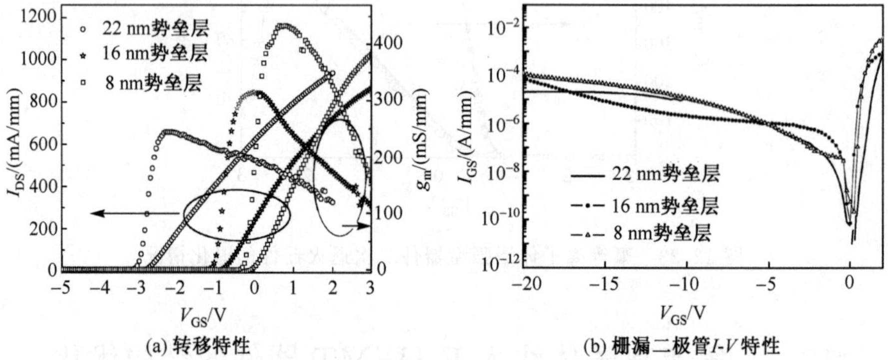

(a) 转移特性　　(b) 栅漏二极管 I-V 特性

图 12.24　22 nm 厚势垒层,16 nm 和 8 nm 薄势垒层常规 HEMT 器件的转移特性和栅漏二极管 I-V 特性

图 12.25 所示为 3 种势垒厚度的 HEMT 器件的关态击穿特性,栅极施加 −6 V 电压,漏电压从 0 V 扫描到 200 V 进行测试,将漏电流密度为 1 mA/mm 时的电压定为击穿电压。22 nm 厚势垒器件的击穿电压为 190 V,16 nm 薄势垒器件的击穿电压为 170 V,8 nm 薄势垒器件在 200 V 时的电流只有 80 μA/mm,其击穿电压超出测试仪器范围。这种测试结果说明,器件的击穿电压和势垒层厚度并没有直接联系,器件

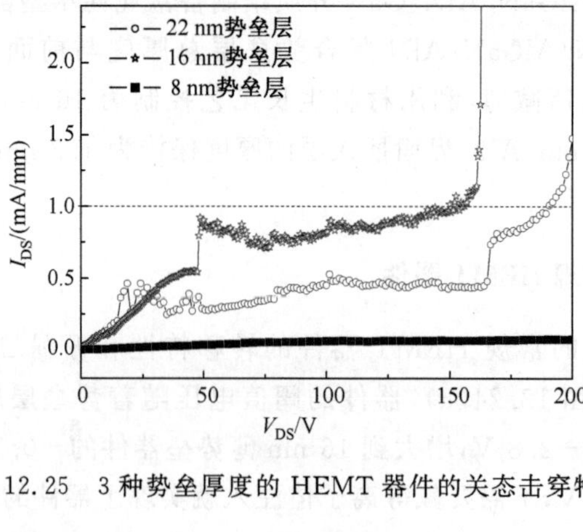

图 12.25　3 种势垒厚度的 HEMT 器件的关态击穿特性

击穿电压间的差异可能和圆片的差异有关，但势垒层减薄没有明显降低器件的击穿电压。

高频小信号测试显示，薄势垒器件的频率特性有所提升，f_T 和 f_{max} 对 16 nm 势垒器件分别为 24.5 GHz 和 39.7 GHz，对 8 nm 势垒器件分别为 27.5 GHz 和 58 GHz。由于 f_T 与跨导和栅源电容的比值成正比，势垒层减薄令器件跨导和栅源电容同时增大，所以器件的特征频率增大量较小。而器件的最大振荡频率明显上升，可见薄势垒器件工作时的寄生效应较小。

12.4.2　薄势垒层氟等离子体注入增强型器件

如果在薄势垒层上再注入氟会怎样？图 12.26 和图 12.27 分别给出了 16 nm 和 8 nm 势垒层氟等离子体注入 HEMT 器件的转移特性曲线。转移特性曲线表现出和本书 12.2 节相似的规律，氟等离子体注入条件越强(功率大或时间长)，则阈值电压的正向移动量和跨导的减小量越大，而器件的击穿电压基本没有变化。对 16 nm薄势垒器件而言，100 W 130 s 的氟等离子体注入条件较好，实现了增强型特性，跨导与饱和电流都比未注入器件明显增大，器件频率特性也有所提高。对 8 nm

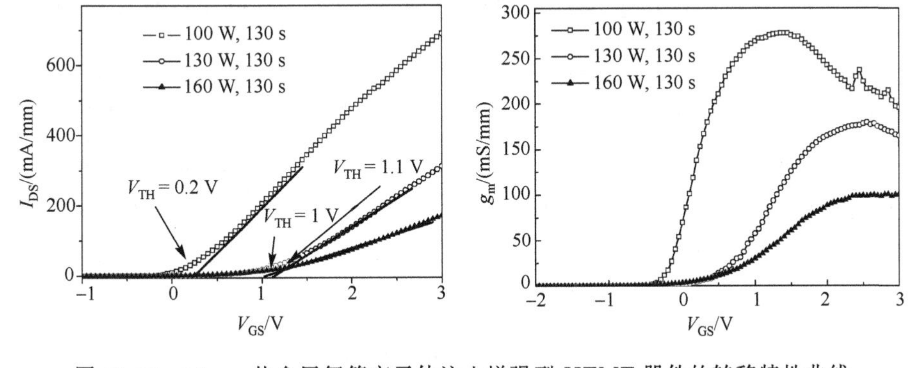

图 12.26　16 nm 势垒层氟等离子体注入增强型 HEMT 器件的转移特性曲线

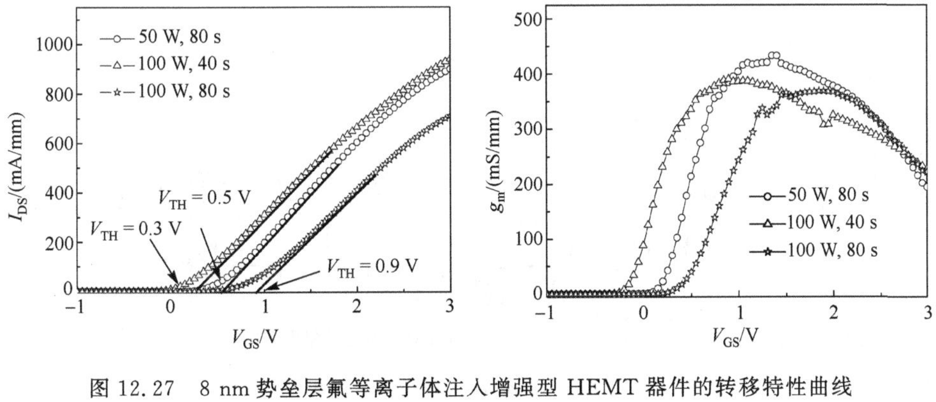

图 12.27　8 nm 势垒层氟等离子体注入增强型 HEMT 器件的转移特性曲线

薄势垒器件而言，50 W 80 s 的氟等离子体注入可同时实现较高的阈值电压(0.5 V)和较高的跨导与饱和电流特性(分别为 430 mS/mm 和 940 mA/mm)，是较好的注入条件。

12.5　增强/耗尽型 GaN 数字集成电路

GaN 材料作为宽禁带半导体，其抗辐照特性比 Si 材料或 GaAs 材料强得多，可适用于辐照较强的空间环境。为了实现 GaN 数字集成电路，采用了直接耦合场效应晶体管逻辑(DCFL，即 E/D-mode 结构)构成抗辐照数字电路的基本单元。

12.5.1　增强/耗尽型数字集成电路单元设计

反相器的电路结构如图 12.28(a)所示，由一个耗尽型器件和一个增强型器件组成。耗尽型器件的漏极接高电平 V_{DD}；增强型器件的漏极和耗尽型器件的源极以及栅极相连，作为输出端；增强型器件的源极接地；增强型器件的栅极为反相器的输入端。当输入信号为低时，增强型器件关断，而耗尽型器件导通，输出信号为高；当输入信号为高时，增强型器件导通，耗尽型器件也导通，通过设计耗尽型器件和增强型器

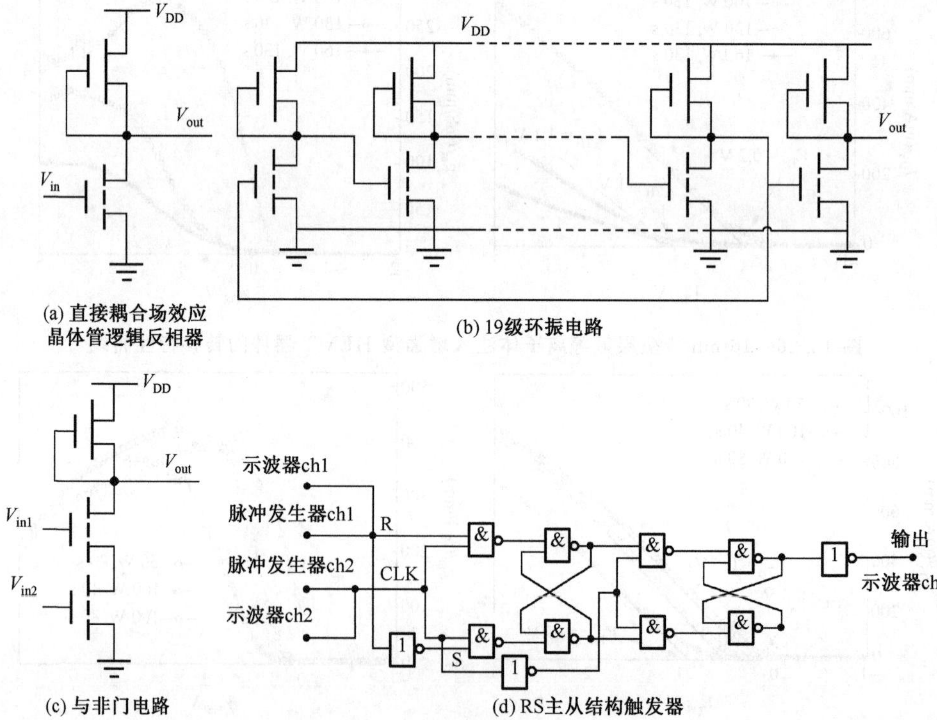

图 12.28　增强/耗尽型数字电路单元

件的电阻比对输出电压进行调控。耗尽型器件的电阻应远大于增强型器件的电阻，这样输入信号为高时，输出为低电平，实现反相器功能。

为考察反相器的响应速度，用了一个 19 级环振，其结构如图 12.28(b)所示。信号经过一个循环后发生转变，测量环振频率 f 可得环振的周期。根据环振级数 n 便得到了反相器的延时 τ_{pd} 为

$$\tau_{pd} = (2nf)^{-1} \tag{12.4}$$

采用 E/D 结构设计的与非门单元结构如图 12.28(c)所示，由一个耗尽型器件和两个增强型器件组成。在此基础上还同时设计了 E/D 触发器，采用 RS 结构实现。触发器结构如图 12.28(d)所示，由 8 个与非门和 3 个反相器组成。

12.5.2　数字集成电路单元的版图设计和工艺实现

整个集成电路版图可分为 8 层，依次为对位标记(FIDU)层、欧姆金属(OHMC)层、台面隔离层、耗尽型槽栅层、增强型槽栅层、栅金属层、互连开孔层、互连金属层。反相器和与非门的版图如图 12.29 所示。耗尽型器件的源极和增强型器件的漏极用同一金属，与非门版图里直接用一个双栅增强型器件来代替两个增强型器件的串联，将两个栅分别设置为与非门的两个输入端。为比较不同电阻比反相器的特性，设计了 3 种不同栅宽比(增强型/耗尽型)的反相器，分别为 10:1、12.5:1、20:1。

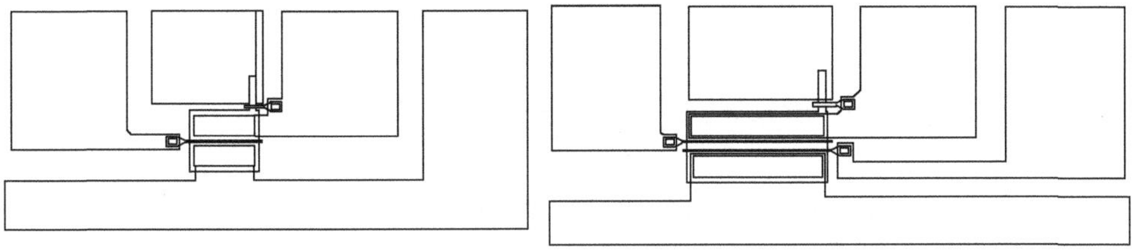

(a) 反相器　　(b) 与非门

图 12.29　数字电路反相器和与非门版图

GaN 基数字电路的工艺和本章前面所介绍的器件制备工艺几乎一样，只是在槽栅刻蚀工艺中将耗尽型器件和增强型器件分开进行。电路制备的具体工艺流程为：晶片清洗、欧姆金属蒸发及退火、台面隔离、Si_3N_4 钝化层淀积、耗尽型器件槽栅光刻及刻蚀、增强型器件槽栅光刻及刻蚀、增强型器件氟等离子体注入、栅前退火、栅金属及第一层互连金属蒸发、第二层 Si_3N_4 保护层淀积、互连开孔光刻及刻蚀、互连金属蒸发。图 12.30 显示了将耗尽型器件和增强型器件集成并制备与非门的工艺流程。选取 16 nm 薄势垒层的异质结进行电路的制备。获得的器件电路模块照片如图 12.31所示。

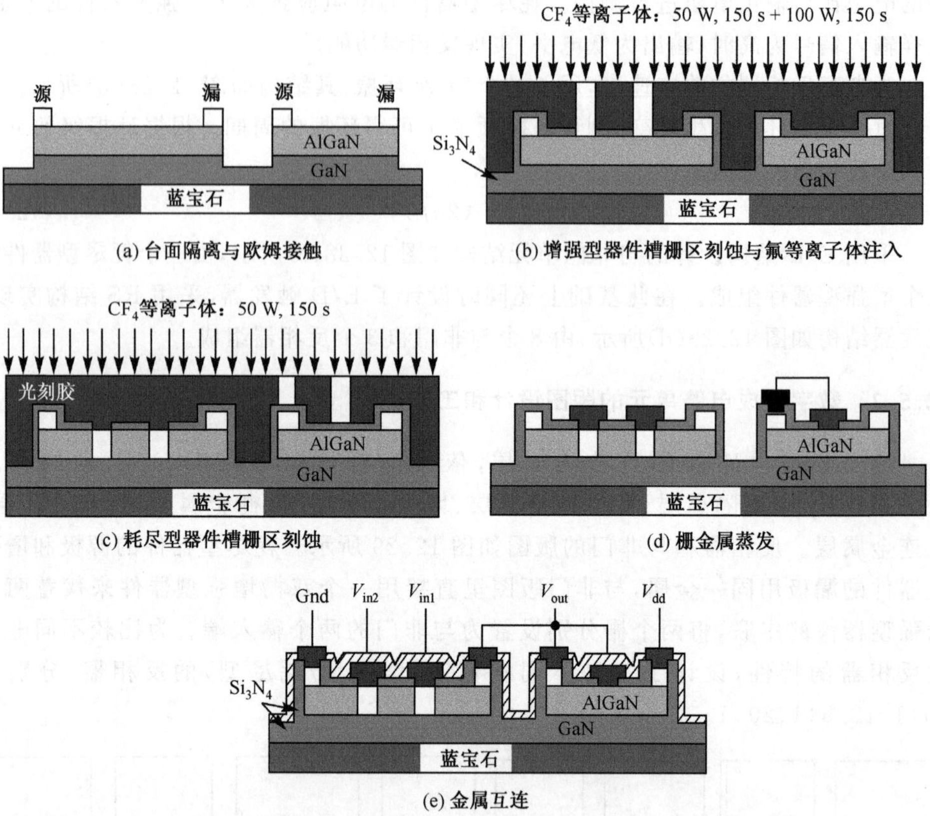

图 12.30 耗尽型器件和增强型器件集成并制备与非门的流程

12.5.3 数字集成电路单元的测试和抗辐照特性分析

直流测试得到耗尽型器件的阈值电压为－0.8 V，增强型器件的阈值电压为 0.8 V。图 12.32(a)显示了不同尺寸比反相器的输出电压和输入电压的关系曲线。可以看出，增强型器件与耗尽型器件的栅宽比越大，增强型器件与耗尽型器件的导通电阻比越小，反相器的低电平越低，同时同等传输电阻比需要的输入电压就越小，因此反相器的翻转阈值电压越小。

分析不同尺寸比的反相器噪声容限，方法如下：将反相器输出电压和输入电压关系曲线的 V_{in} 轴和 V_{out} 轴对调，并列在同一坐标中[如图 12.32(b)所示]，定义实际测试曲线第一个斜率为 1 的点对应的输入电压减去两曲线的第一个交点所对应的输入电压为反相器的低噪声容限，两曲线的第三个交点所对应的输入电压减去实际测试曲线第二个斜率为 1 的点对应的输入电压为反相器的高噪声容限。表 12.1 显示了不同尺寸比反相器的噪声容限。

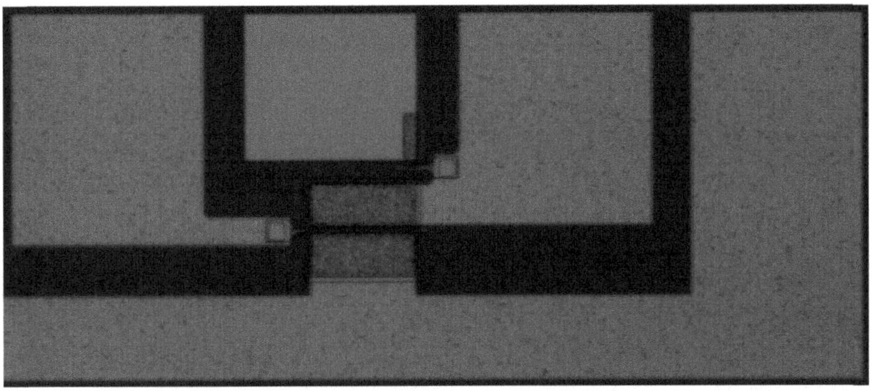

(a) 反相器

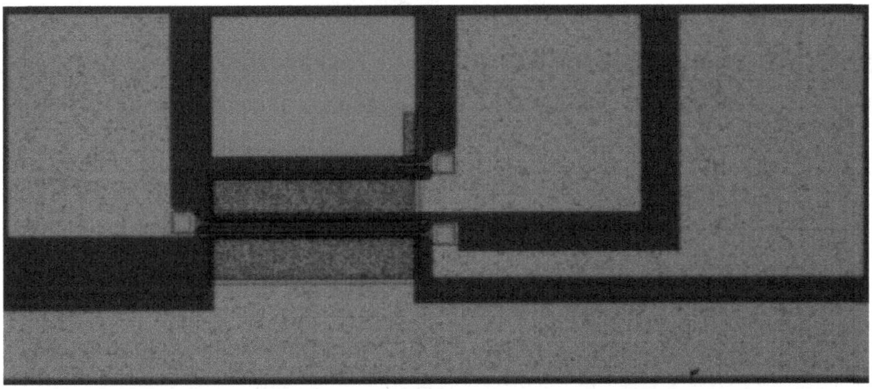

(b) 与非门

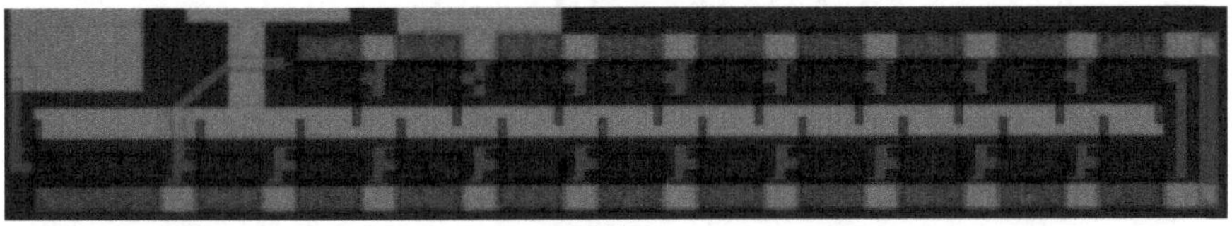

(c) 环振

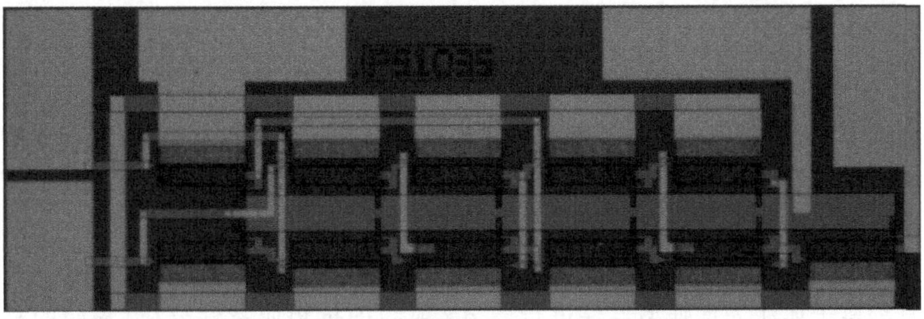

(d) 触发器

图 12.31　所制备的器件电路模块的照片

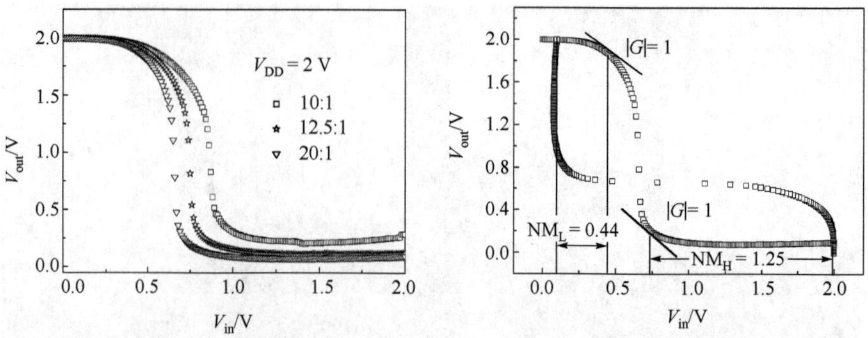

(a) 不同尺寸比反相器输出电压和输入电压的关系曲线　　(b) 反相器噪声容限的计算方法

图 12.32　反相器特性

表 12.1　不同尺寸比反相器的噪声容限

栅 宽 比	低噪声容限/V	高噪声容限/V
10:1	0.42	1
12.5:1	0.46	1.17
20:1	0.44	1.25

反相器的频率特性如图 12.33 所示，反相器的上升时间为 24 ns，下降时间为 10 ns。对环振接地后将 V_{DD} 接 2 V 直流电源，并将环振的输出接到示波器来观测环振的输出特性，测试结果如图 12.34 所示。环振振荡频率为 83 MHz，根据式(12.4)可计算出每级反相器的延时为 317 ps。

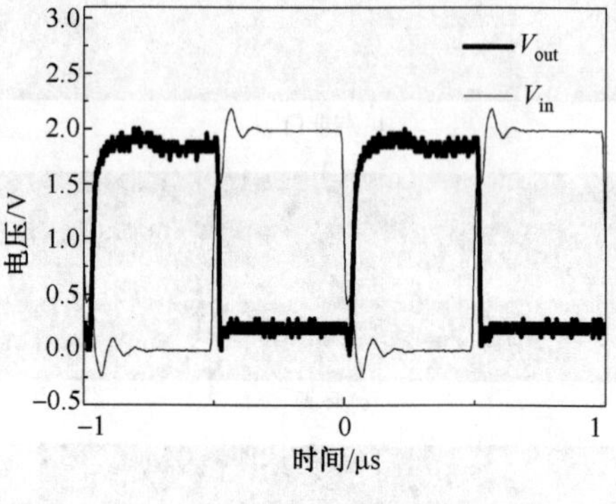

图 12.33　反相器频率特性的测试结果

测试表明，与非门和触发器的逻辑功能正确，如图 12.35 所示。与非门中的增强型器件与耗尽型器件栅宽比为 20:1，与非门输出高电平为 2 V，低电平为 0.2 V。触发器输出的高电平为 2.7 V，低电平为 0.5 V。

GaN 数字电路的抗辐照特性分析中，首先对 16 nm 势垒层的 AlGaN/GaN 耗尽型及氟等离子体注入增强型器件进行 ^{60}Co γ 射线的抗辐照特性分析，辐照的总剂量为 1 Mrad(Si)[19]。图 12.36、图 12.37 显示了辐照后 16 nm 势垒层的 AlGaN/GaN 耗尽型及增强型器件的变化情况。辐照后的耗尽型器件的最大跨导与最大饱和电流

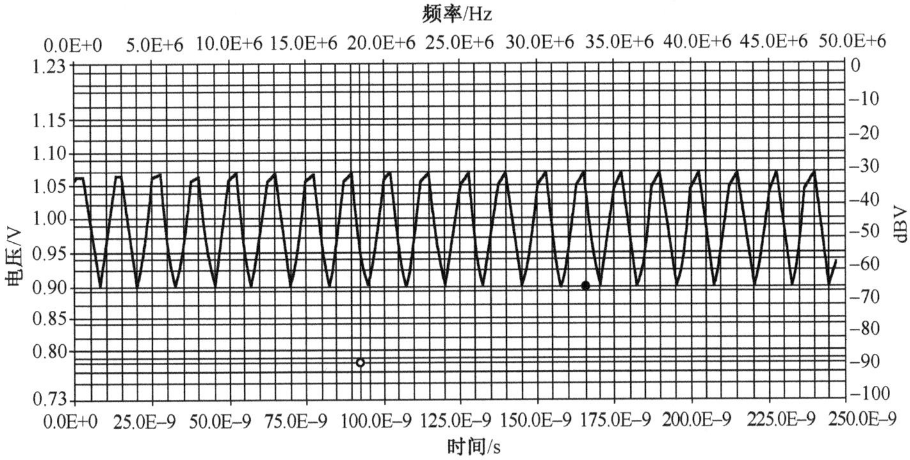

图 12.34　环振测试结果

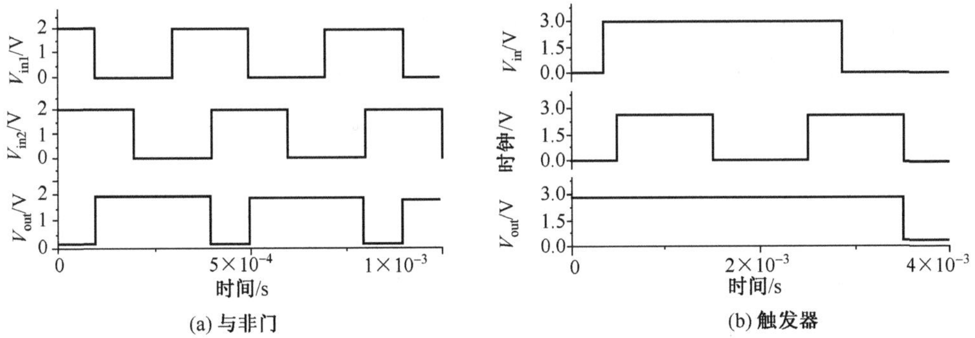

图 12.35　与非门触发器的测试结果

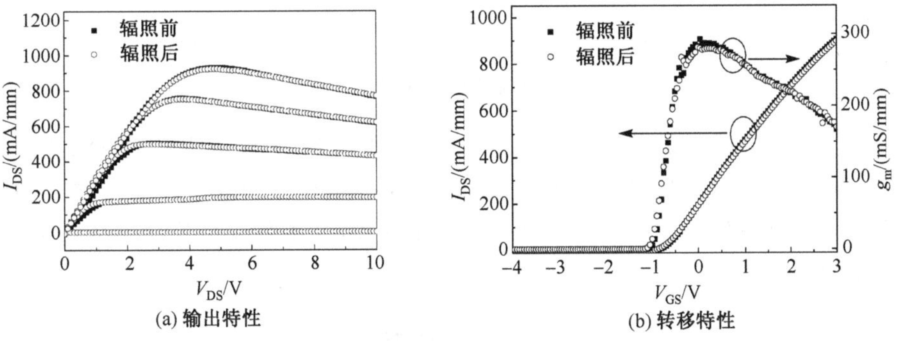

图 12.36　辐照后 16 nm 势垒层的 AlGaN/GaN 耗尽型 HEMT 的输出特性和转移特性退化情况

略有减小，而阈值电压基本保持不变。16 nm 势垒层的 AlGaN/GaN 耗尽型及增强型器件在总剂量为 1 Mrad(Si)的^{60}Co γ 射线辐照下，特性基本保持稳定，具有较高的抗 γ 射线辐照特性。

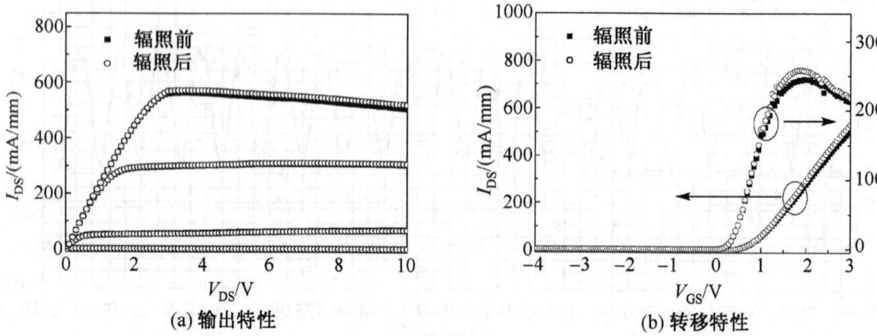

图 12.37　辐照后 16 nm 势垒层的 AlGaN/GaN 增强型器件的输出特性和转移特性退化情况

从图 12.38 可以看出，反相器在辐照前后的特性基本没有退化。辐照后环振的振荡频率几乎不退化，仍为 83 MHz，由此反映出反相器的频率特性在辐照应力下稳定，其延时没有退化。

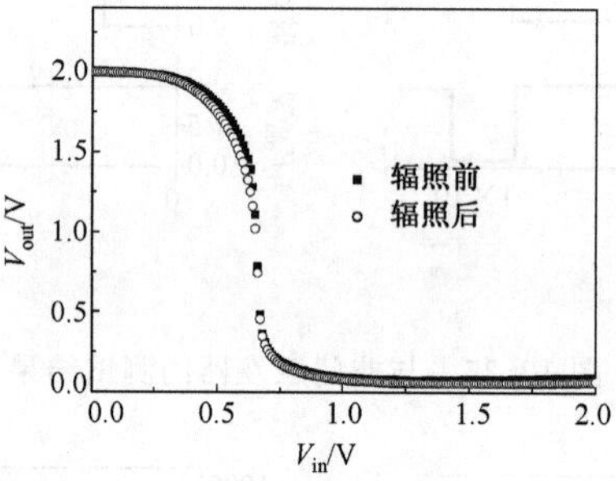

图 12.38　辐照后 16 nm 势垒层的 AlGaN/GaN E/D 反相器的直流特性退化情况

由于 E/D 电路是集成电路和电力开关电路的基础，无论采用哪种方法实现增强型器件都有益于 GaN 集成电路的发展。同时，增强型(常关)GaN 器件对于功率开关应用来讲也是必不可少的，因此近年来增强型 GaN 器件受到广泛关注，具有很大的研究和应用潜力。

参考文献

[1] KHAN M A, CHEN Q, SUN C J, et al. Enhancement and depletion mode GaN/AlGaN heterostructure field effect transistors[J]. Applied Physics Letters, 1996, 68(4): 514-516.

[2] ENDOH A, YAMASHITA Y, IKEDA K, et al. Non-recessed-gate enhancement-mode AlGaN/GaN high electron mobility transistors with high RF performance[J]. Japanese Journal of Applied Physics, Part 1 (Regular Papers, Short Notes & Review Papers), 2004, 43 (4B): 2255-2258.

[3] LANFORD W B, TANAKA T, OTOKI Y, et al. Recessed-gate enhancement-mode GaN HEMT with high threshold voltage[J]. Electronics Letters, 2005, 41(7): 449-450.

[4] LU B, SAADAT O I, PALACIOS T. High-performance integrated dual-gate AlGaN/GaN enhancement-mode transistor[J]. IEEE Electron Device Letters, 2010, 31(9): 990-992.

[5] IKEDA N, TAMURA R, KOKAWA T, et al. Over 1.7 kV normally-off GaN hybrid MOS-HFETs with a lower on-resistance on a Si substrate[C]. 2011 23rd International Symposium on Power Semiconductor Devices and ICs, May 23-26, 2011. Piscataway NJ, USA: IEEE, 2011.

[6] OTA K, ENDO K, OKAMOTO Y, et al. A normally-off GaN FET with high threshold voltage uniformity using a novel piezo neutralization technique[C]. 2009 IEEE International Electron Devices Meeting, December 7-9, 2009. Piscataway NJ, USA: IEEE, 2009.

[7] CAI Y, ZHOU Y, CHEN K J, et al. High-performance enhancement-mode AlGaN/GaN HEMTs using fluoride-based plasma treatment[J]. IEEE Electron Device Letters, 2005, 26 (7): 435-437.

[8] YONG C, ZHIQUN C, WILSON CHAK WAH T, et al. Monolithic integration of enhancement-and depletion-mode AlGaN/GaN HEMTs for GaN digital integrated circuits[C]. International Electron Devices Meeting 2005, December 5-7, 2005. Piscataway NJ, USA: IEEE, 2005.

[9] SUH C S, DORA Y, FICHTENBAUM N, et al. High-breakdown enhancement-mode AlGaN/GaN HEMTs with integrated slant field-plate[C]. 2006 International Electron Devices Meeting, December 11-13, 2006. Piscataway NJ, USA: IEEE, 2006.

[10] PALACIOS T, SUH C S, CHAKRABORTY A, et al. High-performance E-mode AlGaN/GaN HEMTs[J]. IEEE Electron Device Letters, 2006, 27(6): 428-430.

[11] FENG Z H, ZHOU R, XIE S Y, et al. 18-GHz 3.65-W/mm enhancement-mode AlGaN/GaN HFET using fluorine plasma ion implantation[J]. IEEE Electron Device Letters, 2010, 31(12): 1386-1388.

[12] UEMOTO Y, HIKITA M, UENO H, et al. A normally-off AlGaN/GaN transistor with $R_{on}A$= 2.6 mΩcm^2 and BV_{ds}=640 V using conductivity modulation[C]. 2006 International Electron Devices Meeting, December 10-13, 2006. San Francisco CA, USA: Institute of Electrical and Electronics Engineers Inc., 2006.

[13] UEMOTO Y, HIKITA M, UENO H, et al. Gate injection transistor (GIT) - a normally-off AlGaN/GaN power transistor using conductivity modulation[J]. IEEE Transactions on Electron Devices, 2007, 54(12): 3393-3399.

[14] HILT O, KNAUER A, BRUNNER F, et al. Normally-off AlGaN/GaN HFET with p-type

GaN gate and AlGaN buffer[C]. 22nd International Symposium on Power Semiconductor Devices & ICs, June 6-10, 2010. Piscataway NJ, USA: IEEE, 2010.

[15] HILT O, BRUNNER F, CHO E, et al. Normally-off high-voltage p-GaN gate GaN HFET with carbon-doped buffer[C]. 23rd International Symposium on Power Semiconductor Devices and ICs, May 23-26,2011. Piscataway NJ, USA: IEEE, 2011.

[16] QUAN S, HAO Y, MA X H et al. Enhancement-mode AlGaN/GaN HEMTs fabricated by fluorine plasma treatment[J]. Journal of Semiconductors, 2009, 30(12): 124002 (4 pp.).

[17] QUAN S, HAO Y, MA X H, et al. Investigation of AlGaN/GaN fluorine plasma treatment enhancement-mode high electronic mobility transistors by frequency-dependent capacitance and conductance analysis[J]. Chinese Physics B, 2011, 20(1): 018101(4 pp.).

[18] STOKLAS R, GREGUSOVA D, NOVAK J, et al. Investigation of trapping effects in AlGaN/GaN/Si field-effect transistors by frequency dependent capacitance and conductance analysis[J]. Applied Physics Letters, 2008, 93(12): 124103 (3 pp.).

[19] QUAN S, HAO Y, MA X H, et al. Influence of ^{60}Co gamma radiation on fluorine plasma treated enhancement-mode high-electron-mobility transistor[J]. Chinese Physics B, 2011, 20(5):058501(5 pp.).

第 13 章　GaN MOS-HEMT 器件

AlGaN/GaN HEMT 器件在无线通信和雷达领域有广阔的应用前景。然而，传统肖特基栅极的漏电问题给 GaN 电子器件带来了很多障碍。肖特基栅AlGaN/GaN HEMT 器件的反向漏电较大，导致器件的击穿电压、效率、增益等关键性能恶化。反向漏电大的原因主要有两方面，一方面是 GaN 材料存在较高的位错密度，特别是大量位错穿透到材料表面，这些位错会导致 GaN HEMT 器件的肖特基栅极反向漏电很大；另一方面，无论对微波功率应用还是功率开关应用，GaN HEMT 器件总是处于较高的电场和较高的结温下，高电场和高结温都会使得肖特基栅极反向漏电大大增加。除了反向漏电，正偏电压较大时（大于 2 V），肖特基栅 AlGaN/GaN HEMT 器件的栅极会出现正向导通，器件就无法在较大正偏压下工作。对于本书第 12 章所讲的增强型 GaN 器件，需要在较大正偏压下工作，而肖特基栅无法满足增强型 GaN 器件的要求。在射频信号的驱动下，这种高的栅极电流导致AlGaN/GaN HEMT 器件击穿电压和功率附加效率减少，而噪声系数增加，同时影响器件长期工作的可靠性[1]。

为了抑制栅极电流，在 GaN HEMT 结构的栅极可引入金属-绝缘体-半导体(MIS)结构形成 MIS-HEMT 器件。由于半导体器件的绝缘介质中的一大类是氧化物介质，因此绝缘栅多为金属-氧化物-半导体(MOS)结构，这样就形成了MOS-HEMT器件。在本章中，凡是栅介质为氧化物的 HEMT 器件都称为MOS-HEMT，MIS-HEMT 器件则是绝缘栅 HEMT 器件的统称。大量实验表明，GaN MIS-HEMT 器件能够提高器件的栅压摆幅、微波功率性能和长期可靠性。本章将简要介绍 GaN MIS-HEMT 器件，重点介绍高 K 栅介质 GaN MOS-HEMT 器件。

13.1　GaN MIS-HEMT 器件的研究进展

在 GaN HEMT 器件的肖特基栅和半导体之间引入介质形成 MIS-HEMT 器件，可以显著减小器件的栅极电流，一方面可以提高器件的击穿电压，另一方面器件能够在大的栅极偏压范围内工作。栅介质的引入增大了栅和沟道间的距离，使器件的阈值电压向负方向移动，栅的正向导通电压也增加，因此 MIS-HEMT 的栅压摆幅在正负两方向都增大。虽然器件的跨导峰值降低，但跨导在较大的栅压范围内保持相对恒定，线性度大为改善，因此 MIS-HEMT 在微波功率应用场合有较大的线性度。同时，栅介质可以作为表面钝化层稳定半导体材料的表面状态，有效地抑制电流崩塌，改善器件的微波功率性能和长期可靠性。

Khan 等人采用 PECVD 淀积 SiO_2 研制出第一只 GaN MOS-HEMT 器件[2]。SiO_2 栅介质 MOS-HEMT 和 SiN 栅介质 MIS-HEMT 的栅电流比 HEMT 结构降低 4 ～ 6 个数量级，正向栅电压可加到 6 V，温度升高到 300 ℃时还能保持这种性能[2,3]，甚至升温到 400 ℃时 MOS-HEMT 在射频（2 GHz）功率应力下的器件性能仍保持稳定。研究结果说明，带场板的 MOS-HEMT 器件在长期射频应力的作用下，能够保持较高的功率输出和较低的栅泄漏电流，而 HEMT 器件的功率和栅泄漏电流则出现了明显的退化，器件的退化与栅正向电流随应力时间的增加密切相关[4,5]。因此，MOS-HEMT 器件比 HEMT 器件具有更高的射频可靠性。场板 MOS-HEMT 在 2 GHz、$V_{DS}=55$ V 的偏置下的输出功率密度可达 19 W/mm，在功率电压效率 PVE（RF 功率密度与漏极电压的比值）方面也显著高于 HEMT。

GaN MIS-HEMT 不仅功率特性好，也具有出色的频率特性。Higashiwaki 等人采用触媒化学气相淀积（Cat-CVD）制备的 2 nm Si_3N_4 介质层，成功实现了栅长为 60 nm 的 MIS-HEMT 器件，其截止频率 f_T 为 163 GHz[6]。当栅长达到 30 nm 时，MIS-HEMT 器件的 f_T 达到 181 GHz，f_{max} 为 186 GHz[7]。

Marso 等人发现，AlGaN/GaN 异质结的霍尔迁移率在材料表面淀积 SiO_2 后下降 10%，但以 SiO_2 作为栅介质的 MOS-HEMT 的 f_T 和场效应迁移率比 HEMT 器件约高 50%，这是由于 HEMT 器件的栅金属化层引起了表面带电缺陷的库仑散射，而 MOS-HEMT 器件却能将这种散射屏蔽，从而大大提高了沟道电导[8]。Romero 等人提出，在淀积 SiN 介质之前使用氮气等离子体预处理 AlGaN 表面，能显著改进栅漏电和器件的射频性能[9]，其原因是氮气等离子体对材料表面的预处理使得 SiN/AlGaN 界面的电荷密度比未处理的器件减少了 60%。

介电常数较高的栅介质会增加栅电容，对器件沟道电荷有更好的控制，减小栅介质的引入对跨导的负面影响，在器件的等比例缩小方面也有显著的优势。GaN MIS-HEMT 的栅介质除了介电常数为 3.9 的 SiO_2 和介电常数为 7 的 SiN 以外，应用较普遍的还有介电常数为 9 的 Al_2O_3。Al_2O_3 介质可通过在氮化物材料表面淀积 Al 再氧化来制备[10]，也可以利用原子层淀积技术[11]来制作。Al_2O_3 栅介质 GaN MOS-HEMT 器件除了能抑制电流崩塌，提高栅压摆幅、击穿电压和输出电流外，其沟道电子迁移率甚至饱和速率比 HEMT 器件有所增加。Al_2O_3 介质层的钝化作用使得 MOS 型器件的输运特性要好于 HEMT 器件，甚至出现 MOS-HEMT 的跨导高于 HEMT 的现象[12,13]。Liu 等人分析了 Al_2O_3 栅介质 MOS-HEMT 的正向栅漏电的温度依赖特性，发现当器件工作在高电场低温（小于 0 ℃）状态下，是 Fowler-Nordheim 隧穿起主要作用；而当器件工作在一般电场和高温（大于 0 ℃）时，是陷阱辅助隧穿起主要作用[14]。2011 年，我们报道了在 4 GHz、漏压 V_{DS} = 45 V 情况下，输出功率密度为 13 W/mm，功率附加效率(PAE) 达到 73%的 Al_2O_3栅介质槽栅 MOS-HEMT 器件，其 PAE 指标达到同时期最高水平[15]。

在介电常数大于 20 的高 K 介质中，一些种类在 GaN MIS-HEMT 中的应用也获得了成功。我们提出了原子层淀积(ALD)方法淀积堆层 HfO_2(3 nm)/Al_2O_3(2 nm) 栅介质制备的 MOS-HEMT 器件[16]。该介质结合了 HfO_2的高 K 特性以及 Al_2O_3良好的界面特性，器件除了具有常规 MOS-HEMT 的优势，还具有出色的频率特性，1 μm 栅长的器件的 f_T和 f_{max}分别为 12 GHz 和 34 GHz。直接采用 HfO_2介质层也具有较好的钝化效果[17]。日本富士通公司采用溅射方法形成 10 nm 的 Ta_2O_5栅介质，其 MIS-HEMT 的击穿电压达到 400 V；在 2 GHz 下，1 mm 栅宽器件的功率密度达到了 9.4 W/mm，效率达到 62.5%，线性增益为 23.5 dB；在 150 h 的 P3dB 水平(增益由最大值下降 3 dB 处对应的功率)射频功率应力下，器件的输出功率退化了不到 0.5 dB[18]。ZrO_2和 Pr_2O_3也被证明了作为 GaN MOS-HEMT 器件栅介质的可用性[19,20]。

GaN MOS-HEMT 的新型栅介质研究中还有关于 Sc_2O_3[21]、NiO[22]、低温 GaN 介质[23]、AlN[24]等的报道。近几年，MIS 结构在 N 面 GaN HEMT 器件的应用研究也逐渐开展。N 面 GaN 异质结具有较低的欧姆接触电阻和较好的量子限制效应，但是其 GaN 材料的点缺陷较多，栅漏电较大，因此采用 MIS 结构可以很好地提高器件特性。N 面 MIS-HEMT 目前主要以 SiN 作栅介质，已有功率附加效率为 71%，输出功率为 6.4 W/mm[25]的微波功率特性报道。MIS-HEMT 已成为氮化物半导体的一类重要的电子器件。

13.2　高 K 栅介质材料的选择和原子层淀积

MOS 结构电子器件总体的发展趋势之一是采用高 K 介质。GaN MOS-HEMT 器件对于栅介质的基本电学要求是：高的介电常数 K，大的禁带宽度，大的导带带阶和高质量的 MOS 界面。如 13.1 节所述，栅介质的厚度保持不变时，高介电常数的介质会令栅电容和与栅电容成正比的跨导增大，增强栅对沟道的控制能力，在器件的等比例缩小方面也有显著的优势。无论热离子发射还是隧穿机理，大的导带带阶和禁带宽度对于减小栅泄漏电流都非常重要。界面态会增加通过陷阱辅助隧穿机理所产生的栅泄漏电流，必须降低其密度。

13.2.1　高 *K* 栅介质材料的选择

高 K 介质是指介电常数 K 大于 SiO_2的介电常数 3.9 的介质。SiO_2是 GaN

MOS-HEMT 器件最早选用的栅介质，其介质制备技术最成熟，绝缘性能也很好，但是其介电常数比较低，这是一个严重的缺陷。高 K 介质对器件跨导的提高有利于提高 GaN MIS-HEMT 器件的频率特性，并扩展其微波功率应用频段。

表 13.1 给出了常见栅介质材料的基本特性。图 13.1 对比了 GaN HEMT 和采用不同介质层制作的 GaN MIS-HEMT 器件的归一化跨导理论值（设肖特基栅 HEMT 器件的跨导为 1）。可以看到，介电常数越大的介质，对栅电容的影响就越小，所制作的 MIS-HEMT 器件也就越接近于肖特基栅 HEMT 器件的跨导。

表 13.1 常见栅介质材料的基本特性

栅介质材料	元素属性	介电常数	禁带宽度/eV	晶体结构
SiO_2	IV b	3.9	8.9	无定形
Si_3N_4	IV b	7	5.1	无定形
Al_2O_3	III b	9	8.7	无定形
SiON	IV b	3.9～7	—	无定形
HfO_2	IV a	25	5.9	四方
TiO_2	IV a	80	3.5	四方
ZrO_2	IV a	25	5.8	四方
Y_2O_3	III a	15	5.9	立方
La_2O_3	III a	30	4.3	六方
Ta_2O_5	V a	26	4.3	正交

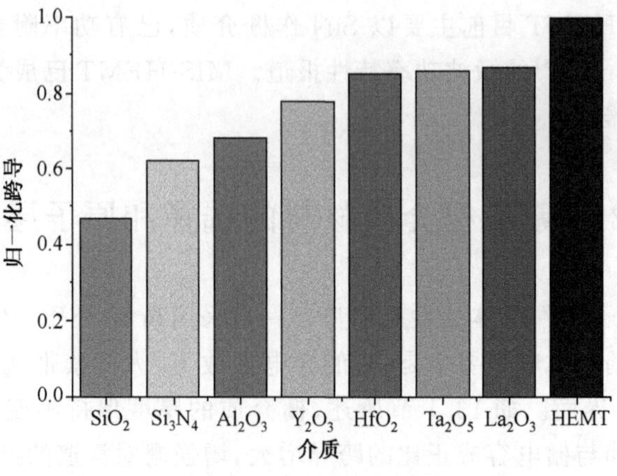

图 13.1 GaN HEMT 和采用不同介质层制作的 GaN MOS-HEMT 器件的归一化跨导峰值对比

目前，GaN MIS-HEMT 应用较多的栅介质主要有 Si_3N_4 和 Al_2O_3。Si_3N_4 介质的介电常数为 7，在高 K 介质中较低，但在氮化物器件中 Si_3N_4 介质广泛地用做钝化层，制备工艺较成熟。同样厚度的 Al_2O_3 介质，无论栅电容还是绝缘性能都要优于 Si_3N_4 介质，唯一的缺陷是钝化效果与 Si_3N_4 相比还有一些差距。Al_2O_3 介质最好的生长方法是 ALD 法，这种薄膜制备方法也是目前高 K 材料制备的一种重要方法。GaN MIS-HEMT 中采用 HfO_2 等高 K 介质的研究也有一些报道。HfO_2 介质具有极高的介电常数(介电常数为 25)，同样栅电容下 20 nm 厚的 HfO_2 介质相当于 7.2 nm Al_2O_3 介质，而厚介质的绝缘性能较好，在厚度的控制上难度也较低。但是，HfO_2 介质的结晶温度较低(375 ℃)，若经历高温会出现部分介质晶化现象，增大栅泄漏电流，造成器件性能的退化。因此，目前对 Hf 基介质的研究采用了在 HfO_2 中添加 Al 或者 Si 等其他元素的方法来增强其稳定性，但是工艺的复杂和介质内部缺陷的增多使得仍有大量的问题需要解决。

13.2.2　原子层淀积工艺

原子层淀积(ALD)最初称为原子层外延(ALE)，也称为原子层化学气相淀积(ALCVD)。将淀积基体材料置于加热的原子层淀积反应设备腔体中，以交替脉冲方式引入至少两种气相前驱体，第一种前驱体在基体材料表面上化学吸附，直至吸附饱和时自动终止，较晚通入的前驱体与被吸附的第一前驱体发生化学反应，直到第一前驱体完全消耗后，反应自动停止，形成所需的单原子层或单分子层。在此过程中，表面反应的饱和可通过调节反应条件如腔内温度、压强和前驱体脉冲时间等来控制，多余的前驱体和反应副产物以通入惰性气体清洗的方式清除。根据基体材料和淀积前驱体的不同，该化学过程有时需要借助活化剂，反应过程更复杂。周期性重复这一具有自限制性(每个反应周期中淀积的薄膜物质的量不变，即单原子层或单分子层)的顺序化学过程，就实现了薄膜的原子层淀积，适当的工艺温度会抑制前驱体和反应副产物分子在基体表面的物理吸附。目前可以淀积的材料包括：氧化物、氮化物、氟化物、碳化物、硫化物、金属、复合结构等。

原子层淀积可以在原子尺度对薄膜厚度进行精确控制，通过表面可控的饱和化学反应来实现原子的逐层淀积。淀积的薄膜具有很好的三维保形性、100%台阶覆盖、良好的厚度均匀性。原子层淀积的大面积薄膜具有无针孔、低缺陷密度、黏附性好、低应力、对衬底无损伤、生产效率高、低成本等优点。

原子层淀积 Al_2O_3 薄膜的质量远高于溅射和原子束蒸发所获得的 Al_2O_3，且能够与 AlGaN 形成高质量的 Al_2O_3/AlGaN 界面。Al_2O_3 除了禁带宽度和介电常数高以外，还具有高击穿电场(5～10 MV/cm)、很好的热稳定性(在 1000 ℃高温下仍保持无定形态)以及很好的化学稳定性 (与 AlGaN 之间相互无扩散)。

GaN MOS-HEMT 中原子层淀积 Al_2O_3 薄膜的工艺如下：在栅金属蒸发之前，将样品放入原子层淀积设备的腔体中，使用 $Al(CH_3)_3$(TMAl)和去离子水分别作为 Al 源和 O 源，N_2 作为载气，在 320 ℃下进行 Al_2O_3 介质原子层淀积，工艺步骤为 N_2 清洗 Al 源管道→放置样品→抽真空，直到真空度达到工艺要求→N_2 保护下升温到 320 ℃→表面预处理，向样品表面喷 Al 源进行淀积前的表面处理→循环淀积(向样品表面交替喷 Al 源和水，进行表面反应生成 Al_2O_3）→通 N_2，自然冷却。用 AFM 对原子层淀积 Al_2O_3 前后的 AlGaN/GaN 异质结材料表面形貌和粗糙度进行检测，结果如图 13.2所示。可见，原子层淀积 Al_2O_3 具有良好的台阶覆盖能力和均匀性，淀积 Al_2O_3 后的材料表面粗糙度有所改善。

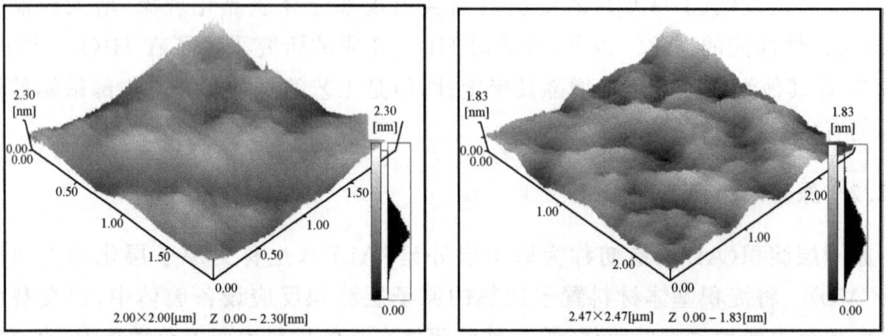

(a) 淀积 Al_2O_3 前(RMS=0.278 nm)　　(b) 淀积 Al_2O_3 后(RMS=0.268 nm)

图 13.2　原子层淀积 Al_2O_3 前后的 AlGaN/GaN 异质结材料表面粗糙度

原子层淀积 HfO_2 介质的方法与 Al_2O_3 介质的淀积类似，采用 $HfCl_4$ 作为 Hf 源，H_2O 作为 O 源。对于复合介质如 HfAlO 的淀积，是采用 Al_2O_3 和 HfO_2 交替淀积的方法进行的，工艺中也可改变每种介质连续淀积的层数，从而控制 HfAlO 介质层中 Hf 的含量。

13.3　高 *K* 栅介质 AlGaN/GaN MOS 电容的基本特性和界面态密度

MOS 栅电容特性直接关系到 MOS-HEMT 器件特性，栅介质与 AlGaN 势垒层之间的界面质量对器件性能有很大影响，高密度的界面态会导致费米钉扎，使得栅不能够有效控制器件的导电沟道。通过 *C-V* 特性能够分析高 *K* 介质本身的质量以及与 AlGaN 势垒层之间界面的质量，估算界面态密度。

13.3.1　高 *K* 栅介质 AlGaN/GaN MOS 电容的载流子浓度分布计算

对具有单层高 *K* 栅介质的 AlGaN/GaN MOS 电容，介质层的厚度可以由以下公式估算：

$$\frac{1}{C_{\text{MOS-HEMT}}}=\frac{1}{C_{\text{OX}}}+\frac{1}{C_{\text{HEMT}}} \tag{13.1}$$

$$C_{\text{OX}}=\varepsilon_0\varepsilon_{\text{OX}}A/d_{\text{OX}} \tag{13.2}$$

式中，$C_{\text{MOS-HEMT}}$ 为 MOS-HEMT 结构的零偏电容，$C_{\text{HEMT}}=\varepsilon_0\varepsilon_{\text{B}}A/d_{\text{B}}$ 为 HEMT 结构

的零偏电容(ε_B 和 d_B 分别为 AlGaN 势垒层的介电常数和厚度)，C_{OX} 和 d_{OX} 分别为介质层的电容和厚度，ε_0 和 ε_{OX} 分别为真空介电常量和介质层介电常数，A 为测试图形的面积。以上两式也可合并整理为

$$C_{\text{MOS-HEMT}} = \frac{\varepsilon_0 \varepsilon_B A}{d_B} \left(1 + \frac{d_{OX}}{d_B} \cdot \frac{\varepsilon_B}{\varepsilon_{OX}}\right)^{-1} \tag{13.3}$$

介质层与 AlGaN 势垒层的串联电容(总厚度为 d_t)的等效介电常数 ε_r 可用下式求解：

$$\frac{d_t}{\varepsilon_r} = \frac{\varepsilon_0 A}{C_{\text{MOS-HEMT}}} = \frac{d_{OX}}{\varepsilon_{OX}} + \frac{d_B}{\varepsilon_B} \tag{13.4}$$

根据测量得到的 C-V 特性曲线和式(13.5)就可以计算得到 MOS-HEMT 电容结构中的载流子浓度 N_{CV} 随深度 d_{CV} 的变化曲线。

$$N_{CV} = -\frac{2}{e\varepsilon_r\varepsilon_0 A^2 \dfrac{dC^{-2}}{dV}}, \quad d = \frac{\varepsilon_r \varepsilon_0 A}{C} \tag{13.5}$$

式中，e 为基本电荷电量。

若栅介质为多层介质，则有

$$\frac{1}{C_{OX}} = \sum_{i=1}^{n} \frac{1}{C_{OXi}}, \quad C_{OXi} = \varepsilon_0 \varepsilon_{OXi} A / d_{OXi} \tag{13.6}$$

由上式可求得等效介质层的介电常数 ε_{OX}，等效介电常数 ε_r 仍由式(13.4)求解。

13.3.2　高 *K* 栅介质 AlGaN/GaN MOS 电容的 *C-V* 滞后特性

通过正反向扫描的 C-V 滞后曲线，可以得到 MOS 电容结构中平带电压的漂移(ΔV_{FB})，该漂移是 MOS 电容介质层中的陷阱以及介质层与 AlGaN 势垒层之间的界面态俘获电子造成的。MOS 电容结构的平带电压可以表示为[26]

$$V_{FB} = \Phi_{MS} - \frac{Q_f + Q_{it}(\phi_s) + Q_t}{C_{OX}} \tag{13.7}$$

式中，Φ_{MS} 是金属与 $Al_xGa_{1-x}N$ 的功函数差，Q_f 是介质层中的固定电荷面密度，Q_{it} 是界面态电荷面密度，ϕ_s 是半导体的表面势，Q_t 是介质层中的陷阱电荷密度。因为固定电荷不随扫描电压而变化，C-V 滞后所对应的电荷量为 $Q_{it}+Q_t$，可以通过 $\Delta V_{FB} \times C_{OX}$ 计算得到。

以不同介质栅的 GaN MOS-HEMT 结构为例，栅介质分别为 3.5 nm Al_2O_3、10 nm Al_2O_3、5 nm HfAlO 和 HfO_2(3 nm)/Al_2O_3(2 nm)堆层介质，栅金属为 Ni。采用往复扫描的方法获得的 GaN MOS-HEMT 结构 1 MHz C-V 滞后特性如图 13.3 所示。扫描方式为从−8 V 到 0 V 再返回到−8 V。这几种结构的 C-V 滞后依次为 20 mV、100 mV、100 mV 和 0 mV(无明显 C-V 滞后)，说明 3.5 nm Al_2O_3 介质和

HfO_2/Al_2O_3堆层介质的体陷阱电荷很少、介质质量高，介质与 AlGaN 之间的界面质量也很高，堆层介质的特性更好可能是因为 Ni/HfO_2之间形成了高质量的界面。10 nm Al_2O_3和 5 nm HfAlO 的电容滞后较大，与介质淀积的具体工艺条件有关，在这里不做深入分析，仅讨论由 MOS 结构的 *C-V* 滞后特性所反映的介质和界面质量的差异。由图 13.3 中结果可以计算得到 3.5 nm Al_2O_3介质 MOS 电容、10 nm Al_2O_3介质 MOS 电容、HfAlO 复合介质 MOS 电容和 HfO_2/Al_2O_3堆层介质 MOS 电容介质层中的陷阱电荷密度与界面态电荷密度之和分别为 $3.5\times10^{11}\ cm^{-2}/eV$、$3.9\times10^{11}\ cm^{-2}/eV$、$6\times10^{11}\ cm^{-2}/eV$、$1.5\times10^{10}\ cm^{-2}/eV$。

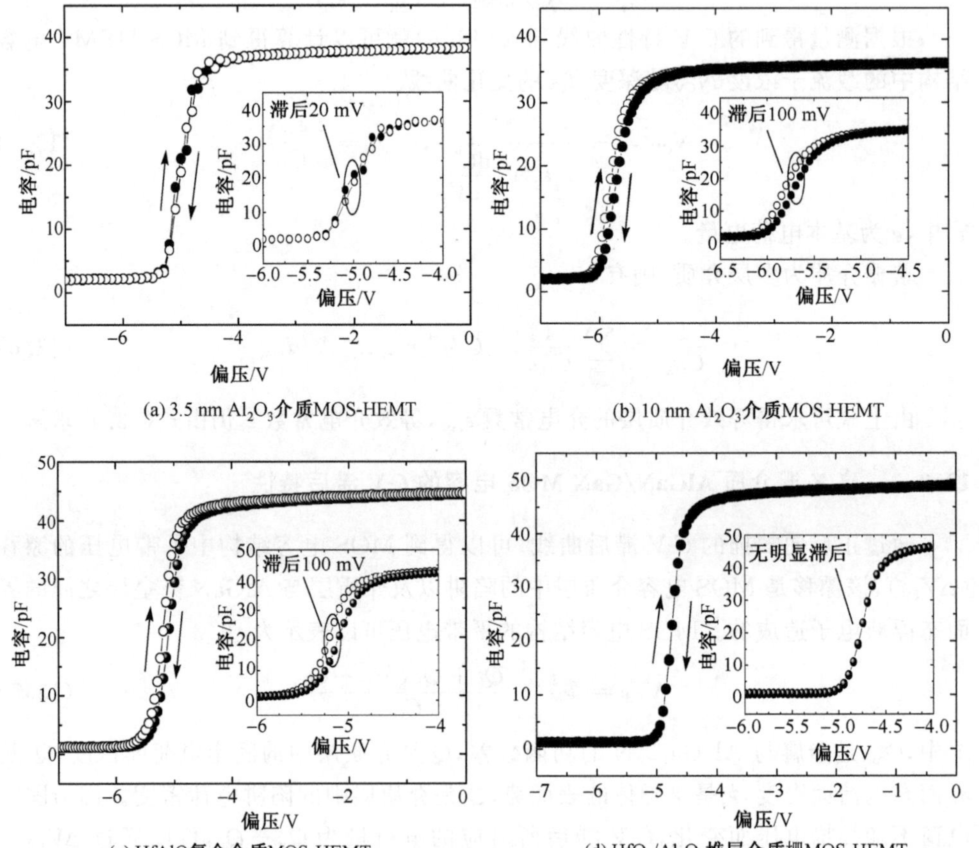

(a) 3.5 nm Al_2O_3介质MOS-HEMT　(b) 10 nm Al_2O_3介质MOS-HEMT

(c) HfAlO复合介质MOS-HEMT　(d) HfO_2/Al_2O_3堆层介质栅MOS-HEMT

图 13.3　若干器件结构的 1 MHz *C-V* 滞后特性曲线

13.3.3　高 *K* 栅介质 AlGaN/GaN MOS 电容的变频 *C-V* 特性

变频 *C-V* 法是计算 AlGaN/GaN MOS 电容中界面态的重要方法，可以通过测试 MOS 电容结构在低频和高频时的电容 C_L和 C_H，计算得到其界面态密度(D_{it})为

$$D_{\mathrm{it}}=\frac{C_{\mathrm{OX}}}{e}\left(\frac{C_{\mathrm{L}}/C_{\mathrm{OX}}}{1-C_{\mathrm{L}}/C_{\mathrm{OX}}}-\frac{C_{\mathrm{H}}/C_{\mathrm{OX}}}{1-C_{\mathrm{H}}/C_{\mathrm{OX}}}\right) \tag{13.8}$$

如图 13.4 所示，(a)～(d)为采用 3.5 nm Al_2O_3介质、10 nm Al_2O_3介质、5 nm HfAlO 复合介质和 HfO_2/Al_2O_3堆层介质的 AlGaN/GaN MOS 电容变频 *C-V* 特性，测量频率从低到高分别为 500 Hz、1 kHz、10 kHz、100 kHz 和 1 MHz，直流偏置电压从 0 V 扫描到－6 V，步长为－0.02 V。

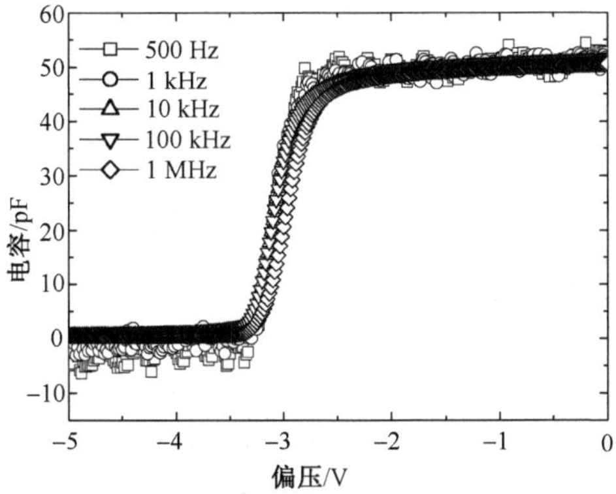

(a) 3.5 nm Al_2O_3介质MOS电容

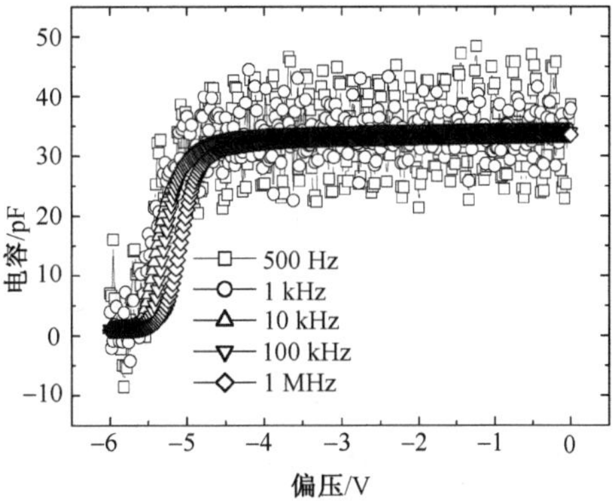

(b) 10 nm Al_2O_3介质MOS电容

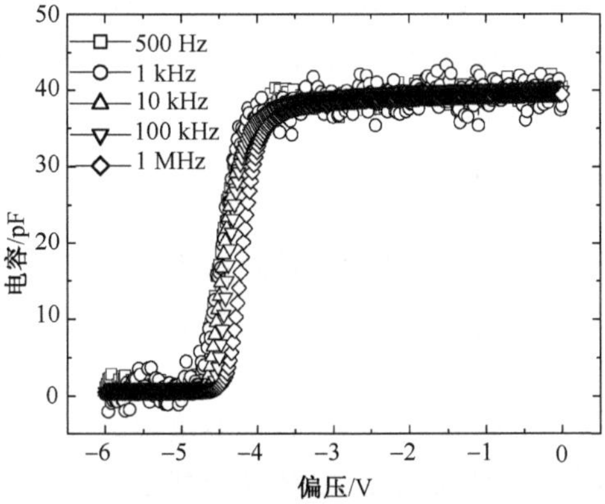

(c) HfAlO复合介质MOS电容

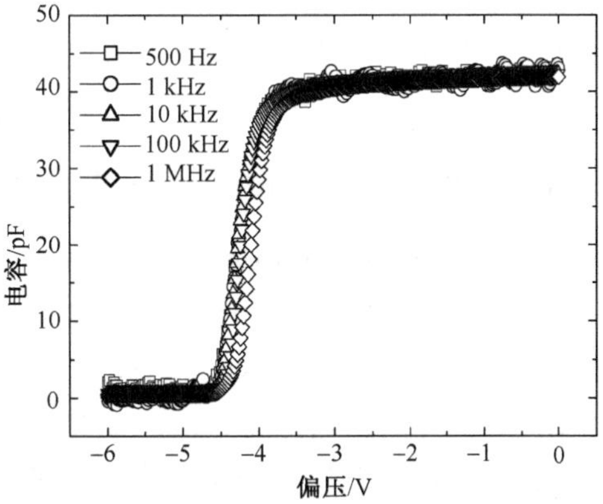

(d) HfO_2/Al_2O_3堆层介质MOS电容

图 13.4　高 *K* 介质 AlGaN/GaN MOS 电容的变频 *C-V* 特性曲线

图 13.4 中，在频率小于 10 kHz 时测量到的电容值出现波动，3.5 nm Al_2O_3介质和 HfO_2/Al_2O_3堆层介质 MOS 的电容波动比较小，但是 10 nm Al_2O_3介质 MOS 和 HfAlO 复合介质 MOS 的电容波动比较大，这是界面态或介质中的电荷在低频条件下的响应所造成的。因此，取电容 C_L和 C_H分别为各 MOS 结构在 10 kHz 和 1 MHz 的电容，代入式(13.8)计算可得 3.5 nm Al_2O_3介质 MOS、10 nm Al_2O_3介质 MOS、HfAlO 复合介质 MOS 和 HfO_2/Al_2O_3堆层介质 MOS 中的界面态密度分别为 2.8×

10^{10} cm^{-2}/eV、9.7×10^{10} cm^{-2}/eV、7×10^{10} cm^{-2}/eV、4.1×10^{10} cm^{-2}/eV，界面态密度随 MOS 介质和结构的变化趋势与 13.3.2 节一致。

采用变频 *C-V* 法测量计算得到的各种 MOS 结构中的界面态密度与 *C-V* 滞后法的分析结果相比普遍偏低，这是由于选定的频率 10 kHz 并不够低（但当频率低于10 kHz时，*C-V*测量结果出现了大幅度的波动，难以提取饱和电容值），界面态上的电子还不能全部跟得上交流小信号的变化，所以变频 *C-V* 法的测量值比实际的界面态密度值要低。

综合 *C-V* 滞后法和变频 *C-V* 法的测试结果，我们发现超薄的 3.5 nm Al_2O_3介质和HfO_2(3 nm)/Al_2O_3(2 nm)堆层介质能够与 AlGaN 形成高质量界面，更适合在 MOS-HEMT 器件栅介质上应用。

13.4　HfO_2/Al_2O_3高 *K* 堆层栅介质 AlGaN/GaN MOS-HEMT 器件

根据表 13.1，高 *K* 栅介质虽然有大的介电常数，但往往禁带宽度会比较小，如果作为栅介质层直接与 AlGaN 势垒层相接触，比较小的导带不连续性会导致大的泄漏电流，另外高 *K* 介质与 AlGaN 势垒层的界面问题以及表面钝化特性也是限制其应用的主要问题。因此，结构设计就成为高 *K* 栅介质在 AlGaN/GaN MOS-HEMT 器件中应用的关键。本节给出了 HfO_2/Al_2O_3高 *K* 堆层栅介质的设计方法，并以相应的 AlGaN/GaN MOS-HEMT 器件特性说明了该栅介质给器件带来的优势。

13.4.1　原子层淀积 HfO_2/Al_2O_3高 *K* 堆层栅介质的设计

根据本书 13.3 节的实验结果，原子层淀积 3.5 nm Al_2O_3同时作为器件栅介质和表面钝化层，能够与 AlGaN 势垒层形成高质量的界面，具有低的界面态密度。在此基础上，原子层淀积 HfO_2/Al_2O_3 堆层介质一方面加入了具有更高介电常数的 HfO_2，另一方面以超薄的 2 nm Al_2O_3作为 HfO_2栅介质与 AlGaN 势垒层之间的界面过渡层，与 AlGaN 势垒层形成高质量界面。一般高 *K* 介质材料的禁带宽度都比较小，但 Al_2O_3的禁带宽度达到了 7 eV，且与 AlGaN 势垒层的导带偏移量高达 2.1 eV，大的导带偏移量和禁带宽度对于减小栅泄漏电流起到了重要的作用，这也是选用 Al_2O_3作为界面过渡层的原因。2 nm 已经接近原子层淀积 Al_2O_3的极限厚度，更薄的 Al_2O_3就不能保证 AlGaN 层表面栅介质的完整覆盖，但是测试表明 2 nm 的Al_2O_3界面过渡层已经有很好的表面钝化作用。把具有相对较低介电常数的Al_2O_3界面过渡层的厚度降到了最小的 2 nm，上层的 HfO_2栅介质设计的厚度为 3 nm，这就使 HfO_2(3 nm)/Al_2O_3(2 nm)高 *K* 堆层栅介质与单层的 3.5 nm Al_2O_3超薄栅介质相比具有相当的等效氧化层厚度，但却有更厚的物理厚度，进一步提高了栅电容特性并降低了泄漏电流。

HfO_2(3 nm)/Al_2O_3(2 nm)高 K 堆层介质除了用于栅介质以外，还被用做器件表面的钝化层，用于分析该介质的钝化效果。

13.4.2　HfO_2/Al_2O_3 堆层栅介质 MOS-HEMT 的直流特性

栅长为 1 μm、栅宽为 120 μm、源漏间距为 4 μm 的 HfO_2/Al_2O_3 高 K 堆层栅介质 MOS-HEMT 与同样尺寸的 HEMT 器件的栅电流特性如图 13.5 所示，在正反向范围内 MOS-HEMT 的栅源泄漏电流比 HEMT 器件整体上要小。在 $V_{GS}=-10$ V 时，MOS-HEMT 器件的泄漏电流比 HEMT 器件小将近一个数量级；在 $V_{GS}=2$ V 时，MOS-HEMT 器件的泄漏电流也比 HEMT 器件要小将近 6 个数量级。对于 HEMT 器件，在栅源偏置为 2 V 时，器件的泄漏电流已经高达 4.9 mA；但是对于 MOS-HEMT 器件，在栅源偏置为 5 V 时，器件的泄漏电流只有 0.02 mA。

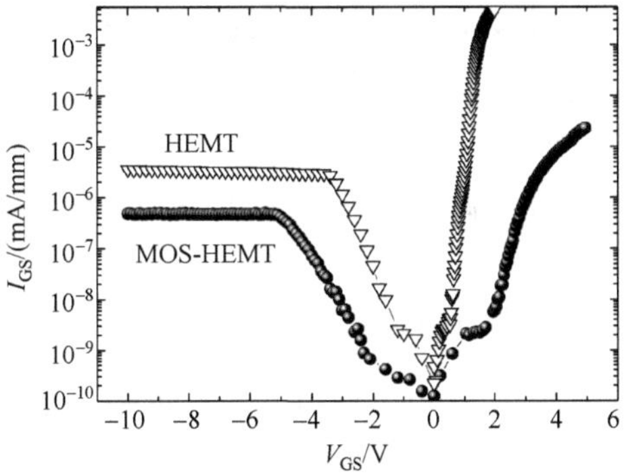

图 13.5　HfO_2(3 nm)/Al_2O_3(2 nm)高 K 堆层栅介质 MOS-HEMT 器件与 HEMT 器件栅泄漏电流对比

图 13.6(a)所示为 HfO_2/Al_2O_3 高 K 堆层栅介质 AlGaN/GaN MOS-HEMT 器件的输出特性，源漏扫描从 0 V 到 10 V，栅电压从 3 V 变化到 −5 V，栅压步长为 −2 V。栅压为 3 V 时的饱和电流密度达到 800 mA/mm。对于 HEMT 器件，由于存在比较大的栅泄漏电流，栅压最大只能加到 1 V，所以饱和电流密度与 MOS-HEMT 器件相比要低很多(约 650 mA/mm)。MOS-HEMT 器件由于降低了栅泄漏电流，提高了击穿电压与饱和电流密度，这表明 MOS-HEMT 器件的输出功率也要比同样尺寸的 HEMT 器件高。

图 13.6(b)所示为该 MOS-HEMT 器件的转移特性曲线。源漏偏置为 7 V 时，器件最大跨导达到 150 mS/mm，阈值电压约为 −4 V，而 HEMT 器件的最大跨导和阈值电压分别为 165 mS/mm 和 −3.5 V。MOS-HEMT 器件和 HEMT 相比，跨导减小，阈值电压向负方向偏移，是栅与沟道之间距离的增加引起的。但 HfO_2/Al_2O_3(2 nm)高 K 堆层栅介质具有高的介电常数和小的等效氧化层厚度，加上 Al_2O_3 界面

过渡层与 AlGaN 势垒层之间具有高质量的界面和很好的钝化作用，跨导的降低量(9％)和阈值电压的偏移量(－0.5 V)比已报道的采用 SiO_2 和 SiN 介质的 MIS-HEMT[16]要小得多。定义栅压摆幅为跨导下降 10％时的栅压浮动范围，MOS-HEMT 器件的栅压摆幅为 2.4 V，HEMT 器件的栅压摆幅则为 1.8 V，因此 MOS-HEMT 器件具有更高的线性度和更大的动态工作范围。

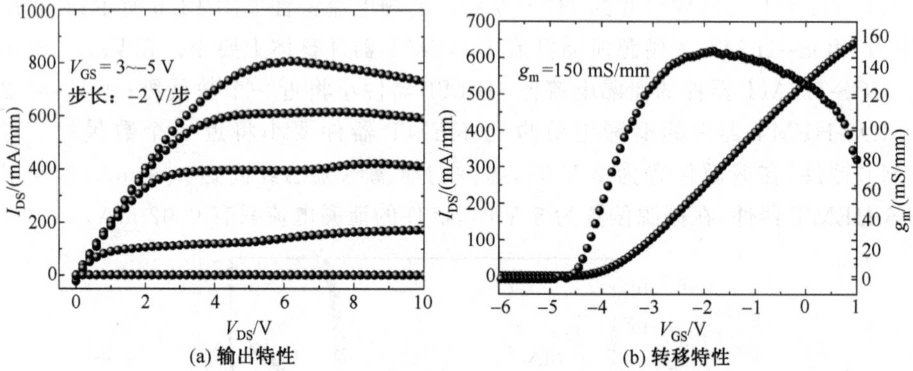

图 13.6　HfO_2/Al_2O_3高 K 堆层栅介质 MOS-HEMT 器件的直流特性

13.4.3　HfO_2/Al_2O_3 堆层栅介质的钝化特性

使用脉冲方法可以表征 HfO_2/Al_2O_3 高 K 堆层介质在 AlGaN/GaN MOS-HEMT 器件中的表面钝化特性。脉冲测试中，源漏电压固定为 5 V，栅脉冲电压从－7 V 变化到测试点，脉冲频率为 100 Hz，占空比为 0.8％，测试源漏电流对于栅源脉冲的响应。

如图 13.7 所示，对源漏电流进行归一化，然后比较直流和脉冲条件下的电流值。随着栅电压的增加，直流与脉冲电流值几乎相等，当栅电压增加到－1 V 时，脉冲电流降低到直流条件下的 90％，电流崩塌量仅为 10％，这表明 2 nm Al_2O_3 界面过渡层有效消除了表面态，起到了很好的表面钝化作用，HfO_2/Al_2O_3 高 K 堆层介质成功地抑制了器件的电流崩塌效应。

13.4.4　HfO_2/Al_2O_3 堆层栅介质 MOS-HEMT 的频率特性

在 V_{DS}＝ 10 V，V_{GS}＝ －3 V 偏置下对原子层淀积 HfO_2/Al_2O_3 高 K 堆层栅介质 MOS-HEMT 器件进行微波小信号分析，得到器件的 S 参数，由 S 参数推导出器件的 H 参数和单向功率增益。图 13.8 给出了 MOS-HEMT 器件 S 参数和增益与频率的关系。可见栅长为 1 μm，栅宽为 120 μm 的器件具有出色的频率特性，截止频率达到 12 GHz，最高振荡频率达到 34 GHz。

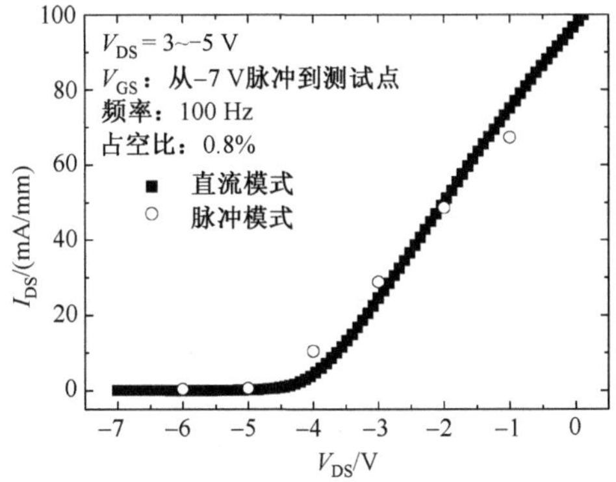

图 13.7　HfO_2/Al_2O_3高 K 堆层介质在 MOS-HEMT 器件中的表面钝化特性

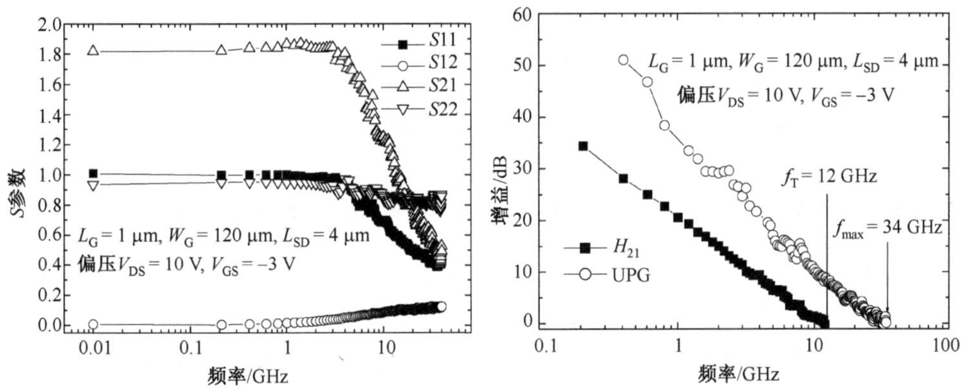

(a) S参数测量　　　　　　　　　　(b) 增益与频率的关系

图 13.8　HfO_2/Al_2O_3高 K 堆层栅介质 MOS-HEMT 器件的频率特性

13.5　AlGaN/AlN/GaN 凹栅 MOS-HEMT 器件

在 MOS-HEMT 器件中引入凹栅结构能够提高器件的栅控能力。同时,凹栅工艺的优化能够有效地减小界面态密度,得到高质量的 MOS 栅结构。这里以我们实现的 4 GHz 下功率附加效率达 73%的器件样品为例[2,3],给出了具有凹栅结构的高性能 AlGaN/GaN MOS-HEMT 的优化制备方法,其中器件栅金属下的绝缘层采用了原子层淀积的方法淀积 Al_2O_3 介质,器件在结构设计中结合了 MOS、凹槽栅以及场板结构的优点,其剖面结构如图 13.9 所示。

本节所采用的 MOS-HEMT 器件工艺流程与上一节不同,钝化层采用 Si_3N_4 介质,便于更好地分析器件中仅栅下区域结构变化带来的影响。与本书第 10 章的 HEMT 工艺流程相比,不同之处在于 Si_3N_4 钝化层淀积后的栅极制备过程。制作平面 MOS 栅结构时，首先以 CF_4 气体刻蚀 Si_3N_4 形成栅窗口并对栅区域进行表面处理，然后原子层淀积 Al_2O_3 介质，再淀积金属形成 MOS 栅结构。制作凹栅 MOS 结构时，还需要在原子层淀积 Al_2O_3 介质之前用氯基 RIE 刻蚀形成凹栅结构。随后的淀积保护层 Si_3N_4 和互连工艺不变。

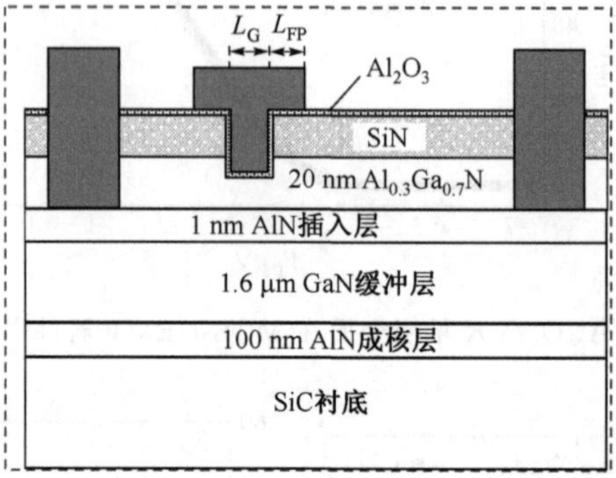

图 13.9　AlGaN/AlN/GaN 凹栅 MOS-HEMT 器件结构的剖面图，L_G为栅长，L_{FP}为场板长度

13.5.1　凹栅刻蚀深度对原子层淀积 Al_2O_3 栅介质 MOS-HEMT 器件性能的影响

实验中将 AlGaN/GaN 外延材料圆片分为 A、B、C、D、E 5 个场区进行光刻，对同批次工艺形成的凹栅器件以及圆环型 *C-V* 测试图形进行对比。A、B、C 3 个场区分别用氯基 RIE 刻蚀 15 s、17 s 和 19 s，形成凹栅 MOS 结构；D 场区不做刻蚀处理，形成常规的平面 MOS-HEMT 结构；E 场区直接进行栅极金属淀积，形成常规的 HEMT 结构。栅介质为 ALD 法制备的 5.6 nm Al_2O_3 介质。器件的栅长 $L_G=0.5\ \mu m$，栅宽为 100 μm，源漏之间的距离为 3.5 μm。

根据对圆环 *C-V* 测试图形电容的分析，可得 AlGaN 势垒层经过 15 s、17 s 和 19 s刻蚀后所形成的凹栅的刻蚀深度分别为 1 nm、3.2 nm 和 3.7 nm。对平面 MOS-HEMT 和凹栅 MOS-HEMT 的直流特性测试显示，阈值电压随凹槽深度的增加而正向移动[如图 13.10(a)所示]，近似为线性关系，说明刻蚀并未对势垒层表面造成严重的损伤。跨导峰值随着凹栅变深而增加，从 160 mS/mm 增加到 189 mS/mm。凹栅还令器件的饱和电流略有增加，栅电压为 3 V 时，饱和电流从 974 mA/mm 增加到1039 mA/mm。

通过非破坏性的漏极电流注入技术[27]，可以同时测出器件的源漏击穿电压 BV_{DS}和栅漏击穿电压 BV_{DG}，如图 13.10(b)所示。可见当槽深超过 1 nm 时，MOS-HEMT 的 BV_{DS}和 BV_{DG}都出现了明显的减少。对平面 HEMT、MOS-HEMT 器件以及不同凹栅深度的凹栅 MOS-HEMT 器件的栅电流特性进行分析发现，栅压偏置在－20 V 时，5.6 nm Al_2O_3栅介质的平面 MOS-HEMT 器件的反向漏电大小为 1 nA 量级，比常规 HEMT 器件小将近 3 个数量级；刻蚀凹栅令 MOS-HEMT 栅反向漏电有所增加，3.7 nm 深的凹槽栅漏电增至 54 nA，仍低于 HEMT 器件的反向肖特基漏电。

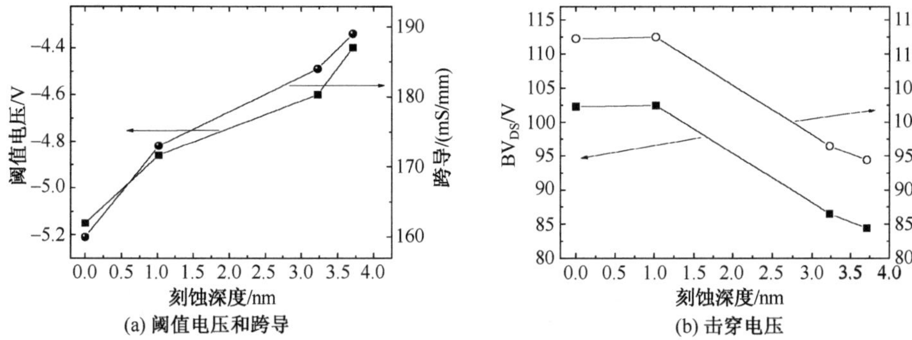

图 13.10　凹栅刻蚀对 MOS-HEMT 器件阈值电压、跨导和击穿电压的影响

根据电导法的相关理论[28]，MOS 栅的电导 G_p 和角频率 ω 的比值与 ω 满足式(13.9)所示关系，而式(13.10)反映了陷阱密度与 C_{it}的关系。

$$\frac{G_p}{\omega}=\frac{C_{it}\omega\tau_{it}}{1+\omega^2\tau_{it}^2} \tag{13.9}$$

$$C_{it}=eD_{it} \tag{13.10}$$

式中，C_{it}为与界面陷阱有关的电容，τ_{it}为这些陷阱相应的时间常数，e 为基本电荷电量，D_{it}为陷阱密度。由式(13.9)可以得出，当 $\omega\tau_{it}=1$ 时，G_p/ω 取最大值 $C_{it}/2$。对 MOS-HEMT 器件的 MOS 栅测量电容-频率(C-f)和电导-频率(G-f)特性，可分析其界面陷阱和界面态效应。

图 13.11 给出了平面 MOS 和凹栅 MOS 结构的 C-f 和 G-f 特性测试结果，测量频率从 10 kHz 到 1 MHz，步长为 10 kHz。图 13.11(a)、(b)显示了电容随频率的变化，可以看出零偏压下的电容基本不随频率变化，当偏压选择在耗尽区域附近时，电容都出现了不同程度的减少。但是，凹栅结构的 MOS 电容随着频率增加而导致的电容耗散较小。图 13.11(c)、(d)显示了电导随频率的变化，曲线的峰值(即 $C_{it}/2$)反映了界面陷阱的密度的大小，所对应的 ω 值反映了界面陷阱的时间常数。

根据这些测试结果可提取出所讨论的几种 MOS-HEMT 结构的界面态特性如表 13.2 所示。可以看出，经过凹栅刻蚀后，界面态密度没有增加，反而有小幅的下降。对比界面态时间常数的变化，可以看出界面态时间常数的量级都在微秒，属于快态陷阱，这说明在所涉及的凹栅深度范围内，凹栅结构能够减少 Al_2O_3 栅介质与势垒层之间的表面态密度，且没有产生新的界面态陷阱类型。

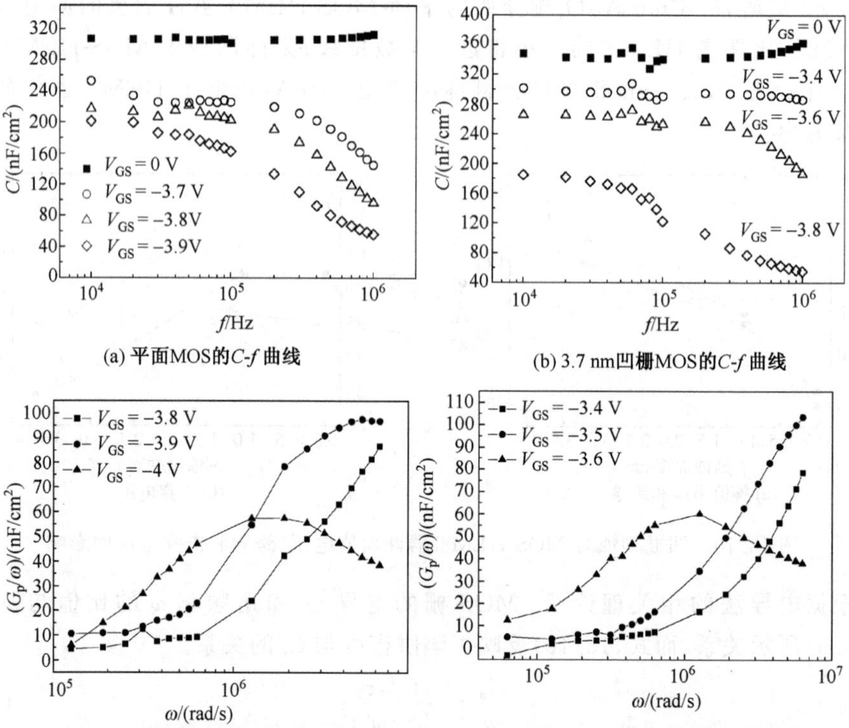

图 13.11　MOS-HEMT 器件 MOS 栅的电容-频率(C-f)和电导-频率(G-f)测量结果，扫描频率从 10 kHz 变化到 1 MHz

表 13.2　平面和凹栅 MOS-HEMT 的界面态特性

参数 / MOS 类型	界面态密度 D_{it}/(cm^{-2}/eV)	界面态时间常数 τ_{it}/μs
平面 MOS-HEMT	$(0.72\sim1.25)\times10^{12}$	0.19～0.64
1 nm 深的凹栅 MOS	$(0.55\sim1.08)\times10^{12}$	0.2～1.59
3.2 nm 深的凹栅 MOS	$(0.97\sim1.14)\times10^{12}$	0.24～0.49
3.7 nm 深的凹栅 MOS	$(0.76\sim1.2)\times10^{12}$	0.19～0.94

对 MOS-HEMT 器件采用栅漏同步脉冲测试评估其电流崩塌，静态工作电压设置为 V_{DS}＝ 20 V，V_{GS}＝ −6 V，测量结果如图 13.12 所示。可以看出，常规 MOS-HEMT 的器件的崩塌很明显，崩塌量达到 20%以上，而凹栅结构的 MOS-HEMT 器件在栅压大于零时，基本上没有发生明显的崩塌现象；只有当栅电压的有效电平低于 −1 V时，才会出现少许的崩塌。图 13.13 比较了栅电压有效电平为 −1 V，漏电压有效电平为 6 V 时输出电流的崩塌量与凹栅的刻蚀深度的关系。可以看出，随着凹栅刻蚀深度的增加，凹栅 MOS 器件输出电流的崩塌量先减少后增加，在 1 nm 处达

到最小量。图 13.13 还给出了刻蚀深度与界面态密度的变化关系，可以看出，界面态密度随着凹栅刻蚀深度的增加先减少后增加，且与输出电流崩塌量的变化规律相同，说明了输出电流的崩塌效应与界面态密度密切相关。

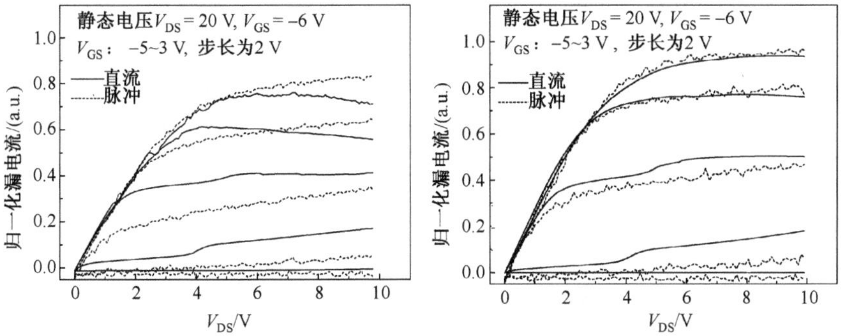

(a) 常规MOS-HEMT器件　　(b) 槽深为3.7 nm的凹栅MOS-HEMT器件

图 13.12　常规 MOS-HEMT 器件和槽深为 3.7 nm 的凹栅 MOS-HEMT 器件在直流和脉冲条件下的输出特性对比，脉冲宽度为 500 ns，脉冲周期为 1 ms

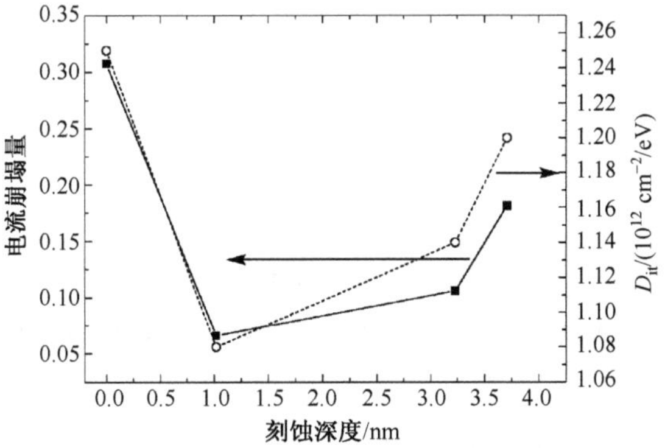

图 13.13　凹栅的刻蚀深度与漏电流崩塌量、界面态密度 D_{it} 的关系

总之，凹栅 MOS 结构和平面栅 MOS 结构相比，能够削弱栅介质对器件栅控能力的负面影响，令器件的跨导与饱和电流密度增加，阈值电压接近 HEMT 器件的值，并且在较小的刻蚀深度下能减小 Al_2O_3 栅介质和 AlGaN 势垒层之间的界面态密度，削弱电流崩塌。但凹栅也使得 MOS 栅反向泄漏电流增加，器件击穿电压下降[如图 13.10(b)所示]，这些与凹栅深度大于 1 nm 时 Al_2O_3/AlGaN 界面态密度的增加(如图 13.13 所示)密切相关。刻蚀深度为 1 nm 时的界面态密度最小，可能与 AlGaN表面存在的自然氧化层在此浅刻蚀条件下恰好被刻蚀掉而刻蚀损伤最小有关。打破凹栅刻蚀深度与栅下界面态之间的依存关系，就能使具有较深凹栅的 MOS-HEMT 器件也具有优良的特性。

13.5.2 等离子体处理对凹栅 MOS-HEMT 器件性能的影响

为了减小凹槽刻蚀损伤引起的界面态等问题,采用对凹槽栅下半导体材料表面做等离子体处理的方法来分析其对 MOS 栅特性的影响。根据对肖特基栅下区域采用 N_2O 等离子体和氧(O_2)等离子体处理后的 HEMT 器件特性分析的相关实验,可知两种处理都会引起栅下区域表面氧化,从而形成原位氧化层。其中,氧等离子体处理的氧化效果更好,氧等离子体处理后的肖特基栅具有较小的界面态密度。在此基础上,进一步分析不同凹栅深度的 MOS-HEMT 器件在淀积 Al_2O_3 栅介质之前采用氧等离子体处理 AlGaN 表面对器件性能的影响。

测量电容-频率(C-f)和电导-频率(G-f)特性,可提取 MOS-HEMT 器件的界面态密度。如图 13.14 所示,氧等离子体处理对不同凹栅深度 MOS-HEMT 器件的界面态密度具有抑制作用,尤其对减少刻蚀过程产生的界面态有积极的作用。

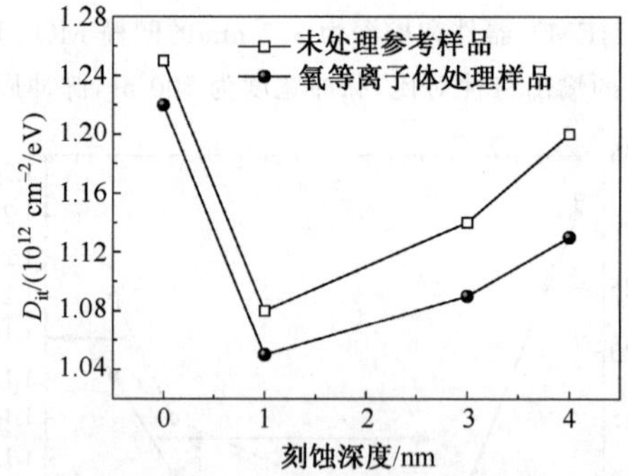

图 13.14　氧等离子体处理对于不同凹栅深度 MOS-HEMT 器件的 Al_2O_3/AlGaN 界面态密度的影响

如图 13.15 所示,氧等离子体处理对栅极正反向泄漏电流均有抑制作用,且随着凹栅刻蚀深度的增加,这种作用是逐渐增强的,表明氧等离子体处理过程中的氧化作用能够有效填充因刻蚀损伤造成的表面态,从而能够有效减少陷阱辅助隧穿电流,使得深凹槽 MOS-HEMT 器件具有更小的栅泄漏电流。如图 13.16 所示,氧等离子体处理提高了 MOS-HEMT 器件的击穿电压,提高的幅度也随凹栅深度增大而增加,与栅漏电减小的规律一致,4 nm 凹栅深度下 MOS-HEMT 器件的击穿电压提高了 9.3%。对器件电流崩塌的测试也说明,经过氧等离子体处理的器件能够更有效地抑制电流崩塌效应。

13.5.3 高性能 AlGaN/AlN/GaN 凹栅 MOS-HEMT 器件

在凹槽刻蚀和氧等离子体处理刻槽 AlGaN 材料表面的工艺条件优化基础上,制备出了高性能的 AlGaN/AlN/GaN 凹栅 MOS-HEMT 器件。实验的器件结构如

图13.9所示，参数为：栅源间距 L_{GS} = 0.7 μm，栅长 L_G = 0.6 μm，栅漏间距 L_{GD} = 2.8 μm，栅上有Γ形场板，该场板向漏端的延伸长度 L_{FP} = 0.7 μm，器件栅宽为100 μm。ALD法淀积 Al_2O_3 栅介质，最终形成AlGaN/AlN/GaN凹栅型MOS-HEMT器件。

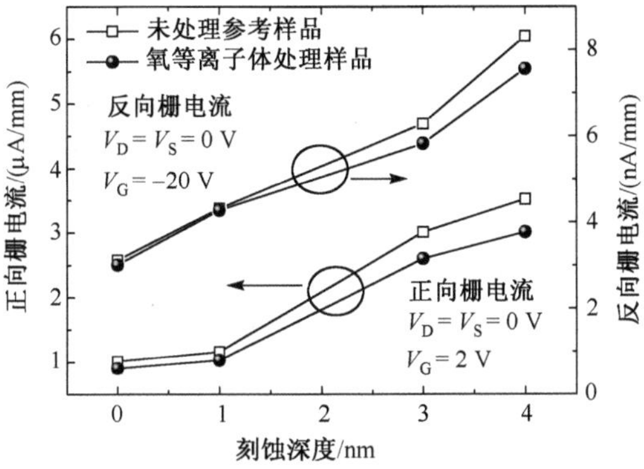

图13.15　氧等离子体处理对不同凹栅深度MOS-HEMT器件的正向和反向栅极电流的影响

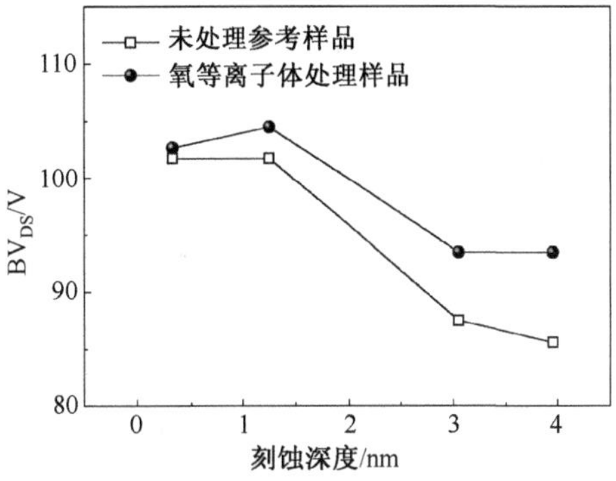

图13.16　氧等离子体处理对于不同凹栅深度MOS-HEMT器件击穿电压的影响

器件的直流特性如图13.17～图13.20所示。图13.17显示了MOS-HEMT器件加工过程中，凹栅工艺前后在栅悬空状态下的源漏 *I-V* 测试结果，低损伤凹栅工艺并未影响器件的电流特性。图13.18给出了AlGaN/AlN/GaN凹栅MOS-HEMT器件的输出曲线，器件在栅偏置为−5 V时完全关断，其关断电流小于0.005 mA/mm，具有优良的关断性能；当栅压增加到3 V时，器件的饱和输出电流密度大于1.6 A/mm，表明槽栅刻蚀并没有引起沟道中的二维电子气的电学特性的退化。图13.19比较了凹栅MOS-HEMT器件与未刻蚀槽栅MOS-HEMT器件的栅极泄漏电流随栅极偏压的变化，在正反向范围内凹栅型MOS-HEMT器件的栅极泄漏电流与同样尺寸的未刻蚀槽栅MOS-HEMT器件的栅极泄漏电流基本重合，表明凹栅型MOS-HEMT器件的栅极泄漏电流并没有因为槽栅刻蚀而出现退化。另外，在栅压的正反向扫描过程中没有明显的回滞效应，表明氧化层中的体电荷密度和界面态密度都很低。

图13.20所示为AlGaN/AlN/GaN凹栅MOS-HEMT器件与未刻蚀槽栅MOS-HEMT器件的转移曲线和跨导曲线，可以看出凹栅型MOS-HEMT器件使阈值电压向右移了0.5 V左右，这说明槽栅结构能够有效地抑制栅极介质引起的阈值负漂的现象；同时槽栅结构能够减少栅与沟道之间的距离，从而提高器件的跨导(从350 mS/mm增加到374 mS/mm)。

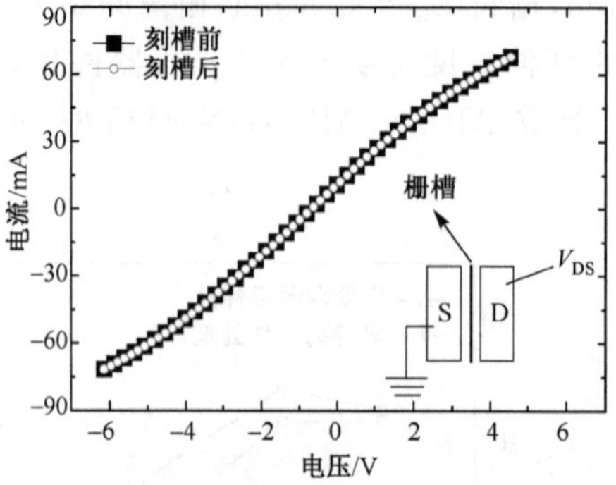

图 13.17　MOS-HEMT 器件加工过程中，凹栅工艺前后的源漏电流

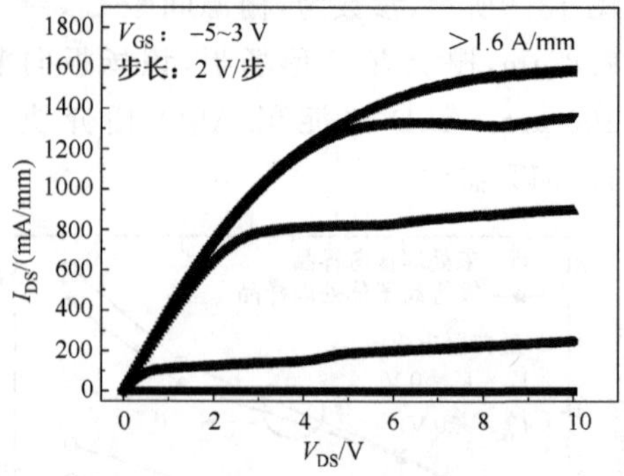

图 13.18　AlGaN/AlN/GaN 凹栅 MOS-HEMT 器件的输出曲线

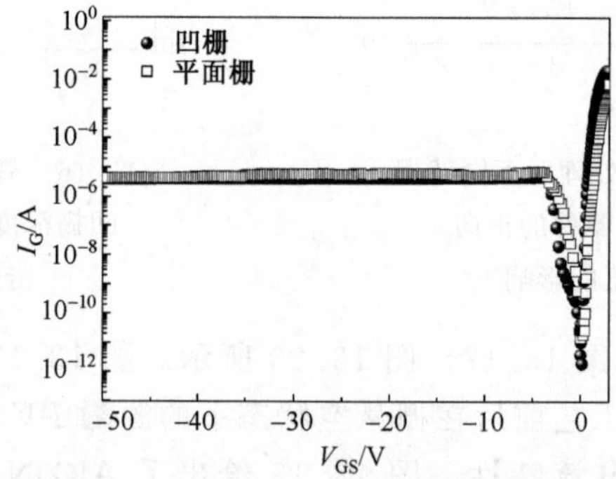

图 13.19　AlGaN/AlN/GaN 凹栅 MOS-HEMT 器件与未刻蚀槽栅 MOS-HEMT 器件的栅极泄漏电流

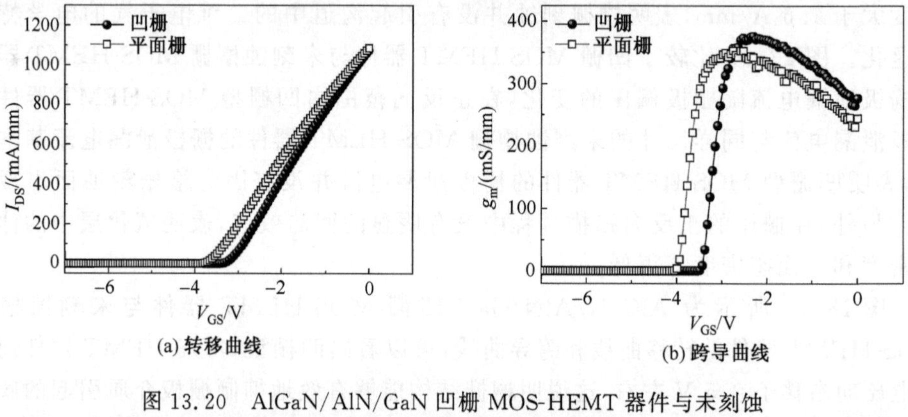

(a) 转移曲线　　(b) 跨导曲线

图 13.20　AlGaN/AlN/GaN 凹栅 MOS-HEMT 器件与未刻蚀槽栅 MOS-HEMT 器件的转移曲线和跨导曲线

图 13.21 给出了 MOS-HEMT 器件的栅极脉冲输出特性、漏极脉冲输出特性和

直流特性的对比，所加的脉冲宽度为 0.5 μs，脉冲的周期为 10 ms。可见，器件在两种脉冲测试条件下基本上都没有发生明显的电流崩塌效应，这说明 AlGaN/AlN/GaN 凹栅 MOS-HEMT 器件具有较低的表面态密度和 GaN 缓冲层陷阱密度。

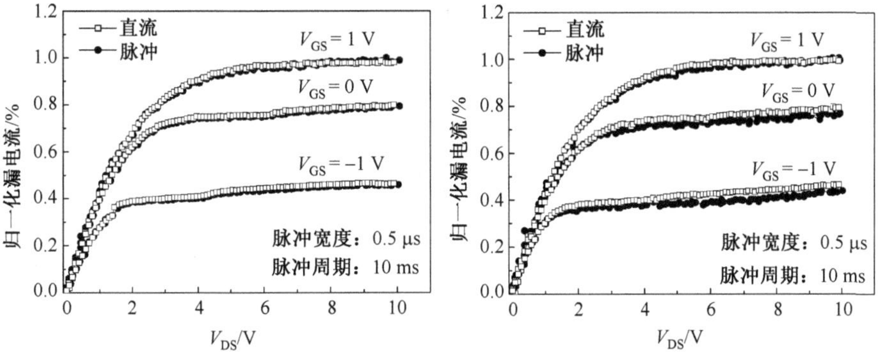

(a) 栅极脉冲输出特性　(b) 漏极脉冲输出特性

图 13.21　AlGaN/AlN/GaN 凹栅 MOS-HEMT 器件栅极脉冲输出特性和漏极脉冲输出特性

图 13.22 给出了 AlGaN/AlN/GaN 凹栅 MOS-HEMT 器件的小信号参数的测量结果，测量时，栅电压和漏电压分别为 −2 V 和 20 V。通过电流增益 $|h_{21}|$ 和功率增益 UPG 以及 MSG/MAG 的外推法，分别得到了器件的截止频率 f_T = 19 GHz 和最大振荡频率 f_{max} = 50 GHz，f_T 和 f_{max} 的比例为 2.6，这表明器件具有较低的寄生效应。可见，研制的 AlGaN/AlN/GaN 凹栅 MOS-HEMT 器件具有很好的频率特性。

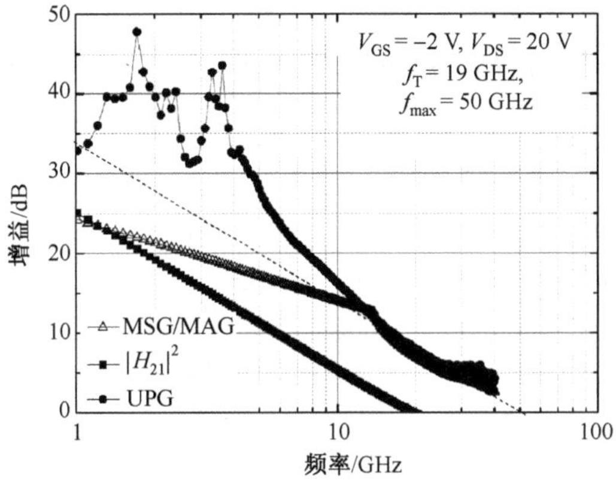

图 13.22　AlGaN/AlN/GaN 凹栅 MOS-HEMT 器件的小信号参数测量

值得注意的是，AlGaN/AlN/GaN 凹栅 MOS-HEMT 器件在较宽的栅压变化范围内，能够保持较高的 f_{max} 和 f_T，如图 13.23(a)所示。一般情况下，当器件工作在大电流条件下，器件的增益会压缩，例如器件的 g_m、f_{max} 和 f_T 都出现了减少，这主要是由器件在大电流工作下的热声子效应[29]和非线性源电阻[30]所造成的。将栅压固定在−2 V，观察 f_{max} 和 f_T 随漏极电压变化的关系。从图 13.23 (b)可以看出，随着漏极电压的增加，f_{max} 和 f_T 迅速饱和，并保持在整个饱和区不变。在高的漏极电压下能够维持较高的 f_T，这表明器件具有很好的场致电子漂移速度，同时栅极耗尽层向漏端的延伸也很小。f_{max}、f_T 在饱和区不随漏压而变化，这种平坦化的关系能够使器件在高漏压下实现线性操作，因此负载线就能覆盖更宽的漏压范围[31]。

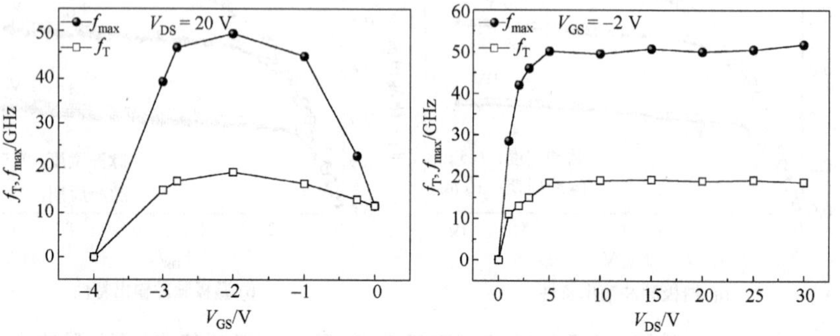

(a) f_T、f_{max}~V_{GS}　　　　(b) f_T、f_{max}~V_{DS}

图 13.23　AlGaN/AlN/GaN 凹栅 MOS-HEMT 器件的 f_{max} 和 f_T 随栅压、漏压的变化关系

图 13.24 给出了 AlGaN/AlN/GaN 凹栅 MOS-HEMT 器件的功率扫描曲线。测试频率为 4 GHz，漏压 V_{DS} = 45 V 的情况下，器件的最大输出功率密度为 13 W/mm，功率附加效率(PAE)更是高达 73%以上。如图 13.25 所示，当漏电压分别为30 V、35 V、40 V 和 45 V 时，AlGaN/AlN/GaN 凹栅 MOS-HEMT 器件的输出功率密度分别达到 6.3 W/mm、8.3 W/mm、11.2 W/mm、13 W/mm，其输出功率密度随着漏压的增加呈线性增加的趋势，其功率附加效率分别达到 72.43%、72.64%、72.74%、73.14%，没有出现退化，保持了极高的功率附加效率。

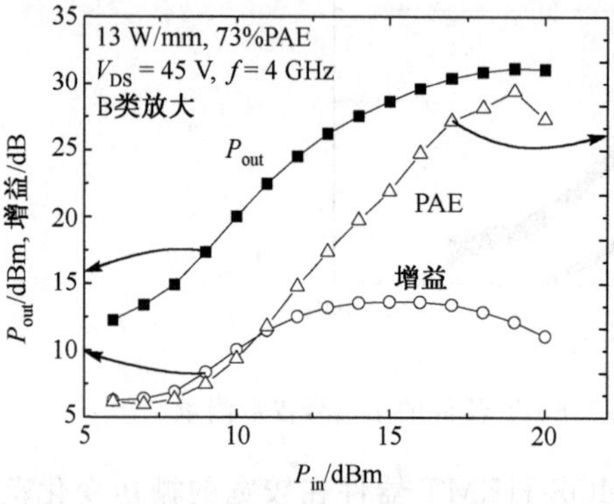

图 13.24　AlGaN/AlN/GaN 凹栅 MOS-HEMT 器件的功率扫描曲线

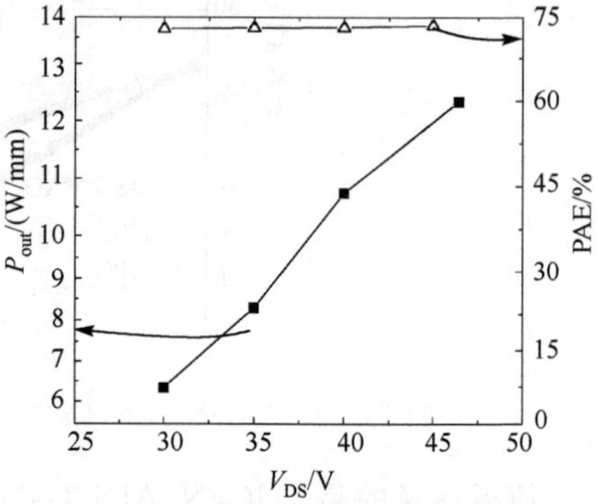

图 13.25　AlGaN/AlN/GaN 凹栅 MOS-HEMT 器件的功率密度和功率附加效率与漏压的关系

综上所述，AlGaN/AlN/GaN 凹栅 MOS-HEMT 器件具有优良的功率特性。采用凹栅型 MOS 器件结构，成功地解决了器件的电流崩塌效应和器件的栅极漏电过大的问题，可实现高性能的 GaN MOS-HEMT 器件。

13.6 薄势垒层增强型 MIS-HEMT

从本书第 12 章知道，薄势垒器件的阈值电压、最大跨导和频率特性都比厚势垒器件有较大提高，但是美中不足的是薄势垒器件栅极正向电流较大，栅正向电压不能加高，所以器件工作范围较小。为了解决这个问题，可在薄势垒器件栅下生长绝缘栅介质以减小栅电流，增大器件的工作范围。但也可以预期到，栅介质的生长会令器件的跨导有所降低。

本节讨论采用 8 nm 薄势垒层 GaN 异质结(势垒层为 GaN/AlGaN/AlN 复合结构)制备的 MIS-HEMT 和氟等离子体注入 MIS-HEMT 器件。器件结构如图 13.26 所示，由于 AlGaN 较薄，氟等离子体注入条件取为 50 W、80 s，注入后对样片进行400 ℃、2 min快速热退火。

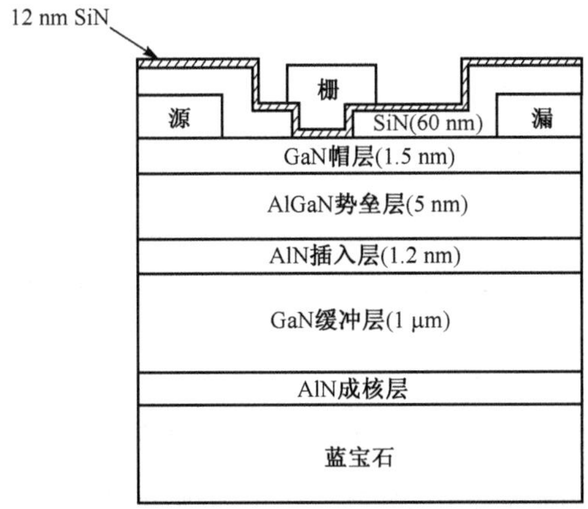

图 13.26 8 nm 势垒层 MIS-HEMT 器件的结构图，氟等离子体注入增强型 MIS-HEMT 器件在 T 形栅的栅脚下注入 F^- 离子

如图 13.27 所示的器件转移特性，未注入氟的 MIS-HEMT 器件的阈值电压已经达 0.8 V，但最大跨导(210 mS/mm)明显低于 HEMT 器件(420 mS/mm)。由于 Si_3N_4 栅介质层有效地减小了器件的栅正向电流，MIS-HEMT 器件的工作栅压范围较大(正向电压可以加到＋6 V)，所以器件最大饱和电流没有明显减小，且 MIS-HEMT 器件的高跨导区较宽。氟等离子体注入 MIS-HEMT 器件的阈值电压增大到 1.8 V 时，器件最大跨导又略为降低(190 mS/mm)，最大饱和电流可达 800 mA/mm 以上。HEMT、MIS-HEMT 和氟等离子体注入 MIS-HEMT 的栅电流比较(如

图 13.28所示)说明氟等离子体注入 MIS-HEMT 器件的反向电流最低,正向电流和未注入的 MIS-HEMT 器件相当。

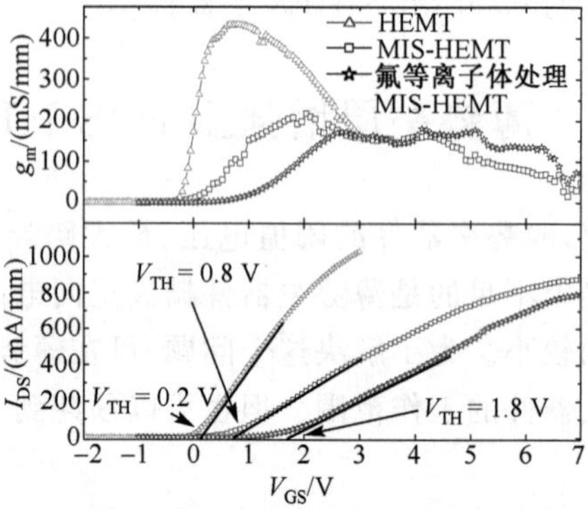

图 13.27　8 nm 势垒层 HEMT、MIS-HEMT 器件和增强型 MIS-HEMT 的转移特性曲线

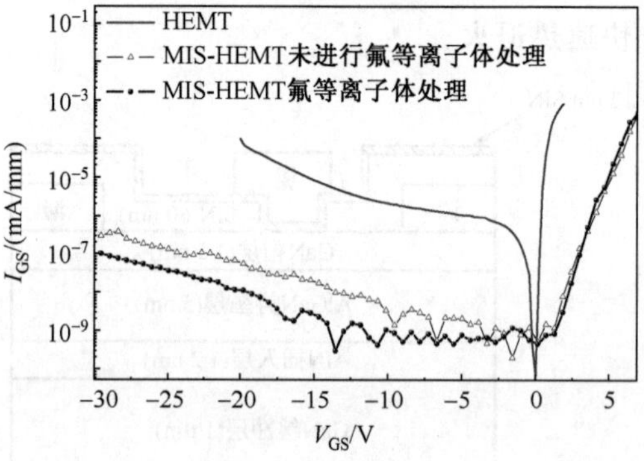

图 13.28　8 nm 势垒层 HEMT、MIS-HEMT 和增强型 MIS-HEMT 的栅极 *I-V* 特性

总而言之,采用 8 nm 薄势垒层异质结和 Si_3N_4 栅介质制备 MIS-HEMT 器件,可将 MIS-HEMT 器件栅工作电压扩展到 7 V,器件阈值电压从 0.2 V 增加到 0.8 V,采用氟等离子体注入技术使器件阈值电压进一步提高到 1.8 V。器件最大跨导降低,但是器件工作范围较大且器件高跨导区较宽,最大饱和电流密度可达到 800 mA/mm 以上。氟等离子体注入增强型 MIS-HEMT 器件同时实现了高阈值电压与大饱和电流,器件的工作范围增大。

参考文献

[1] WINSLOW T A, TREW R J. Principles of large-signal MESFET operation[J]. IEEE Transactions on Microwave Theory and Techniques, 1994, 42(6): 935-942.

[2] KHAN M A, HU X, SUMIN G, et al. AlGaN/GaN metal oxide semiconductor heterostructure field effect transistor[J]. IEEE Electron Device Letters, 2000, 21(2): 63-65.

[3] KHAN M A, SUMIN G, YANG J, et al. Insulating gate III-N heterostructure field-effect transistors for high-power microwave and switching applications[J]. IEEE Transactions on Microwave Theory and Techniques, 2003, 51(2 II): 624-633.

[4] ADIVARAHAN V, KOUDYMOV A, RAI S, et al. High-power stable field-plated AlGaN-GaN MOSHFETs[C]. Device Research Conference, June 20-22,2005. Piscataway NJ, USA: IEEE, 2005.

[5] ADIVARAHAN V, YANG J, KOUDYMOV A, et al. Stable CW operation of field-plated GaN-AlGaN MOSHFETs at 19 W/mm[J]. IEEE Electron Device Letters, 2005, 26(8): 535-537.

[6] HIGASHIWAKI M, MATSUI T, MIMURA T. AlGaN/GaN MIS-HFETs with f_T of 163 GHz using Cat-CCVD SiN gate-insulating and passivation layers[J]. IEEE Electron Device Letters, 2006, 27(1): 16-18.

[7] HIGASHIWAKI M, MIMURA T, MATSUI T. GaN-based FETs using Cat-CCVD SiN passivation for millimeter-wave applications[J]. Thin Solid Films, 2008, 516(5): 548-552.

[8] MARSO M, HEIDELBERGER G, INDLEKOFER K M, et al. Origin of improved RF performance of AlGaN/GaN MOSHFETs compared to HFETs[J]. IEEE Transactions on Electron Devices, 2006, 53(7): 1517-1523.

[9] ROMERO M F, JIMENEZ A, MIGUEL S J, et al. Effects of N_2 plasma pretreatment on the SiN passivation of AlGaN/GaN HEMT[J]. IEEE Electron Device Letters, 2008, 29(3): 209-211.

[10] HASHIZUME T, OOTOMO S, HASEGAWA H. Suppression of current collapse in insulated gate AlGaN/GaN heterostructure field-effect transistors using ultrathin Al_2O_3 dielectric [J]. Applied Physics Letters, 2003, 83(14): 2952-2954.

[11] YE P D, YANG B, NG K K, et al. GaN metal-oxide-semiconductor high-electron-mobility-transistor with atomic layer deposited Al_2O_3 as gate dielectric[J]. Applied Physics Letters, 2005, 86(6): 63501(3 pp.).

[12] KORDOS P, GREGUSOVA D, STOKLAS R, et al. Improved transport properties of Al_2O_3/AlGaN/GaN metal-oxide-semiconductor heterostructure field-effect transistor[J]. Applied Physics Letters, 2007, 90(12): 123513(3 pp.).

[13] POZZOVIVO G, KUZMIK J, GOLKA S, et al. Gate insulation and drain current saturation mechanism in InAlN/GaN metal-oxide-semiconductor high-electron-mobility transistors[J]. Applied Physics Letters, 2007, 91(4): 043509(3 pp.).

[14] LIU Z H, NG G I, ARULKUMARAN S, et al. Temperature-dependent forward gate current transport in atomic-layer-deposited Al_2O_3/AlGaN/GaN metal-insulator-semiconductor high electron mobility transistor[J]. Applied Physics Letters, 2011, 98(16): 163501 (3 pp.).

[15] HAO Y, YANG L, MA X H, et al. High-performance microwave gate-recessed AlGaN/

AlN/GaN MOS-HEMT with 73% power-added efficiency[J]. IEEE Electron Device Letters, 2011, 32(5): 626-628.

[16] YUE Y, HAO Y, ZHANG J, et al. AlGaN/GaN MOS-HEMT with HfO_2 dielectric and Al_2O_3 interfacial passivation layer grown by atomic layer deposition[J]. IEEE Electron Device Letters, 2008, 29(8): 838-840.

[17] CHANG L, ENG FONG C, LENG SEOW T. Investigations of HfO_2/AlGaN/GaN metal-oxide-semiconductor high electron mobility transistors[J]. Applied Physics Letters, 2006, 88 (17): 173504(3 pp.).

[18] KANAMURA M, OHKI T, IMANISHI K, et al. High power and high gain AlGaN/GaN MIS-HEMTs with high-k dielectric layer[C]. 7th International Conference of Nitride Semiconductors, September 16-21, 2007. Las Vegas NV, USA: Wiley-VCH Verlag, 2008.

[19] KUZMIK J, POZZOVIVO G, ABERMANN S, et al. Technology and performance of InAlN/AlN/GaN HEMTs with gate insulation and current collapse suppression using ZrO_2 or HfO_2 [J]. IEEE Transactions on Electron Devices, 2008, 55(3): 937-941.

[20] CHIU H C, YANG C W, LIN Y H, et al. Device characteristics of AlGaN/GaN MOS-HEMTs using high-k praseodymium oxide layer[J]. IEEE Transactions on Electron Devices, 2008, 55(11): 3305-3309.

[21] MEHANDRU R, LUO B, KIM J, et al. AlGaN/GaN metal-oxide-semiconductor high electron mobility transistors using Sc_2O_3 as the gate oxide and surface passivation[J]. Applied Physics Letters, 2003, 82(15): 2530-2532.

[22] OH C S, YOUN C J, YANG G M, et al. AlGaN/GaN metal-oxide-semiconductor heterostructure field-effect transistor with oxidized Ni as a gate insulator[J]. Applied Physics Letters, 2004, 85(18): 4214-4216.

[23] KAO C J, CHEN M C, TUN C J, et al. Comparison of low-temperature GaN, SiO_2, and SiN_x as gate insulators on AlGaN/GaN heterostructure field-effect transistors[J]. Journal of Applied Physics, 2005, 98(6): 64506(5 pp.).

[24] SELVARAJ S L, ITO T, TERADA Y, et al. AlN/AlGaN/GaN metal-insulator-semiconductor high-electron-mobility transistor on 4 in. silicon substrate for high breakdown characteristics[J]. Applied Physics Letters, 2007, 90(17): 173506(3 pp.).

[25] WONG M H, PEI Y, BROWN D F, et al. High-performance N-face GaN microwave MIS-HEMTs with 70% power-added efficiency[J]. IEEE Electron Device Letters, 2009, 30(8): 802-804.

[26] NICOLLIAN E H, BREWS J R. MOS (metal oxide semiconductor) physics and technology [M]. John Wiley & Sons, 2002.

[27] BAHL S R, DEL ALAMO J A. New drain-current injection technique for the measurement of off-state breakdown voltage in FET's[J]. IEEE Transactions on Electron Devices, 1993, 40 (8): 1558-1560.

[28] 施敏. 半导体器件物理[M]. 第 3 版. 伍国珏，耿莉，张瑞智，译. 西安：西安交通大学出版社，2008：165-170.

[29] MATULIONIS A. Comparative analysis of hot-phonon effects in nitride and arsenide channels for HEMTs[C]. Device Research Conference - Conference Digest, June 21-23, 2004. Notre Dame IN, USA: Institute of Electrical and Electronics Engineers Inc. , 2004.

[30] PALACIOS T, RAJAN S, SHEN L, et al. Influence of the access resistance in the rf performance of mm-wave AlGaN/GaN HEMTs[C]. Device Research Conference, June 21-23, 2004. Piscataway NJ, USA: IEEE, 2004.

[31] NAGAHARA M, KIKKAWA T, ADACHI N, et al. Improved intermodulation distortion profile of AlGaN/GaN HEMT at high drain bias voltage[C]. 2002 IEEE International Devices Meeting, December 8-11, 2002. San Francisco CA, USA: Institute of Electrical and Electronics Engineers Inc. , 2002.

第 14 章　氮化物半导体材料和电子器件的发展

本书主要介绍了氮化物半导体的主流电子器件，即高电子迁移率晶体管(HEMT)器件及其材料的基本理论、工艺制备和性能分析。氮化物 HEMT 材料和器件的进一步如何发展，这是值得关注的问题。显然，进一步提高器件性能、降低器件成本和扩大应用领域是未来 GaN 器件明确的发展目标。针对微波功率放大器的应用，氮化物 HEMT 器件一方面需要继续提高器件的工作频段和带宽，另一方面需要进一步提高器件的微波输出功率，尤其是提高功率附加效率。针对电力电子器件，氮化物 HEMT 器件需要进一步提升常开(normally on)器件的高击穿电压和输出功率，同时能够实现高性能的常关(normally off)器件。

提高频率特性除了等比例缩小器件以外，新的研究方向还包括发展 N 极性面氮化物 MIS-HEMT 器件；提高功率特性从提高击穿电压入手可发展 AlN/AlGaN 沟道超宽禁带 HEMT 器件，从减小热耗散入手可发展金刚石衬底氮化物微波功率器件。氮化物电子器件除了应用于微波功率放大以外，RF 开关和功率转换也是能够发挥其优势的重要领域，增强型 GaN HEMT 已经有了明显的研究进展。氮化物太赫兹(THz)固态电子器件也成为氮化物电子器件的一个非常有潜力的新发展方向。最后，降低器件成本主要靠增加外延制备材料和器件的衬底的尺寸，一个主流的方向是发展 Si 衬底上的氮化物半导体电子器件。

14.1　N 极性面氮化物材料与器件

提高器件的工作频段目前主要靠减小栅长和源漏电阻来实现。已经有 20 nm 栅长的氮化物器件，为了避免器件的短沟道效应，可采用 InAlN 或 AlN 薄势垒层以提高栅长和栅到沟道间距的比值，并采用 AlGaN 或 InGaN/GaN 背势垒提高沟道的二维量子限域性。减小源漏串联电阻，一方面需要降低欧姆接触电阻，较常用的手段是刻蚀源漏下方的 AlGaN 或 AlN 势垒层，重生长 n 型重掺杂 GaN，再制作低阻欧姆接触；另一方面是降低源栅和栅漏之间的通道电阻，主要通过减小栅源和栅漏距离来实现，目前已有自对准栅[1]或自对准源漏[2]工艺的报道。

从材料的角度看，一种有利于提高器件频率特性的材料体系是 N 极性面氮化物材料。在 N 极性面异质结中，由于极化强度的方向与 Ga 极性面材料相反，若在 AlGaN 上方和下方都有 GaN，二维电子气将在 AlGaN 上方的 GaN 中形成导电沟道，如图 14.1 所示。这样，在 N 面异质结材料表面淀积金属形成欧姆接触时，与二维电子气是通过窄禁带材料接触的(在 Ga 面异质结中需要通过宽禁带势垒层材料与二维电子气形成接触),有利于制作低阻欧姆接触;二维电子气沟道下方的势垒层材料形成天然背势垒,有利于避免短沟道效应。这两个特点都有利于提高频率特性。

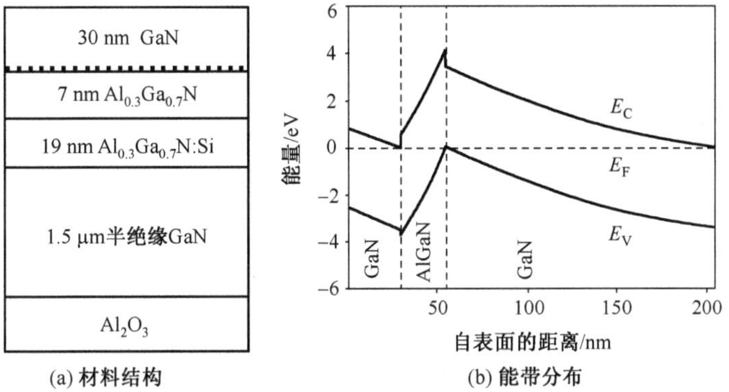

图 14.1　N 极性面氮化物异质结的材料结构和能带分布[3]

然而,N 面材料的生长难度相当大,高质量的 N 面材料主要通过 MBE 方法生长;MOCVD 方法生长的材料难以形成光滑的表面,而常出现六方小丘状的表面缺陷。尽管这类表面缺陷通过采用斜切衬底生长可大量减少,但表面粗糙度仍较大。另外,N 面材料的化学性质很活泼,未人为掺杂的情况下材料生长过程中就能结合大量的杂质,这使得 N 面材料的背景载流子浓度很高,在生长温度较高的 MOCVD 方法中这个问题尤其严重,例如浓度高达 1×10^{19} cm^{-3}的 O 杂质。

目前美国加州大学圣巴巴拉分校在研究 N 面氮化物材料和器件方面有了进展,他们采用 MIS 栅结构减小栅漏电,并结合其他器件结构优化措施,实现了 $f_T=$ 275 GHz[4]、$f_{max}=$ 400 GHz[5]的 N 面 HEMT 器件频率特性,材料均为 MBE 生长,其中 f_{max}指标已与同期 Ga 面指标相当;MOCVD 生长的 N 面 HEMT 器件实现了在蓝宝石衬底上输出功率密度达到 12.1 W/mm@4 GHz[6]和功率附加效率达到 74%@4 GHz[7];在 SiC 衬底上输出功率密度达到 20.7 W/mm @4 GHz 和 16.7 W/mm @10 GHz 的特性[8],同时采用缓冲层掺铁来形成高阻特性,克服了 MBE 生长材料击穿电压低的问题。该领域仍有很大的发展空间。

14.2　超宽禁带氮化物半导体材料和电子器件

超宽禁带半导体是指禁带宽度大于 5 eV 的半导体材料,主要包括 AlN、高 Al 组分的 AlGaN 和金刚石等材料。和目前的氮化物电子器件相比,基于超宽禁带氮化物半导体材料的电子器件主要是为了在更高的工作频率下实现更高的器件击穿电压。

目前,氮化物 HEMT 器件已报道的最高微波输出功率密度 41.4 W/mm@4 GHz 是在双场板器件上施加高达 135 V 的源漏偏压测得的[9],正是该器件的高击穿电压保证了其高工作电压和高的输出功率密度。但是,当工作频段更高时(尤其是 Ku 波段以上),要求器件栅长和源漏间距进一步减小,器件中更易出现强电场,有必要研究保持高击穿电压所需的更耐击穿的材料,因此需要发展 AlGaN 沟道超宽禁带 HEMT 器件,其势垒层材料可采用 Al 组分更高的 AlGaN 或 AlN 材料。在这样的器件中,源漏用 Zr/Al/Mo/Au 金属快速热退火或者 Si 离子注入能形成欧姆接触,在栅漏间距分别为 3 μm 和 10 μm 时,击穿电压可达 463 V 和 1650 V[10,11],远高于 GaN 沟道 HEMT 器件,如图 14.2 所示。

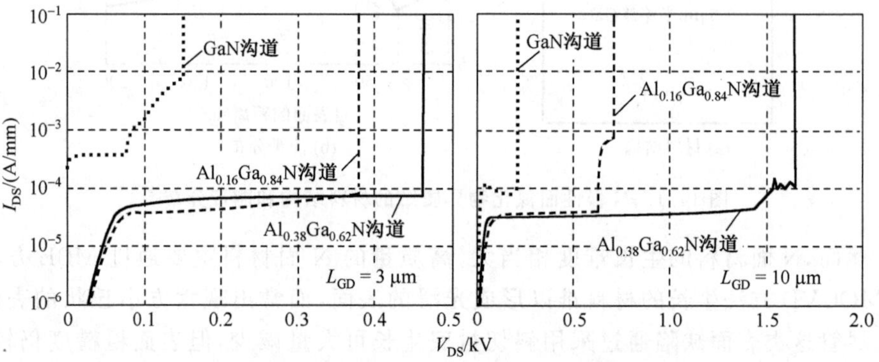

图 14.2　不同沟道的氮化物 HEMT 器件的关态击穿电压[10]

也可以采用金刚石材料作衬底实现氮化物微波功率器件。这是由于氮化物 HEMT 器件通常在栅宽不到 200 μm 的小器件可测得高的输出功率密度,而当要实现大的输出总功率时,随着器件栅宽的增加输出功率密度的下降相当严重,且频段越高这个问题越明显。如 S 波段单个大栅宽器件在 2 GHz、V_{DS} = 53 V 时的输出总功率达 230 W,其输出功率密度仅为 4.8 W/mm[12](小器件输出功率密度则可达 41.4 W/mm @4 GHz[9]);X 波段小器件输出功率密度可达 11 W/mm[13],单个大栅宽器件在 10 GHz、V_{DS} = 37 V 时的输出总功率达 38 W,其输出功率密度仅为 3.2 W/mm [14];Ku 波段单个大栅宽器件在 14.25 GHz 、V_{DS} = 30 V 时的输出总功率达 34.7 W,其输出功率密度仅为 2.9 W/mm [15]。这主要是由于大栅宽器件在大信号工作状态中的热耗散非常严重。即使热导率较高[400 W/(m · K)]的 SiC 衬底以及金属热沉,对密集的亚微米量级热源(如场效应管栅极)的周围狭小空间内的散热情况的改善作用也是有限的。而如果换用高热导率的衬底,同时该衬底又要保持电绝缘性和相对较低的成本,则金刚石是较优的选择。

金刚石单晶的热导率高达 2200 W/(m · K),CVD 法淀积的多晶金刚石的热导率也能达到 1200～1500 W/(m · K),且金刚石的电阻率达 $1\times10^{13}\sim1\times10^{16}$ Ω · cm,与蓝

宝石(电阻率为 $1\times10^{17}\ \Omega\cdot cm$)可媲美,远高于 SiC(典型值是$1\times10^{6}\ \Omega\cdot cm$)。目前发展金刚石衬底 GaN HEMT 主要有两条技术路线:第一条是将在其他衬底上外延并剥离衬底后的 GaN HEMT 材料从背面与 CVD 法合成的厚度足以自支撑的多晶金刚石衬底进行原子级黏合,再制备 HEMT 器件;第二条则是直接在单晶金刚石衬底上外延 GaN 材料并制备器件。

黏合法制备金刚石衬底 GaN HEMT 的技术相对较成熟,已实现 4 英寸的晶片尺寸[16]和 2.79 W/mm@10 GHz 的 RF 功率特性[17]。由于立方金刚石衬底与 GaN 材料之间的晶格失配和热失配较大,直接外延法制备金刚石衬底 GaN HEMT 在材料生长上的难度比较大,目前主要在(111)面金刚石衬底上用 MBE 手段制备材料,金刚石衬底通常为 3～5 mm 方形晶片,也报道了 2.13 W/mm@1 GHz 的 RF 功率特性[18]。如图 14.3 和图 14.4 所示,两种方法制备的金刚石衬底 GaN 材料通过热表征均已证明具有比 SiC 衬底 GaN 材料更强的散热能力。图 14.3 是利用热耦合 AFM 和液晶热敏成像法获得的黏合法制备多晶金刚石衬底上 GaN 材料和 SiC 衬底外延 GaN 材料的热阻测量结果[19],而图 14.4 是利用微拉曼技术获得的单晶金刚石衬底上 GaN 外延材料和 SiC 衬底外延 GaN 材料的热阻测量结果[20,21]。

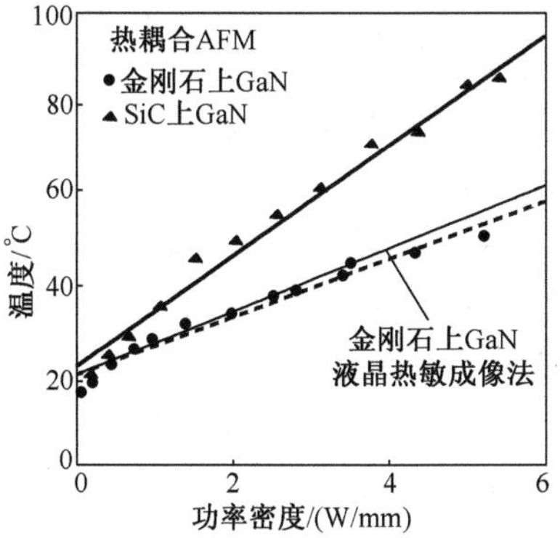

图 14.3　多晶金刚石衬底上 GaN 材料和 SiC 衬底外延 GaN 材料的热阻测量结果[19]

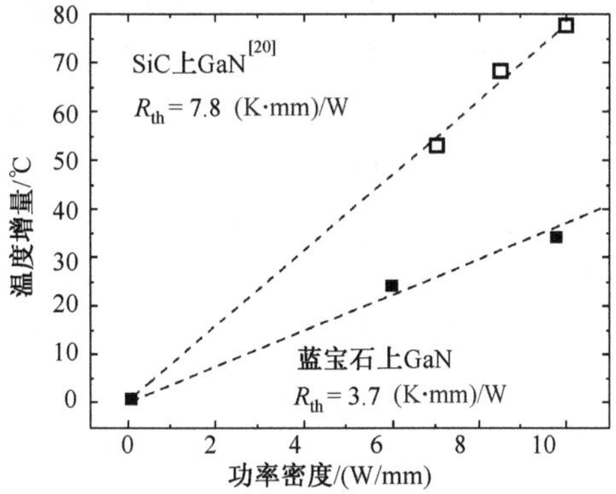

图 14.4　单晶金刚石衬底上 GaN 外延材料和 SiC 衬底外延 GaN 材料的热阻测量结果[20,21]

由于近几年微波等离子 CVD 方法制备金刚石单晶薄膜技术获得了重大突破,在单晶金刚石衬底上异质外延 GaN 材料及制备器件将会是未来重要的研究方向。近期美国国防部先进研究项目局(DARPA)已经委托 Triquint 公司、RFMD 公司等多家机构开展“热增强 GaN 电子器件”研究,而且近期在金刚石衬底上异质外延出的 GaN 材料质量也快速提高。

14.3　氮化物半导体电力电子器件

氮化物 HEMT 器件的宽禁带、高击穿场强与二维电子气的高密度、高迁移率的特性组合对功率开关应用意味着高阻断电压(blocking voltage)和低导通电阻(on resistance),因而能够工作在更高的电压和电流等级以及更高的温度下。开关时间和开关损耗的降低使得 GaN 开关器件在较高频率下比 Si 开关更有效率,有利于功率电子设备的小型化。实际的应用场合包括太阳能 DC-DC 转换器、电机逆变器(motor inverter)和电网逆变器(grid inverter)等,其电压等级从约 100 V 到几 kV。

相比而言,Si 超级结金属-氧化物-半导体场效应管(MOSFET)器件已将 Si 器件的击穿电压拓展到超过 Si 材料的理论极限的地步;而无论基于何种衬底、有无场板和栅绝缘介质,已报道的高压 GaN HEMT 和 MIS-HEMT 器件的击穿电压通常为 1.5～2.2 kV,相应的实际击穿场强为 0.7～1.4 MV/cm,显著低于 GaN 材料的理论极限,说明材料和器件还有很大的优化空间。

以往的 GaN 高压 HEMT 器件多为耗尽型器件,而增强型器件则是未来的发展方向。在高压耗尽型 HEMT 器件研究方面,如本书 12.1 节所介绍,氟等离子体处理增强型 HEMT、槽栅 MIS-HEMT 增强型器件、栅注入晶体管(GIT)结构以及p 型 GaN 栅 HEMT 器件都已报道了较好的器件特性。在功率转换效率方面,美国 CREE 公司报道了以 SiC 衬底 GaN 耗尽型 HEMT 构造的 1 MHz 下输出功率为 300 W、效率达 97.8%的升压变压器[22],与同频率下 Si 基变压器的最高效率 95%[23]相比,由器件发热引起的损耗减少了 60%。美国休斯研究实验室(HRL)以 Si 衬底 GaN 增强型 HEMT 构造的升压变压器[24]在 1 MHz 下效率也达到 95%,而输出功率为 450 W,功率密度高达每立方英寸 175 W,体现了氮化物材料的优越性。有趣的一点是,用于 RF 功率开关的 GaN HEMT 在初步的可靠性研究中没有表现出逆压电效应失效[25],击穿电压之前并未出现引起器件失效的关键电压。

近几年随着硅基 GaN HEMT 材料与器件技术的快速发展,8 英寸硅基 GaN HEMT 材料外延与器件工艺已经有成功的报道。硅衬底的低成本、大直径以及硅工艺的高成熟度,将会大大降低 GaN HEMT 电力电子器件的成本,同时保持了 GaN HEMT 器件出色的性能,相信高性能、低成本的 GaN HEMT 电力电子器件甚至微波功率器件将在未来几年获得快速发展,在电力电子器件领域大有取代 Si 功率开关器件的趋势。已有专家断言,硅基 GaN HEMT 器件将有望超越 GaN LED,因此目前国际上排名前十的半导体电力电子器件厂商全都在硅基 GaN HEMT 技术上进行大量的投入。

14.4　氮化物太赫兹电子器件

太赫兹(THz)波指频率为 0.3～10 THz(1 THz = 1×10^{12} Hz)的电磁波，波长在 0.03～1 mm 内，介于微波与红外之间。这一波段一直缺乏有效电磁波产生源和灵敏的探测器，是人类在电磁波谱中研究较少的波段。但从二十世纪八十年代开始，随着新技术、新材料尤其是超快技术的发展，THz 波在通信(宽带通信)、雷达、电子对抗、电磁武器、天文学、医学成像(无标记的基因检查、细胞水平的成像)、无损检测、安全检查(生化物的检查)等领域显示出广泛的潜在应用，目前在世界范围内出现了太赫兹研究热潮。

当前，THz 技术研究主要集中在 THz 波辐射和 THz 波探测这两大领域，主流技术路线包括毫米波段上行的电子学技术路线和远红外波段下行的光子学技术路线。半导体 THz 器件具有造价低、体积小的优点，研究目标集中在提高 THz 辐射源的输出功率、提高 THz 信号探测灵敏度和提高 THz 器件的工作温度。

传统半导体器件在 THz 频段仅有微瓦和毫瓦级输出功率，严重制约了半导体 THz 技术的发展，近年来氮化物宽禁带半导体材料在 THz 器件中的应用前景受到广泛的关注。GaN 具有更大的电子有效质量(约 $0.2m_0$，m_0 为电子静止质量)、更高的纵向光学声子能量(约 90 meV)、更快的子带间电子散射(散射弛豫时间小于等于 150 fs)、更大的负阻区电流峰谷比(2.2～32)和更高的二维电子气密度(约 1×10^{13} cm^{-2})等，使其在 THz 领域中具有一定的优势。

当前基于氮化物半导体的 THz 电子器件主要集中在耿氏二极管(Gunn diode)、碰撞雪崩渡越时间二极管(IMPATT)、共振隧穿二极管(RTD)、肖特基势垒二极管(Schottky diode)等负阻二极管器件，以及等离子体波场效应管(plasma wave FET)和异质结双极晶体管(HBT)等器件。总体上，氮化物 THz 电子器件仍以器件工作机理和新结构、器件工艺方法、氮化物材料性质和晶体质量与器件性能的相关性等研究为主，也出现了一些 THz 波的发射、放大和探测的实验报道。

以氮化物 THz 耿氏二极管的研究为例，我们提出了用于太赫兹功率源的 GaN/AlGaN 异质结耿氏器件新结构[26]。如图 14.5 所示，与传统的同质掺杂结构耿氏器件相比较，利用 GaN/AlGaN 异质结的非均匀掺杂和极化效应可使注入耿氏器件渡越区中的电子能量显著提高，这种电子加速层(又称发射层，launcher)结构使器件高场畴自激振荡更加稳定，理论上在基频 215 GHz 下的最大射频功率可达 1.95 W，直流射频转换效率可达 1.72%。我们还建立了引入 Al 组分因子、合金无序势因子和极化效应因子的全 Al 组分 AlGaN 变温速场关系模型[27]，开展了 AlGaN/GaN 亚微米耿氏器件的宽变温振荡模式研究[28]，发现 AlGaN/GaN 耿氏器件随着温度上升，其振荡模式将由偶极畴模式转变为累积模式，模式变化的温度与热电子注入区的长度密切相关。2012 年我们又报道了 GaN 耿氏器件的材料结构和结晶质量的优化研究结果[29]。总体上讲,该领域的研究仍属于开始阶段。

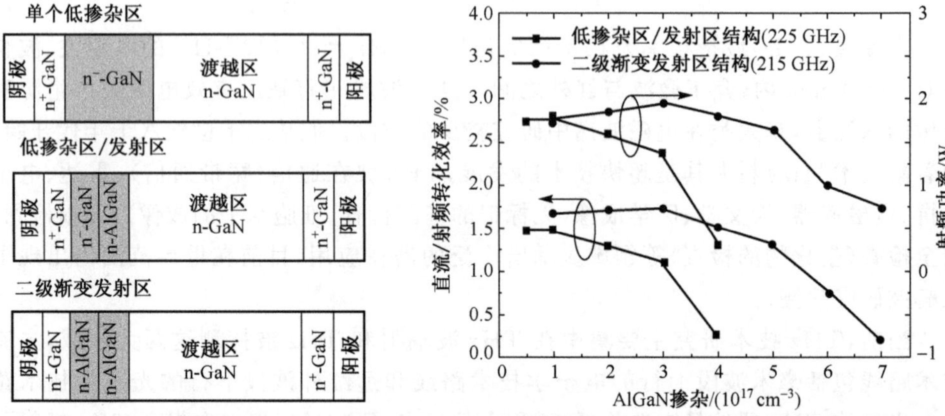

(a) 器件结构　　(b) 器件性能,215 GHz下理论最大射频功率可达1.95 W

图 14.5　用于太赫兹功率源的 GaN/AlGaN 异质结耿氏器件[26]

14.5　硅基氮化物材料和器件

无论针对何种应用,提高材料晶片尺寸、降低 GaN HEMT 材料和器件制备成本都是有必要的。发展 Si 衬底上的氮化物材料外延和器件制备技术非常重要,一方面可以利用 Si 衬底尺寸大、成本低的优点;另一方面,与 Si CMOS 工艺兼容以及与 Si 器件在同一芯片上异质集成是化合物半导体技术发展的必然趋势。

由于 Si 的(111)面在晶格对称性上与氮化物的 c 面兼容,通常以 Si 的(111)面外延氮化物材料。但 Si (111)面与 GaN 之间仍存在 16.9%的晶格失配和 56%的热失配,使得 Si 上外延 GaN 的应力很大,令材料质量受影响,且外延材料的厚度大时易开裂,晶片尺寸大时易翘曲和开裂。目前,通过过渡层、插入层、原位钝化等方法[30,31]已能较好地实现外延材料应力的释放和控制,图形衬底也有可能成为在 Si 上外延低位错氮化物材料的一个新方向。

8 英寸 Si(111)衬底上基于复合缓冲层的高性能 AlGaN/GaN 外延材料[32]已有报道,其电子迁移率达 1766 $cm^2/(V \cdot s)$。基于 2～4 英寸 Si 上 GaN HEMT 已实现了 2～40 GHz 射频功率,输出功率密度达 12.88 W/mm @2.14 GHz[33]和 2.5 W/mm@40 GHz[34],PAE 达 65%@10 GHz[35],如图 14.6 所示。Si 衬底的热导率比 SiC 差,Si 衬底的电阻率也较低(通常高阻 Si 衬底电阻率的典型值约为 5 kΩ · cm),并且 GaN 外延材料与 Si 衬底间界面由于 Ga 向 Si 的扩散易形成导电层,引起微波损耗,因此 Si 上 GaN HEMT 实现好的微波功率特性通常需要优化缓冲层设计(一般采用 AlN 成核层,缓冲层结构包括多层 AlGaN 或 AlN/GaN 超晶格式复合缓冲层等，释放应力、提高材料质量的同时，宽禁带 AlGaN 材料可形成背势垒）、减小电流崩塌（如原位 SiN 淀积既有防止应变弛豫又有初步钝化的作用）和优化器件结构设计；实现高频功率特性还可采用能形成高的栅长-栅沟距离比的 AlN 或 InAlN 势垒层[34]。Si 上增强型 GaN HEMT 器件的研究最近也报道了跨导为 509 mS/mm、导通电阻低达 1.63 Ω·mm 的非常有利于高频应用的特性[36]。

由于氮化物 HEMT 器件在高效功率开关方面的优势，Si 衬底上的氮化物 HEMT 器件在功率开关特性和应用方面的研究是一个非常引人注目的研究方向，有望在同等电流（2～200 A）和阻断电压下获得比 Si 超级结 MOSFET 和绝缘栅双极晶体管（IGBT）更高的高频（100 kHz～1 MHz）开关效率，并且价格有竞争力。由于 Si 衬底的电阻率较低，如果 Si 上外延氮化物材料的位错密度较高引起明显漏电，会明显地限制器件的击穿电压，并且材料中的陷阱引起的电流崩塌现象也会令高源漏电压下的导通电阻退化，降低功率转换效率。目前在提高 Si 衬底 GaN HEMT 器件击穿电压方面，主要有生长 5 μm 以上厚度的超晶格式含 Al 氮化物材料的缓冲层（增大表面电极和 Si 衬底间电阻、减小 GaN 位错密度）、生长厚的 C 自掺杂高阻缓冲层等材料优化措施，采用较薄的AlGaN 缓冲层但去除 Si 衬底和采用离子注入隔离而非台面隔离也有明显的效果，能够在约 20 μm 的栅漏距离实现 1.4～2 kV 的关态击穿电压。本书 14.3 节提到的几种氮化物高压增强型器件的主流结构目前都已在 Si 衬底上实现了较好的特性。例如，韩国三星公司报道了基于 Si 衬底、在肖特基栅和 AlGaN 势垒层之间引入 p 型 GaN 帽层的 p 型 GaN 栅增强型 HEMT 器件[37]，击穿电压达 1.6 kV，比导通电阻仅为 2.9 mΩ·cm^2，Baliga 优值（击穿电压的平方和比导通电阻的比值）高达 921 $MV^2/(\Omega\cdot cm^2)$，如图 14.7 所示。

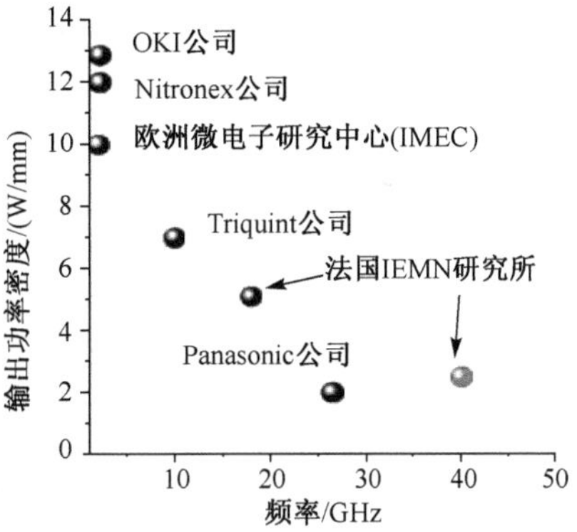

图 14.6　不同频段下 Si 上 GaN HEMT 的连续波输出功率密度报道[34]

Si 衬底 GaN HEMT 材料和器件与标准 Si 工艺的兼容性研究也出现了一些报道。在成本更低、Si 技术更常用的 Si (001) 面衬底上，GaN 材料生长的难度较大，较成功的策略是在偏离(001)面 4°～6°的邻晶面上基于 AlN 和 AlGaN 等组成的多缓冲层来生长。目前已报道了 2.9 W/mm @10 GHz 的微波功率特性[38]。利用 8 英寸 Si 衬底上 GaN 异质结材料外延片，已报道了在不含 Au 的 8 英寸 CMOS 标准工艺线上生产出了具备基本功能的 Si 衬底 GaN HEMT 器件[39]，对工艺加工过程中 Cu 互连线引起的晶片翘曲、刻蚀工艺中 Ga 的加工污染（Ga 在 Si 中是 p 型杂质）、无 Au 欧姆接触的制备等问题作了讨论。

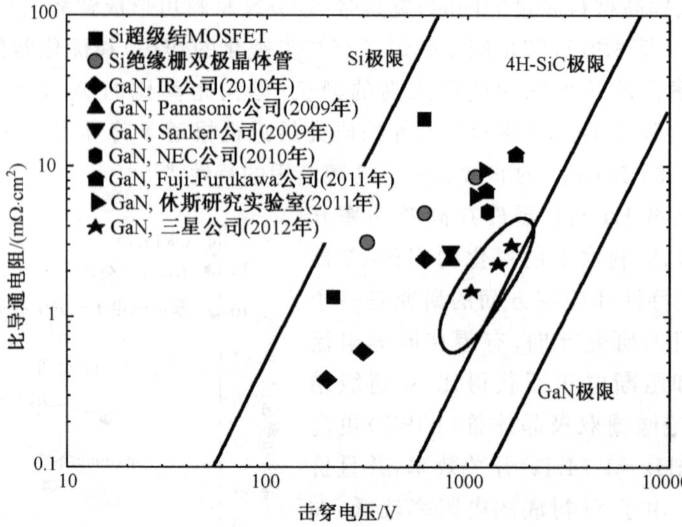

图 14.7 GaN 增强型场效应管的比导通电阻与击穿电压的理论极限与实验数据[37]

总之,氮化物材料和电子器件发展到今天,虽然微波功率器件、功率开关器件和模块已有商业化产品面世,但氮化物材料的潜力仍有很大空间可以发掘,基础的理论和机理有待深入研究。GaN 体晶制备、金刚石上 GaN HEMT 和 Si 上 GaN HEMT 以及氮化物太赫兹器件等方面的快速发展,将直接推动氮化物电子器件更快发展。

“III 族氮化物半导体作为硅之后最重要的半导体材料”已经得到了越来越广泛的认可。在世界经济普遍不景气的当前时期,2012 年 10 月在日本札幌召开的氮化物半导体国际会议(IWN2012)和 2010 年 7 月在英国格拉斯哥召开的氮化物半导体国际会议(ICNS-9)受到了世界各地学术界和产业界的高度重视,均出现了近 1000 篇论文、1000 多人参会的热烈场面,充分显示了 III 族氮化物半导体技术研究的重要意义和巨大前景。作者也希望越来越多的政府部门、企业、研究机构以及专家学者参与并推动氮化物半导体技术的发展。作者也相信氮化物半导体技术对于节能减排(高效率 GaN 发光器件降低照明能耗,高效率 GaN 功率器件降低通信、电源转换系统的能耗)、绿色能源(高效率 InGaN 太阳电池)、智能信息化(高效率大功率 GaN 器件在电动汽车、智能电网中的应用)等与人类社会生产生活息息相关的行业发展,将发挥出巨大的推动作用。

参 考 文 献

[1] SHINOHARA K, REGAN D, CORRION A, et al. Deeply-scaled self-aligned-gate GaN DH-HEMTs with ultrahigh cutoff frequency[C]. 2011 IEEE International Electron Devices Meet-

ing, December 5-7, 2011. Washington DC, USA: Institute of Electrical and Electronics Engineers Inc., 2011.

[2] KUMAR V, BASU A, KIM D H, et al. Self-aligned AlGaN/GaN high electron mobility transistors with 0.18 m gate-length[J]. Electronics Letters, 2008, 44(22): 1323-1325.

[3] KELLER S, SUH C S, CHEN Z, et al. Properties of N-polar AlGaN/GaN heterostructures and field effect transistors grown by metalorganic chemical vapor deposition[J]. Journal of Applied Physics, 2008, 103(3): 033708(4 pp.).

[4] NIDHI, DASGUPTA S, LU J, et al. Scaled self-aligned N-polar GaN/AlGaN MIS-HEMTs with f_T of 275 GHz[J]. IEEE Electron Device Letters, 2012, 33(7): 961-963.

[5] DENNINGHOFF D, LU J, LAURENT M, et al. N-polar GaN/InAlN MIS-HEMT with 400 GHz f_{max}[C]. 70th Annual Device Research Conference, June 18-20, 2012. Piscataway NJ, USA: IEEE, 2012.

[6] KOLLURI S, KELLER S, DENBAARS S P, et al. N-polar GaN MIS-HEMTs with a 12.1 W/mm continuous-wave output power density at 4 GHz on sapphire substrate[J]. IEEE Electron Device Letters, 2011, 32(5): 635-637.

[7] KOLLURI S, BROWN D F, WONG M H, et al. RF performance of deep-recessed N-polar GaN MIS-HEMTs using a selective etch technology without Ex Situ surface passivation[J]. IEEE Electron Device Letters, 2011, 32(2): 134-136.

[8] KOLLURI S, KELLER S, DENBAARS S P, et al. Microwave power performance N-polar GaN MISHEMTs grown by MOCVD on SiC substrates using an Al_2O_3 etch-stop technology [J]. IEEE Electron Device Letters, 2012, 33(1): 44-46.

[9] WU Y F, MOORE M, SAXLER A, et al. 40-W/mm double field-plated GaN HEMTs[C]. Device Research Conference, June 26-28, 2006. Piscataway NJ, USA: IEEE, 2006.

[10] NANJO T, TAKEUCHI M, SUITA M, et al. Remarkable breakdown voltage enhancement in AlGaN channel high electron mobility transistors[J]. Applied Physics Letters, 2008, 92 (26): 263502(3 pp.).

[11] RAMAN A, DASGUPTA S, SIDDHARTH R, et al. AlGaN channel high electron mobility transistors: Device performance and power-switching figure of merit[J]. Japanese Journal of Applied Physics, Part 1(Regular Papers, Short Notes & Review Papers), 2008, 47(5): 3359-3361.

[12] OKAMOTO Y, ANDO Y, HATAYA K, et al. Improved power performance for a recessed-gate AlGaN-GaN heterojunction FET with a field-modulating plate[J]. IEEE Transactions on Microwave Theory and Techniques, 2004, 52(11): 2536-2540.

[13] EASTMAN L F, TILAK V, KAPER V, et al. Progress in high-power, high frequency AlGaN/GaN HEMTs[J]. Physica Status Solidi (A): Applied Research, 2002, 194(2): 433-438.

[14] PRIBBLE W L, PALMOUR J W, SHEPPARD S T, et al. Applications of SiC MESFETs and GaN HEMTs in power amplifier design[C]. Proceedings of 2002 International Microwave

Symposium, June 2-7, 2002. Piscataway NJ, USA: IEEE, 2002.

[15] TAKAGI K, KASHIWABARA Y, MASUDA K, et al. Ku-band AlGaN/GaN HEMT with over 30 W[C]. European Microwave Week 2007-2nd European Microwave Integrated Circuits Conference, October 8-12, 2007. Munich, Germany: Inst. of Elec. and Elec. Eng. Computer Society, 2007.

[16] FRANCIS D, FAILI F, BABIC D, et al. Formation and characterization of 4-inch GaN-on-diamond substrates[J]. Diamond and Related Materials, 2010, 19(2-3): 229-233.

[17] FELBINGER J G, CHANDRA M V S, YUNJU S, et al. Comparison of GaN HEMTs on diamond and SiC substrates[J]. IEEE Electron Device Letters, 2007, 28(11): 948-950.

[18] HIRAMA K, KASU M, TANIYASU Y. RF high-power operation of AlGaN/GaN HEMTs epitaxially grown on diamond[J]. IEEE Electron Device Letters, 2012, 33(4): 513-515.

[19] BABIC D I, DIDUCK Q, YENIGALLA P, et al. GaN-on-diamond field-effect transistors: From wafers to amplifier modules[C]. 33rd International Convention on Information and Communication Technology, Electronics and Microelectronics, May 24-28, 2010. Opatija, Croatia: IEEE Computer Society, 2010.

[20] KUZMIK J, BYCHIKHIN S, POGANY D, et al. Thermal characterization of MBE-grown GaN/AlGaN/GaN device on single crystalline diamond[J]. Journal of Applied Physics, 2011, 109(8): 086106 (3 pp.).

[21] SIMMS R J T, POMEROY J W, UREN M J, et al. Channel temperature determination in high-power AlGaN/GaN HFETs using electrical methods and Raman spectroscopy[J]. IEEE Transactions on Electron Devices, 2008, 55(2): 478-482.

[22] WU Y, JACOB-MITOS M, MOORE M L, et al. A 97.8% efficient GaN HEMT boost converter with 300-W output power at 1 MHz[J]. IEEE Electron Device Letters, 2008, 29(8): 824-826.

[23] OMURA I, TSUKUDA M, SAITO W, et al. High power density converter using SiC-SBD [C]. 4th Power Conversion Conference-NAGOYA, April 2-5, 2007. Nagoya, Japan: Inst. of Elec. and Elec. Eng. Computer Society, 2007.

[24] HUGHES B, YOON Y Y, ZEHNDER D M, et al. A 95% efficient normally-off GaN-on-Si HEMT hybrid-IC boost-converter with 425-W output power at 1 MHz[C]. 2011 IEEE Compound Semiconductor Integrated Circuit Symposium: Integrated Circuits in GaAs, InP, SiGe, GaN and Other Compound Semiconductors, October 16-19, 2011. Piscataway NJ, USA: IEEE, 2011.

[25] HODGE M D, VETURY R, SHEALY J, et al. A robust AlGaN/GaN HEMT technology for RF switching applications[C]. 2011 IEEE Compound Semiconductor Integrated Circuit Symposium: Integrated Circuits in GaAs, InP, SiGe, GaN and other Compound Semiconductors, October 16-19, 2011. Piscataway NJ, USA: IEEE, 2011.

[26] YANG L, HAO Y, ZHANG J. Use of AlGaN in the notch region of GaN Gunn diodes[J]. Applied Physics Letters, 2009, 95(14): 143507 (3 pp.).

[27] YANG L A, HAO Y, YAO Q, et al. Improved negative differential mobility model of GaN and AlGaN for a terahertz Gunn diode[J]. IEEE Transactions on Electron Devices, 2011, 58(4): 1076-1083.

[28] YANG L A, MAO W, HAO Y, et al. Temperature effect on the submicron AlGaN/GaN Gunn diodes for terahertz frequency[J]. Journal of Applied Physics, 2011, 109(2): 024503 (6 pp.).

[29] LI L, YANG L A, HAO Y, et al. Threading dislocation reduction in transit region of GaN terahertz Gunn diodes[J]. Applied Physics Letters, 2012, 100(7): 072104 (4 pp.).

[30] CHENG K, LEYS M, DERLUYN J, et al. AlGaN/GaN HEMT grown on large size silicon substrates by MOVPE capped with in-situ deposited Si_3N_4[J]. Journal of Crystal Growth, 2007, 298(SPEC. ISS): 822-825.

[31] HIKITA M, YANAGIHARA M, NAKAZAWA K, et al. AlGaN/GaN power HFET on silicon substrate with source-via grounding (SVG) structure[J]. IEEE Transactions on Electron Devices, 2005, 52(9): 1963-1968.

[32] CHENG K, LIANG H, HOVE M V, et al. AlGaN/GaN/AlGaN double heterostructures grown on 200 mm silicon (111) substrates with high electron mobility[J]. Applied Physics Express, 2012, 5(1): 011002.

[33] HOSHI S, ITOH M, MARUI T, et al. 12.88 W/mm GaN high electron mobility transistor on silicon substrate for high voltage operation[J]. Applied Physics Express, 2009, 2(6): 061001(3 pp.).

[34] MEDJDOUB F, ZEGAOUI M, GRIMBERT B, et al. First demonstration of high-power GaN-on-silicon transistors at 40 GHz[J]. IEEE Electron Device Letters, 2012, 33(8): 1168-1170.

[35] DUMKA D C, SAUNIER P. GaN on Si HEMT with 65 power added efficiency at 10 GHz [J]. Electronics Letters, 2010, 46(13): 946-947.

[36] HUANG T, ZHU X, LAU K M. Enhancement-mode AlN/GaN MOSHFETs on Si substrate with regrown source/drain by MOCVD[J]. IEEE Electron Device Letters, 2012, 33(8): 1123-1125.

[37] HWANG I, CHOI H, LEE J, et al. 1.6 kV, 2.9 $m\Omega cm^2$ normally-off p-GaN HEMT device [C]. 24th International Symposium on Power Semiconductor Devices and ICs, June 3-7, 2012. Bruges, Belgium: Institute of Electrical and Electronics Engineers Inc., 2012.

[38] GERBEDOEN J C, SOLTANI A, JOBLOT S, et al. AlGaN/GaN HEMTs on (001) silicon substrate with power density performance of 2.9 W/mm at 10 GHz[J]. IEEE Transactions on Electron Devices, 2010, 57(7): 1497-1503.

[39] DE JAEGER B, VAN HOVE M, WELLEKENS D, et al. Au-free CMOS-compatible AlGaN/GaN HEMT processing on 200 mm Si substrates[C]. 2012 24th International Symposium on Power Semiconductor Devices & ICs, June 3-7, 2012. Piscataway NJ, USA: IEEE, 2012.

附录　缩略语表

英文缩略语	英文全称	中文名称
2DEG	Two-Dimensional Electron Gas	二维电子气
AC	Alternating Current	交流
AEM	Analytical transmission Electron Microscope	分析透射电子显微镜，指加上电子能量损失分析及光或X射线探测功能的透射电镜
AFM	Atomic Force Microscope	原子力显微镜
ALCVD	Atomic Layer Chemical Vapor Deposition	原子层化学气相淀积
ALD	Atomic Layer Deposition	原子层淀积
ALE	Atomic Layer Epitaxy	原子层外延
APB	AntiPhase Boundary	反相边界
Cat-CVD	Catalytic Chemical Vapor Deposition	触媒化学气相淀积
CBED	Convergent Beam Electron Diffraction	汇聚束电子衍射
CL	CathodoLuminescence	阴极荧光
CMOS	Complementary Metal-Oxide-Semiconductor	互补式金属-氧化物-半导体(场效应管)，是构建集成电路的一种技术
Cp_2Fe	Ferrocene	二茂铁，化学分子式是$Fe(C_5H_5)_2$
CPS	Counts Per Second	每秒钟计数
CRT	Cathode Ray Tube	阴极射线显像管
DARPA	Defense Advanced Research Projects Agency	(美国)国防部先进研究项目局
DBR	Distributed Bragg Reflector	分布式布拉格反射镜
DC	Direct Current	直流
DCFL	Direct-Coupled FET Logic	直接耦合场效应晶体管逻辑
D-HEMT	Depletion-mode High Electron Mobility Transistor	耗尽型高电子迁移率晶体管
DIBL	Drain Induced Barrier Lowering	漏致势垒降低，也称为漏极感应势垒降低
DPB	Double-Positioning Boundary	双位边界
EBSD	Electron BackScatter Diffraction	电子背散射衍射
ECR	Electron Cyclotron Resonance (plasma)	电子回旋共振(等离子体)
E-HEMT	Enhancement-mode High Electron Mobility Transistor	增强型高电子迁移率晶体管
EL	ElectroLuminescence	电致发光

续表

英文缩略语	英文全称	中文名称
ELOG	Epitaxial Lateral OverGrowth	横向外延过生长
FBH	Ferdinand-Braun-Institut	(德国)斐迪南-布劳恩研究所
FCC	Face-Centered Cubic	面心立方
FFT	Fast fourier Transform	快速傅里叶变换
FME	Flow Modulation Epitaxy	气流调制外延
FP	Field Plate	场板
FWHM	Full Width at Half Magnitude	半高宽
GIT	Gate Injection Transistor	栅注入晶体管
HBT	Heterojunction Bipolar Transistor	异质结双极晶体管
HEMT	High Electron Mobility Transistor	高电子迁移率晶体管
HFET	Heterostructure/Heterojunction Field-Effect Transistor	异质结场效应管
HNPS	High N_2 Pressure Solution (growth)	高氮压溶液(生长),是 GaN 体晶的一种生长方法,也常称为"高压生长法"
HRL	Hughes Research Laboratories	(美国)休斯研究实验室
HRTEM	High Resolution Transmission Electron Microscope	高分辨透射电镜
HRXRD	High Resolution X-Ray Diffraction	高分辨 X 射线衍射
HT	High Temperature	高温
HVPE	Hydride Vapor Phase Epitaxy	氢化物气相外延
IBE	Ion Beam Etching	离子束刻蚀
ICP	Inductively Coupled Plasma	感应耦合等离子体
IDB	Inversion Domain Boundary	反向边界
IEMN	Institut d'Electronique de Microélectronique et de Nanotechnologie	法国电子、微电子及纳米技术研究所
IMEC	Interuniversity MicroElectronics Centre	一家欧洲微纳电子研究机构,总部位于比利时鲁文市,其中文名常用"欧洲微电子研究中心"而不是"校际微电子中心"
IMPATT	IMPact ionization Avalanche Transit-Time (diode)	碰撞雪崩渡越时间(二极管)
LAGB	Low-Angle Grain Boundary	小角晶界
LE^4	Low Energy Electron Enhanced Etching	低能量电子增强刻蚀

续表

英文缩略语	英文全称	中文名称
LED	Light-Emitting Diode	发光二极管
LEEBI	Low-Energy Electron Beam Irradiation	低能电子束辐照
LT	Low Temperature	低温
MAG	Maximum Available Gain	最大可用增益
MBE	Molecular Beam Epitaxy	分子束外延
MERIE	Magnetic Enhanced Reactive Ion Etching	磁场增强反应离子刻蚀
MESFET	MEtal Semiconductor Field-Effect Transistor	金属半导体场效应管
MIS	Metal-Insulator-Semiconductor	金属-绝缘体-半导体
MISFET	Metal-Insulator-Semiconductor Field-Effect Transistor	金属-绝缘体-半导体场效应管
MIS-HEMT	Metal-Insulator-Semiconductor High Electron Mobility Transistor	金属-绝缘体-半导体高电子迁移率晶体管
MMEE	Modified Migration-Enhanced Epitaxy	改良迁移增强外延
MMIC	Monolithic Microwave Integrated Circuit	单片微波集成电路
MOCVD	Metal Organic Chemical Vapor Deposition	金属有机物化学气相淀积
MOS-HEMT	Metal-Oxide-Semiconductor High Electron Mobility Transistor	金属-绝缘体-半导体高电子迁移率晶体管
MOVPE	Metal Organic Vapour Phase Epitaxy	金属有机气相外延
MSG	Maximum Stable Gain	最大稳定增益
PAE	Power Added Efficiency	功率附加效率
PA-RIE	Photo-Assisted Reactive Ion Etching	光辅助反应离子刻蚀
PECVD	Plasma-Enhanced Chemical Vapor Deposition	等离子体增强化学气相淀积
PL	PhotoLuminescence	光致发光
PLD	Pulsed Laser Deposition	脉冲激光淀积
PMOCVD	Pulsed Metal Organic Chemical Vapor Deposition	脉冲金属有机物化学气相淀积
PNT	Piezo Neutralization Technique	压电中和技术
PS	Patterned Substrate	图形衬底
PVE	Power-Voltage Efficiency	功率电压效率，射频功率密度与漏极电压的比值
QCSE	Quantum-Confined Stark Effect	量子限制斯塔克效应
RF	Radio Frequency	射频

续表

英文缩略语	英文全称	中文名称
RFMD	Radio Frequency Micro Devices	美国一家设计、开发及生产射频集成电路元件的公司的名称
RIBE	Reactive Ion Beam Etching	反应离子束刻蚀
RIE	Reactive Ion Etching	反应离子刻蚀
RMS	Root Mean Square	均方根，本书中主要指 AFM 显微形貌的均方根粗糙度
RSM	Reciprocal Space Mapping	倒易空间图谱
RTA	Rapid Thermal Annealing	快速热退火
RTD	Resonant Tunnelling Diode	共振隧穿二极管
SCCM	Standard Cubic Centimeters per Minute	流量单位，每分钟标准毫升数
SdH	Shubnikov-de Hass (oscillation)	舒勃尼科夫-德哈斯（振荡），指低温强磁场下物质电导随磁场发生振荡的现象
SEM	Scanning Electron Microscope	扫描电子显微镜
SF	Stacking Fault	堆垛层错
SIMS	Secondary Ion Mass Spectrometry	二次离子质谱
TDB	Translation Domain Boundary	平移边界
TEGa	TriEethylGallium	三乙基镓，化学分子式是 $Ga(C_2H_5)_3$
TEM	Transmission Electron Microscope	透射电子显微镜
THz	TeraHertz	太赫兹（$1\ THz=1\times10^{12}\ Hz$），太赫兹波指频率在 0.3～10 THz 的电磁波
TLM	Transmission Line Model	传输线模型
TMGa	TriMethylGallium	三甲基镓，化学分子式是 $Ga(CH_3)_3$
TSB	Thin Surface Barrier (model)	薄表面势垒（模型），解释 GaN 上肖特基势垒电流输运特性的一种模型
UPG	Unilateral Power Gain	单向功率增益
XPS	X-ray Photoelectron Spectroscopy	X 射线光电子能谱
XRD	X-Ray Diffraction	X 射线衍射

《半导体科学与技术丛书》已出版书目

(按出版时间排序)

1. 窄禁带半导体物理学	褚君浩	2005 年 4 月
2. 微系统封装技术概论	金玉丰 等	2006 年 3 月
3. 半导体异质结物理	虞丽生	2006 年 5 月
4. 高速 CMOS 数据转换器	杨银堂 等	2006 年 9 月
5. 光电子器件微波封装和测试	祝宁华	2007 年 7 月
6. 半导体的检测与分析(第二版)	许振嘉	2007 年 8 月
7. 半导体科学与技术	何杰,夏建白	2007 年 9 月
8. 微纳米 MOS 器件可靠性与失效机理	郝跃,刘红侠	2008 年 4 月
9. 半导体自旋电子学	夏建白,葛惟昆,常凯	2008 年 10 月
10. 金属有机化合物气相外延基础及应用	陆大成,段树坤	2009 年 5 月
11. 共振隧穿器件及其应用	郭维廉	2009 年 6 月
12. 太阳能电池基础与应用	朱美芳,熊绍珍 等	2009 年 10 月
13. 半导体材料测试与分析	杨德仁 等	2010 年 4 月
14. 半导体中的自旋物理学	M. I. 迪阿科诺夫 主编 (M. I. Dyakanov) 姬扬 译	2010 年 7 月
15. 有机电子学	黄维,密保秀,高志强	2011 年 1 月
16. 硅光子学	余金中	2011 年 3 月
17. 超高频激光器与线性光纤系统	〔美〕刘锦贤 著 谢世钟 等译	2011 年 5 月
18. 光纤光学前沿	祝宁华,闫连山 刘建国	2011 年 10 月
19. 光电子器件微波封装和测试(第二版)	祝宁华	2011 年 12 月
20. 半导体太赫兹源、探测器与应用	曹俊诚	2012 年 2 月
21. 半导体光放大器及其应用	黄德修,张新亮,黄黎蓉	2012 年 3 月
22. 低维量子器件物理	彭英才,赵新为,傅广生	2012 年 4 月
23. 半导体物理学	黄昆,谢希德	2012 年 6 月
24. 氮化物宽禁带半导体材料与电子器件	**郝跃,张金风,张进成**	**2013 年 1 月**